Marketing messbar machen

Paul W. Farris
Neil T. Bendle
Phillip E. Pfeifer
David J. Reibstein

Marketing messbar machen

Die 50 wichtigsten Methoden aus dem
Marketing, die jeder Manager kennen sollte

 Wharton School Publishing

Bibliografische Information Der Deutschen Bibliothek
Die Deutsche Bibliothek verzeichnet diese Publikation in der Deutschen Nationalbibliografie;
detaillierte bibliografische Daten sind im Internet über <http://dnb.ddb.de> abrufbar.

Die Informationen in diesem Produkt werden ohne Rücksicht auf einen
eventuellen Patentschutz veröffentlicht.
Warennamen werden ohne Gewährleistung der freien Verwendbarkeit benutzt.
Bei der Zusammenstellung von Texten und Abbildungen wurde mit größter Sorgfalt
vorgegangen. Trotzdem können Fehler nicht ausgeschlossen werden.
Verlag, Herausgeber und Autoren können für fehlerhafte Angaben und deren Folgen
weder eine juristische Verantwortung noch irgendeine Haftung übernehmen.
Für Verbesserungsvorschläge und Hinweise auf Fehler sind Verlag und Autor dankbar.

Fast alle Produktbezeichnungen und weitere Stichworte und sonstige Angaben, die in diesem Buch
verwendet werden, sind als eingetragene Marken geschützt.
Da es nicht möglich ist, in allen Fällen zeitnah zu ermitteln, ob ein Markenschutz besteht,
wird das ®-Symbol in diesem Buch nicht verwendet.

Umwelthinweis:
Dieses Buch wurde auf chlorfrei gebleichtem Papier gedruckt.
Die Einschrumpffolie – zum Schutz vor Verschmutzung – ist aus
umweltverträglichem und recycelbarem PE-Material.

10 9 8 7 6 5 4 3 2 1
10 09 08 07

ISBN 978-3-8273-7255-0

© 2007 Pearson Business
ein Imprint der Pearson Education Deutschland GmbH
Martin-Kollar-Straße 10–12, D-81829 München/Germany
Alle Rechte vorbehalten
www.pearson-business.de

Übersetzung: Dorothea Heymann-Reder, heymann-reder@netcologne.de
Lektorat: Dennis Brunotte, dbrunotte@pearson.de
        Rainer Fuchs, rfuchs@pearson.de
Korrektorat: Petra Kienle, Fürstenfeldbruck
Herstellung: Philipp Burkart, pburkart@pearson.de
Einbandgestaltung: Thomas Arlt, tarlt@adesso21.net
Satz: text&form GbR, Fürstenfeldbruck
Druck und Verarbeitung: Kösel, Altusried-Krugzell, www.KoeselBuch.de
Printed in Germany

Inhaltsübersicht

Inhaltsverzeichnis

Wir widmen dieses Buch unseren Studenten,
Kollegen und Kunden, die uns davon überzeugten,
dass es einen echten Bedarf an einem Werk wie diesem gibt.

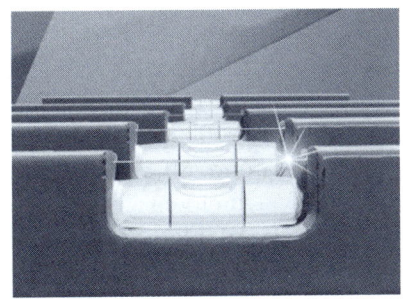

Vorwort

Marketing ist trotz seiner Bedeutung für viele Unternehmen immer noch einer der am wenigsten verstandenen und am schwierigsten zu quantifizierenden Bereiche. Viele Firmen geben, wenn man den Vertrieb mitrechnet, zehn Prozent ihres laufenden Budgets für das Marketing aus. Dessen Wirksamkeit entscheidet mit über die Börsenbewertung der Unternehmen, die oftmals auf aggressiven Voraussagen über Kundenakquisition und organisches Wachstum beruhen. Dennoch fehlt vielen Unternehmensvorständen das rechte Verständnis, um Marketingstrategien und -ausgaben zu bewerten. Die meisten Geschäftsführer und ein wachsender Prozentsatz der Fortune- 500-CEOs haben keine große Erfahrung auf diesem Gebiet.

Auf der anderen Seite gelingt es Marketingchefs oft nicht, die quantitativen und analytischen Fähigkeiten zu entwickeln, die für das Produktivitätsmanagement eigentlich notwendig wären. Wer mit der rechten Gehirnhälfte denkt, kann vielleicht kreative Werbekampagnen ersinnen, um den Umsatz zu steigern, interessiert sich jedoch weniger für die weiter reichenden Auswirkungen seiner Arbeit auf die Unternehmensfinanzen. Solche Führungskräfte bestreiten nicht selten sogar die Verantwortung für eine Top-Performance, da der Erfolg ihrer Programme aufgrund von Faktoren, die sich ihrer Kontrolle entziehen – einschließlich des Wettbewerbs –, schwierig zu bewerten sei.

So werden oft Marketingentscheidungen getroffen, ohne Informationen, Sachkenntnisse und messbares Feedback zu berücksichtigen, wie es eigentlich nötig wäre. Der Chief Marketing Officer von Procter & Gamble drückte es einmal so aus: »Marketing ist ein 450 Milliarden Dollar schwerer Wirtschaftszweig, doch wir treffen unsere Entscheidungen mit weniger Daten und Disziplin, als wir in anderen Geschäftsbereichen für

100.000-Dollar-Entscheidungen walten lassen.« Dies ist ein verstörender Befund. Aber es lässt sich ändern.

In einem Artikel, den ich kürzlich für das *Wall Street Journal* schrieb, rief ich Marketing-Manager dazu auf, konkrete Maßnahmen zu ergreifen, um diese Sachlage zu verbessern. Ich drängte sie, grundlegende Marktdaten zu sammeln und zu analysieren, die Kernfaktoren zu messen, auf denen ihre Geschäftsmodelle beruhten, die Rentabilität ihrer einzelnen Kundenbeziehungen zu bewerten und die Aufteilung ihrer Ressourcen auf die sich immer mehr zerfasernde Medienlandschaft zu optimieren. Diese, die linke Gehirnhälfte betreffenden, analytischen, datenintensiven Praktiken werden meiner Ansicht nach in Zukunft über Wohl und Wehe von Marketingchefs und ihrer Arbeitgeber entscheiden. Ich schloss meinen Artikel mit den Worten:

> *Die Unternehmen von heute wollen Marketingleiter, die etwas von Produktivität und Investitionsrendite verstehen und bereit sind, Verantwortung zu übernehmen. In den vergangenen Jahren haben Produktion, Einkauf und Logistik alle ihren Gürtel enger geschnallt, um die Produktivität zu steigern. Infolgedessen sind in den Kostenstrukturen vieler Unternehmen die Marketingausgaben anteilsmäßig so hoch wie nie zuvor. Moderne Unternehmer brauchen keine Marketingleiter, die zwar Kreativität kennen, aber keine Kostendisziplin. Sie brauchen vielseitige Leute, die beides beherrschen.*«

In ihrem Buch »Marketing messbar machen« zeigen uns Farris, Bendle, Pfeifer und Reibstein, wie dies zu erreichen ist. In nur einem einzigen Band skizzieren sie mit eindrucksvoller Klarheit die Quellen, Stärken und Schwächen einer breiten Palette von Marketingvariablen. Sie erläutern, wie man diese Daten aufbereitet, um Erkenntnisse daraus zu gewinnen. Doch was am wichtigsten ist: Sie erklären, wie diese Erkenntnisse in Handeln umgesetzt werden – wie man sie anwendet, eben nicht nur zur Planung von Werbefeldzügen, sondern auch, um den Erfolg dieser Maßnahmen zu messen, ihren Kurs zu korrigieren und ihre Ergebnisse zu optimieren. »Marketing messbar machen« ist ein wichtiges Werk für Manager, die Marketing nicht nur mit der rechten, sondern auch mit der linken Gehirnhälfte betreiben. Allen beidseitig veranlagten Marketingleuten kann man es nur wärmstens empfehlen.

John A. Quelch
Lincoln Filene Professor of Business Administration und Senior Associate Dean for International Development, Harvard Business School

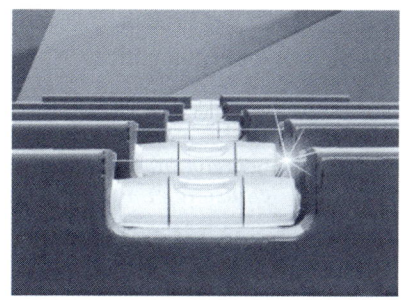

Zur Einstimmung

Leserurteile

Kennziffern sind für jedes Unternehmen von entscheidender Bedeutung. »Marketing messbar machen« stellt die wichtigsten Tools und Techniken auf allen möglichen Ebenen der Datenerhebung vor – vom Konsumenten über die Vertriebsmannschaft bis hin zu der stetig sich wandelnden Medienlandschaft. Das Buch ist ein »Muss« für jeden Manager, der bessere Daten über Aktivitäten und Ergebnisse seines Unternehmens sammeln will, um sein Geschäft auszubauen.

Kimberley B. Dedeker, Vice President, Global Consumer & Market Knowledge, Procter & Gamble

Wozu »Marketing messbar machen«? Weil bessere Zahlen zu besseren Entscheidungen führen und diese wiederum zu besseren Ergebnissen. Dieses Buch ist eine große Hilfe für Marketingleiter und alle Führungskräfte, die wissen möchten, welche Kennziffern es gibt und wie man damit umgeht.

Erv Shames, Ex-CEO, Kraft Foods

Warum nur hat es dieses Buch nicht eher gegeben? »Marketing messbar machen« ist ein exzellentes Kompendium der Kennziffern, die wirklich gebraucht werden. Dazu stellt es diese Zahlen in einen wohlstrukturierten Rahmen, der Verbindungen zwischen ihnen herstellt und Unternehmenschefs hilft, ihr Geschäft mit Erfolg zu leiten.

Dr. Hans-Willi Schroiff, Vice President, Market Research/Business Intelligence, Henkel

Mehr als je zuvor verlangt man heute vom Marketing solide Zahlen. Dieses Buch beschreibt Möglichkeiten und Grenzen von Kennziffern, die Ihnen helfen, diese Herausforderung zu meistern.

David Aaker, Autor von *Brand Portfolio Strategy*

Messungen sind ein zentraler Bestandteil unserer Geschäftsdisziplin. Es zählt nur das, was quantifizierbar ist, und der Schlüssel zu allem sind die richtigen Kennziffern. »Marketing messbar machen« ist ein aufschlussreiches Kompendium für moderne, in Marketing bewanderte Manager, die wissen wollen, was man messen kann und wie man es misst.

Glenn Renwick, CEO von Progressive Corporation

Das Marketing ist zunehmend unter Druck, unternehmensorientierte Kennziffern zu entwickeln, um Investitionen in den Marketing-Mix zu begründen. »Marketing messbar machen« erklärt klar und deutlich, wie man allgemeingültige Marketingkennziffern herleitet, die nicht nur für Marketingspezialisten aussagekräftig und verständlich sind.

Anil Menon, Vice President, Marketing, Systems & Technology Group, IBM

Danksagungen

Wir hoffen, dass dieses Buch ein – wenn auch bescheidener – Schritt hin zur Klärung der Terminologie, Konstruktion und Bedeutung vieler wichtiger Marketingkennziffern ist. Wenn es uns gelungen ist, diesen Schritt zu tun, so sind wir einigen Menschen zu Dank verpflichtet.

Jerry Wind prüfte unser erstes Konzept und ermutigte uns zu einer übergreifenden Sichtweise. Rob Northrop, Simon Bendle und Vince Choe lasen die ersten Entwürfe und gaben uns wertvolles Feedback zu den wichtigsten Kapiteln. Eric Larson, Jordan Mitchell, Tom Disantis und Francisco Simon halfen, das für wichtige Abschnitte zusammenzutragen und haben ihr Wissen als Forscher beigesteuert. Gerry Allan und Alan Rimm-Kauffman gestatteten uns, frei aus ihren Materialien zu Kunden und Internetmarketing zu zitieren.

Marc Goldstein kombinierte Wirtschaftswissen mit einem gewandten Lektorat, das die Lesbarkeit fast aller Kapitel verbesserte. Paula Sinnott, Tim Moore, Kayla Dugger und ihre Kollegen brachten ebenfalls viele Korrekturen ein, als sie das Rohmanuskript zu dem Buch machten, das Sie in Händen halten.

Erv Shames, Erjen van Nierop, Peter Hedlund, Fred Telegdy, Judy Jordan, Lee Pielemier und Richard Johnson haben an unserer Managementsimulation »Allocator« und den Online-Tutorials »Management by the Numbers« mitgearbeitet. Damit halfen sie, den Boden für dieses Buch zu bereiten. Abschließend danken wir auch Kate, Emily, Donna und Karen, die Verständnis dafür hatten, dass wir zu Lasten der sozialen Kontakte viel Zeit mit dem Schreiben dieses Buchs verbrachten.

Über die Autoren

Paul W. Farris ist Landmark Communications Professor und Professor für Marketing bei der Darden Graduate Business School, University of Virginia, wo er seit 1980 einen Lehrstuhl hat. Seine Forschungen über Kaufkraft und die Quantifizierung von Werbewirkung haben Auszeichnungen gewonnen. Er hat mehr als 50 Fachartikel in solchen Publikationen wie Harvard Business Review, Journal of Marketing, Journal of Advertising Research und Marketing Science veröffentlicht. Zurzeit arbeitet er an einer verbesserten Technik zur Integration von Marketing- und Finanzkennziffern. Darüber hinaus ist er Co-Autor mehrerer Bücher, darunter *The Profit Impact of Marketing Strategy Project: Retrospect and Prospects*. Als Consultant berät er unter anderem die Firmen Procter & Gamble, Apple und IBM. Er war Vorstandsmitglied von produzierenden Unternehmen, Einzelhandelsketten und E-Business-Firmen. Gegenwärtig ist er Direktor von Sto und GSI.

Neil T. Bendle ist Doktorand im Fach Marketing an der Carlson School of Management, University of Minnesota. Er hat ein MBA-Diplom von Darden und verfügt über fast zehn Jahre Erfahrung in Marketing-Management, Consulting, Business Systems Improvement und Finanzmanagement. Unter anderem hat er den Erfolg der Marketingkampagnen der englischen Labour Party gemessen.

Phillip E. Pfeifer, Alumni Research Professor of Business Administration an der Darden Graduate Business School, spezialisiert sich gegenwärtig auf interaktives Marketing. Er hat ein beliebtes MBA-Lehrbuch und mehr als 25 Fachbeiträge in Publikationen wie Journal of Interactive Marketing, Journal of Database Marketing, Decision Sciences und the Journal of Forecasting veröffentlicht. 2004 wurde er in der Darden School Fakultätsbester in External Case Sales. Er erhielt Auszeichnungen für seine Lehrtätigkeit und der Business Week's Guide to the Best Business Schools hat ihn lobend erwähnt. Zu seinen Kunden zählen Circuit City, Procter & Gamble und CarMax.

David J. Reibstein ist Managing Director von CMO Partners und William Stewart Woodside Professor of Marketing an der Wharton School. Als einer der führenden Marketingspezialisten der Welt hat er als Executive Director des Marketing Sciences Institute gewirkt und den Wharton's CMO Summit mit gegründet, in dem die führenden CMOs zusammenkommen, um die drängendsten Herausforderungen zu diskutieren. Reibstein unterrichtet den Wharton Executive Education-Kurs über Marketingkennziffern, den er auch konzipiert hat. Seine vielen Referenzen umfassen eine Vielzahl von führenden Unternehmen, darunter GE, AT&T Wireless, Shell Oil, HP, Novartis, Johnson & Johnson, Merck und Major League Baseball. Er wirkte als Vize-Dekan und Direktor der Wharton's Graduate Division, als Gastprofessor in Stanford und INSEAD und als Fakultätsmitglied von Harvard sowie als Direktor von Shopzilla, And1 und mehreren anderen Organisationen.

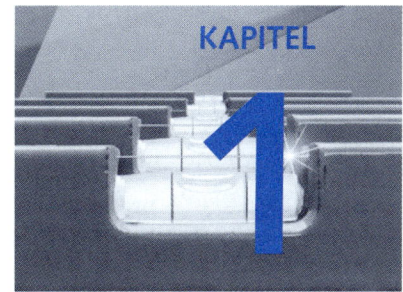

KAPITEL

1

Einleitung

>> Seit einigen Jahren erobert Marketing auf Datenbasis die Geschäfts-
welt. Im Zuge dieses Trends sind inzwischen messbare Leistung und
Zurechenbarkeit die Schlüssel zum Marketingerfolg. Doch nur wenige
Manager kennen die gängigen Schlüsselgrößen, um Strategien und Triebkräfte des Marketings bewerten zu können, und noch weniger durchschauen die Vor- und Nachteile und die vielen Facetten dieser Größen.

In diesem Umfeld haben wir erkannt, dass Marketingspezialisten, Geschäftsführer und BWL-Studenten eine umfassende, praxisorientierte
Referenz über die Kennziffern benötigen, mit deren Hilfe sie Marketingprogramme beurteilen und ihre Ergebnisse beziffern können. Diese Referenz möchten wir mit unserem Buch vorlegen. Wir wünschen unseren Lesern viel Erfolg damit. <<

Was ist eine Kennziffer?

Eine Kennziffer ist ein Maßsystem, das einen Trend, eine Dynamik oder
ein Merkmal quantifiziert.[1] In so gut wie allen Wissensbereichen werden
Kennziffern genutzt, um Phänomene zu erklären, Ursachen zu diagnos-
tizieren, Erkenntnisse weiterzugeben und die Ergebnisse zukünftiger Er-
eignisse zu prognostizieren. Überall in Universitäten, Unternehmen und
Regierungen sorgen Kennziffern für Klarheit und Objektivität. Sie ermöglichen es, Beobachtungen über Regionen und Zeiträume hinweg zu vergleichen. Sie erleichtern das Verständnis und die Zusammenarbeit.

Wozu sind Kennziffern gut?

*»Wenn Sie das, worüber Sie reden, messen und in Zahlen ausdrücken
können, dann sind Sie kompetent, aber wenn Sie es nicht beziffern können, ist Ihr Wissen lückenhaft und unbefriedigend: Es ist vielleicht eine
Ahnung von Wissen, aber eine wissenschaftliche Ebene haben Ihre Gedanken noch nicht erreicht.« – William Thomson, Lord Kelvin, Popular
Lectures and Addresses (1891–1894)[2]*

Lord Kelvin, ein britischer Arzt und Manager der Verlegung des ersten
funktionierenden Transatlantikkabels, war ein großer Fürsprecher der
quantitativen Forschung. Doch zu seiner Zeit hatte sich mathematische
Präzision jenseits von Naturwissenschaft, Ingenieurskunst und Finanzen
noch nicht sehr weit verbreitet. Seitdem hat sich vieles geändert.

Heute ist ein gutes Gespür für Zahlen eine Grundvoraussetzung für jeden Unternehmer. Manager müssen Marktchancen und Bedrohungen durch die Konkurrenz quantifizieren können. Sie müssen die finanziellen Vor- und Nachteile ihrer Entscheidungen rechtfertigen können. Sie müssen Pläne bewerten, Abweichungen erklären, Performance beurteilen und Ansatzpunkte für Verbesserungen erkennen – und zwar all dies in harten Zahlen. Um dieser Verantwortung entsprechen zu können, müssen sie ihre Kennzahlen sowie die Systeme und Formeln, denen sie entspringen, genau kennen. Mit einem Wort: Sie benötigen Kennziffern.

Manager müssen die Schlüsselgrößen für ihr Unternehmen auswählen, berechnen und erläutern. Von jeder Größe müssen sie wissen, wie man sie kalkuliert und als Entscheidungsgrundlage nutzt. Lesen Sie hierzu die Äußerungen von Managementexperten unserer Tage:

»... Jede Kennziffer wird unser Handeln und Entscheiden beeinflussen, ganz gleich ob sie explizit zur Verhaltenssteuerung eingesetzt wird, um Zukunftsstrategien zu beurteilen, oder um einfach nur Vorräte anzulegen.«[3]

»Was Sie nicht messen können, können Sie auch nicht managen.«[4]

Kennziffern des Marketings

Marketingleute sind keineswegs immun gegen den Trend zur quantitativen Planung und Bewertung. Früher galt Marketing vielleicht eher als Kunst denn als Wissenschaft. In den Chefetagen kursierte der heitere Spruch: »Wir wissen zwar, dass wir die Hälfte unseres Geldes für Werbung ausgeben, aber wir wissen nicht, welche Hälfte das ist.« Doch das gehört der Vergangenheit an.

Heute müssen Marketingspezialisten ihre Zielmärkte auch quantitativ durchschauen. Sie müssen neue Chancen und die zu ihrer Erschließung notwendigen Investitionen quantifizieren können. Sie müssen den Wert von Produkten, Kunden und Vertriebswegen beziffern können – und all dies unter Zugrundelegung unterschiedlicher Preise und Werbemittel. Zudem werden Marketingleute zunehmend für die finanziellen Folgen ihrer Entscheidungen verantwortlich gemacht. Beobachter schildern diesen Trend recht bildhaft:

»Jahrelang platzten Marketingleute in Budgetmeetings rein wie die Weltmeister: Sie konnten zwar nicht immer rechtfertigen, wofür sie ihre bisherigen Gelder ausgegeben und was sie damit erreicht hatten, aber sie woll-

ten immer noch mehr Geld: für schicke Fernsehspots, pompöse Events, um ihre Botschaft herauszustellen und eine Marke aufzubauen. Aber das goldene Zeitalter der blinden Budgeterhöhungen ist vorbei. Das neue Mantra heißt: Messbarkeit und Zurechenbarkeit.«[5]

Die Wahl der Zahl

Die Herrschaft der Zahlen stellt jedoch eine Herausforderung dar. Viele Kennzahlen der Volks- und Betriebswirtschaft sind kompliziert und kaum zu beherrschen. Manche sind hochspeziell und eignen sich nur für ganz bestimmte Analysen. Viele basieren auf Daten, die nur geschätzt, lückenhaft oder auch gar nicht zu bekommen sind.

Da unter diesen Umständen eine einzelne Kennziffer nie genügen kann, empfehlen wir, eine ganze Reihe oder Palette von Kennziffern zusammenzustellen. So können Sie die Marktkräfte aus verschiedenen Perspektiven durchleuchten und zu »mehrseitigen« Strategien und Lösungen kommen. Außerdem können Sie jede Größe anhand der anderen überprüfen und so Ihr Wissen präzisieren.[6] Außerdem können Sie einen Wert aus anderen Messungen erschließen oder prognostizieren. Und um mehrere Kennziffern wirkungsvoll einsetzen zu können, müssen Sie natürlich auch ihre Beziehungen und Beschränkungen kennen.

Ist dieser Grad an Verständnis erst erreicht, können Kennziffern einem Unternehmen helfen, sich nachhaltig und produktiv auf Kunden und Märkte zu konzentrieren. Sie helfen Managern, die Stärken und Schwächen von Strategien und ihrer Umsetzung zu erkennen. Und wenn man sie mathematisch definiert und breit im Unternehmen streut, können sie zu einer präzisen innerbetrieblichen Kommunikation beitragen.

Daten und Globalisierung

Dass die Verfügbarkeit von Daten in verschiedenen Branchen und Regionen sehr unterschiedlich ist[7], macht den Umgang mit Kennzahlen nicht eben einfacher. Da uns diese Unterschiede bekannt sind, haben wir versucht, alternative Quellen und Vorgehensweisen zu finden, um einige in diesem Buch behandelte Kennziffern zu schätzen.

Zum Glück gehen diese Unterschiede rapide zurück, obwohl Umfang und Art der Marketingkennziffern zwischen Branchen und Regionen variieren. So berichtet beispielsweise Ambler[8], dass leistungsbezogene Kennziffern bereits in den gemeinsamen Sprachschatz von Marketingleuten eingeflossen sind und mittlerweile genutzt werden, um Teams und Benchmarking international zu steuern.

Kennziffern beherrschen

Mit den Zahlen auf gutem Fuß zu stehen ist im Marketing lebenswichtig. Zu wissen, welche Zahlen konkret zu betrachten sind, ist jedoch eine Kunst, die sich langsam entwickeln muss. Um dies zu lernen, müssen Manager den Umgang mit Kennziffern üben und aus ihren Fehlern lernen. Wir hoffen, dass unsere Leser beim Durcharbeiten der Beispiele in diesem Buch selbstsicherer werden und ein solides Verständnis für die Grundlagen des datenbasierten Marketings entwickeln. Mit der Zeit und wachsender Erfahrung werden Sie sicherlich auch intuitiver mit Kennziffern umgehen und lernen, nach den Ursachen zu forschen, wenn Ihnen irgendwelche Berechnungen verdächtig oder verwirrend vorkommen.

Wir denken, dass viele unserer Leser Kennziffern nicht nur kennen, sondern auch sicher beherrschen sollten. Ein Manager muss wichtige Berechnungen aus dem Ärmel schütteln können – auch unter Druck, bei Vorstandssitzungen, bei strategischen Überlegungen und in Verhandlungen. Auch wenn nicht alle Leser dieses Maß an Zahlenbeherrschung benötigen werden, wird es doch für Anwärter auf Führungspositionen immer wichtiger, vor allem, wenn diese Positionen viel Finanzverantwortung mit sich bringen. Wir rechnen damit, dass datenbasiertes Marketing für viele unserer Leser ein Mittel sein wird, um sich von der Masse abzuheben und für den beruflichen Aufstieg in einer Umgebung zu positionieren, die immer mehr Herausforderungen bietet.

Zu diesem Buch

Seine Struktur

Dieses Buch ist in Kapitel gegliedert, in denen erklärt wird, welche unterschiedlichen Rollen die Marketingkennziffern für das Unternehmensmanagement spielen. Einzelne Kapitel beschäftigen sich beispielsweise mit den Kennziffern, die in der Promotion-Strategie, in der Werbung und im Vertrieb von Bedeutung sind. Jedes Kapitel enthält Abschnitte, die spezifischen Konzepten und Kalkulationen gewidmet sind.

Es ist unvermeidlich, diese Kennziffern in einer Reihenfolge zu präsentieren, die auf den ersten Blick willkürlich anmutet. Doch wir haben uns bei der Gliederung dieses Textes bemüht, zwei Ziele ausgewogen zu berücksichtigen:

- zuerst die Grundkonzepte einzuführen und dann schrittweise zu verfeinern und
- verwandte Kennziffern zu Clustern zusammenzufassen, damit der Leser leichter erkennt, wo sie sich gegenseitig verstärken oder voneinander abhängen.

In Abbildung 1.1 sehen Sie eine grafische Darstellung dieser Struktur, aus der die Verzahnung aller Marketingkennziffern – und im Grunde aller Marketingprogramme – sowie die zentrale Rolle, die der Kunde spielt, ersichtlich wird.

Abbildung 1.1: Marketingkennziffern: Das Marketing steht im Zentrum der Organisation

Die zentralen Themen der Kennziffern in diesem Buch sind folgende:
Kapitel 2 – Marktanteil und Kundenanteil: Kundenwahrnehmung, Marktanteil und Wettbewerbsanalyse

Kapitel 3 – Margen und Gewinne: Erlöse, Kostenstrukturen und Rentabilität

Kapitel 4 – Produkt- und Portfoliomanagement: Kennziffern für die Produktstrategie, unter anderem zu Erprobung, Kannibalisierung und Markenwert

Kapitel 5 – Kundenrentabilität: der Wert einzelner Kunden und Kundenbeziehungen

Kapitel 6 – Vertrieb und Vertriebsweg-Management: Organisation, Leistung und Vergütung. Absatzwege und Logistik.

Kapitel 7 – Preisgestaltungsstrategie: Preisfindung und -optimierung mit dem Ziel der Gewinnmaximierung

Kapitel 8 – Promotion: befristete Aktionspreise, Coupons, Nachlässe und Handelsrabatte

Kapitel 9 – Werbemedien und Internetkennziffern: Die wichtigsten Maßnahmen für Marktabdeckung und Wirksamkeit von Werbung, darunter Reichweite, Häufigkeit, Rating Points und Eindruck. Modelle zu Kundenreaktionen auf Werbung. Spezielle Kennziffern für Werbung im Internet.

Kapitel 10 – Marketing und Finanzen: finanzielle Bewertung von Marketingprogrammen.

Kapitel 11 – Unterm Röntgenstrahl der Kennziffern: Indikatoren für Chancen, Herausforderungen und Finanzkraft

Der Aufbau der Kapitel

Wie in Tabelle 1.1 gezeigt, setzen sich die Kapitel aus mehreren Abschnitten zusammen, die jeweils eine bestimmte Konzeption oder Kennziffer des Marketings aufgreifen. Jeder Abschnitt beginnt mit Definitionen, Formeln und einer kurzen Beschreibung der behandelten Kennziffern. Darauf folgt eine Passage, die unter dem Titel **Konstruktion** die mit diesen Kennziffern verbundenen Fragen untersucht: ihre Formulierung, Anwendung, Interpretation und strategischen Auswirkungen. Durch Beispiele werden Berechnungen verdeutlicht und Konzepte gefestigt, sodass der Leser überprüfen kann, ob er die wichtigsten Formeln verstanden hat. Danach sondieren wir in einem Abschnitt namens **Datenquellen, Komplikationen und Warnhinweise** die Grenzen der betreffenden Kennziffer und die Gefahren, die ihr Gebrauch birgt. In diesem Sinne erforschen wir auch die Grundannahmen, auf denen die Kennziffern beruhen. Am Ende jedes Kapitels steht eine kurze Darstellung der **Verwandten Kennziffern und Konzepte**.

Diese Strukturierung verfolgt ein einfaches Ziel: Die meisten Kennziffern in diesem Buch haben weitreichende Implikationen und mehrere Interpretationsebenen. Man könnte über jede einzelne von ihnen eine Doktorarbeit schreiben, und über einige hat tatsächlich schon jemand promoviert. Dieses Buch soll für Sie jedoch eine praxisorientierte und leicht zugängliche Referenz sein. Wenn der Teufel im Detail steckt, so wollen wir ihn finden, beschreiben und den Leser vor ihm warnen, aber keine komplette Dämonologie aufmachen. Also beschreiben wir die Kennziffern Schritt für Schritt und erklimmen dabei immer höhere Ebenen der Verfeinerung. Der Leser ist eingeladen, diese Informationen so zu lesen, wie es seinem Bedarf entspricht, und jede Kennziffer nur so weit zu untersuchen, wie es sich für ihn lohnt.

Im Sinn einer besseren Lesbarkeit haben wir auf komplizierte mathematische Notationen verzichtet. Die meisten Berechnungen in diesem Buch können Sie von Hand bewältigen, auf dem sprichwörtlichen Bierdeckel. Komplexere oder intensivere Berechnungen erfordern gelegentlich ein Tabellenkalkulationsprogramm. Sonst dürfte nichts weiter vonnöten sein.

Abkürzungen und Definitionen

Im gesamten Buch haben wir Formeln und Definitionen hervorgehoben, damit sie einfacher zu finden sind. Außerdem geben wir am Anfang jedes Kapitels oder Abschnitts eine kurze Beschreibung der wichtigsten Begriffe. In allen Formeln sind die Ein- und Ausgaben in folgender Schreibweise definiert:

€ (**Geldbetrag**): ein monetärer Wert. Aus Gründen der Knappheit verwenden wir das Eurozeichen und »Geldbetrag«, aber jede andere Währung, wie etwa Dollar, Yen, Dinar oder Yuan, wäre ebenso geeignet.

% (**Prozentsatz**): entspricht Bruchteilswerten oder Zahlen mit Dezimalteil. Zur besseren Lesbarkeit haben wir absichtlich den Schritt ausgelassen, Dezimalzahlen durch 100 zu teilen, um Prozentwerte zu erlangen.

(**Anzahl**): wird für solche Größen wie Unit Sales oder Anzahl der Wettbewerber verwendet.

R (**Rating**): überträgt qualitative Beurteilungen oder Vorlieben in ein Zahlensystem. Beispiel: eine Befragung, bei der Kunden für die beste Bewertung eine »1« und für die schlechteste eine »5« eintragen sollen. Ratings haben ohne Bezug auf ihre Maßeinheit und ihren Kontext keine innewohnende Bedeutung.

I (Index): eine Vergleichszahl, die oft einen Marktdurchschnitt ausdrückt oder mit ihm verknüpft ist. Beispiel: ein Verbraucherpreisindex. Indexwerte werden häufig als Prozentsatz interpretiert.

Quellen und weiterführende Literatur

Abela, Andrew, Bruce H. Clark und Tim Ambler. »Marketing Performance Measurement, Performance, and Learning«, Paper, 1. September 2004.

Ambler, Tim und Chris Styles. (1995). »Brand Equity: Toward Measures That Matter«, Working Paper No. 95-902, London Business School, Centre for Marketing.

Barwise, Patrick und John U. Farley. (2003). »Which Marketing Metrics Are Used and Where?« Marketing Science Institute, (03-111), working paper, Series issues two 03-002.

Clark, Bruce H., Andrew V. Abela und Tim Ambler. »Return on Measurement: Relating Marketing Metrics Practices to Strategic Performance,« Paper, 12. Januar 2004.

Hauser, John und Gerald Katz. (1998). »Metrics: You Are What You Measure«, European Management Journal, Vo. 16, No. 5, pp. 517–528.

Kaplan, R. S. und D. P. Norton. (1996). »The Balanced Scorecard: Translating Strategy into Action«, Boston, MA: Harvard Business School Press

Abschnitt	Kennziffer	Englisch
2. Marktanteil und Kundenanteil		
2.1	Marktanteil an den Erlösen	Market Share
2.1	Marktanteil an den verkauften Stückzahlen	Unit Share
2.2	Relativer Marktanteil	Relative Market Share
2.3	Markenentwicklungsindex	Brand Development Index
2.3	Spartenentwicklungsindex	Category Development Index
2.4–2.6	Aufteilung des Marktanteils	Market Share
2.4	Marktdurchdringung	Market Penetration
2.4	Marktanteil der Marke	Brand Penetration
2.4	Anteil an der Marktdurchdringung	Penetration Share
2.5	Bedarfsanteil	Share of Requirements
2.6	Nutzungsintensitätsindex	Heavy Usage Index
2.7	Effektehierarchie	Hierarchy of Effects
2.7	Bekanntheitsgrad	Awareness

Tabelle 1.1: Liste der wichtigsten Kennziffern

Abschnitt	Kennziffer	Englisch
2.7	Top of Mind	Top of Mind
2.7	Bekanntheitsgrad der Werbung	Ad Awareness
2.7	Produktwissen	Knowledge
2.7	Vorstellungen	Beliefs
2.7	Kaufabsichten	Intentions
2.7	Kaufgewohnheiten	Purchase Habits
2.7	Markentreue	Loyalty
2.7	Beliebtheit	Likeability
2.8	Bereitschaft zur Weiterempfehlung	Willingness to Recommend
2.8	Kundenzufriedenheit	Customer Satisfaction
2.9	Bereitschaft zum Suchen	Willingness to Search
3. Margen und Gewinne		
3.1	Marge pro Einheit	Unit Margin
3.1	Marge (%)	Margin (%)
3.2	Vertriebsweg-Margen	Channel Margins
3.3	Durchschnittsstückpreis	Average Price per Unit
3.3	Preis pro statistischer Einheit	Price Per Statistical Unit
3.4	Variable und fixe Kosten	Variable and Fixed Costs
3.5	Marketingausgaben	Marketing Spending
3.6	Deckungsbeitrag pro Einheit	Contribution per Unit
3.6	Deckungsbeitrag (%)	Contribution Margin (%)
3.6	Break-even-Umsatz	Break-Even Sales
3.7	Mengenziel	Target Volume
3.7	Umsatzziel	Target Revenues
4. Produkt- und Portfolio-management		
4.1	Erprobung	Trial
4.1	Wiederholungskauf	Repeat Volume
4.1	Durchdringung	Penetration
4.1	Umsatzprognosen	Volume Projections
4.2	Wachstum in Prozent	Growth, Percentage
4.2	Wachstum – Jährliche Wachstumsrate (CAGR)	Growth, CAGR
4.3	Kannibalisierungsrate	Cannibalization Rate
4.3	Abschöpfung des Normanteils	Fair Share Draw Rate
4.4	Markenwertkennziffern	Brand Equity Metrics
4.5	Conjoint-Nutzen und Verbraucher-präferenzen	Conjoint Utilities and Consumer Preferences

Tabelle 1.1: Liste der wichtigsten Kennziffern (Forts.)

Abschnitt	Kennziffer	Englisch
4.6	Segmentnutzen	Segment Utilities
4.7	Conjoint-Nutzen und Umsatz-prognosen	Conjoint Utilities and Volume Projections
5. Kundenrentabilität		
5.1	Kunden	Customers
5.1	Aktualität	Recency
5.1	Kundenbindungsquote	Retention Rate
5.2	Kundenrentabilität	Customer Profit
5.3	Customer Lifetime Value	Customer Lifetime Value
5.4	Prospect Lifetime Value	Prospect Lifetime Value
5.5	Durchschnittliche Akquisitionskosten	Average Acquisition Cost
5.5	Durchschnittliche Kundenbindungskosten	Average Retention Cost
6. Vertrieb und Vertriebsweg-Management		
6.1	Arbeitslast	Workload
6.1	Umsatzpotenzialprognose	Sales Potential Forecast
6.2	Gesamtumsatz	Sales Total
6.3	Vertriebseffizienz	Sales Force Effectiveness
6.4	Vergütung	Compensation
6.4	Break-even-Personalbestand	Break-Even Number of Employees
6.5	Umsatztrichter, Umsatz-Pipeline	Sales Funnel, Sales Pipeline
6.6	Numerische Verteilung	Numeric Distribution %
6.6	(Menge aller Waren) All Commodity-Volumen, ACV	All Commodity Volume (ACV)
6.6	Produktspartenvolumen (Product Category Volume, PCV)	Product Category Volume (PCV)
6.6	Gesamtdistribution	Total Distribution %
6.6	Facings	Facings
6.7	Vorratslücke	Out of Stock %
6.7	Lagerbestand, Vorräte	Inventories
6.8	Preisabschläge	Markdowns
6.8	Direkte Produktrentabilität	Direct Product Profitability (DPP)
6.8	Bruttorentabilität der Lager-investitionen (GMROII)	Gross Margin Return on Inventory Investment (GMROII)
7. Strategie der Preisgestaltung		
7.1	Preisprämie	Price Premium
7.2	Grenzpreis	Reservation Price
7.2	Schnäppchenkäuferanteil	Percent Good Value

Tabelle 1.1: Liste der wichtigsten Kennziffern (Forts.)

Abschnitt	Kennziffer	Englisch
7.3	Preiselastizität der Nachfrage	Price Elasticity of Demand
7.4	Optimaler Preis	Optimal Price
7.5	Restelastizität	Residual Elasticity
8. Promotion		
8.1	Grundumsatz	Baseline Sales
8.1	Umsatzzuwachs oder Promotion-bedingte Erhöhung	Incremental Sales/Promotion Lift
8.2	Einlösungsraten	Redemption Rates
8.2	Kosten für Coupons und Rabatte	Costs for Coupons and Rebates
8.2	Prozentsatz Umsatz mit Coupons	Percentage Sales with Coupon
8.2	Prozent Umsatz durch Sonderangebote	Percent Sales on Deal
8.2	Prozent Zeit für Sonderangebote	Percent Time on Deal
8.2	Durchschnittstiefe der Sonderangebote	Average Deal Depth
8.3	Weitergabe	Pass-Through
8.4	Preiswasserfall	Price Waterfall
9. Werbemedien und Internetkennziffern		
9.1	Eindrücke	Impressions
9.1	Brutto-Rating Points (GRPs)	Gross Rating Points (GRPs)
9.2	Kosten pro tausend Eindrücke (CPM)	Cost per Thousand Impressions (CPM)
9.3	Nettoreichweite	Net Reach
9.3	Durchschnittshäufigkeit	Average Frequency
9.4	Wiederholungseffekte	Frequency Response
9.5	Wirkungsreichweite	Effective Reach
9.5	Wirkungsfrequenz	Effective Frequency
9.6	Share of Voice	Share of Voice
9.7	Seitenaufrufe	Pageviews
9.8	Durchklickrate	Clickthrough Rate
9.9	Kosten pro Klick	Cost per Click
9.9	Kosten pro Bestellung	Cost per Order
9.9	Kosten pro akquirierter Kunde	Cost per Customer Acquired
9.10	Besuche	Visits
9.10	Besucher	Visitors
9.10	Abbruchrate	Abandonment Rate

Tabelle 1.1: Liste der wichtigsten Kennziffern (Forts.)

Abschnitt	Kennziffer	Englisch
10. Marketing und Finanzen		
10.1	Nettogewinn	Net Profit
10.1	Umsatzrendite	Return on Sales – ROS
10.2	Investitionsrendite	Return on Investment – ROI
10.3	Wirtschaftlicher Gewinn, ökonomischer Mehrwert	Economic Profit – EVA
10.4	Amortisation	Payback
10.4	Nettobarwert	Net Present Value (NPV)
10.4	Interne Rendite	Internal Rate of Return (IRR)
10.5	Rentabilität der Marketing-investitionen, Erlöse	Return on Marketing Investment (ROMI); Revenue

Tabelle 1.1: Liste der wichtigsten Kennziffern (Forts.)

Anmerkungen

1 Word Reference, www.wordreference.com, Stand 22. April 2005

2 Bartlett, John. (1992). Bartlett's Familiar Quotations, 16. Aufl.; Hrsg. Justin Kaplan

3 Hauser, John, und Gerald Katz. Metrics: You are What You Measure, European Management Journal, Volume 16 Nr. 5 Oktober 1998

4 Kaplan, Robert S. und David P. Norton. (1996). Balanced Scorecard, Boston, MA: Harvard Business School Press

5 Brady, Diane, mit David Kiley und Bureau Reports, Making Marketing Measure Up, Business Week

6 Genauer gesagt kann jede Zahl Fehler enthalten. Den Marktanteil kann man z.B. an Einzelhandelsumsätzen abschätzen, den Herstellerumsatz an den Lieferungen an Einzelhändler.

7 Barwise, Patrick und John U. Farley (2003). Which Marketing Metrics Are Used and Where? Marketing Science Institute (03-111), Working Paper, Series issues two 03-002.

8 Ambler, Tim, Flora Kokkinaki und Stefano Puntoni. (2004). Assessing Marketing Performance: Reasons for Metrics Selection, Journal of Marketing Management, 20, 475–498, Kap. 2

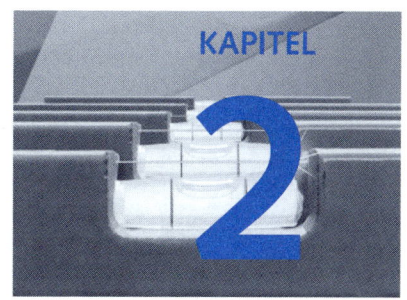

KAPITEL

2

Marktanteil und Kundenanteil

Kennziffern in diesem Kapitel	
Marktanteil	Bedarfsanteil
Relativer Marktanteil	Nutzungsintensitätsindex
Marktkonzentration	Bekanntheitsgrad, Einstellungen und Nutzung
Markenentwicklungsindex	Kundenzufriedenheit
Spartenentwicklungsindex	Bereitschaft zur Weiterempfehlung
Durchdringung	Bereitschaft zum Suchen

>> Auf den ersten Blick lässt sich ein Marktanteil nach der einfachen Formel »wir/wir+die anderen« berechnen. Doch daraus ergeben sich eine Fülle von Fragen, beispielsweise: Wer sind »die anderen«? Mit anderen Worten: Wie umfangreich definieren wir die Welt der Wettbewerber? Welche Maßeinheiten verwenden wir? An welcher Stelle der Wertschöpfungskette holen wir uns unsere Daten? Welcher Zeitrahmen liefert uns den maximalen Störabstand? Bei einer Kennziffer, die so wichtig ist und so intensiv auf Änderungen und Tendenzen abgeklopft wird wie der Marktanteil, sind die Antworten auf diese Fragen von allergrößter Bedeutung. In diesem Kapitel sprechen wir diese Themen an und führen überdies Schlüsselkomponenten des Marktanteils ein, darunter den Anteil an der Marktdurchdringung (Penetration Share), den Nutzungsintensitätsindex (Heavy Usage Index) und den Bedarfsanteil (Share of Requirements).

Um die Dynamik des Marktanteils zu sondieren, untersuchen wir Maße für Produktkenntnis (Awareness), Einstellung (Attitude) und Nutzungserwartung (Usage), die der Kunde einer Marke entgegenbringt. Diese Faktoren spielen für den Kunden eine große Rolle bei seiner Entscheidung, eine Marke einer anderen vorzuziehen. Wir behandeln die Zufriedenheit des Kunden mit Produkt und Anbieter, deren Quantifizierung für Marketingspezialisten immer wichtiger wird, und betrachten abschließend Kennziffern, mit denen sich das Ausmaß von Vorlieben und Zufriedenheit des Kunden messen lässt – einschließlich seiner Bereitschaft, eine Marke zu suchen, wenn sie nicht direkt verfügbar ist, und diese Marke an andere weiterzuempfehlen. Marketingleute sehen diese Größen zunehmend als Hauptindikatoren für Änderungen der Marktanteile in der Zukunft. <<

	Kennziffer	Konstruktion	Bemerkungen	Zweck
2.1	Marktanteil an den Erlösen	Umsatzerlöse in Prozent der Umsatzerlöse des Markts	Wie wird der Marktumfang definiert? Welcher Vertriebsweg wird analysiert? Vor/nach Rabatten? Welcher Zeitraum wird betrachtet?	Maß für die Konkurrenzfähigkeit
2.1	Marktanteil an den verkauften Stückzahlen	Umsatzstückzahlen in Prozent der Umsatzstückzahlen des Markts	Wie wird der Marktumfang definiert? Welcher Vertriebsweg wird analysiert? Welcher Zeitraum wird betrachtet?	Maß für die Konkurrenzfähigkeit
2.2	Relativer Marktanteil	Marktanteil der Marke geteilt durch Marktanteil des größten Wettbewerbers	Kann als Stückzahlen- oder Umsatzanteil ausgedrückt werden	Vergleichende Einschätzung der Marktkraft
2.3	Markenentwicklungsindex	Markenumsatz in einem bestimmten Segment, verglichen mit dem Umsatz der Produktsparte auf dem Gesamtmarkt	Betrachtet werden entweder Umsatzstückzahlen oder Umsatzerlöse	Kauf und Konsum der Marke je nach Region oder Segment unterschiedlich
2.3	Spartenentwicklungsindex	Spartenumsatz in einem bestimmten Segment, verglichen mit dem Umsatz der Produktsparte auf dem Gesamtmarkt	Betrachtet werden entweder Umsatzstückzahlen oder Umsatzerlöse	Kauf und Konsum der Produktsparte je nach Region oder Segment unterschiedlich
2.4, 2.5, 2.6	Aufteilung des Marktanteils	Anteil an der Marktdurchdringung * Anteil am Bedarf * Nutzungsintensitätsindex	Betrachtet werden entweder Umsatzstückzahlen oder Umsatzerlöse. Welcher Zeitraum?	Berechnung des Marktanteils; Wettbewerbsanalyse; Analyse der früheren Trends; Formulierung der Marketingziele

(Fortsetzung)

	Kennziffer	Konstruktion	Bemerkungen	Zweck
2.4	Marktdurch-dringung	Käufer einer Produktsparte in Prozent der Gesamtbevölkerung	Stückzahl/Erlösbe-trachtung irrelevant, da auf Bevölkerungs-zahlen basierend	Misst die Produkt-spartenakzeptanz bei einer definierten Bevölkerungsgruppe; nützlich zur Beobachtung der Akzeptanz neuer Produktsparten
2.4	Marktanteil der Marke	Käufer einer Marke in Prozent der Gesamtbevölkerung	Stückzahl/Erlösbe-trachtung irrelevant, da auf Bevölkerungs-zahlen basierend	Misst die Marken-akzeptanz bei einer definierten Bevölke-rungsgruppe
2.4	Anteil an der Marktdurch-dringung	Marktanteil der Marke in Prozent der Marktdurchdringung	Ein Bestandteil der Marktanteilsformel	Verhältnismäßige Akzeptanz der Marke in ihrer Produkt-sparte
2.5	Bedarfsanteil	Käufe der Marke in Prozent der gesamten Anschaf-fungen in dieser Produktsparte durch Käufer dieser Marke	Kann als Stückzah-len- oder Umsatzan-teil ausgedrückt werden. Kann selbst dann steigen, wenn der Umsatz sinkt, da die treuesten Kunden übrig bleiben	Zeigt, wie stark die vorhandenen Kunden einer bestimmten Marke an diese Marke gebunden sind
2.6	Nutzungs-intensitätsindex	Käufe in dieser Sparte durch Kunden einer Marke, verglichen mit den Käufen, die der Durchschnittskunde in dieser Sparte tätigt	Betrachtet werden entweder Umsatz-stückzahlen oder Umsatzerlöse	Zeigt die relative Nutzung einer Produktsparte durch Kunden einer bestimmten Marke
2.7	Effekte-hierarchie	Bekanntheitsgrad, Einstellungen, Vorstellungen; Wichtigkeit; Absicht, das Produkt zu probieren, zu kaufen, zu erproben, wiederholt zu kaufen	Oft wird die genaue Reihenfolge nicht beachtet bzw. umgedreht	Ziele von Marketing und Werbung definieren; Stadien im Entscheidungs-prozess des Kunden besser verstehen

(Fortsetzung)

	Kennziffer	Konstruktion	Bemerkungen	Zweck
2.7	Bekanntheits-grad	Der Prozentsatz der Gesamtbevölkerung, der eine Marke kennt	Wurde die Produkt-kenntnis abgefragt oder spontan geäußert?	Hinterfragt, wer von der Marke gehört hat
2.7	Top of Mind	Erste in Betracht gezogene Marke	Kann von der neuesten Werbung oder Erfahrung abhängen	Das Hervorstechen einer Marke
2.7	Bekanntheits-grad der Werbung	Gibt an, wie viel Prozent der Gesamtbevölkerung die Markenwerbung kennt	Kann je nach Terminen, Reichweite und Häufigkeit der Werbung variieren	Eines der Maße für Werbewirkungen; eventuell Indikator für den »Aufmerk-samkeitswert« von Werbung
2.7	Produktwissen	Gibt an, wie viel Prozent der Bevölkerung Produktwissen hat bzw. sich an die Wer-bung erinnert	Keine formale Kennziffer. Handelt es sich um abge-fragtes oder spontan geäußertes Produktwissen?	Ausmaß der Produkt-kenntnis über die bloße Kenntnis des Namens hinaus
2.7	Vorstellungen	Die Kunden-/Verbrauchersicht eines Produkts anhand von Umfrageergebnissen, oft als Einstufung auf einer Skala aufgezeichnet	Kunden/Verbraucher können unterschied-lich starke Überzeu-gungen mit ihren Vorstellungen verbin-den	Wahrnehmung der Merkmale einer Marke
2.7	Kaufabsichten	Wahrscheinlichkeit einer Kaufabsicht	Kaufwahrscheinlich-keit einschätzen, Angaben der Absichten zusam-mentragen und analysieren (beispielsweise die beiden obersten Kästchen)	Misst die vor dem Kauf vorhandene Kaufneigung
2.7	Kaufgewohn-heiten	Kaufhäufigkeit und normale Kaufmenge	Kann bei verschie-denen Einkäufen stark variieren	Hilft bei der Identifikation intensiver Nutzer der Marke

(Fortsetzung)

	Kennziffer	Konstruktion	Bemerkungen	Zweck
2.7	Markentreue	Umfasst Bedarfs-anteil, Bereitschaft, mehr zu bezahlen, Bereitschaft zum Suchen	Nicht die »Marken-treue« selbst ist eine formale Kennziffer, sondern bestimmte quantifizierbare Aspekte von ihr. Neue Produkteinfüh-rungen können den Grad der Marken-treue ändern.	Indikator für zu erwartende Basiserlöse
2.7	Beliebtheit	Wird normalerweise durch Einstufungen auf mehreren Skalen angegeben	Korreliert möglicher-weise mit Überzeu-gung	Zeigt die vor dem Kauf vorhandene Vorliebe
2.8	Bereitschaft zur Weiter-empfehlung	Wird normalerweise auf einer Skala von 1–5 angegeben	Auswirkung ist nicht linear	Zeigt das Maß der Markentreue, den möglichen Einfluss auf andere
2.8	Kunden-zufriedenheit	Wird normalerweise auf einer Skala von 1–5 angegeben, auf der Kunden ihre Zufriedenheit mit dem Produkt allgemein oder mit einzelnen Merkmalen dokumentieren	Antworten sind subjektiv; zeigt die Ansichten der Bestandskunden, nicht der verlorenen Kunden; Zufrieden-heit hängt von den Erwartungen ab.	Zeigt, wie wahr-scheinlich es ist, dass der Kunde wieder-kommt; Unzufrie-denheitsäußerungen zeigen, wo Verbesse-rungen notwendig sind, um die Markentreue zu fördern.
2.9	Bereitschaft zum Suchen	Prozentsatz der Kunden, die bereit sind, eine Anschaf-fung zu verschieben, ein anderes Geschäft aufzusuchen oder die Menge zu reduzie-ren, um die Marke nicht wechseln zu müssen	Schwierig zu ermitteln	Maß für die Wichtigkeit der Distributions-abdeckung

Marktanteil

Unter einem **Marktanteil** versteht man den Prozentsatz eines Markts (entweder in Stückzahlen oder in Erlösen), der auf eine bestimmte Entität entfällt.

Marktanteil an den verkauften Stückzahlen (%)

$$= \frac{\text{Umsatz (\#)}}{\text{Marktvolumen (\#)}}$$

Marktanteil an den Erlösen (%)

$$= \frac{\text{Umsatzerlöse (€)}}{\text{Marktvolumen (€)}}$$

Marketingleute müssen in der Lage sein, Umsatzziele als Marktanteil auszudrücken, da daran erkennbar wird, ob Prognosen erreicht werden können, indem man mit dem Markt wächst oder indem man Marktanteile von Wettbewerbern erobert. Letzteres ist fast immer schwieriger zu erreichen. Im Wettbewerb wird jede Änderung eines Marktanteils genau registriert, was oft zu strategischen oder taktischen Anpassungen führt.

Zweck: Schlüsselindikator für Wettbewerbsfähigkeit

Der Marktanteil zeigt, wie gut sich ein Unternehmen im Wettbewerb behauptet. Wer diese Kennziffer mit den Änderungen der Umsatzerlöse kombiniert, kann die primäre und die selektive Nachfrage am Markt besser einschätzen und somit nicht nur das Wachstum oder den Rückgang des Gesamtmarktvolumens beurteilen, sondern auch Tendenzen der Kunden, sich für den einen oder den anderen Wettbewerber zu entscheiden. Eine Umsatzsteigerung aufgrund einer Zunahme der Nachfrage (Wachstum des Gesamtmarktvolumens) ist normalerweise weniger kostspielig und rentabler als die Eroberung eines Marktanteils der Wettbewerber. Umgekehrt können Marktanteilsverluste ein Zeichen für ernste, langanhaltende Probleme sein, die strategische Anpassungen erforderlich machen. Unternehmen, deren Marktanteile unter einem bestimmten Niveau liegen, sind vielleicht gar nicht lebensfähig. In ähnlicher Weise können die Marktanteilstendenzen einzelner Produkte innerhalb der Produktpalette eines Unternehmens Frühindikatoren für zukünftige Chancen oder Probleme sein.

Konstruktion

Marktanteil: der Prozentsatz eines Markts, der auf eine Firma entfällt
Marktanteil an den verkauften Stückzahlen: von einem Unternehmen verkaufte Einheiten in Prozent des gesamten Marktvolumens, gemessen in denselben Einheiten

Marktanteil an den verkauften Stückzahlen (%)

$$= \frac{\text{Umsatz (\#)}}{\text{Marktvolumen (\#)}}$$

Diese Formel kann man natürlich umstellen, um entweder die Umsatzstückzahlen oder das Gesamtmarktvolumen in Umsatzstückzahlen aus den anderen beiden Variablen abzuleiten:

Umsatzstückzahlen (#)
= Marktanteil (%) * Marktvolumen (#)

Gesamtmarktvolumen in Umsatzstückzahlen (#)

$$= \frac{\text{Umsatz (\#)}}{\text{Marktanteil (\%)}}$$

Marktanteil an den Erlösen: Dieser unterscheidet sich vom Marktanteil an den verkauften Stückzahlen insofern, als er die Preise widerspiegelt, zu denen die Güter verkauft werden. Der relative Preis lässt sich einfach als Marktanteil an den Erlösen dividiert durch den Marktanteil an den verkauften Stückzahlen berechnen (siehe Abschnitt 7.1).

Marktanteil an den Erlösen (%)

$$= \frac{\text{Umsatzerlöse (\euro)}}{\text{Marktvolumen (\euro)}}$$

Wie beim Marktanteil an den verkauften Stückzahlen kann auch beim Marktanteil an den Erlösen die Gleichung umgestellt werden, um entweder die Umsatzerlöse oder das Gesamtmarktvolumen in Umsatzerlösen aus den anderen beiden Variablen abzuleiten.

Datenquellen, Komplikationen und Warnhinweise

Einen Markt zu definieren ist immer ein schwieriges Unterfangen: Definiert ein Unternehmen seinen Markt zu breit, kann es den Fokus einbüßen; definiert es ihn zu eng, kann es Chancen verpassen und Gefahren übersehen. Um nicht in die Falle zu gehen, sollten Sie als Erstes Ihren Marktanteil in Form von Umsatzstückzahlen oder Erlösen bezogen auf eine Liste von Wettbewerbern, Produkten, Vertriebskanälen, Regionen, Kunden und Zeiträumen berechnen. So können Sie beispielsweise errechnen, dass Sie »im Lebensmitteleinzelhandel in Bayern bezogen auf die Umsatzerlöse der führende Anbieter von tiefgekühlten italienischen Vorspeisen« sind.

Die Datenparameter müssen sorgfältig definiert werden: Auch wenn der Marktanteil womöglich die wichtigste Marketingkennziffer überhaupt ist, gibt es für ihn keine allgemein anerkannte Berechnungsmethode. Das ist schlecht, da unterschiedliche Methoden nicht nur verschiedene Marktanteilsberechnungen für einen bestimmten Zeitpunkt, sondern auch sehr unterschiedliche langfristige Trends ergeben können. Diese Diskrepanzen haben unterschiedliche Gründe: Der Marktanteil kann unterschiedlich betrachtet werden (in Stückzahlen oder in Euro); Daten lassen sich an unterschiedlichen Punkten des Vertriebswegs erheben (Herstellerlieferungen oder Kundenkäufe); der Markt kann unterschiedlich definiert werden (Reichweite des Wettbewerbs) und nicht zuletzt sind Messfehler möglich. In der Situationsanalyse vor einer strategischen Entscheidung müssen Manager diese Abweichungen kennen und erklären können.

Die Wettbewerbsdynamik in der Automobilindustrie im Allgemeinen und bei General Motors im Besonderen zeigt, wie kompliziert es ist, den Marktanteil zu quantifizieren:

>*»Nachdem der Marktanteil in den ersten beiden Monaten des Jahres von 27,2% auf 24,9% abgesackt ist – das niedrigste Niveau, seitdem das Unternehmen 1998 durch einen zweimonatigen Streik geschlossen wurde –, erwartet der GM-Konzern insgesamt im ersten Quartal einen Nettoverlust in Höhe von 846 Millionenen Euro.«[1]*

Ein Marketingmanager, der diese Nachricht in einer Ausgabe der Business Week von 2005 liest, könnte sofort eine Reihe von Fragen stellen:

- Wurde der Marktanteil in Stückzahlen (Fahrzeuge) oder Erlösen (Euro) gemessen?
- Gilt dieser Trend bei GM sowohl für die Stückzahlen als auch für den Marktanteil an den Erlösen?
- Wurde der Marktanteil an den Erlösen vor oder nach Rabatten und Preisnachlässen berechnet?
- Beziehen sich die zugrunde liegenden Umsatzdaten auf Lieferungen des Herstellers, die sich direkt in der GuV-Rechnung niederschlagen, oder auf den Verbraucherumsatz? (Dazwischen liegt noch der Lagerbestand der Autohäuser.)
- Wird der Marktanteilsverlust durch einen entsprechenden prozentualen Umsatzrückgang gespiegelt oder hat sich das Marktvolumen insgesamt geändert?

Sie müssen entscheiden können, ob ein Marktanteil auf Werkslieferungen, Lieferungen in Vertriebskanälen, Einzelhandelsumsätzen, Kundenbefragungen oder einer anderen Datenquelle basiert. Gelegentlich beruhen Marktanteilszahlen auch auf unterschiedlichen Daten (beispielsweise dann, wenn die tatsächlichen Lieferungen eines Unternehmens zu Umfrageschätzungen des Umsatzes der Wettbewerber ins Verhältnis gesetzt werden). Wenn nötig, müssen Sie auch Anpassungen wegen Unterschieden in den Vertriebskanälen vornehmen.

Der betrachtete Zeitraum hat Einfluss auf den Störabstand: Wenn Sie kurzfristige Marktkräfte beobachten, wie beispielsweise Auswirkungen einer Promotion oder Preisänderung, messen Sie Ihren Marktanteil über einen kurzen Zeitraum hinweg. Allerdings bringen solche Kurzfristbeobachtungen einen geringen Störabstand mit sich. Dagegen liefern Betrachtungen über längere Zeiträume hinweg zwar stabilere Daten, sie können jedoch wichtige Änderungen am Markt verwischen, wenn diese erst kürzlich eingetreten sind. Dieses Prinzip gilt auch für die Sammlung von Daten über geografische Gebiete, verschiedene Arten von Vertriebskanälen oder Kunden. Wenn Sie Märkte und Zeiträume für eine Analyse auswählen, müssen Sie diese optimieren, um die Art von Signal herauszufiltern, die am wichtigsten ist.

Die Daten über Marktanteile sind möglicherweise verzerrt: Daten über Marktanteile können Sie unter anderem sammeln, indem Sie in Marktstudien ermitteln, wie weit Kunden Ihr Produkt nutzen (siehe Abschnitt 2.7). Doch bei der Interpretation dieser Daten müssen Sie bedenken, dass Marktanteile, die nicht durch Zählung, sondern durch Berichte ermittelt werden, meistens zu Gunsten der bekannteren Marken verzerrt sind.

Verwandte Kennziffern und Konzepte

Zielmarkt: der Teil des Gesamtmarktvolumens, für den das Unternehmen im Wettbewerb steht. Das kann bestimmte Regionen oder Produkttypen ausschließen. Da beispielsweise Ryan Air Mitte 2005 nicht die USA anflog, zählten die USA auch nicht zum Zielmarkt dieser Airline.

Relativer Marktanteil und Marktkonzentration

Der **relative Marktanteil** ist der Marktanteil, den eine Marke eines Unternehmens im Vergleich zu seinen größten Wettbewerbern besetzt.

Relativer Marktanteil (I) (%)

$$= \frac{\text{Marktanteil Marke (€,\#)}}{\text{Marktanteil des größten Wettbewerbers (€,\#)}}$$

Die **Marktkonzentration**, eine verwandte Kennziffer, gibt an, in welchem Ausmaß eine vergleichsweise kleine Zahl von Unternehmen einen großen Teil des Markts besetzt.

Diese Kennziffern sind nützlich, um die relative Positionierung eines Unternehmens oder einer Marke auf verschiedenen Märkten zu beurteilen und um die Art und das Ausmaß des Wettbewerbs in diesen Märkten einzuschätzen.

Zweck: den Erfolg eines Unternehmens oder einer Marke und die Marktposition einschätzen

Ein Unternehmen mit einem Marktanteil von 25% wäre in manchen Märkten ein mächtiger Marktführer, würde aber in anderen weit abgeschlagen auf Rang zwei landen. Der relative Marktanteil ist eine gute Möglichkeit, den Marktanteil eines Unternehmens oder einer Marke mit dem der wichtigsten Wettbewerber zu vergleichen, sodass Marketingmanager ihre relative Marktposition über verschiedene Produktmärkte hinweg vergleichen können. Der relative Marktanteil gewinnt zunehmend an Bedeutung, da Studien – seien sie auch kontrovers – gezeigt haben, dass größere Unternehmen in einem Markt tendenziell rentabler arbeiten als ihre Wettbewerber. Diese Kennziffer wurde durch die Boston Consulting Group in der berühmten Matrix »Relativer Marktanteil und Marktwachstum« (Abbildung 2.1) populär gemacht.

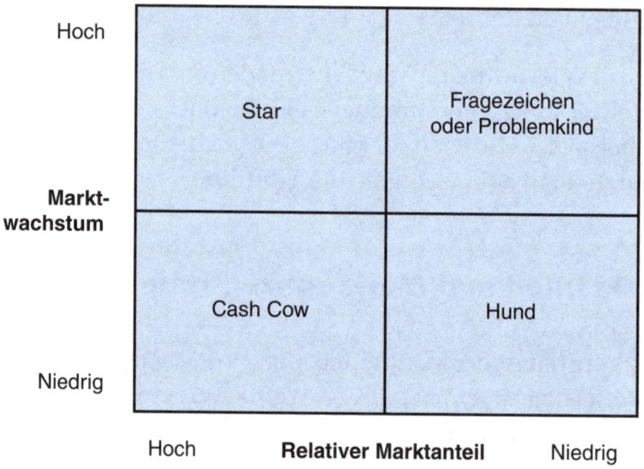

Abbildung 2.1: Die BCG-Matrix

In dieser so genannten **BCG-Matrix** stellt eine Achse den relativen Marktanteil dar, der ein Surrogat für die Wettbewerbskraft ist. Die andere Achse
repräsentiert das Marktwachstum, ein Surrogat für das Potenzial. In jeder
dieser Dimensionen werden die Produkte hoch oder niedrig in einem der
vier Quadranten eingestuft. In der traditionellen Interpretation dieser
Matrix werden Produkte mit hohem relativen Marktanteil in Wachstums-
märkten als Stars eingestuft, was nahelegt, dass sie mit kräftigen Investitionen gefördert werden sollten. Das hierzu notwendige Kapital steuern
die Cash Cows bei, also Produkte mit relativ hohem Marktanteil in Märkten mit geringem Wachstum. Als Problemkinder eingestufte Produkte haben vielleicht Potenzial für zukünftiges Wachstum, besetzen aber zurzeit
schwache Wettbewerbspositionen. Das Schlusslicht bilden die Hunde,
Produkte, die weder eine starke Wettbewerbsposition noch Wachstumspotenzial aufweisen.

Konstruktion

Relativer Marktanteil (I)

$$= \frac{\text{Marktanteil Marke } (\text{€},\#)}{\text{Marktanteil des größten Wettbewerbers } (\text{€},\#)}$$

Ein relativer Marktanteil kann auch als Markenumsatz (#,€) dividiert
durch den Umsatz des größten Wettbewerbers (#,€) errechnet werden, da

der gemeinsame Faktor, die Umsätze (oder Erlöse) des Gesamtmarkts, herausgekürzt werden kann.

BEISPIEL Der Markt für kleine Stadtflitzer besteht aus fünf Wettbewerbern (siehe Tabelle 2.1).

	Verkaufte Einheiten (in tausend)	Erlöse (in tausend)
Zipper	25	€375.000
Twister	10	€200.000
A-One	7,5	€187.500
Bowlz	5	€125.000
Chien	2,5	€50.000
Gesamtmarktvolumen	50	€937.500

Tabelle 2.1: Markt für kleine Stadtflitzer in den USA

Auf dem US-amerikanischen Markt für Kleinwagen kann ein Manager von A-One den Marktanteil seines Unternehmens im Verhältnis zu dem seiner größten Wettbewerber auf der Grundlage von Erlösen oder Umsatzstückzahlen ermitteln.

Auf Stückzahlen bezogen verkauft A-One 7.500 Autos pro Jahr, der Marktführer Zipper hingegen 25.000. Der relative Marktanteil von A-One beträgt also mengenmäßig 7.500/25.000 oder 0,30. Wir gelangen zu demselben Ergebnis, wenn wir zuerst den Marktanteil von A-One (7.500/50.000 = 15%) und den von Zipper (25.000/50.000 = 50%) errechnen und dann den von A-One durch den von Zipper teilen (15/50 = 30%).

Bezogen auf die Erlöse setzt A-One jährlich Autos im Werte von € 187,5 Millionen um, der Marktführer Zipper dagegen für € 375 Millionen. Der relative Marktanteil bezogen auf die Erlöse beträgt bei A-One € 187,5 Mio / € 375 Mio, also 50%. Wegen seiner vergleichsweise teuren Autos ist der relative Marktanteil von A-One in Erlösen größer als in Stückzahlen.

Verwandte Kennziffern und Konzepte

Marktkonzentration: gibt an, in welchem Maße sich eine relativ kleine Zahl von Unternehmen den größten Teil des Markts aufteilen. Wird auch als Konzentrationsquote bezeichnet und normalerweise für die drei oder vier größten Unternehmen am Markt berechnet.[2]

Drei-(Vier-)Unternehmens-Konzentrationsquote: die Summe der Marktanteile der drei (vier) größten Wettbewerber auf einem Markt

---

BEISPIEL Auf dem Kleinwagenmarkt setzt sich die Drei-Unternehmens-Konzentrationsquote aus den Marktanteilen der drei größten Wettbewerber zusammen, nämlich Zipper, Twister und A-One (siehe Tabelle 2.2).

	Verkaufte Einheiten (in tausend)	Marktanteil an Stückzahlen	Erlöse (in tausend)	Marktanteil an Erlösen
Zipper	25	50%	€375.000	40,0%
Twister	10	20%	€200.000	21,3%
A-One	7,5	15%	€187.500	20,0%
Bowlz	5	10%	€125.000	13,3%
Chien	2,5	5%	€50.000	5,3%
Gesamtmarktvolumen	50	100%	€937.500	100%

Tabelle 2.2: Marktanteile: Kleine Stadtflitzer

Auf Stückzahlen bezogen beträgt die Drei-Unternehmens-Konzentrationsquote 50% + 20% + 15% = 85%.
Bezogen auf die Erlöse beträgt sie 40% + 21,3% + 20% = 81,3%.

Herfindahl-Index: eine Marktkonzentrationskennziffer, die durch Addition der Quadrate der einzelnen Marktanteile aller Wettbewerber in einem Markt abgeleitet wird. Als Summe der Quadrate steigt dieser Index in Märkten an, die von großen Wettbewerbern dominiert werden.

BEISPIEL Der Herfindahl-Index hebt die Marktkonzentration auf dem Markt für Kleinwagen drastisch hervor (siehe Tabelle 2.3).

	Verkaufte Einheiten (in tausend)	Marktanteil an Stückzahlen	Herfindahl-Index	Erlöse (in tausend)	Erlösanteil	Herfindahl-Index
Zipper	25	50%	0,25	€375.000	40%	0,16
Twister	10,0	20%	0,04	€200.000	21%	0,0455
A-One	7,5	15%	0,0225	€187.500	20%	0,04
Bowlz	5	10%	0,01	€125.000	13%	0,0178
Chien	2,5	5%	0,0025	€50.000	5%	0,0028
Gesamtmarktvolumen	50,0	100%	0,325	€937.500	100%	0,2661

Tabelle 2.3: Berechnung des Herfindahl-Index für kleine Stadtflitzer

In der Stückzahlenbetrachtung ist der Herfindahl-Index gleich dem Quadrat des Marktanteils an den verkauften Stückzahlen des Zipper ($50\%^2 = 0{,}25$) plus dem des Twister ($20\%^2 = 0{,}04$) plus denen des A-One, Bowlz und Chien = 0,325.

Auf Basis der Erlöse ist der Herfindahl-Index das Quadrat des Marktanteils an den Erlösen des Zipper ($40\%^2 = 0{,}16$) plus denen aller seiner Wettbewerber = 0,2661.

Wie der Herfindahl-Index zeigt, ist der Kleinwagenmarkt in der Stückzahlenbetrachtung etwas stärker konzentriert als in der Umsatzbetrachtung. Das hat einen simplen Grund: Von den teureren Fahrzeugen werden einfach weniger Stück verkauft.

Hinweis: Der Herfindahl-Index wäre für eine gegebene Anzahl Wettbewerber am niedrigsten, wenn die Marktanteile gleichmäßig verteilt wären. In einer von fünf Unternehmen dominierten Branche würden gleiche Marktanteile beispielsweise einen Herfindahl-Index von $5 * (20\%^2) = 0{,}2$ ergeben.

Datenquellen, Komplikationen und Warnhinweise

Wie immer sind auch hier die richtige Marktdefinition und die Verwendung von Zahlen, die auch wirklich vergleichbar sind, eine absolute Grundbedingung für aussagekräftige Ergebnisse.

Verwandte Kennziffern und Konzepte

Marktanteils-Ranking: die Ordinalposition einer Marke in ihrem Markt, wenn die Wettbewerber nach Größe geordnet werden. Nummer 1 ist der größte Wettbewerber.

Anteil an der Produktsparte: Diese Kennziffer wird wie der Marktanteil berechnet, zeigt aber den Marktanteil innerhalb eines bestimmten Einzelhandelsunternehmens oder einer Klasse von Einzelhandelsunternehmen an (beispielsweise Supermärkte).

Markenentwicklungsindex und Produktspartenentwicklungsindex

Der **Markenentwicklungsindex** (auch Brand Development Index, BDI) gibt an, wie gut sich eine Marke in einer bestimmten Kundengruppe verglichen mit dem Durchschnitt aller Verbraucher behauptet.

Markenentwicklungsindex (I)

$$= \frac{\text{Markenumsatz Gruppe (\#) / Haushalte Gruppe (\#)}}{\text{Markenumsatz gesamt (\#) / Haushalte gesamt (\#)}}$$

Der **Spartenentwicklungsindex** (Category Development Index, CDI) bemisst die Umsatzleistung einer Sparte von Gütern oder Dienstleistungen verglichen mit ihrer durchschnittlichen Performance bezogen auf alle Verbraucher.

Spartenentwicklungsindex (I)

$$= \frac{\text{Spartenumsatz Gruppe (\#) / Haushalte Gruppe (\#)}}{\text{Spartenumsatz gesamt (\#) / Haushalte gesamt (\#)}}$$

Die Indizes für Marken- und Spartenentwicklung helfen beim besseren Verständnis bestimmter Kundensegmente im Verhältnis zum Gesamtmarkt. Hier werden diese Indizes zwar im Hinblick auf Haushalte definiert, aber man könnte sie ebensogut für Kunden, Konten, Unternehmen oder andere Einheiten berechnen.

Zweck: besser verstehen, wie sich eine Marke oder Produktsparte in den einzelnen Kundengruppen bewährt

Der Marken- und der Spartenentwicklungsindex helfen bei der Erkennung starker und schwacher (demografischer oder geografischer) Segmente für bestimmte Marken oder Sparten von Gütern und Dienstleistungen. Beispielsweise könnte man anhand des Spartenentwicklungsindex erkennen, dass die Leute im mittleren Westen Amerikas pro Kopf doppelt so viele CDs mit Country- und Westernmusik kaufen wie der Rest von Amerika, während Verbraucher an der Ostküste diesbezüglich unter dem Landesdurchschnitt liegen. Diese Informationen wären nützlich für die Planung eines Werbefeldzugs für einen neuen Country- und Westernsänger. Wenn Sie im umgekehrten Fall feststellen, dass ein Produkt einen niedrigen Markenentwicklungsindex in einem Segment aufweist, das für die betreffende Produktsparte einen hohen Spartenentwicklungsindex hat, so können Sie hinterfragen, warum sich die Marke in einem so vielversprechenden Segment nicht besser behauptet.

Konstruktion

Markenentwicklungsindex (BDI) (I): zeigt an, wie gut sich eine Marke in einem gegebenen Marktausschnitt im Verhältnis zu ihrer Performance im Gesamtmarkt behauptet.

Markenentwicklungsindex (BDI) (I)

$$= \frac{\text{Markenumsatz Gruppe (\#) / Haushalte Gruppe (\#)}}{\text{Markenumsatz gesamt (\#) / Haushalte gesamt (\#)}}$$

Der Markenentwicklungsindex ist ein Maß für den Markenumsatz pro Person oder pro Haushalt in einer bestimmten demografischen Gruppe oder einer Region, verglichen mit dem Durchschnittsumsatz pro Person oder Haushalt bezogen auf den Gesamtmarkt. Um seine Nutzung zu illustrieren: Man könnte vermuten, dass der Pro-Kopf-Umsatz von Speiseeis der Marke Ben & Jerry im US-Bundesstaat Vermont, aus dem diese Marke stammt, größer ist als im Rest der USA. Indem Sie den Markenentwicklungsindex für Ben & Jerry-Eis für Vermont errechnen, können Sie diese Hypothese mit harten Zahlen untermauern.

> **BEISPIEL** Oaties ist ein kleiner Hersteller von Frühstücksflocken. An Haushalte ohne Kinder wird wöchentlich ein Paket pro 100 Haushalte verkauft. Bezogen auf die Gesamtbevölkerung ist es aber ein Paket pro 80 Haushalte. Also wird in kinderlosen Haushalten 1/100 Paket, insgesamt jedoch 1/80 Paket pro Woche konsumiert.
>
> Markenentwicklungsindex (BDI) (I)
>
> $$= \frac{\text{Markenumsatz / Haushalt}}{\text{Markenumsatz gesamt / Haushalt}} = \frac{1/100}{1/80} = 0,8$$
>
> Oaties schlägt sich also im Segment der Kinderlosen etwas schlechter als im Gesamtmarkt.

Spartenentwicklungsindex (CDI) (I): zeigt an, wie gut sich eine Sparte in einem gegebenen Marktausschnitt im Verhältnis zu ihrer Performance im Gesamtmarkt behauptet.

Spartenentwicklungsindex (I)

$$= \frac{\text{Spartenumsatz Gruppe (\#) / Haushalte Gruppe (\#)}}{\text{Spartenumsatz gesamt (\#) / Haushalte gesamt (\#)}}$$

Der Spartenentwicklungsindex, der dem Markenentwicklungsindex konzeptionell ähnelt, zeigt an, wo eine Produktsparte gemessen an ihrer sonstigen Performance Stärken oder Schwächen hat. Zum Beispiel weist Boston einen hohen Pro-Kopf-Verbrauch an Speiseeis auf und in Bayern bzw. Irland wird mehr Bier getrunken als im Iran.

Datenquellen und Komplikationen

Zur Berechnung eines Marken- oder Spartenentwicklungsindex ist die genaue Definition des betrachteten Segments von größter Wichtigkeit. Segmente sind oft geografisch begrenzt, können jedoch in jeder Weise definiert werden, für die Daten verfügbar sind.

Verwandte Kennziffern und Konzepte

Der Begriff Spartenentwicklungsindex wird auch auf den Einzelhandel angewandt. Hier gibt dieser Index an, in welchem Maße ein Einzelhandelsunternehmen eine Produktsparte gegenüber den anderen hervorhebt.

Spartenentwicklungsindex (I)

$$= \frac{\text{Anteil des Einzelhändlers am Spartenumsatz (\%)}}{\text{gesamter Marktanteil des Einzelhändlers (\%)}}$$

In dieser Bedeutung ähnelt der Begriff der Produktsparten-Performance-quote (siehe Abschnitt 6.6).

Durchdringung

Die **Durchdringung** (Penetration) ist ein Maß für die Beliebtheit einer Marke oder Produktsparte. Sie ist definiert als die Anzahl der Leute, die eine Marke oder Produktsparte mindestens einmal in einem gegebenen Zeitraum kaufen, geteilt durch die Bevölkerungszahl des betreffenden Markts.

$$\text{Marktdurchdringung (\%)} = \frac{\text{Spartenkunden (\#)}}{\text{Gesamtbevölkerung (\#)}}$$

$$\text{Marktanteil Marke (\%)} = \frac{\text{Markenkunden (\#)}}{\text{Gesamtbevölkerung (\#)}}$$

$$\text{Anteil Marktdurchdringung (\%)} = \frac{\text{Marktanteil Marke (\%)}}{\text{Marktdurchdringung (\%)}}$$

$$\text{Anteil Marktdurchdringung (\%)} = \frac{\text{Markenkunden (\#)}}{\text{Spartenkunden (\#)}}$$

Oft muss ein Manager entscheiden, welches der bessere Weg zu mehr Umsatz ist: Soll er versuchen, vorhandene Kunden einer Produktsparte vom Wettbewerb abzuziehen, oder soll er die gesamte Käuferschaft der Produktsparte erweitern, indem er völlig neue Kunden erschließt. Die Kennziffern für die Marktdurchdringung können Hinweise geben, welche Strategie geeignet ist, und Managern helfen, ihren Erfolg zu beurteilen. Dieselben Gleichungen können übrigens auch für die Nutzung statt des Kaufs eines Produkts verwendet werden.

Konstruktion

Durchdringung: der Anteil der Menschen im Zielmarkt, die (zumindest einmal im Beobachtungszeitraum) eine Marke oder ein Produkt einer Sparte gekauft haben.

$$\text{Marktdurchdringung (\%)} = \frac{\text{Spartenkunden (\#)}}{\text{Gesamtbevölkerung (\#)}}$$

$$\text{Marktanteil der Marke (\%)} = \frac{\text{Markenkunden (\#)}}{\text{Gesamtbevölkerung (\#)}}$$

Zwei Schlüsselindikatoren für die »Beliebtheit« eines Produkts sind die Durchdringungsrate und der Durchdringungsanteil. Die Durchdringungsrate (auch als Durchdringung, Marktanteil der Marke oder Marktdurchdringung bezeichnet) gibt an, wie viel Prozent der betrachteten Bevölkerung eine Marke oder ein Produkt einer Sparte mindestens einmal im Betrachtungszeitraum gekauft hat.

> **BEISPIEL** In einem Monat haben auf einem Markt, der 10.000 Haushalte umfasst, 500 Haushalte Ungezieferspray der Marke »Big Bomb« gekauft.
>
> Marktanteil der Marke »Big Bomb«
>
> $$= \frac{\text{Big Bomb-Kunden}}{\text{Gesamtbevölkerung}} = \frac{500}{10.000} = 5\%$$

Der Anteil einer Marke an der Marktdurchdringung wird im Gegensatz zur Durchdringungsrate durch Vergleich der Kunden dieser Marke mit der Anzahl der Kunden der betreffenden Produktsparte in dem betreffenden Gesamtmarkt ermittelt. Auch hier muss ein Kunde, um als solcher zu gelten, die Marke oder Produktsparte mindestens einmal im Beobachtungszeitraum gekauft haben.

$$\text{Anteil Marktdurchdringung (\%)} = \frac{\text{Marktanteil Marke (\%)}}{\text{Marktdurchdringung (\%)}}$$

> **BEISPIEL** In dem Monat, in dem 500 Haushalte das Ungezieferspray der Marke »Big Bomb« kauften, haben 2.000 Haushalte mindestens ein Produkt irgendeiner Marke in dieser Produktsparte erworben. Also können wir den Anteil von »Big Bomb« an der Marktdurchdringung errechnen.
>
> Anteil Marktdurchdringung, Big Bomb
>
> $$= \frac{\text{Big Bomb-Kunden}}{\text{Spartenkunden}} = \frac{500}{2.000} = 25\%$$

Aufteilung des Marktanteils

Verhältnis von Anteil an der Marktdurchdringung zu Marktanteil: Der Marktanteil kann als Produkt von drei Faktoren berechnet werden: Anteil an der Marktdurchdringung, Bedarfsanteil und Nutzungsintensitätsindex.

Marktanteil (%)
= Anteil Marktdurchdringung (%)
∗ Bedarfsanteil (%)
∗ Nutzungsintensitätsindex (I)

Bedarfsanteil: der Prozentsatz des Kundenbedarfs in einer Produktsparte, der durch eine bestimmte Marke oder ein Produkt gedeckt wird (siehe Abschnitt 2.5)

Nutzungsintensitätsindex: gibt an, wie stark die Benutzer eines spezifischen Produkts auch die gesamte zugehörige Produktsparte nutzen (siehe Abschnitt 2.6)

Ein Manager, der diese Zusammenhänge kennt, kann anhand der Aufteilung des Marktanteils, wenn er die anderen Größen kennt, den Anteil an der Marktdurchdringung berechnen.

Anteil Marktdurchdringung (%)

$$= \frac{\text{Marktanteil (\%)}}{\text{Nutzungsintensitätsindex (I)} \ast \text{Bedarfsanteil (\%)}}$$

> **BEISPIEL** Die Frühstücksflockenmarke »Eat Wheats« hat in Urbano-
> polis einen Marktanteil von 6%. Der Nutzungsintensitätsindex für
> »Eat Wheats« beträgt in Urbanopolis 0,75 und der Bedarfsanteil 40%.
> Aus diesen Daten können wir den Anteil an der Marktdurchdrin-
> gung für »Eat Wheats«-Flocken in Urbanopolis ermitteln:
>
> Anteil Marktdurchdringung (%)
>
> $$= \frac{\text{Marktanteil (\%)}}{\text{Nutzungsintensitätsindex (I)} * \text{Bedarfsanteil (\%)}} = \frac{6\%}{0,30} = 20\%$$

Datenquellen, Komplikationen und Warnhinweise

Der Zeitraum, über den ein Unternehmen die Durchdringung misst, kann
die Durchdringungsrate massiv beeinflussen. So werden beispielsweise im
Putzmittelmarkt selbst die beliebtesten Produkte nicht wöchentlich gekauft. Je kürzer der Zeitraum, in dem die Durchdringung gemessen wird,
desto mehr sinkt im Allgemeinen die Durchdringungsrate. Dagegen ist
der Anteil an der Marktdurchdringung von dieser Dynamik weniger stark
betroffen, da er einen Vergleich zwischen Marken zieht: Bei dieser Betrachtungsweise kann sich die Verkürzung der Zeiträume relativ gleichmäßig auswirken.

Verwandte Kennziffern und Konzepte

Gesamtzahl der aktiven Kunden: die Kunden (Accounts), die mindestens einmal im gegebenen Zeitraum etwas gekauft haben. In der Betrachtung auf Markenebene ist dies das gleiche wie der Marktanteil der Marke.
Der Terminus wird oft abgekürzt als Gesamtzahl der Kunden verwendet,
doch dies ist unpassend, wenn zwischen Bestandskunden und Exkunden
unterschieden werden soll. Dieses Konzept wird in Abschnitt 5.1 noch
eingehender erläutert (Kunden mit einer spezifischen Aktualität).
Annehmer: Kunden, die geneigt sind, ein Produkt und seine Vorteile zu
akzeptieren; das Gegenteil von Ablehner
Ausprobierer: der Prozentsatz einer Bevölkerung, der eine Marke irgendwann einmal ausprobiert hat (Erprobung wird in Abschnitt 4.1 genauer
erläutert)

Bedarfsanteil

Der Bedarfsanteil, auch »Anteil an den Konsumausgaben« genannt, wird ausschließlich anhand von Käufern einer bestimmten Marke berechnet. In dieser Gruppe stellt diese Kennziffer den Prozentsatz der Käufe in der Produktsparte dar, der auf die betreffende Marke entfällt.

Bedarfsanteil an den Erlösen (%)

$$= \frac{\text{Käufe der Marke (\#)}}{\text{Alle Käufe von Markenkunden in Produktsparte (\#)}}$$

Bedarfsanteil an den Stückzahlen (%)

$$= \frac{\text{Käufe der Marke (€)}}{\text{Alle Käufe von Markenkunden in Produktsparte (€)}}$$

Viele Marketingleute betrachten den Bedarfsanteil als Schlüsselgröße für die Markentreue. Diese Kennziffer kann dem Unternehmen helfen, zu entscheiden, ob es Ressourcen aufwenden soll, um eine Produktsparte zu erweitern, dem Wettbewerb Kunden abzunehmen oder den Bedarfsanteil bei seinen Bestandskunden zu erhöhen. Der Bedarfsanteil ist im Grunde der Marktanteil einer Marke in einem Markt, der ganz eng auf die Leute begrenzt ist, die diese Marke bereits gekauft haben.

Zweck: besser verstehen, wie der Marktanteil entsteht, unter Berücksichtigung der Breite und Tiefe des Kaufverhaltens des Verbrauchers sowie seiner relativen Nutzung der Produktsparte (intensive Nutzer/größere Kunden versus geringfügige Nutzer/kleinere Kunden)

Konstruktion

Bedarfsanteil: der Anteil einer Marke an den Käufen in ihrer Produktsparte, und zwar ausschließlich bei den Kunden, die bereits Käufer dieser Marke waren. Wird auch als Anteil an den Konsumausgaben (»Share of Wallet«) bezeichnet.

Bei der Berechnung des Bedarfsanteils können entweder Geldbeträge oder Stückzahlen zugrunde liegen. Dabei muss jedoch beachtet werden, dass der Nutzungsintensitätsindex konsistent auf derselben Grundlage ermittelt wird.

Bedarfsanteil an den Stückzahlen (%)

$$= \frac{\text{Käufe der Marke (\#)}}{\text{Alle Käufe von Markenkunden in Produktsparte (\#)}}$$

Bedarfsanteil an den Erlösen (%)

$$= \frac{\text{Käufe der Marke (€)}}{\text{Alle Käufe von Markenkunden in Produktsparte (€)}}$$

Den Bedarfsanteil vergegenwärtigt man sich am besten als den durchschnittlichen Marktanteil, den ein Produkt bei den Kunden erzielt.

> **BEISPIEL** In einem bestimmten Monat wurden 1.000.000 Flaschen Sonnenmilch der Marke »AloeHa« verkauft. Die Haushalte, die »AloeHa« kauften, erwarben jedoch insgesamt 2.000.000 Flaschen Sonnenschutzmittel.
>
> $$\text{Bedarfsanteil} = \frac{\text{AloeHa-Käufe}}{\text{Alle Käufe von AloeHa-Kunden in Produktsparte}}$$
>
> $$\text{Bedarfsanteil} = \frac{1.000.000}{2.000.000} = 50\%$$

Der Bedarfsanteil ist auch nützlich für die Analyse des Gesamtmarktanteils. Wie zuvor bereits gesagt, ist er Teil einer wichtigen Marktanteilsformel.

Marktanteil
= Anteil an der Marktdurchdringung
∗ Bedarfsanteil
∗ Nutzungsintensitätsindex

Somit kann der Bedarfsanteil auch indirekt aus dem Marktanteil hergeleitet werden.

Bedarfsanteil (%)

$$= \frac{\text{Marktanteil (\%)}}{\text{Anteil Marktdurchdringung (\%)} \ast \text{Nutzungsintensitätsindex (I)}}$$

BEISPIEL Die Frühstücksflockenmarke »Eat Wheats« hat in Urbanopolis 8% Marktanteil. Der Nutzungsintensitätsindex für »Eat Wheats« beträgt in Urbanopolis 1. Der Anteil der Marke an der Marktdurchdringung in Urbanopolis ist 20%. Auf dieser Grundlage können wir den Bedarfsanteil von »Eat Wheats« in Urbanopolis errechnen:

Bedarfsanteil

$$= \frac{\text{Marktanteil}}{\text{Nutzungsintensitätsindex} * \text{Anteil Marktdurchdringung}}$$

$$= \frac{8\%}{1 * 20\%} = \frac{8\%}{20\%} = 40\%$$

Beachten Sie, dass in diesem Beispiel sowohl der Marktanteil als auch der Nutzungsintensitätsindex in derselben Maßeinheit angegeben werden müssen (Stückzahlen oder Erlöse). Je nach Definition dieser beiden Kennziffern ist der Bedarfsanteil entweder ein Bedarfsanteil an den Stückzahlen (%) oder ein Bedarfsanteil an den Erlösen (%).

Datenquellen, Komplikationen und Warnhinweise

Doppelte Gefahr: Manche Marketingleute streben nach einer Nischenpositionierung, die einen hohen Marktanteil durch eine Kombination von geringer Durchdringung und hohem Bedarfsanteil generieren soll. Mit anderen Worten: Sie bemühen sich um relativ wenige, aber sehr treue Kunden. Bevor Sie diese Strategie in Betracht ziehen, sollten Sie jedoch ein Phänomen bedenken, das man als »Doppelgefahr« bezeichnet: Beobachtungen zeigen, dass es schwierig ist, einen hohen Bedarfsanteil zu erringen, ohne zugleich einen hohen Anteil an der Marktdurchdringung zu haben. Das liegt zum Teil daran, dass Produkte mit hohem Marktanteil generell auch überall zu haben sind, Produkte mit geringem Marktanteil dagegen nicht. Also kann es für Kunden schwierig sein, ihre Markentreue zu Marken mit geringem Marktanteil zu bewahren.

Verwandte Kennziffern und Konzepte

Ausschließliche Nutzer: der Bruchteil der Kunden einer Marke, der nur diese eine Marke benutzt.

Prozentsatz der ausschließlichen Nutzer: der Anteil der Kunden einer Marke, der nur Produkte dieser Marke und niemals die vom Wettbewerb benutzt. Ausschließliche Nutzer sind entweder äußerst treue Kunden oder sie haben keine Alternative, vielleicht weil sie in einer abgelegenen Ge-

gend wohnen. Wo 100% ausschließliche Nutzung besteht, ist auch der Anteil an den Konsumausgaben 100%.

$$\text{Ausschließliche Nutzer (\%)} = \frac{\text{Kunden, die nur eine Marke kaufen (\#)}}{\text{Markenkunden (\#)}}$$

Anzahl der gekauften Marken: In einem gegebenen Zeitraum kaufen manche Kunden vielleicht nur eine einzige Marke in einer Produktsparte, während andere zwei oder mehr kaufen. Um die Markentreue gegenüber einer bestimmten Marke zu bewerten, können Marketingleute die durchschnittliche Anzahl der vom Verbraucher dieser Marke gekauften Marken gegenüber der durchschnittlichen Anzahl der von allen Kunden dieser Produktsparte gekauften Marken betrachten.

> **BEISPIEL** Von 10 Katzenfutterkunden kauften 7 die Marke »Arda«, 5 die Marke »Bella« und 3 die Marke »Constanza«. Also haben die 10 Kunden insgesamt 15 Käufe getätigt (7 + 5 + 3) und im Durchschnitt jeweils 1,5 Marken gekauft.
>
> Ein »Bella«-Manager könnte nun, um die Markentreue seiner Kunden zu bewerten, feststellen, dass von 5 Kunden seines Unternehmens 3 ausschließlich »Bella« und 2 »Arda« und »Bella« gekauft haben. Keiner der »Bella«-Kunden hat »Constanza« gekauft. Also haben die 5 »Bella«-Kunden 7 Käufe getätigt (1 + 1 + 1 + 2 + 2), was einen Durchschnitt von 1,4 (also 7/5) Marken pro »Bella«-Kunde ergibt. Verglichen mit dem Durchschnittskunden in dieser Produktsparte, der 1,5 Marken kauft, sind also die »Bella«-Kunden ein wenig markentreuer.

Wiederholungsrate: gibt an, wie viel Prozent der Kunden einer Marke in einem Zeitraum diese Marke auch in nachfolgenden Zeiträumen kaufen.
Wiederholungskaufrate: gibt an, wie viel Prozent der Kunden einer Marke diese Marke bei der nächsten Gelegenheit wieder kaufen.

In diesem Bereich gibt es viel Verwirrung. Wir haben uns bemüht, in unseren Definitionen zwischen einer auf Kalenderzeiten beruhenden Kennziffer (Wiederholungsrate) und einer auf »Kundenzeit« beruhenden Kennziffer (Wiederholungskaufrate) zu unterscheiden. In Kapitel 5, »Kundenrentabilität«, untersuchen wir eine verwandte Kennziffer, die Kundenbindung. Diese gilt für Vertragssituationen, in denen die erste Nichtverlängerung (Kaufabstinenz) das Ende einer Kundenbeziehung signalisiert. Obwohl wir den Begriff »Kundenbindung« eigentlich nur auf Vertragssituationen anwenden würden, werden in der Literatur auch Wiederholungsraten und Wiederholungskaufraten als »Kundenbindungsquoten« bezeichnet. Da über die Verwendung dieser Begriffe Uneinigkeit besteht, können Sie an der Bezeichnung dieser Kennziffern nicht genau erkennen, wie sie berechnet wurden.

Die Wichtigkeit der Wiederholungsrate hängt vom betrachteten Zeitraum ab. Wenn Sie nur die Käufe einer Woche beobachten, ist das Ergebnis nicht sehr erhellend. Die meisten Verbraucher kaufen pro Woche nur eine Marke pro Produktsparte ein. Über mehrere Jahre betrachtet können Verbraucher jedoch, wenn sie ihre Lieblingsmarke gerade nicht finden, auch mehrere Marken kaufen, denen sie eigentlich nicht den Vorzug geben. Also hängt der richtige Betrachtungszeitraum vom Produkt und der Kauffrequenz ab. Marketingleute tun gut daran, den Zeitraum so zu wählen, dass er Aussagekraft hat.

Nutzungsintensitätsindex

Der **Nutzungsintensitätsindex** ist ein Maß für die relative Intensität des Verbrauchs. Er gibt an, wie stark die Kunden einer Marke die betreffende Produktsparte im Vergleich zu den Durchschnittskunden dieser Produktsparte nutzen.

Nutzungsintensitätsindex (I)

$$= \frac{\varnothing \text{ Sparteneinkäufe durch Markenkunden (\#,€)}}{\varnothing \text{ Sparteneinkäufe durch Spartenkunden (\#,€)}}$$

oder

Nutzungsintensitätsindex (I)

$$= \frac{\text{Marktanteil (\%)}}{\text{Anteil Marktdurchdringung (\%)} * \text{Bedarfsanteil (\%)}}$$

Der Nutzungsintensitätsindex, auch **Gewichtsindex** genannt, gibt Einblick in die Größe und das Wesen der Kundenbasis einer Marke.

Zweck: definieren und messen, ob die Kunden eines Unternehmens »intensive Nutzer« sind

Der Nutzungsintensitätsindex beantwortet die Frage: »Wie intensiv nutzen unsere Kunden die Produktsparte unseres Produkts?« Wenn der Nutzungsintensitätsindex einer Marke größer als 1,0 ist, bedeutet dies, dass die Kunden diese Produktkategorie stärker nutzen als durchschnittliche Konsumenten dieser Produktsparte.

Konstruktion

Nutzungsintensitätsindex: Vergleicht den Durchschnittsverbrauch an Produkten einer Sparte durch Kunden einer bestimmten Marke mit dem Durchschnittsverbrauch an Produkten dieser Sparte durch alle Kunden der Produktsparte.

Der Nutzungsintensitätsindex kann betrags- und stückzahlmäßig berechnet werden. Wenn der Nutzungsintensitätsindex einer Sparte größer als 1,0 ist, konsumieren die Kunden der Marke die Produkte dieser Sparte in überdurchschnittlichem Maß (mengen- oder wertmäßig).

Nutzungsintensitätsindex (I)

$$= \frac{\varnothing \text{ Sparteneinkäufe durch Markenkunden (\#,€)}}{\varnothing \text{ Sparteneinkäufe durch Spartenkunden (\#,€)}}$$

BEISPIEL In einem Zeitraum von einem Jahr kauften Haushalte, die »Shower Fun«-Shampoo benutzten, insgesamt im Durchschnitt sechs Halbliterflaschen Shampoo ein. Haushalte, die eine beliebige Shampoomarke verwenden, kauften in demselben Zeitraum im Durchschnitt vier Halbliterflaschen.

Der Nutzungsintensitätsindex beträgt somit für Haushalte, die »Shower Fun« verwenden, 6/4 oder 1,5. Kunden der Marke »Shower Fun« sind also unverhältnismäßig intensive Nutzer: Sie kaufen 50% mehr Shampoo als der durchschnittliche Shampooverbraucher. Da Käufer der Marke »Shower Fun« natürlich auch in den Gesamtmarktdurchschnitt einfließen, ist ihre relative Nutzung verglichen mit Käufern anderer Marken sogar noch höher.

Wie bereits beschrieben, kann der Marktanteil als Produkt von drei Größen errechnet werden: Anteil an der Marktdurchdringung, Bedarfsanteil und Nutzungsintensitätsindex (siehe Abschnitt 2.4). Also können wir den Nutzungsintensitätsindex einer Marke ausrechnen, wenn wir ihren Marktanteil, den Anteil an der Marktdurchdringung und den Bedarfsanteil kennen:

Nutzungsintensitätsindex (I)

$$= \frac{\text{Marktanteil (\%)}}{\text{Anteil Marktdurchdringung (\%)} * \text{Bedarfsanteil (\%)}}$$

Diese Gleichung stimmt sowohl für Marktanteile auf Geld- als auch auf Stückzahlbasis. Wie zuvor erläutert, kann der Nutzungsintensitätsindex die Nutzung ebensogut in Währung wie in Einheiten angeben. Durch Vergleich des Nutzungsintensitätsindex in Stückzahlen und in Gegenwert können Sie ermitteln, ob die Produktspartenkäufe der Kunden einer Marke über oder unter dem Durchschnittspreis dieser Produktsparte liegen.

Datenquellen, Komplikationen und Warnhinweise

Der Nutzungsintensitätsindex sagt nichts darüber aus, wie stark Kunden eine bestimmte Marke nutzen, sondern nur darüber, wie stark sie die Produktsparte nutzen. Wenn eine Marke einen hohen Nutzungsintensitätsindex hat, kann das beispielsweise bedeuten, dass ihre Kunden zwar die Produktsparte viel nutzen, aber die betreffende Marke nur für einen kleinen Teil ihres Bedarfs.

Verwandte Kennziffern und Konzepte

Siehe auch Markenentwicklungsindex (BDI) und Spartenentwicklungsindex (CDI) in Abschnitt 2.3.

Produktkenntnis, Einstellungen und Nutzung: Kennziffern der Effektehierarchie

Wenn Sie Produktkenntnis, Einstellungen und Nutzung (Awareness, Attitudes, Usage, AAU) in Bezug auf Ihr Produkt untersuchen, können Sie Ausmaß und Tendenzen des Produktwissens beim Kunden sowie seiner Wahrnehmungen, Vorstellungen, Absichten und Verhaltensweisen ergründen. In manchen Unternehmen werden die Ergebnisse solcher Beobachtungen als »Verfolgung« von Daten bezeichnet, da sie langfristige Änderungen der Produktkenntnis, Einstellungen und Verhaltensweisen beim Kunden beobachten.

AAU-Untersuchungen sind am nützlichsten, wenn man ihre Ergebnisse einer klaren Vergleichsgröße gegenüberstellt. Diese Benchmark kann Daten von anderen Zeiträumen, Märkten oder Wettbewerbern einbeziehen.

Zweck: Trends in den Einstellungen und Verhaltensweisen von Kunden beobachten

Die Kennziffern zu Produktkenntnis, Einstellungen und Nutzung (AAU) hängen eng mit der so genannten Effektehierarchie (Hierarchy of Effects)

zusammen. Diese geht von der Annahme aus, dass Kunden sukzessive Stadien durchlaufen: Zuerst haben sie keine Produktkenntnis, dann kaufen Sie ein Produkt zum ersten Mal und irgendwann werden sie treue Kunden einer Marke (siehe Abbildung 2.2). AAU-Kennziffern dienen dazu, diese Stadien von Produktwissen, Vorstellungen und Verhaltensweisen nachzuvollziehen. AAU-Untersuchungen können auch beobachten, »wer« eine Marke oder ein Produkt nutzt, jedenfalls insofern, als Kunden durch ihre Nutzung einer Produktsparte (stark oder schwach), ihre Geografie, Demografie, Psychografie, Mediennutzung und die Frage, ob sie auch andere Produkte kaufen, definiert werden können.

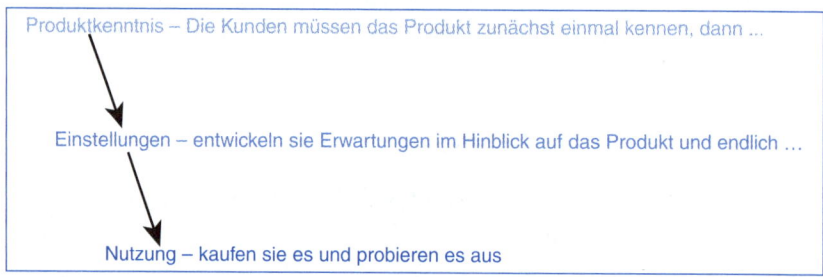

Produktkenntnis – Die Kunden müssen das Produkt zunächst einmal kennen, dann …

Einstellungen – entwickeln sie Erwartungen im Hinblick auf das Produkt und endlich …

Nutzung – kaufen sie es und probieren es aus

Abbildung 2.2: Produktkenntnis, Einstellungen und Nutzung: die Effektehierarchie

Informationen über Einstellungen und Vorstellungen geben Einblick in die Frage, warum bestimmte Kunden bestimmte Marken bevorzugen oder auch nicht. Marketingleute befragen nicht selten große Stichproben von Firmen- oder Privatkunden, um diese Daten zu erheben.

Konstruktion

Marktstudien über Produktkenntnis, Einstellungen und Nutzung stellen Fragen, um die Beziehung zu erhellen, die Kunden mit einem Produkt oder einer Marke verbindet (siehe Tabelle 2.4). Wer sind beispielsweise die Annehmer und Ablehner des Produkts? Wie reagieren Kunden auf eine Wiederholung von Werbungsinhalten?

Aus den Antworten auf diese Fragen konstruieren Marketingleute eine ganze Reihe von Kennziffern, darunter »übergreifende Größen«, die als wichtige Leistungsindikatoren betrachtet werden. So genießt beispielsweise in vielen Studien die »Bereitschaft zur Weiterempfehlung« und die »Kaufabsicht« bezüglich einer Marke hohe Priorität. Mehrere diesen Daten zugrunde liegende diagnostische Kennziffern helfen, besser zu verstehen, warum Verbraucher bereit (oder nicht bereit) sind, eine Marke zu kaufen oder gar weiterzuempfehlen. So ist es beispielsweise möglich, dass

Verbraucher die Marke gar nicht kannten oder dass sie sie zwar kannten, aber keine Vorteile in ihr finden konnten.

Produktkenntnis und Produktwissen

Marketingleute untersuchen die Produktkenntnis auf mehreren Ebenen, je nachdem, ob der Verbraucher in einer Studie nach der Produktsparte, Marke, Werbung oder Nutzungssituation eines Produkts befragt wird.
Produktkenntnis: gibt an, wie viel Prozent potenzieller Kunden oder Verbraucher eine gegebene Marke erkennen oder nennen können. Marketingleute können auch eine »abgefragte« Markenkenntnis überprüfen, indem sie den Umfrageteilnehmern Fragen stellen wie: »Haben Sie schon einmal von Mercedes gehört?« Alternativ kann auch eine »nicht abgefragte« Produktkenntnis mit Fragen wie »Welche Automarken kommen Ihnen in den Sinn?« ermittelt werden.

Typ	Maße	Typische Fragen
Produktkenntnis	Produktkenntnis und Produktwissen	Haben Sie schon einmal von Marke X gehört?
		An welchen Hersteller denken Sie bei dem Wort »Luxusauto«?
Einstellungen	Vorstellungen und Absichten	Ist Marke X das Richtige für mich?
		Eignet sich Marke X für Jugendliche? Bewertung 1 bis 5
		Welche Stärken und Schwächen haben die einzelnen Marken?
Nutzung	Kaufgewohnheiten und Markentreue	Haben Sie Marke X diese Woche benutzt?
		Welche Marke haben Sie zuletzt gekauft?

Tabelle 2.4: Produktkenntnis, Einstellungen und Nutzung: typische Fragen

Top of Mind: die erste Marke, die einem Kunden in den Sinn kommt, wenn er eine Frage zu einer Produktsparte beantwortet, in der kein Markenname genannt wird. Gibt an, wie viel Prozent der Kunden eine Marke als Erstes in den Sinn kommt.
Bekanntheit der Werbung: gibt an, wie viel Prozent der Verbraucher oder Konten in der Zielgruppe (abgefragte oder nicht abgefragte) Produktkenntnis von der Werbung einer Marke besitzen. Diese Kennziffer kann kampagnen- oder medienspezifisch sein oder sämtliche Werbung einbeziehen.

Produktwissen über Marke/Produkt: gibt an, wie viel Prozent der befragten Kunden konkretes Produktwissen oder Vorstellungen von einer Marke oder einem Produkt haben.

Einstellungen

Messungen der Einstellung betreffen die Kundenreaktionen auf eine Marke oder ein Produkt. Die Einstellung fragt nach der Art und Stärke der Überzeugungen, die Verbraucher mit einem Produkt verbinden. Diese gefühlsmäßigen Wertungen können zwar in diesem Buch nicht bis ins Detail behandelt werden, aber es gibt einige wichtige Kennziffern auf diesem Gebiet, die im Folgenden zusammengefasst werden.

Einstellung/Beliebtheit/Image: Diese Größe wird von Verbrauchern oft auf einer Skala von 1 bis 5 oder von 1 bis 7 angegeben, wenn man sie nach dem Grad ihrer Zustimmung zu Aussagen wie dieser fragt: »Diese Marke ist die richtige für Leute wie mich« oder »Diese Marke eignet sich für junge Leute«. Eine Kennziffer, die auf derlei Umfragedaten beruht, nennt man auch »Relevanz für den Kunden«.

Gefühlter Gegenwert: eine vom Verbraucher erteilte Bewertung (oft auf einer Skala von 1 bis 5 oder von 1 bis 7), wenn in Umfragen nach dem Grad der Zustimmung zu Aussagen wie »Mit dieser Marke bekommt man normalerweise viel Gegenwert fürs Geld« gefragt wird.

Gefühlte Qualität/Wertschätzung: eine vom Verbraucher erteilte Bewertung (oft auf einer Skala von 1 bis 5 oder von 1 bis 7) für ein Markenprodukt verglichen mit anderen Produkten in der Produktsparte oder dem Markt.

Relative gefühlte Qualität: eine vom Verbraucher erteilte Bewertung (oft auf einer Skala von 1 bis 5 oder von 1 bis 7) eines Markenprodukts im Vergleich zu anderen in der Produktsparte/dem Markt.

Absichten: ein Maß für die von ihm selbst angegebene Bereitschaft des Kunden, sich in einer bestimmten Weise zu verhalten. Informationen werden in Marktstudien durch Fragen wie »Würden Sie eine andere Marke kaufen, wenn Ihre Lieblingsmarke nicht vorrätig ist?« gesammelt.

Kaufabsicht: ein spezifisches Maß oder Rating für die von ihm selbst angegebenen Kaufabsichten des Verbrauchers. Informationen werden in Marktstudien durch die Reaktionen der Befragten auf Aussagen wie »Sehr wahrscheinlich werde ich dieses Produkt kaufen« gesammelt.

Nutzung

Maße für die Nutzung betreffen solche Marktkräfte wie die Kauffrequenz und die jeweils gekauften Mengen. Sie zeigen nicht nur an, was gekauft wurde, sondern auch, wann und wo es gekauft wurde. Durch Untersuchung der Nutzungsdaten versuchen Marketingleute außerdem zu ermitteln, wie viele Konsumenten eine Marke ausprobiert haben und wie viele von dieser Gruppe die Marke »zurückgewiesen« oder in die Palette ihrer regelmäßigen Anschaffungen »aufgenommen« haben.

Nutzung: ein Maß für das vom Kunden selbst behauptete Verhalten
Um Nutzung zu messen, stellen Marketingleute Fragen wie: Welche Zahnpastamarke haben Sie zuletzt gekauft? Wie oft haben Sie im letzten Jahr Zahnpasta gekauft? Wie viele Tuben Zahnpasta gibt es zurzeit bei Ihnen zu Hause? Haben Sie gerade Zahnpasta der Firma »Crest« in Ihrem Haus?

Wenn man alles zusammennimmt, liefern AAU-Kennziffern eine ungeheure Fülle von Informationen, die auf bestimmte Firmen und Märkte zugeschnitten werden können. Sie geben Managern Einblick in die gesamten Beziehungen, die Kunden zu einer Marke oder einem Produkt haben.

Datenquellen, Komplikationen und Warnhinweise

AAU-Daten stammen aus folgenden Quellen:

- Garantiekarten und Registrierungen, wobei Teilnehmer oft durch Preise und Losverfahren motiviert werden
- regelmäßige Marktstudien, durchgeführt durch Organisationen, die Verbraucher per Telefon, E-Mail, Web oder mit anderen Techniken wie beispielsweise Scannern befragen

Selbst mit den besten Beobachtungsverfahren sind jedoch die zwischen zwei Datenerhebungen ermittelten Änderungen nicht immer verlässlich. Nur mit Erfahrung lassen sich Saisoneinflüsse und »Störgeräusche« (unmotivierte Abweichungen) von »Signalen« (echten Trends und Mustern) unterscheiden. Allerdings helfen auch manche Techniken der Sammlung und Auswertung von Daten bei der Unterscheidung.

1. Passen Sie die Gestaltung und Auswertung der Fragen an saisonale Änderungen an. Umfragen können beispielsweise per E-Mail oder Telefon unter bezahlten oder unbezahlten Teilnehmern durchgeführt werden. Unterschiedliche Techniken der Datensammlung können unterschiedliche Normen bedingen, nach denen eine »gute« von einer »schlechten« Antwort abgegrenzt wird. Wenn plötzlich von einem Betrachtungszeitraum zum nächsten massive Brüche in den Daten auftreten, sollten Sie darauf achten, ob dies nicht an einer Verfahrensänderung in der Datenerhebung liegt.

2 Versuchen Sie, Anworten von Kunden und Nichtkunden zu trennen, da diese sehr unterschiedlich ausfallen können. Kausalzusammenhänge zwischen Produktkenntnis, Einstellungen und Nutzung treten nur selten klar zutage. Die Effektehierarchie wird zwar oft als Einbahnstraße betrachtet, auf der Produktkenntnis zu Einstellungen und Einstellungen zur Nutzung führen, aber in Wahrheit kann es auch umgekehrt sein. So kann beispielsweise jemand, der eine Marke besitzt, schon von vornherein für sie eingenommen sein.

3 Setzen Sie Daten aus Kundenbefragungen ins Verhältnis zu Umsatzerlösen, Lieferungen oder anderen Daten der Unternehmensleistung. Verbrauchereinstellungen, Groß- und Einzelhandelsumsätze und Lieferungen des Unternehmens können sich in verschiedene Richtungen bewegen. Die Analyse dieser Muster kann zwar schwierig sein, aber viel über das Kräftespiel in einer Produktsparte verraten. So werden beispielsweise Spielzeuge an den Einzelhandel oft lange vor der Werbung ausgeliefert, die die Produktkenntnise und Kaufabsichten beim Verbraucher hervorrufen soll, welche wiederum Voraussetzung für die Einzelhandelsumsätze sind. Noch komplizierter wird die Sache dadurch, dass gerade in der Spielwarenindustrie der Käufer eines Produkts oft nicht der Endverbraucher ist. Wenn Sie AAU-Daten auswerten, müssen Sie nicht nur die Triebkräfte für die Nachfrage, sondern auch die Kauflogistik kennen.

4 Trennen Sie, wo immer es möglich ist, führende von hinterherhinkenden Indikatoren. In der Automobilbranche beispielsweise reagieren Leute, die erst kürzlich ein Auto angeschafft haben, sensibler auf Werbung für dieses Modell. Der gesunde Menschenverstand sagt Ihnen, dass diese Verbraucher Bestätigung für ihre Wahl suchen. Ein Automobilhersteller, der den Verbrauchern in dieser Situation hilft, ihren Kauf vor sich selbst zu rechtfertigen, kann die langfristige Zufriedenheit und Bereitschaft zur Weiterempfehlung bei seinen Kunden stärken.

Verwandte Kennziffern und Konzepte

Beliebtheit: Da AAU-Phänomene für Marketingleute so wichtig sind und es keinen Königsweg zu diesen Daten gibt, hat man spezialisierte, proprietäre Systeme entwickelt, um ihnen auf den Grund zu gehen. Eines der bekanntesten unter ihnen ist das Beliebtheitsrating von Q Scores. Ein Q Score wird von einer allgemeinen Befragung ausgewählter Haushalte abgeleitet, bei der eine große Palette von Verbrauchern ihre Meinungen über Marken, Prominente und Fernsehsendungen kundtun.[3]

Da Q Scores sich auf die Antworten der Verbraucher stützen, ist das System bei all seiner Raffiniertheit davon abhängig, dass die Verbraucher es verstehen und willens sind, ihre Vorlieben preiszugeben.

Segmentierung nach Region oder Geo-Clustering: Marketingleute können Einblick in die Haltung der Verbraucher bekommen, indem sie ihre Daten in kleinere, homogenere Kundengruppen aufspalten. Ein Beispiel dafür ist »Prizm«, eine Organisation, die US-Haushalte anhand ihrer Postleitzahlen zu Clustern zusammenfasst[4], um kleine Gruppen ähnlicher Haushalte herauszuarbeiten. Die typischen Merkmale jedes Prizm-Clusters sind bekannt und werden genutzt, um den Gruppen ihre Namen zu geben. So sind beispielsweise »Golden Ponds«-Verbraucher ältere Singles und Paare, die einen bescheidenen Lebensstil in Kleinstädten pflegen. Anstatt AAU-Daten für die Gesamtbevölkerung zu betrachten, ist es für Unternehmen oft sinnvoller, solche Clusterdaten zu beobachten.

Kundenzufriedenheit und Bereitschaft zur Weiterempfehlung

Die Kundenzufriedenheit wird normalerweise in Umfragen in Form eines Rating ermittelt. Ein Beispiel sehen Sie in Abbildung 2.3.

Sehr unzufrieden	Etwas unzufrieden	Weder zufrieden noch unzufrieden	Etwas zufrieden	Sehr zufrieden
1	2	3	4	5

Abbildung 2.3: Ratings

Kundenzufriedenheits-Ratings können enorme Auswirkungen auf Firmen haben. Angestellte erkennen, wie wichtig es ist, die Erwartungen der Kunden zu erfüllen. Wenn die Ratings schlechter werden, kündigen sich Probleme an, die Umsatz und Rentabilität beeinträchtigen können.

Eine zweite wichtige Kennziffer, die von der Zufriedenheit abhängt, ist die Bereitschaft zur Weiterempfehlung. Wenn ein Kunde mit einem Produkt zufrieden ist, empfiehlt er es an Freunde, Verwandte und Kollegen weiter. Dies kann ein großer Vorteil für das Marketing sein.

Zweck: Kundenzufriedenheit ist ein führender Indikator für Kaufabsichten und Markentreue beim Verbraucher

Daten zur Kundenzufriedenheit gehören zu den am häufigsten abge-fragten Indikatoren für Marktwahrnehmungen. Man nutzt sie hauptsäch-lich für zwei Dinge:

1 In Unternehmen kann die Sammlung, Analyse und Verbreitung dieser Daten den Mitarbeitern klar machen, wie wichtig es ist, Kundenbezie-hungen zu pflegen und ihnen eine positive Erfahrung mit den Pro-dukten und Leistungen des Unternehmens zu vermitteln.

2 Zwar können auch Umsatz oder Marktanteil zeigen, wie stark ein Un-ternehmen gerade am Markt ist, aber die Zufriedenheit ist vielleicht der beste Indikator dafür, wie wahrscheinlich es ist, dass die Kunden eines Unternehmens diesem auch in Zukunft treu bleiben. Viele Un-tersuchungen haben sich bereits mit dem Zusammenhang zwischen Kundenzufriedenheit und Kundenbindung auseinander gesetzt. Diese Studien zeigen, dass die Zufriedenheit sich am stärksten in den Ex-trembereichen bemerkbar macht. Kunden, die ihre Zufriedenheit auf der Skala in Abbildung 2.3 mit »5« bewerten, kommen wahrscheinlich wieder und sind vielleicht sogar bereit, das Produkt weiterzuempfeh-len. Dagegen werden Kunden, die ihre Zufriedenheit mit »1« bewer-ten, das Produkt wahrscheinlich nicht wieder kaufen bzw. dem Unter-nehmen sogar schaden, indem sie anderen gegenüber abwertende Bemerkungen über das Unternehmen machen. Die Bereitschaft zur Weiterempfehlung ist eine Schlüsselgröße im Zusammenhang mit der Kundenzufriedenheit.

Konstruktion

Kundenzufriedenheit: die Anzahl oder der Prozentsatz der Kunden, de-ren Bewertung eines Unternehmens, seiner Produkte oder seiner Leistun-gen die angegebenen Ziele zur Kundenzufriedenheit übertrifft

Bereitschaft zur Weiterempfehlung: gibt an, wie viele Prozent der be-fragten Kunden eine Marke nach eigenem Bekunden an Freunde weiter-empfehlen würden

Diese Kennziffern quantifizieren eine wichtige Kraft: Wenn eine Mar-ke treue Kunden hat, bekommt sie positive Mund-zu-Mund-Propaganda und die ist nicht nur gratis, sondern auch hochwirksam.

Kundenzufriedenheit wird zwar individuell gemessen, aber übergrei-fend registriert. Oft wird sie in verschiedenen Dimensionen ermittelt: So kann beispielsweise ein Hotel seine Kunden bitten, Bewertungen für die Rezeption, das Zimmer, die Austattung, das Restaurant usw. abzugeben.

Zusätzlich kann es dann noch in einem ganzheitlichen Sinne nach der Zufriedenheit »mit Ihrem Aufenthalt« fragen.

Die Kundenzufriedenheit wird normalerweise auf einer Fünf-Punkte-Skala gemessen (siehe Abbildung 2.4).

Von Zufriedenheit lässt sich im Allgemeinen entweder bei der »Spitzenwertung« oder wahrscheinlicher bei den »beiden obersten Wertungen« ausgehen. Marketingleute wandeln diese Ausdrücke in Zahlen um, die anzeigen, wie viele Befragte die »4« oder die »5« angekreuzt haben. (Derselbe Begriff wird für die Voraussage von Probemengen verwendet; siehe Abschnitt 4.1.)

Sehr unzufrieden	Etwas unzufrieden	Weder zufrieden noch unzufrieden	Etwas zufrieden	Sehr zufrieden
1	2	3	4	5

Abbildung 2.4: Eine typische Fünf-Punkte-Skala

BEISPIEL Der Manager eines Hotels in Quebec führt ein neues System zur Beobachtung der Kundenzufriedenheit ein (siehe Abbildung 2.5). Beim Auschecken beantworten die Gäste Fragen über ihre Zufriedenheit. Als Anreiz werden unter den Teilnehmern zwei Flugtickets verlost.

	Sehr unzufrieden	Etwas unzufrieden	Weder zufrieden noch unzufrieden	Etwas zufrieden	Sehr zufrieden
Rang	1	2	3	4	5
Antworten (200 brauchbar)	3	7	40	100	50
%	2%	4%	20%	50%	25%

Abbildung 2.5: Ergebnisse der Umfrage unter Hotelgästen

Die Topbewertung »5« wurde 50 Mal vergeben. In Prozent macht das 50/200 = 25%. Die beiden oberen Wertungen stammen von Gästen, die »etwas« oder »sehr« zufrieden waren, also eine »4« oder »5« angekreuzt haben. In diesem Beispiel werden die »etwas zufriedenen« Kunden berechnet aus der Gesamtzahl der Gäste minus denen, die etwas anderes angekreuzt haben: 200 – 3 – 7 – 40 – 50 = 100. Die Summe der beiden besten Wertungen beträgt also 50 + 100 = 150 Kunden oder 75% aller Befragten.

Kundenzufriedenheitsdaten können auch auf einer 10-Punkte-Skala erhoben werden. Doch das Ziel besteht immer darin, herauszufinden, wie zufrieden die Kunden nach eigenem Bekunden mit dem Angebot eines Unternehmens sind. Aus diesen Daten können Sie dann ermitteln, wie viel Prozent der Kunden eine der beiden besten Wertungen abgegeben haben.

Wenn Unternehmen Zufriedenheitswerte erheben, fragen sie normalerweise ihre Kunden, ob das angebotene Produkt oder die Leistung die Erwartungen erfüllt oder übertroffen hat. Erwartungen sind also der Schlüsselfaktor hinter der Kundenzufriedenheit. Wenn Kunden hohe Erwartungen haben, die von der Realität nicht erfüllt werden, bekunden sie wahrscheinlich Unzufriedenheit. Aus diesem Grund kann beispielsweise ein Luxus-Resort manchmal ein schlechteres Zufriedenheits-Rating haben als eine billige Absteige, obwohl seine Einrichtungen und sein Service »absolut« gesehen natürlich besser sind.

Datenquellen, Komplikationen und Warnhinweise

Daten über die Kundenzufriedenheit werden meistens über Befragungen eingeholt. Infolgedessen lässt sich die Hauptgefahr einer Verzerrung der Messdaten in einer einzigen Frage zusammenfassen: Wer antwortet?

Die »Verzerrung der Antwortdaten« ist bei Fragen nach der Kundenzufriedenheit endemisch. Enttäuschte oder verärgerte Kunden lieben es, wenn sie Gelegenheit bekommen, ihrem Ärger Luft zu machen – zufriedene Kunden tun dies nicht. So kann es passieren, dass viele Kunden mit einem Produkt zufrieden sind, aber keinen Fragebogen ausfüllen, während die wenigen unzufriedenen Kunden unverhältnismäßig stark in der Gruppe der Antwortenden vertreten sind. So legen beispielsweise die meisten Hotels in ihren Zimmern Antwortkarten aus, in denen die Gäste gefragt werden, wie ihnen der Aufenthalt gefallen hat. Nur ein kleiner Prozentsatz der Gäste macht sich je die Mühe, diese Karten auszufüllen, und die wenigen, die doch antworten, wollen sich meistens beklagen. Daher kann es für Marketingleute schwierig sein, herauszufinden, wie zufrieden die Kunden tatsächlich sind. Allerdings lassen sich gelegentlich wichtige Trends oder Änderungen aus der Beobachtung der Umfrageergebnisse über einen längeren Zeitraum hinweg erkennen. Wenn beispielsweise plötzlich Klagen kommen, kann das eine Vorwarnung sein, dass irgend etwas mit der Qualität oder dem Service nicht stimmt (Anzahl der Beschwerden im folgenden Abschnitt).

Die Stichprobenauswahl kann sich auch noch auf andere Weise verzerrend auf die Zufriedenheits-Ratings auswirken. Da die Kundenzufriedenheit nur bei Kunden abgefragt wird, können die Bewertungen eines Unternehmens zu Unrecht ansteigen, wenn unzufriedene Kunden einfach abwandern. Außerdem sind manche Bevölkerungsteile vielleicht ehrlicher oder sie beschweren sich schneller als andere. Diese normativen Unterschiede können sich auf die Wahrnehmung der Zufriedenheitslevels auswirken. Bei der Analyse solcher Daten kann ein Unternehmen Bewertungsunterschiede als Anzeichen dafür nehmen, dass ein Markt besser bedient wird als ein anderer, obwohl der Unterschied in Wirklichkeit daher rührt, dass die Kunden verschiedene Maßstäbe anlegen. Um solche Fehleinschätzungen zu korrigieren, raten wir, die Kundenzufriedenheit über einen längeren Zeitraum hinweg in demselben Markt zu messen.

Ein letzter Warnhinweis: Da viele Unternehmen Kundenzufriedenheit als »Erfüllung oder Übertreffen der Erwartungen« definieren, kann diese Kennziffer auch einfach deshalb zurückgehen, weil die Erwartungen gestiegen sind. So könnte man bei der Interpretation von Rating-Daten den Schluss ziehen, die Qualität des Angebots habe abgenommen, auch wenn das gar nicht der Fall ist. Natürlich ist hier auch der umgekehrte Fall möglich, dass ein Unternehmen die Zufriedenheit seiner Kunden steigert, indem es ihre Erwartungen senkt. Allerdings kann dies auch zu einem Umsatzrückgang führen, da das Produkt oder die Dienstleistung dann nicht mehr so attraktiv erscheint.

Verwandte Kennziffern und Konzepte

Handelszufriedenheit: Diese Größe beruht auf denselben Prinzipien wie die Verbraucherzufriedenheit, bemisst jedoch die Einstellungen von Handelskunden.
Anzahl der Beschwerden: Anzahl der Klagen, die Kunden in einem gegebenen Zeitraum zu Protokoll gegeben haben

Bereitschaft zum Suchen

Viele Kennziffern untersuchen die Markentreue der Verbraucher, doch nur eine wird als »Nagelprobe« bezeichnet:

Bereitschaft zum Suchen (%) = gibt an, wie viel Prozent der Kunden bereit sind, einen Kauf aufzuschieben, ein anderes Geschäft aufzusuchen oder die Kaufmenge zu reduzieren, um die Marke nicht wechseln zu müssen

Diese Kennziffer kann einem Unternehmen viel über die Einstellungen seiner Kunden verraten und Anhaltspunkte geben, ob es seine Marktposition gegen den zunehmenden Wettbewerbsdruck verteidigen kann.

Zweck: feststellen, wie stark Kunden auf ein Unternehmen oder eine Marke festgelegt sind

Die Treue zu einer Marke oder einem Unternehmen ist ein großes Plus für das Marketing. Marketingleute bewerten sie mit mehreren Kennziffern, unter anderem Wiederholungskaufrate, Bedarfsanteil, Bereitschaft, Aufpreise zu zahlen, und andere AAU-Maße. Doch den fundamentalen Test der Markentreue kann man in einer einfachen Frage zusammenfassen: Wird ein Kunde, wenn seine Lieblingsmarke im Geschäft nicht vorrätig ist, weiter danach suchen oder stattdessen die nächstbeste Marke kaufen, die vorrätig ist?

Wenn eine Marke dieses Maß an Markentreue genießt, hat ihr Anbieter bei geschäftlichen Verhandlungen einen mächtigen Trumpf im Ärmel. Oft gibt ihm diese Markentreue auch die Zeit, auf Bedrohungen seitens des Wettbewerbs zu reagieren. Die Kunden bleiben ihm treu, während er die Gefahr abwehrt.

Markentreue gründet sich auf eine Reihe von Faktoren:

- zufriedene und einflussreiche Kunden, die die Marke weiterempfehlen
- verborgene Werte oder emotionale Vorteile, die wirkungsvoll kommuniziert werden
- ein starkes Image für das Produkt, seine Nutzer oder seine Nutzung

Wenn Kennziffern für Markentreue auf Kaufdaten basieren, werden sie auch davon beeinflusst, ob ein Produkt überall bequem zu bekommen ist und ob die Kunden in dieser Produktsparte andere Alternativen haben.

Konstruktion

Bereitschaft zum Suchen: gibt an, mit welcher Wahrscheinlichkeit Kunden das zweitbeste Produkt nehmen, wenn ihr Lieblingsprodukt nicht erhältlich ist; auch »Unersetzbarkeit« genannt

Die Bereitschaft zum Suchen gibt an, wie viel Prozent der Kunden bereit sind, ein Geschäft unverrichteter Dinge wieder zu verlassen, wenn ihre Lieblingsmarke nicht vorrätig ist. Diejenigen, die bereit sind, ein Ersatzprodukt zu kaufen, machen den Durchschnitt der Bevölkerung aus.

Datenquellen, Komplikationen und Warnhinweise

Markentreue hat mehrere Dimensionen. Verbraucher, die in dem Sinne markentreu sind, dass sie kaum etwas anderes kaufen würden, sind manchmal, jedoch nicht immer, bereit, mehr Geld für diese Marke auszugeben oder sie ihren Freunden weiterzuempfehlen. Markentreues Verhalten kann auch von Trägheit oder Gewohnheit herrühren. Befragt man Verbraucher zu ihrer Markentreue, wissen sie oft nicht, was sie unter veränderten Bedingungen tun würden. Gelegentlich erinnern sie sich auch gar nicht mehr, wie sie es in der Vergangenheit gehalten haben, vor allem wenn es sich um Waren handelt, mit denen sie emotional wenig verbindet.

Außerdem generieren verschiedene Produkte ein unterschiedliches Maß an Markentreue. Nur wenige Kunden legen bei Streichhölzern dasselbe Maß an Markentreue an den Tag wie bei Babynahrung. Daher sollten Sie Vorsicht walten lassen, wenn Sie Zahlen zur Markentreue über verschiedene Produkte hinweg vergleichen. Achten Sie stattdessen auf produktspartenspezifische Normen.

Das Ausmaß der Markentreue kann auch bei verschiedenen demografischen Gruppen unterschiedlich ausgeprägt sein. Ältere Verbraucher sind normalerweise die treuesten Kunden.

Trotz all dieser Komplexität ist und bleibt die Markentreue der Kunden weiterhin eine der wichtigsten Kennziffern. Marketingleute sollten wissen, was ihre Marken in den Augen der Kunden und des Handels wert sind.

Anmerkungen

1 »Running Out of Gas«, Business Week, March 28th, 2005

2 American Marketing Association. Stand 06/08/2005. http://www.marketingpower. com/live/mg-dictionary.php?SearchFor=market+concentration& Searched=1

3 Mehr Informationen finden Sie auf der Website von Marketing Evaluations: http:// www.qscores.com/. Stand: 03/03/05

4 Die Prizm-Analyse stammt von Claritas. Weitere Informationen finden Sie auf der Website des Unternehmens: http://www.clusterbigip1.claritas.com/claritas/Default. jsp. Stand: 03/03/05

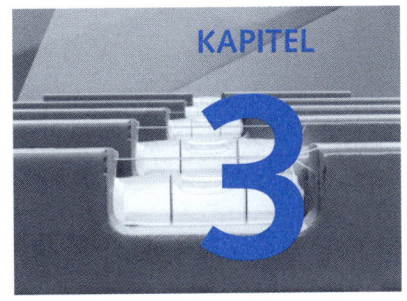

KAPITEL

3

Margen und Gewinne

Kennziffern in diesem Kapitel	
Margen	Marketingausgaben (gesamte, feste und variable)
Verkaufspreise und Vertriebsweg-Margen	Break-even-Analyse und Deckungsbeitragsanalyse
Durchschnittsstückpreis und Preis pro statistische Einheit	Mengenziel
Variable und fixe Kosten	

Peter Drucker schrieb einmal, der Zweck eines Unternehmens sei es, sich Kunden zu schaffen. Wir Marketingleute stimmen dem zu. Aber wir erkennen auch, dass ein Unternehmen nur lebensfähig ist, wenn es zusätzlich zu Kunden auch eine Marge generiert. Wenn man es so sieht, sind Margen nichts weiter als die Differenz zwischen dem Preis eines Produkts und seinen Kosten. Diese Berechnung wird jedoch komplizierter, wenn mehrere Varianten eines Produkts zu verschiedenen Preisen auf mehreren Vertriebswegen angeboten werden, wobei entsprechend Kosten in unterschiedlicher Höhe entstehen. So behauptete kürzlich die Business Week, dass »GM weniger als zwei Drittel seiner Autos über den Einzelhandel umsetzt. Der Rest geht an Autovermietungen oder Angestellte und ihre Familien und ist somit Umsatz, der niedrigere Bruttomargen generiert«.[1] Es mag zwar nach wie vor stimmen, dass ein Unternehmen nur mit einer positiven Marge überleben kann, doch gelegentlich lässt sich nur schwer feststellen, wie hoch die Marge des Unternehmens tatsächlich ist.

Im ersten Abschnitt dieses Kapitels werden wir die Grundformeln zur Berechnung von Margen in Einheiten und in Prozent vorstellen und die Praxis einführen, Margen in Prozent des Verkaufspreises auszudrücken.

Danach zeigen wir, wie man diese Berechnung über zwei oder mehr Ebenen eines Vertriebswegs verkettet und den Kaufpreis des Endverbrauchers auf der Grundlage eines Verkaufspreises des Herstellers festlegt. Wir erklären, wie man Umsätze, die auf verschiedenen Vertriebswegen erzielt werden, kombiniert, um Durchschnittsmargen zu berechnen, und wie man diese verschiedenen Vertriebswege ökonomisch vergleichbar macht.

Im dritten Abschnitt folgt eine Darstellung, wie man anhand von »statistischen« Einheiten und Standardeinheiten Preisänderungen über einen Zeitraum beobachtet.

Dann wenden wir uns den Kosten des Produkts zu, unter besonderer Berücksichtigung des Unterschieds zwischen fixen und variablen Kosten. Die Spanne zwischen dem Stückpreis eines Produkts und seinen variablen Kosten pro Einheit zu berechnen, ist sehr wichtig: Sie sagt uns, wie viel der Verkauf jeder Einheit dieses Produkts zur Deckung der Fixkosten des Unternehmens beiträgt. Der »Deckungsbeitrag« auf den Umsatz ist eines der wichtigsten Marketingkonzepte überhaupt. Um ihn zu ermitteln, müssen wir allerdings die festen von den variablen Kosten trennen, was oft schwierig ist. Marketingleute müssen nicht selten »als gegeben hinnehmen«, welche Betriebs- und Produktionskosten ihres Unternehmens fest und welche variabel sind. Doch wenn es um die Marketingkosten geht, sind sie dafür verantwortlich, feste und variable Anteile sauber zu trennen. Mit diesem Thema beschäftigt sich der fünfte Abschnitt dieses Kapitels.

Im sechsten Abschnitt erfahren Sie, wie man Schätzungen der festen und variablen Kosten zur Berechnung der Break-even-Punkte von Umsatz und Deckungsbeitrag einsetzt. Zum Schluss dehnen wir unsere Berechnung der Break-even-Punkte aus, um zu zeigen, wie man konsistente Umsatz- und Gewinnziele definiert.

	Kennziffer	Konstruktion	Bemerkungen	Zweck
3.1	Marge pro Einheit	Stückpreis minus Stückkosten	Welche Standardeinheiten gelten in der Branche? Kein Maß für Deckungsbeitrag, wenn Fixkosten zugewiesen sind	Umsatzwert inkrementell ermitteln, Preisfindung und Promotion steuern
3.1	Marge (%)	Marge pro Einheit in Prozent vom Stückpreis	Kein Maß für Deckungsbeitrag, wenn Fixkosten zugewiesen sind	Margen über verschiedene Produkte/ Größen/ Produktformen vergleichen; Umsatzwert inkrementell ermitteln, Preisfindung und Promotion steuern

(Fortsetzung)

	Kennziffer	Konstruktion	Bemerkungen	Zweck
3.2	Vertriebsweg-margen	Vertriebsweggewinn in Prozent vom Verkaufspreis auf diesem Vertriebsweg	Marge auf den Umsatz (üblich) bitte von Handelsspanne unterscheiden (kommt ebenfalls vor)	Wertzuwachs auf dem Vertriebsweg im Kontext des Verkaufspreises bewerten; Auswirkung von Preisänderungen auf einer Ebene des Vertriebswegs auf Preise und Margen auf anderen Ebenen dieses Vertriebswegs kalkulieren (Supply Chain)
3.3	Durchschnitts-stückpreis	Gesamterlöse geteilt durch Gesamt-umsatzstückzahlen	Manche Einheiten sind für den Hersteller wichtiger als für den Verbraucher (z.B. ml Shampoo gegenüber Flaschen); Änderungen liegen vielleicht nicht an Preisfindungsent-scheidungen	Verstehen, wie die Durchschnittspreise durch Verschiebungen in Preisfindung und Produktmix beeinflusst werden
3.3	Preis pro statistischer Einheit	SKU-Preise, gewichtet durch den entsprechenden Prozentsatz jeder SKU in einer statistischen Einheit	Prozentsatz SKU-Mix sollte langfristig dem tatsächlichen Umsatzmix entsprechen	Isolation der Auswirkungen von Preisänderungen und Produktmixänderungen durch Standardisierung des SKU-Mix einer Standardeinheit
3.4	Variable und fixe Kosten	Kosten werden in zwei Gruppen unterteilt: variable, die sich mengenabhängig ändern, und fixe, die immer gleich bleiben.	Variable Kosten können Ausgaben für Produktion, Marketing und Verkauf umfassen. Manche variablen Kosten hängen von verkauften Einheiten, andere von den Erlösen ab.	Verstehen, wie Kosten durch Änderungen des Umsatzvolumens beeinflusst werden
3.5	Marketing-ausgaben	Analyse von Kosten unter Einbeziehung von Marketing-ausgaben	Kann in fixe und variable Marketing-kosten aufgespalten werden	Verstehen, wie sich Marketingausgaben mit dem Umsatz ändern

(Fortsetzung)

	Kennziffer	Konstruktion	Bemerkungen	Zweck
3.6	Deckungs-beitrag pro Einheit	Stückpreis minus variable Kosten pro Einheit	Variable Marketing-kosten wurden noch nicht vom Preis ab-gezogen.	Den Einfluss von Mengenänderungen auf den Gewinn verstehen und den Break-even-Umsatz-level berechnen
3.6	Deckungs-beitrag (%)	Deckungsbeitrag pro Einheit geteilt durch Stückpreis	Variable Kosten müs-sen konsistent auf Einheiten oder Erlö-sen basieren.	Wie oben, aber be-zogen auf Umsatz-erlöse in Währung
3.6	Break-even-Umsatz	Break-even-Punkt pro Stück gleich Fix-kosten geteilt durch Deckungsbeitrag pro Einheit; Break-even-Erlöse gleich Fixkos-ten geteilt durch De-ckungsbeitrag (%)	Variable und Fix-kostenschätzungen gelten vielleicht nur für bestimmte Aus-schnitte von Umsatz und Produktion	Grobindikator für Projektattraktivität Gewinnmöglichkeit
3.7	Mengenziel	Break-even anpas-sen, um Gewinnziel zu berücksichtigen	Variable Marketing-kosten müssen sich in Deckungsbeiträ-gen niederschlagen. Oft sind höhere Investitionen oder mehr Betriebskapital nötig, um den Um-satz zu steigern.	Umsatzstückzahlziele müssen die finan-ziellen Hürden für Gewinn, ROS oder ROI überspringen.
3.7	Umsatzziel	Mengenziel kann mittels Durch-schnittsstückpreisen in Umsatzziel umge-rechnet werden. Alternativ kombi-nieren Sie Kosten und Ziele mit Ihrer Kenntnis der De-ckungsbeiträge.	Wie oben	Wie oben, aber auf Erlösziele ange-wendet

Margen

Die **Marge** (auf den Umsatz) ist die Differenz zwischen Verkaufspreis und Kosten. Diese wird normalerweise entweder in Prozent vom Verkaufspreis oder pro Stück ausgedrückt.

Marge pro Einheit (€)
= Verkaufspreis pro Einheit (€) – Kosten pro Einheit (€)

$$\text{Marge (\%)} = \frac{\text{Marge pro Einheit (€)}}{\text{Verkaufspreis pro Einheit (€)}}$$

Manager müssen ihre Margen kennen, um Marketingentscheidungen treffen zu können. Die Margen sind ein Schlüsselelement für die Preisfindung, Rentabilität der Marketingausgaben, Gewinnprognosen und Analysen der Kundenrentabilität.

Zweck: den Wert des inkrementellen Umsatzes ermitteln und Entscheidungen über Preisfindung und Promotion untermauern

Die Marge auf den Umsatz (praktisch die Umsatzrendite) ist ein Schlüsselfaktor hinter vielen fundamentalen geschäftlichen Überlegungen, einschließlich der Budgets und Prognosen. Alle Manager sollten zumindest ungefähr ihre unternehmerischen Gewinnmargen kennen und normalerweise tun sie dies auch. Allerdings gehen sie bei der Berechnung dieser Margen und der Analyse und Weitergabe dieser wichtigen Zahlen von sehr verschiedenen Grundannahmen aus.

Prozentuale und stückzahlbezogene Margen: Es ist etwas grundsätzlich anderes, ob Sie von prozentualen oder stückzahlbezogenen Margen auf den Umsatz sprechen. Die Differenz ist jedoch leicht zu beheben und jeder Manager sollte in der Lage sein, zwischen beiden Betrachtungsweisen hin- und herzuwechseln.

Was ist eine Einheit? Jedes Unternehmen hat seine eigene Vorstellung davon, wobei eine »Einheit« eine Tonne Margarine, ein Liter Cola oder ein Eimer Mörtel sein kann. Viele Branchen arbeiten mit mehreren Einheiten und berechnen entsprechend auch ihre Marge. So verkauft zum Beispiel die Zigarettenindustrie so genannte »Sticks«, »Päckchen« und »Stangen«. Banken berechnen ihre Marge auf Konten, Kunden, Kredite, Überweisungen, Haushalte und Zweigstellen. Marketingleute müssen darauf vorbereitet sein, mühelos zwischen diesen Sichtweisen wechseln zu können, da Entscheidungen sich auf jede einzelne dieser Perspektiven gründen können.

Konstruktion

Marge pro Einheit (€)
= Verkaufspreis pro Einheit (€) – Kosten pro Einheit (€)

$$\text{Marge (\%)} = \frac{\text{Marge pro Einheit (€)}}{\text{Verkaufspreis pro Einheit (€)}}$$

Prozentuale Margen können auch aus den Gesamtumsatzerlösen und Gesamtkosten berechnet werden.

$$\text{Marge (\%)} = \frac{\text{Gesamtumsatzerlöse (€)} - \text{Gesamtumsatzkosten (€)}}{\text{Gesamtumsatzerlöse (€)}}$$

Ob Sie es mit einer prozentualen oder stückzahlbezogenen Marge zu tun haben, überprüfen Sie, indem Sie schauen, ob die einzelnen Teile sich zum Gesamtbetrag summieren.

Stückzahlbezogene Marge (€):
Verkaufspreis pro Einheit = Marge pro Einheit + Kosten pro Einheit

Prozentuale Marge (%):
Kosten in % vom Umsatz = 100 % – Marge %

BEISPIEL Ein Unternehmen verkauft Segeltuch nach laufenden Metern. Seine Basiskosten und sein Verkaufspreis für Standardtuch sind:

Verkaufspreis pro Einheit = €24 pro Meter
Kosten pro Einheit = €18 pro Meter

Um die stückzahlbezogene Marge zu errechnen, subtrahieren wir die Kosten vom Verkaufspreis:

Marge pro Einheit = €24 pro Meter – €18 pro Meter = €6 pro Meter

Um die prozentuale Marge zu errechnen, dividieren wir die Marge pro Einheit durch den Verkaufspreis:

$$\text{Marge (\%)} = \frac{(€24 - €18) \text{ pro Meter}}{€24} = \frac{€6}{€24} = 25\%$$

Überprüfen wir dies wie folgt:

Verkaufspreis pro Einheit = Marge pro Einheit + Kosten pro Einheit

€24 pro Meter = €6 pro Meter + €18 pro Meter   stimmt

Die Berechnung der prozentualen Marge lässt sich ähnlich überprüfen:

100% – Marge auf Umsatz (%) = Kosten in % vom Verkaufspreis

100% – 25% = €18 / €24

75% = 75%   stimmt

Bei der Betrachtung mehrerer Produkte mit verschiedenen Erlösen und Kosten können wir die Gesamtmarge (%) auf zweierlei Grundlage berechnen:

1 Gesamterlöse und Gesamtkosten für alle Produkte oder
2 der in Euro gewichtete Durchschnitt der prozentualen Margen der verschiedenen Produkte

BEISPIEL Der Hersteller von Segeltuch produziert eine neue Linie von Luxustüchern, die €64 pro Meter einbringen und in der Herstellung €32 pro Meter kosten. Die Marge beträgt 50%.

Marge pro Einheit (€) = €64 pro Meter – €32 pro Meter = €32 pro Meter

$$\text{Marge (\%)} = \frac{(€64 - €32)}{€64} = \frac{€32}{€64} = 50\%$$

Da das Unternehmen jetzt zwei verschiedene Produkte verkauft, können wir seine Durchschnittsmarge nur berechnen, wenn wir wissen, wie viel von den Produkten umgesetzt wurde. Einfach den Durchschnitt der 25%-Marge auf Standardtuch und der 50%-Marge auf Luxustuch zu nehmen wäre zu unpräzise, es sei denn, das Unternehmen setzt von beiden Produkten in Euro gleich viel um.

Wenn das Unternehmen an einem Tag 20 Meter Standardtuch und 2 Meter Luxustuch verkauft, können wir seine Margen für diesen Tag wie folgt berechnen (siehe auch Tabelle 3.1):

Gesamtumsatz = 20 Meter zu €24 und 2 Meter zu €64
= €608

Gesamtkosten = 20 Meter zu €18 und 2 Meter zu €32
= €424

Marge (€) = €184

$$\text{Marge (\%)} = \frac{\text{Marge (€184)}}{\text{Gesamtumsatz (€608)}} = 30\%$$

Da die Euro-Umsätze der beiden Produkte auseinander klaffen, ist die Unternehmensgewinnspanne von 30% nicht einfach nur der Durchschnitt der Margen dieser Produkte.

	Standard	Luxus	Gesamt
Umsatz in Meter	20	2	22
Verkaufspreis pro Meter	€24,00	€64,00	
Gesamtumsatz €	€480,00	€128,00	€608,00
Kosten pro Meter	€18,00	€32,00	
Gesamtkosten €	€360,00	€64,00	€424,00
Gesamtmarge in Euro (€)	€120,00	€64,00	€184,00
Marge pro Einheit	€6,00	€32,00	€8,36
Marge (%)	25%	50%	30%

Tabelle 3.1: Umsatz, Kosten und Margen

Datenquellen, Komplikationen und Warnhinweise

Wenn Sie sich für bestimmte Einheiten entschieden haben, benötigen Sie zur Feststellung der Margen noch zwei Daten: die Kosten pro Einheit und den Verkaufspreis pro Einheit.
Verkaufspreise lassen sich vor oder nach bestimmten »Belastungen« definieren: Rabatte, Kundenskonti, Maklergebühren und Provisionen können als Kosten oder als Abschläge vom Verkaufspreis gerechnet werden. Außerdem kann die externe Rechnungslegung von der des Managements abweichen, weil unterschiedliche Buchführungsstandards eventuell eine andere Behandlung erfordern als die interne Praxis. Die gemeldeten Margen können je nach der Berechnungstechnik stark variieren. Dies wiederum kann große innerbetriebliche Konfusion über so fundamentale Größen wie den tatsächlichen Preis eines Produkts auslösen.

Bitte lesen Sie in Abschnitt 8.4 über Preis-Wasserfälle die Warnungen bezüglich des Abzugs von bestimmten Rabatten und Preisnachlässen bei der Berechnung der »Nettopreise«. Oft gibt es einen beträchtlichen Entscheidungsspielraum, wenn es darum geht, ob bestimmte Posten von einem Listenpreis subtrahiert werden, um zum Nettopreis zu gelangen, oder ob sie zu den Kosten addiert werden. Ein Beispiel dafür ist die Praxis des Einzelhandels, Kunden, die eine bestimmte Menge einkaufen, Geschenkgutscheine zu überreichen. Es ist nicht einfach, diese anzurechnen, ohne Verwirrung über Preise, Marketingkosten und Margen zu stiften. In diesem Zusammenhang sind zwei Punkte von Bedeutung: (1) Manche Posten kann man entweder als Abschlag von den Preisen oder als Aufschlag auf die Kosten behandeln, aber nicht als beides. (2) Die Behandlung dieser Kosten wird nicht die stückzahlbezogene Marge, wohl aber die prozentuale Marge beeinflussen.

Marge in Prozent der Kosten: Manche Branchen, besonders der Einzelhandel, berechnen ihre Marge in Prozent der Kosten und nicht der Verkaufspreise. Wenn wir diese Technik auf das obige Beispiel übertragen, ließe sich die prozentuale Marge auf einen Meter Standardsegeltuch berechnen zu €6,00 Marge pro Einheit geteilt durch die €18,00 Kosten pro Einheit, also 33%. Dies kann Verwirrung stiften. Marketingleute müssen sich mit den Praktiken ihrer Branche vertraut machen und bereit sein, nach Bedarf zwischen den verschiedenen Betrachtungsweisen hin- und herzuwechseln.

Preis	Kosten	Marge	Aufschlag
€10	€9,00	10%	11%
€10	€7,50	25%	33%
€10	€6,67	33,3%	50%
€10	€5,00	50%	100%
€10	€4,00	60%	150%
€10	€3,33	66,7%	200%
€10	€2,50	75%	300%

Tabelle 3.2: Verhältnis zwischen Margen und Aufschlägen

Aufschlag oder Marge? Auch wenn manche Menschen die Begriffe »Marge« und »Aufschlag« gleichbedeutend verwenden: Richtig ist das nicht. Der Begriff »Aufschlag« beschreibt normalerweise die Praxis, einen Prozentsatz zu den Kosten zu addieren, um Verkaufspreise zu kalkulieren.

Um das Verhältnis zwischen Marge und Aufschlag besser zu begreifen, wollen wir einige Beispiele berechnen. Ein Aufschlag von 50% auf variable Kosten von €10 ergibt €5, also einen Einzelhandelspreis von €15. Dagegen beläuft sich die Marge auf ein Produkt, das zu einem Einzelhandelspreis von €15 verkauft wird und variable Kosten von €10 hat, auf €5/€15 oder 33,3%. Tabelle 3.2 zeigt das Verhältnis von Marge zu Aufschlag für einige gebräuchliche Zahlen.

Eine der Besonderheit des Einzelhandels ist, dass Preise einen »Aufschlag« in Prozent des Einkaufspreises (die variablen Kosten des Produkts) bekommen, aber bei Sonderverkäufen einen »Abschlag« in Prozent des Einzelhandelspreises erhalten. Die meisten Kunden verstehen unter einer 50%-»Reduktion«, dass der Einzelhandel seine Preise um 50% gesenkt hat.

> **BEISPIEL** Eine Boutique kauft T-Shirts für €10 und verkauft sie mit einem Aufschlag von 50%. Wie gesagt, ergibt ein 50%-Aufschlag auf variable Kosten von €10 einen Einzelhandelspreis von €15. Leider verkauft sich die Ware schlecht und der Chef möchte sie gern abverkaufen, um wieder Platz in den Regalen zu bekommen. Er bittet leichtsinnigerweise eine Hilfskraft, die Preise um 50% zu senken. Dieser Abschlag von 50% senkt allerdings den Einzelhandelspreis auf €7,50. Wenn Sie also zuerst 50% aufschlagen und dann 50% abschlagen, haben Sie einen Verlust von €2,50 auf jedes verkaufte Stück.

Es ist leicht zu erkennen, woher diese Verwirrung rührt. Normalerweise verwenden wir den Begriff Marge mit Bezug auf den Umsatz. Wir raten jedoch allen Managern, den Kollegen gegenüber immer genau klarzustellen, welche Marge gemeint ist.

> **BEISPIEL** Ein Mobilfunkanbieter verkauft ein Telefon für €100. Die Herstellungskosten belaufen sich auf €50 und enthalten einen Rabatt von €20. In seiner internen Buchführung rechnet der Händler diesen Rabatt den Kosten der verkauften Waren zu. Seine Marge berechnet er also wie folgt:
>
> Marge pro Einheit (€)
> = Verkaufspreis – Kosten der verkauften Waren und Rabatt
> = €100 – (€50 + €20) = €30
>
> $$\text{Marge (\%)} = \frac{€30}{€100} = 30\%$$
>
> Allerdings geben die Buchführungsrichtlinien vor, dass in der externen Rechnungslegung Rabatte von den Umsatzerlösen abgezogen werden müssen (siehe Tabelle 3.3).

Unter diesem Blickwinkel müsste das Unternehmen seine Marge anders berechnen und würde zu einer anderen prozentualen Marge kommen:

Marge pro Einheit (€)
= Verkaufspreis, gekürzt um Rabatt − Kosten der verkauften Waren
= (€100 − €20) − €50 = €30

$$\text{Marge (\%)} = \frac{€30}{(€100 - €20)} = \frac{€30}{€80} = 37{,}5\%$$

	Internes Reporting	Externes Reporting
Kundenzahlungen	€100	€100
Rabatte	—	€20
Umsatz	€100	€80
Herstellungsaufwand	€50	€50
Rabatt	€20	—
Kosten der verkauften Waren	€70	€50
Marge pro Einheit (€)	€30	€30
Marge (%)	30,0%	37,5%

Tabelle 3.3: Internes und externes Reporting können sich unterscheiden

In diesem Beispiel würde der Manager für die interne Berichterstattung den Rabatt zu den Kosten der verkauften Waren addieren. Dagegen verlangen die Buchhaltungsrichtlinien für die externe Rechnungslegung, dass der Rabatt vom Umsatz abgezogen wird. Somit ergibt sich bei internen und externen Berichten eine unterschiedliche prozentuale Marge, was in dem Unternehmen immer dann, wenn eine prozentuale Marge angegeben werden soll, zu Verunsicherung führt.

Wir raten Ihnen grundsätzlich, interne Margen im Einklang mit den verbindlichen Regelungen für die externe Rechnungslegung zu formulieren, um Verwirrung zu vermeiden.

Bei einigen Kosten steht es Ihnen frei, ob Sie sie einbeziehen oder nicht: Normalerweise hängt dies vom Zweck der betreffenden Margenberechnung ab. Auf dieses Thema werden wir noch einige Male zu sprechen kommen. In dem einen Extremfall, dass alle Kosten einbezogen werden, sind Marge und Nettogewinn gleich. Doch Sie können auch mit einem »Deckungsbeitrag« rechnen (also nur variable Kosten abziehen) oder mit einem »Betriebsgewinn« oder einer »Marge vor Marketingkosten«. Bestimmte Kennziffern helfen Ihnen dabei, fixe von variablen Kosten zu unterscheiden und die Kosten einer konkreten Operation oder Abteilung aus dem Gesamtunternehmen herauszuziehen.

Verwandte Kennziffern und Konzepte

Bruttomarge: die Differenz zwischen Erlösen und Kosten vor Berücksichtigung bestimmter anderer Kosten. Wird normalerweise als Verkaufspreis einer Ware minus der Kosten der verkauften Waren (Herstellungs- oder Einkaufskosten) gerechnet. Die Bruttomarge kann in Prozent oder in Euro ausgedrückt werden. Im zweiten Fall wird sie pro Stück oder auf einen Zeitraum bezogen für ein Gesamtunternehmen gerechnet.

Preise und Vertriebswegmargen

Vertriebswegmargen können auf Stückzahlbasis oder in Prozent vom Verkaufspreis ausgedrückt werden. Wenn die Margen aufeinander folgender Vertriebskanäle verkettet werden, wird der Verkaufspreis eines Vertriebswegsbestandteils zum »Einstandspreis« für den Vertriebswegsbestandteil, dessen Lieferant er ist.

Lieferantenverkaufspreis (€)
= Kundenverkaufspreis (€) – Kundenmarge (€)

$$\text{Kundenverkaufspreis (€)} = \frac{\text{Lieferantenverkaufspreis (€)}}{1 - \text{Kundenmarge (\%)}}$$

Wenn eine Vertriebskette mehrere Glieder hat – etwa Hersteller, Großhandel und Einzelhandel –, kann man nicht einfach alle Vertriebswegmargen so, wie sie gemeldet werden, addieren, um eine »Gesamt«-Vertriebswegmarge zu berechnen, sondern man muss die Verkaufspreise am Anfang und am Ende der Vertriebskette betrachten (also auf der Ebene des Herstellers und des Einzelhändlers). Marketingleute müssen in der Lage sein, sich von ihrem eigenen Verkaufspreis bis zum Verbraucherpreis vorzuarbeiten, und Vertriebswegmargen auf jeder einzelnen Stufe verstehen.

Zweck: Verkaufspreise auf jeder Stufe des Vertriebswegs verstehen

Oft gehört es zum Marketing, Waren über eine Reihe von Wiederverkäufern zu vertreiben, die jeweils »Mehrwert« aufschlagen. Manchmal ändert ein Produkt auf diesem Weg seine Form. In anderen Fällen erhöht sich auf seiner Reise durch die Vertriebskanäle nur sein Preis (siehe Abbildung 3.1).

In manchen Branchen, wie beispielsweise dem Markt für Importbier, kann die Vertriebskette vier oder fünf Glieder haben, die nacheinander ihre eigenen Margen aufschlagen, ehe ein Produkt den Verbraucher erreicht. In solchen Fällen ist es besonders wichtig, die Vertriebswegmargen und Preisfindungspraktiken zu verstehen, um die Auswirkungen von Preisänderungen besser durchschauen zu können.

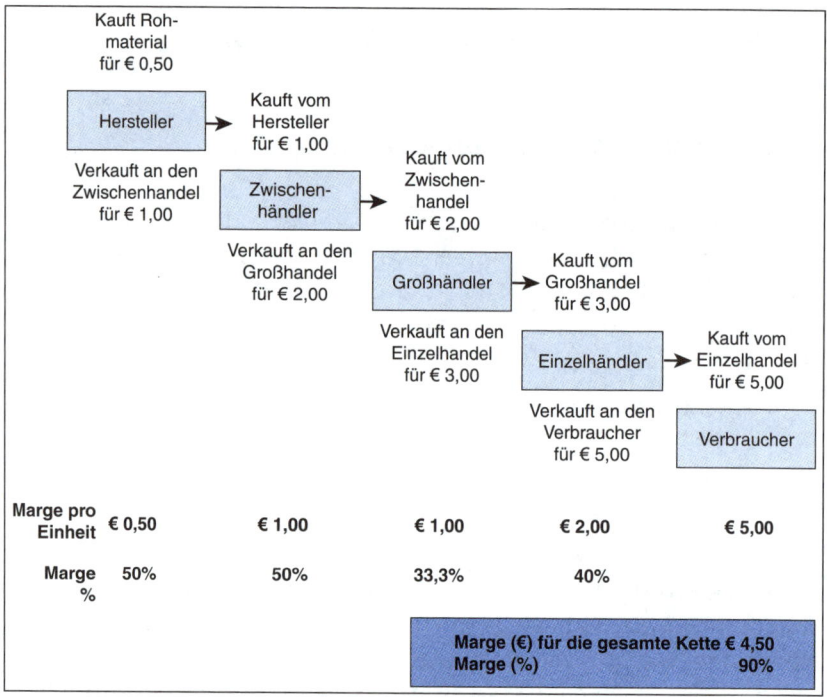

Abbildung 3.1: Beispiel für einen Vertriebsweg

Erinnern Sie sich: Verkaufspreis = Kosten + Marge

Konstruktion

Erstens müssen Sie sich entscheiden, ob Sie von den Kundenverkaufspreisen zu den Lieferantenverkaufspreisen »rückwärts« oder »vorwärts« gehen. Für die Rückwärtsberechnung zeigen wir Ihnen zwei Gleichungen, eine für Margen in Euro und eine für prozentuale Margen:

Lieferantenverkaufspreis (€)
= Kundenverkaufspreis (€) – Kundenmarge (€)

Lieferantenverkaufspreis (€)
= Kundenverkaufspreis (€) ∗ [1 – Kundenmarge (%)]

BEISPIEL Peter besitzt ein kleines Möbelgeschäft. Er kauft Bücherschränke der Marke »BookCo« für €200 pro Einheit von einem ortsansässigen Zwischenhändler. Peter überlegt, direkt bei »BookCo« einzukaufen und möchte ausrechnen, wie viel er bezahlen müsste, wenn er denselben Preis wie der Zwischenhändler bekäme. Peter weiß, dass dieser eine prozentuale Marge von 30% erzielt.

Der Hersteller beliefert den Zwischenhändler. Für dieses Glied der Kette ist also der Hersteller der Lieferant und der Zwischenhändler der Kunde. Also können wir, da wir die prozentuale Marge des Kunden kennen, die zweite der obigen Gleichungen verwenden, um den Preis zu berechnen, den der Hersteller Peters Zwischenhändler macht.

Lieferantenverkaufspreis (€)
= Kundenverkaufspreis (€) ∗ [1 – Kundenmarge (%)]
= €200 ∗ 70% = €140

Peters Zwischenhändler kauft die Bücherschränke zu €140 das Stück und verkauft sie für €200, was eine Gewinnmarge von €60 (30%) ergibt.

Dieses Beispiel mag zwar die intuitivste Version dieser Formel sein, aber durch Umstellung können wir mit derselben Gleichung auch vorwärts rechnen, also von den Lieferantenpreisen zu den Kundenverkaufspreisen. In einer vorwärts gerichteten Konstruktion können wir die Gleichung nach dem Kundenverkaufspreis auflösen, also dem Preis, der in Richtung zum Endverbraucher im nächsten Glied der Kette verlangt wird.[2]

$$\text{Kundenverkaufspreis (€)} = \frac{\text{Lieferantenverkaufspreis (€)}}{1 - \text{Kundenmarge (\%)}}$$

Kundenverkaufspreis (€)
= Lieferantenverkaufspreis (€) + Kundenmarge (€)

BEISPIEL Clyde's Concrete verkauft 100 Kubikmeter Beton für €300 an einen Straßenbauunternehmer. Dieser möchte den Posten in seine Materialkostenrechnung aufnehmen, um ihn dem Land als Auftraggeber weiterzubelasten (siehe Abbildung 3.2). Zusätzlich möchte er aber auch eine Marge von 25% verdienen. Welchen Verkaufspreis berechnet der Straßenbauunternehmer für den Beton?

Abbildung 3.2: Kundenbeziehungen

Diese Frage konzentriert sich auf die Verbindung zwischen Clyde's Concrete (dem Lieferanten) und dem Bauunternehmen (dem Kunden). Wir wissen, dass der Verkaufspreis €300 beträgt und der Kunde 25% verdienen will. Mit diesen Informationen können wir die erste der beiden obigen Gleichungen verwenden.

$$\begin{aligned}
\text{Kundenverkaufspreis} &= \frac{\text{Lieferantenverkaufspreis}}{1 - \text{Kundenmarge\%}} \\
&= \frac{€300}{(1 - 25\%)} \\
&= \frac{€300}{75\%} = €400
\end{aligned}$$

Um unsere Berechnungen zu überprüfen, können wir die prozentuale Marge des Bauunternehmers anhand eines Verkaufspreises von €400 und Kosten von €300 verifizieren.

$$\begin{aligned}
\text{Kundenmarge} &= \frac{\text{Kundenverkaufspreis} - \text{Lieferantenverkaufspreis}}{\text{Kundenverkaufspreis}} \\
&= \frac{€400 - €300}{€400} \\
&= \frac{€100}{€400} = 25\%
\end{aligned}$$

Verkaufspreis des ersten Glieds der Vertriebskette: Mit diesen Gleichungen und der Kenntnis der Margen in einer Vertriebskette können wir uns bis zum Verkaufspreis des ersten Glieds in der Vertriebswegkette zurückarbeiten.

Verkaufspreis erstes Glied der Vertriebskette (€)
= Verkaufspreis letztes Glied der Vertriebskette (€)
∗ [1 – Letzte Vertriebswegmarge (%)]
∗ [1 – Vorletzte Vertriebswegmarge (%)]
∗ [1 – Vorvorletzte Vertriebswegmarge (%)] usw.

BEISPIEL Folgende Margen werden auf den verschiedenen Stufen der Vertriebskette für ein Glas Spagettisoße vereinnahmt, das im Einzelhandel €5,00 kostet (siehe Tabelle 3.4).

Was kostet die Produktion eines Glases Nudelsoße den Hersteller? Der Einzelhandelsverkaufspreis (€5,00) mal 1 minus Einzelhandelsspanne ergibt den Verkaufspreis des Großhändlers. Der Großhandelsverkaufspreis bedeutet für den Einzelhändler ebenfalls Kosten. Die Kosten des Großhändlers (Verkaufspreis des Zwischenhändlers) finden Sie heraus, indem Sie den Verkaufspreis des Großhändlers mal 1 minus Großhandelsmarge nehmen usw. Alternativ können Sie auch das nächste Verfahren anwenden, indem Sie anhand der prozentualen Marge eines Glieds der Vertriebskette dessen Euro-Marge kalkulieren und diese Zahl dann vom Verkaufspreis dieses Mitglieds der Vertriebskette subtrahieren, um seine Kosten herauszufinden (siehe Tabelle 3.5).

Somit verursacht ein Glas Nudelsoße, das im Einzelhandel für €5,00 verkauft wird, dem Hersteller eigentlich nur 50 Cent an Produktionskosten.

Vertriebsstufe	Marge
Hersteller	50%
Zwischenhändler	50%
Großhändler	33%
Einzelhändler	40%

Tabelle 3.4: Beispiel: Vertriebsmargen für Nudelsoße

Stadium	Marge %	€
Verbraucherkosten		€5,00
Einzelhandelsmarge	40%	€2,00
Einzelhandelskosten		€3,00
Großhandelsmarge	33%	€1,00
Großhandelskosten		€2,00
Zwischenhändlermarge	50%	€1,00
Zwischenhändlerkosten		€1,00
Herstellermarge	50%	€0,50
Herstellerkosten		€0,50

Tabelle 3.5: Kosten (Kaufpreis) des Einzelhändlers

Die an verschiedenen Stellen des Vertriebswegs vereinnahmten Margen können sich auf den Verbraucherpreis drastisch auswirken. Beim rückwärts Nachvollziehen dieser Auswirkungen fällt es vielen Menschen leichter, Aufschläge in Margen umzuwandeln. Bei der Vorwärtsberechnung kann diese Konvertierung entfallen.

BEISPIEL Um zu zeigen, dass Margen und Aufschläge zwei Seiten derselben Medaille sind, wollen wir nun demonstrieren, dass sich dieselbe Abfolge von Preisen auch dann ergibt, wenn wir die Aufschlagmethode verwenden. Schauen wir uns an, welche Beträge auf die Nudelsoße aufgeschlagen werden, bis wir zu dem Verbraucherpreis von €5,00 gelangen.

Wie bereits gesagt, betragen die Herstellerkosten €0,50. Prozentual schlägt der Hersteller 100% auf. In Euro können wir den Aufschlag also mit €0,50 * 100% = €0,50 beziffern. Wenn wir zum Herstelleraufschlag seine Kosten addieren, erhalten wir seinen Verkaufspreis: €0,50 (Kosten) + €0,50 (Aufschlag) = €1,00. Der Hersteller verkauft die Soße für €1,00 an einen Zwischenhändler. Dieser schlägt 100% auf und nimmt einen Preis von €2,00, um die Soße an einen Großhändler zu verkaufen. Der Großhändler wiederum schlägt 50% auf und verkauft die Soße an den Einzelhändler für €3,00. Zum Schluss schlägt der Einzelhändler noch einmal 66,7% auf und verkauft die Nudelsoße für €5,00 an den Endverbraucher. In Tabelle 3.6

zeigen wir, wie die Nudelsoße auf ihrer Reise vom Hersteller zum Verbraucher durch Aufschläge von €0,50 bis zu einem Einzelhandelspreis (Verbraucherkosten) von €5,00 »aufgewertet« wird.

Stufe	Aufschlag %	€	Marge
Herstellerkosten		€0,50	
Herstelleraufschlag	100%	€0,50	50%
Zwischenhandelskosten		€1,00	
Zwischenhandelsaufschlag	100%	€1,00	50%
Großhandelskosten		€2,00	
Großhandelsaufschlag	50%	€1,00	33,3%
Einzelhandelskosten		€3,00	
Einzelhandelsaufschlag	67%	€2,00	40%
Verbraucherkosten		€5,00	

Tabelle 3.6: Aufschläge auf dem Vertriebsweg

Datenquellen, Komplikationen und Warnhinweise

Zur Kalkulation der Vertriebswegmargen benötigen wir dieselben Informationen wie für die Basismargen. Zu Komplikationen kommt es allerdings, weil verschiedene Ebenen beteiligt sind. In der vorliegenden Struktur wird der Verkaufspreis der einen Ebene zu den Kosten der nächsten Ebene. Dies ist in Verbrauchsgüterbranchen besonders klar zu erkennen, wo oft mehrere Vertriebsstufen zwischen Hersteller und Verbraucher stehen und jedes Mitglied der Vertriebskette seine eigene Marge erzielen will.

Kosten und Verkaufspreis hängen davon ab, wo in der Vertriebskette man sich befindet. Sie müssen immer fragen: »Wessen Kosten sind das?« und »Wer verkauft zu diesem Preis?«. Die »Verkettung« einer Abfolge von Margen ist im Prinzip nicht schwierig. Sie müssen nur klarstellen, wer an wen verkauft. Um dies nachzuvollziehen, kann es hilfreich sein, zuerst eine horizontale Linie zu ziehen und alle Mitglieder der Vertriebskette daran zu vermerken, wobei der Hersteller ganz links steht und der Einzelhändler ganz rechts. Wenn beispielsweise ein deutscher Bierexporteur an einen Importeur in den USA und dieser wiederum an einen Großhändler in Virginia verkauft, der seinerseits das Bier an den Einzelhändler abgibt, dann stehen vier verschiedene Verkaufspreise und drei Vertriebswegmargen zwischen dem Exporteur und dem Kunden des Einzelhändlers. In diesem Szenario ist der Exporteur der erste Lieferant und der Importeur der erste Kunde. Um Verwirrung zu vermeiden, raten wir Ihnen, den Vertriebsweg zu skizzieren und auf jeder Stufe die Margen, Kaufpreise und Verkaufspreise zu kalkulieren.

In diesem Abschnitt gingen wir immer davon aus, dass alle Margen »Bruttomargen« sind, die als Verkaufspreis minus Kosten der verkauften Waren kalkuliert werden. Natürlich entstehen den Mitgliedern des Vertriebswegs auch noch andere Kosten im »Mehrwert«-Prozess. Wenn beispielsweise ein Großhändler seinen Vertretern Umsatzprovision zahlt, wären dies Kosten der Geschäftsbesorgung, aber nicht Kosten der verkauften Waren. Daher fließen sie nicht in die Bruttomarge ein.

Verwandte Kennziffern und Konzepte

Gemischte Vertriebswegmargen

Gemischter Vertriebsweg: der Einsatz mehrerer Vertriebssysteme zur Erreichung desselben Markts. Ein Unternehmen kann die Verbraucher beispielsweise durch Läden, Internet und Telemarketing ansprechen. Oft werden auf diesen verschiedenen Wegen verschiedene Margen erzielt.

Unternehmen gehen zunehmend auf mehreren Wegen an den Markt. So kann beispielsweise ein Versicherungsunternehmen seine Policen über unabhängige Vertreter, gebührenfreie Telefonleitungen und das Internet verkaufen. Mehrere Vertriebswege generieren mehrere Vertriebswegmargen und verursachen beim Lieferanten unterschiedliche Kosten. Wenn sich das Geschäft von einem auf einen anderen Vertriebsweg verlagert, müssen Marketingleute die Preisgestaltung und den Support in ökonomisch vernünftiger Weise anpassen. Um die richtigen Entscheidungen treffen zu können, müssen sie die rentabelsten Vertriebswege in ihrem Mix erkennen und ihre Programme und Strategien darauf ausrichten.

Wenn Sie Produkte über mehrere Vertriebswege mit verschiedenen Margen vertreiben, ist es wichtig, dass Ihre Analysen auf dem gewichteten Durchschnitt der Vertriebswegmargen und nicht auf einem einfachen Durchschnitt beruhen. Wird nur der einfache Durchschnitt herangezogen, kann das zu Verwirrung und Fehlentscheidungen führen.

Als Beispiel dafür, welche Abweichungen entstehen können, nehmen wir einmal an, ein Unternehmen verkaufe zehn Einheiten seines Produkts über sechs Vertriebswege. Fünf Einheiten werden über einen Vertriebsweg mit einer Marge von 20% und je eine Einheit über die anderen fünf Vertriebswege mit einer Marge von 50% verkauft. Die gewichtete Durchschnittsmarge wird wie folgt berechnet:

$$\text{Prozentuale Marge (\%)} = \frac{(5 * 20\%) + (5 * 50\%)}{10} = 35\%$$

Wenn wir dagegen einfach die Durchschnittsmarge der sechs Vertriebswege berechnen, ergibt sich eine ganz andere Zahl:

$$\text{Prozentuale Marge (\%)} = \frac{(1 * 20\%) + (5 * 50\%)}{6} = 45\%$$

Diese Differenz kann die Entscheidungsfindung im Management ziemlich beeinträchtigen.

Durchschnittsmarge

Wenn Margen in Euro angegeben werden sollen, verwenden Sie Prozente von Umsatzstückzahlen.

Durchschnittsmarge (€)
= [Prozent Umsatzstückzahlen auf Vertriebsweg 1 (%)
* Marge auf Vertriebsweg 1 (€)]
+ [Prozent Umsatzstückzahlen auf Vertriebsweg 2 (%)
* Marge auf Vertriebsweg 2 (€)]
+ usw. bis zum letzten Vertriebsweg

Soll die Marge in Prozent angegeben werden, verwenden Sie Prozente vom Euro-Umsatz.

Durchschnittsmarge (%)
= [Prozent vom Euro-Umsatz auf Vertriebsweg 1 (%)
* Marge auf Vertriebsweg 1 (%)]
+ [Prozent vom Euro-Umsatz auf Vertriebsweg 2 (%)
* Marge auf Vertriebsweg 2 (%)]
+ usw. bis zum letzten Vertriebsweg

BEISPIEL Die Firma Gael's Glass verkauft ihre Produkte auf drei Vertriebswegen: per Telefon, im Internet und in Läden. Diese Vertriebswege generieren die Margen 50%, 40% und 30%. Wenn Gaels Frau ihn nach seiner Durchschnittsmarge fragt, berechnet er zuerst eine einfache Marge und sagt, es seien 40%. Doch seine Frau hakt nach und stellt fest, dass ihr Mann etwas zu voreilig geantwortet hat. Sein Unternehmen verkauft insgesamt 10 Einheiten, davon eine mit einer Marge von 50% per Telefonmarketing, vier mit einer Marge von 40% im Internet und fünf mit einer Marge von 30% im Laden.

Um nun die Durchschnittsmarge des Unternehmens auf diesen drei Vertriebswegen zu berechnen, muss jede Marge durch ihr relatives Umsatzvolumen gewichtet werden. Auf dieser Basis errechnet Gaels Frau die gewichtete Durchschnittsmarge wie folgt:

Durchschnittsmarge über alle Vertriebswege
= (Prozent Umsatzstückzahlen Telefonmarketing
* Vertriebswegmarge Telefonmarketing)
+ (Prozent Umsatzstückzahlen Internet
* Vertriebswegmarge Internet)
+ (Prozent Umsatzstückzahlen Laden * Vertriebswegmarge Laden)
= (1/10 * 50%) + (4/10 * 40%) + (5/10 * 30%)
= 5% + 16% + 15%

Durchschnittsmarge über alle Vertriebswege = 36%

BEISPIEL Die Firma Sadetta vertreibt ihre Produkte im Internet und im Einzelhandel mit folgenden Ergebnissen:

Ein Kunde bestellt online und zahlt €10 für eine Einheit eines Produkts, das die Firma €5 kostet. So verbleibt eine 50%-Marge für Sadetta. Ein zweiter Kunde kauft im Laden zwei Einheiten des Produkts für je €12 ein, doch hier belaufen sich die Kosten pro Stück auf €9. Also verdient Sadetta auf diesen Umsatz eine 25%-Marge. In der Summe ergibt dies:

Internetmarge (1) = 50%.
Verkaufspreis (1) = €10.
Lieferantenverkaufspreis (1) = €5.

Ladenmarge (2) = 25%.
Verkaufspreis (2) = €12.
Lieferantenverkaufspreis (2) = €9.

In diesem Szenario ist die relative Gewichtung einfach. Auf Stückzahlen bezogen verkauft Sadetta insgesamt drei Einheiten: eine (33,3%) online und zwei (66,6%) im Laden. In Geld generiert Sadetta €34 Umsatz: €10 (29,4%) online und €24 (70,6%) im Laden.

Also lässt sich Sadettas Durchschnittsmarge pro Einheit (€) folgendermaßen ermitteln: Im Internet werden €5,00 Marge erzielt, im Laden dagegen €3,00. Das relative Gewicht ist online 33,3% und im Laden 66,6%.

Durchschnittsmarge pro Einheit (€)
= [Prozent Umsatzstückzahlen Internet (%)
* Marge pro Einheit Internet (€)]
+ [Prozent Umsatzstückzahlen Laden (%)
* Marge pro Einheit Laden (€)]
= 33,3% * €5,00 + 66,6% * €3,00
= €1,67 + €2,00
= €3,67

Sadettas Durchschnittsmarge in Prozent kann wie folgt berechnet werden: Der Vertriebsweg Internet generiert eine Marge von 50% und der Laden eine von 25%. Das relative Gewicht beträgt 29,4% fürs Internet und 70,6% für den Laden.

Durchschnittsmarge (%)
= [Prozent vom Euro-Umsatz im Internet (%) * Marge im Internet (%)]
+ [Prozent vom Euro-Umsatz im Laden (%) * Marge im Laden (%)]
= 29,4% * 50% + 70,6% * 25%
= 14,70% + 17,65%
= 32,35%

Durchschnittsmargen können auch unmittelbar von Gesamtwerten des Unternehmens abgeleitet werden. Sadetta erzielt eine Gesamtbruttomarge von €11 durch den Verkauf von drei Einheiten des Produkts. Seine Durchschnittsmarge pro Einheit beträgt also €11/3 oder €3,67. Ebenso können wir Sadettas prozentuale Durchschnittsmarge berechnen, indem wir seine Gesamtmarge durch seine Gesamterlöse teilen. Das Ergebnis entspricht unseren obigen Berechnungen der gewichteten Marge: €11/€34 = 32,35%.

Die gleiche Gewichtung ist auch zur Kalkulation der Durchschnittsverkaufspreise erforderlich.

Durchschnittsverkaufspreis (€)
= [Prozent Umsatzstückzahlen auf Vertriebsweg 1 (%)
* Verkaufspreis auf Vertriebsweg 1 (€)]
+ [Prozent Umsatzstückzahlen auf Vertriebsweg 2 (%)
* Verkaufspreis auf Vertriebsweg 2 (€)]
+ usw. bis [Prozent Umsatzstückzahlen letzter Vertriebsweg (%)
* Verkaufspreis auf dem letzten Vertriebsweg (€)]

> **BEISPIEL** Wenn wir das vorherige Beispiel noch etwas weiterführen, können wir erkennen, wie die Firma Sadetta ihren Durchschnittsverkaufspreis kalkuliert.
>
> Sadettas Online-Kunde zahlt €10 Stückpreis und sein Ladenkunde €12. Wenn wir jeden Vertriebsweg durch seine Umsatzstückzahlen gewichten, erhalten wir Sadettas Durchschnittsverkaufspreis:
>
> Durchschnittsverkaufspreis (€)
> = Prozent Umsatzstückzahlen Internet (%)
> * Verkaufspreis Internet (€)]
> + [Prozent Umsatzstückzahlen Laden (%)
> * Verkaufspreis Laden (€)]
> = 33,3% * €10 + 66,6% * €12
> = €3,33 + €8
> = €11,33

Die Berechnung des durchschnittlichen Lieferantenverkaufspreises folgt einem ähnlichen Konzept.

Durchschnittlicher Lieferantenverkaufspreis (€)
= [Prozent Umsatzstückzahlen auf Vertriebsweg 1 (%)
* Lieferantenverkaufspreis auf Vertriebsweg 1 (€)]
+ [Prozent Umsatzstückzahlen auf Vertriebsweg 2 (%)
* Lieferantenverkaufspreis auf Vertriebsweg 2 (€)]
+ usw. bis [Prozent Umsatzstückzahlen auf dem letzten Vertriebsweg (%)
* Lieferantenverkaufspreis auf dem letzten Vertriebsweg (€)]

> **BEISPIEL** Als Nächstes wollen wir betrachten, wie Sadetta seinen durchschnittlichen Lieferantenverkaufspreis berechnet.
>
> Sadettas Online-Waren kosten das Unternehmen €5 pro Einheit, während die im Laden angebotenen Waren €9 pro Einheit kosten. Also:
>
> Durchschnittlicher Lieferantenverkaufspreis (€)
> = [Prozent Umsatzstückzahlen Internet (%)
> * Lieferantenverkaufspreis Internet (€)]
> + [Prozent Umsatzstückzahlen Laden (%)
> * Lieferantenverkaufspreis Laden (€)]
> = 33,3% * €5 + 66,6% * €9
> = €1,66 + €6 = €7,66

Diese Puzzleteile zusammengenommen geben uns einen viel besseren Einblick in das Geschäft der Firma Sadetta (siehe Tabelle 3.7).

	Internet	Laden	Durchschnitt/ Gesamt
Verkaufspreis	€10,00	€12,00	
Lieferantenverkaufspreis	€5,00	€9,00	
Marge pro Einheit (€)	€5,00	€3,00	
Marge (%)	50%	25%	
Verkaufte Einheiten	1	2	3
% Umsatzstückzahlen	33,3%	66,7%	
Euro-Umsatz	€10,00	€24,00	€34,00
% Euro-Umsatz	29,4%	70,6%	
Gesamtmarge	€5,00	€6,00	€11,00
Durchschnittsmarge pro Einheit (€)			€3,67
Durchschnittsmarge (%)			32,4%
Durchschnittsverkaufspreis			€11,33
Durchschnittlicher Lieferantenverkaufspreis			€7,67

Tabelle 3.7: Sadettas Vertriebswege

Durchschnittsstückpreis und Preis pro statistischer Einheit

Durchschnittspreise sind einfach die Gesamtumsatzerlöse geteilt durch die Gesamtmenge der verkauften Einheiten. Viele Produkte werden allerdings in mehreren Varianten verkauft, etwa in Flaschen unterschiedlicher Größe. Die Herausforderung für Manager besteht nun darin, »vergleichbare« Einheiten zu definieren.

Durchschnittspreise können Sie berechnen, indem Sie die verschiedenen Verkaufspreise pro Einheit durch den Prozentsatz der Umsatzstückzahlen (Mix) für jede Produktvariante teilen. Wenn wir statt eines tatsächlichen Größen- und Produktvariantenmixes eine Standardgröße ansetzen, erhalten wir den Preis pro statistische Einheit. Statistische Einheiten werden auch als äquivalente Einheiten bezeichnet.

$$\text{Durchschnittsstückpreis (€)} = \frac{\text{Erlöse (€)}}{\text{Verkaufte Einheiten (#)}}$$

oder

$= [\text{Preis der Lagereinheit 1 (€)}$
$* \text{Lagereinheit 1 Umsatzanteil in Prozent (\%)}]$
$+ [\text{Preis der Lagereinheit 2 (€)}$
$* \text{Lagereinheit 2 Umsatzanteil in Prozent (\%)}]$

Preis pro statistischer Einheit (€)
= Gesamtpreis eines Lagereinheiten-Bündels aus dieser statistischen Einheit (€)

Stückpreis pro statistischer Einheit (€)

$$= \frac{\text{Preis pro statistischer Einheit (€)}}{\substack{\text{Gesamtpreis in einem Lagereinheiten-Bündel} \\ \text{aus dieser statistischen Einheit (#)}}}$$

Durchschnittsstückpreis und Preise pro statistische Einheit werden von Marketingleuten benötigt, die dasselbe Produkt in verschiedenen Gebinden, Größen, Formen oder Ausstattungen zu verschiedenen Preisen verkaufen. Wie in den Analysen der verschiedenen Vertriebswege müssen auch diese Produkt- und Preisvariationen in den Durchschnittspreisen präzise wiedergegeben werden. Andernfalls würden Marketingleute aus dem Blick verlieren, was mit den Preisen geschieht und warum es geschieht. Wenn beispielsweise der Preis jeder Produktvariante gleich bleibt, aber das Mischungsverhältnis der verkauften Mengen sich ändert, dann würde sich der Durchschnittsstückpreis ändern, aber der Preis pro statistischer Einheit nicht. Beide Kennziffern sind Indikatoren für Marktverschiebungen.

Zweck: aussagekräftige Durchschnittsverkaufspreise in einer Produktlinie berechnen, die Waren verschiedener Größe umfasst

Viele Marken oder Produktlinien umfassen mehrere Modelle, Versionen, Geschmacksrichtungen, Farben, Größen oder, allgemeiner ausgedrückt, Stock Keeping Units (SKUs). So werden zum Beispiel die Wasserfilter der Firma Brita in verschiedenen SKUs verkauft: einzeln verpackte Filter, Packungen mit zwei Filtern und besondere Gebinde, die vielleicht nur an spezielle Geschäfte abgegeben werden. Sie werden sowohl allein als auch in Kombination mit Wasserbehältern verkauft. Diese verschiedenen Packungen und Produktformen kann man als Lagereinheiten, Modelle, Waren usw. bezeichnen.

Lagereinheit (Stock Keeping Unit, SKU): So bezeichnen Einzelhändler einzelne Artikel, die in einem Sortiment vorrätig (engl. »in stock«) sind. Dies ist die detaillierteste Ebene, auf der Lagerhaltung und Umsatz einzelner Produkte festgehalten werden können.

Oft wollen Marketingleute nicht nur ihre eigenen Durchschnittspreise sondern auch die der Einzelhändler kennen. In SKUs lässt sich ein Durchschnittsstückpreis auf jeder Stufe der Vertriebskette ermitteln. Zwei besonders nützliche Durchschnittswerte sind:

1. der Stückpreisdurchschnitt, der den Umsatz aller SKUs berücksichtigt und als Durchschnittspreis pro definierte Einheit ausgedrückt wird. In der Wasserfilterbranche könnte dies beispielsweise Zahlen wie €2,23/ Filter, €0,03/gefilterter Liter usw. einbeziehen.
2. der Preis pro statistische Einheit, bestehend aus einem festgelegten Bündel (einer Anzahl) einzelner Lagereinheiten. Dieses Bündel wird oft so definiert, dass es den tatsächlichen Umsatzmix der verschiedenen Lagereinheiten widerspiegelt.

Der Durchschnittsstückpreis ändert sich, wenn sich der prozentuale Umsatz von SKUs mit verschiedenen Stückpreisen verschiebt oder die Preise einzelner Lagereinheiten geändert werden. Im Gegensatz dazu ist im Preis pro statistische Einheit per Definition immer der gleiche Anteil jeder Lagereinheit enthalten. Folglich ändert sich der Preis pro statistische Einheit nur dann, wenn sich der Preis einer oder mehrerer beteiligter Lagereinheiten ändert.

Die Informationen, die Ihnen der Preis pro statistische Einheit verrät, sind nützlich für die Beobachtung der Preisbewegungen in einem Markt. In Kombination mit Durchschnittsstückpreisen verrät der Preis pro statistischer Einheit, in welchem Maße sich die Durchschnittspreise in einem Markt aufgrund von Verschiebungen der Anteile an einem Umsatzmix aus Lagereinheiten mit verschiedenen Preisen ändert, im Gegensatz zu Preisänderungen bei einzelnen Artikeln. Änderungen im Mischungsverhältnis, wie beispielsweise eine relative Steigerung des Verkaufs von größeren Eispackungen gegenüber den kleineren im Lebensmittelhandel, würde sich zwar auf den Durchschnittsstückpreis, aber nicht auf den Preis pro statistische Einheit auswirken. Preisänderungen bei Lagereinheiten, die eine statistische Einheit bilden, würden sich allerdings auch in einer entsprechenden Änderung des Preises dieser statistischen Einheit niederschlagen.

Konstruktion

Wie andere Durchschnittsgrößen im Marketing können auch Durchschnittsstückpreise entweder aus Gesamtwerten des Unternehmens oder aus Preisen und Anteilen einzelner SKUs berechnet werden.

$$\text{Durchschnittsstückpreis (€)} = \frac{\text{Erlöse (€)}}{\text{Umsatz der Einheiten (\#)}}$$

oder

= [Stückpreis SKU 1 (€) ∗ SKU 1 Umsatzanteil in Prozent (%)]
+ [Stückpreis SKU 2 (€) ∗ SKU 2 Umsatzanteil in Prozent (%)]
+ usw.

Der Durchschnittsstückpreis ist abhängig von den Stückpreisen und den Umsatzstückzahlen der einzelnen SKUs. Der Durchschnittsstückpreis kann durch Erhöhung der Stückpreise oder eine Zunahme des Marktanteils an Stückzahlen teurerer SKUs oder durch eine Kombination von beidem gesteigert werden.

Eine preisbezogene »Durchschnitts«-Kennziffer die durch Änderungen in SKU-Anteilen nicht beeinflusst wird, ist der Preis pro statistische Einheit.

Preis pro statistische Einheit

Procter & Gamble stehen, wie andere Unternehmen auch, vor der Herausforderung, die Preise einer großen Vielfalt an Produktgrößen, Packungen und Produktformeln zu beobachten. Manche Marken haben nicht weniger als 25 bis 30 verschiedene SKUs und jede SKU hat ihren eigenen Preis. Wie stellen Sie in einer solchen Situation das Gesamtpreisniveau Ihrer Marke fest, um es mit dem des Wettbewerbs vergleichen zu können oder um herauszufinden, ob die Preise steigen oder fallen? Eine Lösung bietet die »statistische Einheit«, auch »statistische Packung« genannt, oder, in Maßeinheiten ausgedrückt, der statistische Liter oder die statistische Tonne. Eine statistische Packung von 5 Litern Flüssigputzmittel könnte beispielsweise aus Folgendem bestehen:

- vier 125-ml-Flaschen = 500 ml
- zwölf 0,33-Liter-Flaschen = 4 Liter
- eine Halbliterflasche = 500 ml
- zwei 1-Liter-Flaschen = 2 Liter
- eine 2-Liter-Flasche = 2 Liter

Beachten Sie, dass der Inhalt dieser statistischen Packung mit Bedacht so ausgewählt wurde, dass er genauso viele Liter enthält wie das Standardgebinde mit zehn Halbliterflaschen. So ist die statistische Packung größenmäßig mit der Standardpackung vergleichbar, hat jedoch den Vorteil, dass ihr Inhalt eine Näherung an den SKU-Mix erlaubt, den die Unternehmen in Wirklichkeit verkaufen.

Während eine statistische Packung Putzmittel ganze Flaschen enthält, kann eine statistische Einheit in anderen Fällen auch Bruchteile bestimmter Packungsgrößen enthalten, damit der Gesamtinhalt dem geforderten Gesamtvolumen oder -gewicht entspricht.

Statistische Einheiten setzen sich aus festen Anteilen verschiedener SKUs zusammen. Diese festen Anteile gewährleisten, dass Änderungen in den Preisen der statistischen Einheit nur Änderungen in den Preisen der enthaltenen SKUs widerspiegeln.

Der Preis einer statistischen Einheit kann entweder als Gesamtpreis ihres zugehörigen SKU-Bündels ausgedrückt werden oder als dieser Gesamtpreis geteilt durch die Gesamtinhaltsmenge. Das erste nennt man »Preis pro statistische Einheit«; das zweite »Stückpreis pro statistische Einheit«.

BEISPIEL Carl's Coffee Creamer (CCC) wird in drei Größen verkauft: in der Ein-Liter-Sparpackung, in der Halbliterpackung, die in jeden Kühlschrank passt, und in 0,05-Liter-Einzelportionen. Carl definiert eine 12 Liter große statistische Packung CCC wie folgt:

Zwei Einheiten Sparpackung = 2 Liter (2 * 1,0 Liter)
19 Einheiten Kühlschrankpackung = 9,5 Liter (19 * 0,5 Liter)
Zehn Einzelportionen = 0,5 Liter (10 * ,05)

Die Preise für jede Packungsgröße und die Berechnung des Gesamtpreises der statistischen Einheit entnehmen Sie folgender Tabelle:

SKU	Größe	Preis pro Stück	Anzahl in statistischer Packung	Liter in statistischer Packung	Gesamt-preis
Sparpackung	1 Liter	€8,00	2	2,0	€16,00
Kühlschrankpackung	0,5 Liter	€6,00	19	9,5	€114,00
Einzelportion	0,05 Liter	€1,00	10	0,5	€10,00
Gesamt				12	€140,00

Der Gesamtpreis der statistischen Packung CCC zu 12 Liter beträgt also €140 und der Literpreis in der statistischen Packung €11,67.

Beachten Sie, dass der Preis von €140 für die statistische Packung höher ist als der Preis von €96 für eine Kiste mit 12 Sparpackungen, weil kleinere Packungen CCC einen höheren Literpreis haben. Wenn die SKU-Anteile in der statistischen Packung genau den tatsächlich verkauften Anteilen entsprechen, ist der Literpreis der statistischen Packung gleich dem Literpreis der in Wirklichkeit verkauften Gebinde.

BEISPIEL Carl verkauft 10.000 Ein-Liter-Sparpackungen CCC, 80.000 Halbliter-Kühlschrankpackungen und 40.000 Einzelportionen. Welchen Durchschnittspreis erzielt er pro Liter?

$$\text{Durchschnittsstückpreis (€)} = \frac{\text{Erlöse (€)}}{\text{Umsatzstückzahlen (\#)}}$$

$$= \frac{€8 * 10k + €6 * 80k + €1 * 40k}{1 * 10k + 0,5 * 80k + 0,05 * 40k}$$

$$= \frac{€600}{58}$$

$$= €10,34$$

Beachten Sie, dass Carls Durchschnittspreis pro Liter, €10,34, niedriger liegt als der Literpreis in seiner statistischen Packung. Das hat einen einfachen Grund: In der statistischen Packung befinden sich zwar zehnmal mehr Kühlschrankpackungen als Sparpackungen, aber das tatsächliche Umsatzverhältnis dieser SKUs liegt nur bei 8:1. Und während das Verhältnis Einzelportionen zu Sparpackungen in der statistischen Packung 5:1 beträgt, ist es in Wirklichkeit nur 4:1. Carls Unternehmen hat prozentual weniger der hochpreisigen Gebinde verkauft, als in seiner statistischen Packung enthalten sind. Infolgedessen liegt der tatsächliche Durchschnittspreis pro Liter unter dem Literpreis der statistischen Einheit.

Die folgende Tabelle zeigt die Berechnung des Durchschnittsstückpreises als gewichteter Durchschnitt der Stückpreise und Marktanteile an Stückzahlen der drei SKUs von Carl's Coffee Creamer. Es werden die Stückpreise und Literanteile angegeben.

SKU	Größe	Preis	Verkaufte SKUs	Verkaufte Einheiten (Liter)	Stückpreis (pro Liter)	Anteil
Sparpackung	1 Liter	€8	10k	10k	€8	17,24%
Kühlschrankpackung	0,5 Liter	€6	80k	40k	€12	68,97%
Einzelportion	0,05 Liter	€1	40k	8k	€20	13,79%
Gesamt			130k	58k		100%

Auf dieser Basis ist der Durchschnittsstückpreis (€) = (€8 ∗ 0,1724) + (€12 ∗ 0,6897) + (€20 ∗ 0,1379) = €10,34.

Datenquellen, Komplikationen und Warnhinweise

Wenn komplexe und sich wandelnde Produktlinien und verschiedene Verkaufspreise bei verschiedenen Einzelhändlern ins Spiel kommen, müssen Marketingleute mehrere Methoden zur Berechnung der Durchschnittspreise kennen. Dabei ist es schon schwierig, nur herauszufinden, wie viele Einheiten eines Produkts zu welchem Preis auf dem Gesamtmarkt verkauft wurden. Eine Standardgröße zur Preisbeobachtung ist die statistische Einheit, die auf konstanten Umsatzanteilen verschiedener SKUs einer Produktlinie beruht.

In der Regel entsprechen diese SKU-Anteile zumindest annähernd den bisherigen Umsätzen am Markt. Da sich diese Umsatzmuster jedoch ändern können, müssen die Umsatzanteile sorgfältig beobachtet werden und zwar besonders in aufstrebenden Märkten mit sich wandelnden Produktlinien.

Einen aussagekräftigen Durchschnittspreis zu ermitteln, ist deswegen so kompliziert, weil man zwischen Änderungen im Umsatzmix und Änderungen in den Preisen der statistischen Einheiten unterscheiden muss. In manchen Branchen lassen sich Einheiten, die zur Analyse von Preis- und Umsatzdaten geeignet sind, nur schwer konstruieren. So kann beispielsweise in der Chemieindustrie ein Unkrautvernichtungsmittel in mehreren verschiedenen Größen, Darreichungsformen und Konzentrationen angeboten werden. Wenn wir dann noch die verschiedenen Preise und Sortimente der konkurrierenden Einzelhändler einbeziehen, ist es keine triviale Übung, die Durchschnittspreise zu kalkulieren und zu verfolgen.

Ähnliche Herausforderungen entstehen, wenn die Inflation berücksichtigt werden soll. Volkswirtschaftler ermitteln die Inflation anhand eines Warenkorbs. Ihre Schätzungen können jedoch je nach den Gütern, die sie dabei einbeziehen, stark voneinander abweichen. Auch Qualitätsverbesserungen lassen sich nur schwerlich inflationsbereinigt quantifizieren. Ist ein Auto aus dem Jahr 2005 beispielsweise tatsächlich vergleichbar mit einem, das 30 Jahre zuvor gebaut wurde?

Wer Preissteigerungen analysiert, muss dabei berücksichtigen, dass ein Verbraucher, der Großpackungen beim Discounter einkauft, eine ganz andere Sicht der Dinge hat, als ein Rentner, der kleine Mengen beim Tante-Emma-Laden um die Ecke kauft. Einen »Standard«-Warenkorb für so unterschiedliche Verbraucher zu definieren, erfordert viel Scharfsinn. Bei dem Versuch, solche Preissteigerungen quer über eine ganze Volkswirtschaft zusammenzufassen, betrachten Ökonomen die Inflation gelegentlich auch nur als eine statistische Stückpreisgröße für diese Volkswirtschaft.

Variable Kosten und Fixkosten

Variable Kosten können zu einem »Gesamtbetrag« zusammengefasst oder »pro Einheit« ausgedrückt werden. Fixkosten hingegen ändern sich per Definition nicht mit der Anzahl der verkauften oder produzierten Einheiten. Variable Kosten dürften pro Einheit betrachtet relativ konstant aussehen, aber die variablen Kosten insgesamt steigen direkt und vorhersehbar mit den Umsatzstückzahlen an. Die Fixkosten wiederum ändern sich nicht unmittelbar infolge einer kurzfristigen Zu- oder Abnahme der Umsatzstückzahlen.

Gesamtkosten (€) = Fixkosten (€) + gesamte variable Kosten (€)

Gesamte variable Kosten (€)
= Stückzahl (#) * variable Kosten pro Einheit (€)

Marketingleute müssen eine Vorstellung davon haben, wie sich die Kosten in variabel und fix aufteilen. Nur wer diese Unterscheidung trifft, kann voraussagen, welche Änderung der Umsatzstückzahlen welche Gewinnänderung nach sich zieht, und somit auch, welche finanziellen Auswirkungen die beantragten Marketingkampagnen haben werden. Außerdem ist diese Unterscheidung für das Verständnis der Wechselwirkung von Preis und Umsatzmenge von grundlegender Bedeutung.

Zweck: verstehen, wie sich die Kosten mit den Stückzahlen ändern

Auf den ersten Blick erscheint es ganz einfach: Wenn durch eine Marketingkampagne 10.000 Einheiten mehr umgesetzt werden, brauchen wir nur zu wissen, wie viel es kostet, diese zusätzlichen Stückzahlen bereitzustellen.

Das Problem dabei ist, dass niemand wirklich weiß, wie sich Mengenänderungen auf die Gesamtkosten eines Unternehmens auswirken, und zwar teilweise, weil die inneren Vorgänge in einem Unternehmen so komplex sein können. Firmen können es sich einfach nicht leisten, Heerscharen von Buchhaltern zu beschäftigen, um jede auch nur denkbare Frage zu den Ausgaben präzise zu beantworten. Stattdessen verwenden wir oft ein einfaches Kostenmodell, das für die meisten Zwecke ausreicht.

Konstruktion

Die lineare Standardgleichung $Y = mX + b$ hilft, das Verhältnis zwischen Gesamtkosten und Stückzahlen zu erklären. Hier stellt Y die Gesamtkosten eines Unternehmens dar, m seine variablen Kosten pro Einheit, X die Anzahl der verkauften (oder hergestellten) Produkte und b die Fixkosten (siehe Abbildung 3.3).

Gesamtkosten (€)
= variable Kosten pro Einheit (€) * Menge (#) + Fixkosten (€)

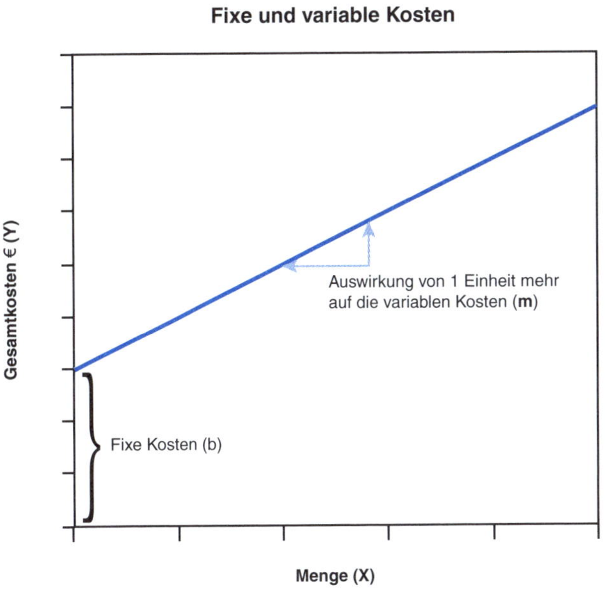

Fixe und variable Kosten

Abbildung 3.3: Fixe und variable Kosten

Um auf dieser Grundlage die Gesamtkosten eines Unternehmens für jede erdenkliche Produktmenge zu ermitteln, müssen wir nur die variablen Kosten pro Einheit mit dieser Menge multiplizieren und die Fixkosten hinzuaddieren.

Um die Implikationen von Fixkosten und variablen Kosten klarer zu vermitteln, ist es hilfreich, diesen Graph in zwei Teile aufzuspalten (siehe Abbildung 3.4).

Per Definition bleiben Fixkosten unabhängig von der Menge immer konstant. Daher werden sie in Abbildung 3.4 durch eine horizontale Linie dargestellt. Die Fixkosten steigen nicht nach oben an – es kommt also nichts zu den Gesamtkosten hinzu –, wenn die Menge wächst.

Das Ergebnis der Multiplikation von variablen Kosten pro Einheit mit der Menge bezeichnet man oft als »gesamte variable Kosten«. Variable Kosten unterscheiden sich von Fixkosten insofern, als sie auf null fallen, wenn nichts produziert wird, aber bei einer Zunahme der produzierten Menge linear wachsen.

Dieses Kostenmodell kann man als einfache Gleichung formulieren:

Gesamtkosten (€) = gesamte variable Kosten (€) + Fixkosten (€)

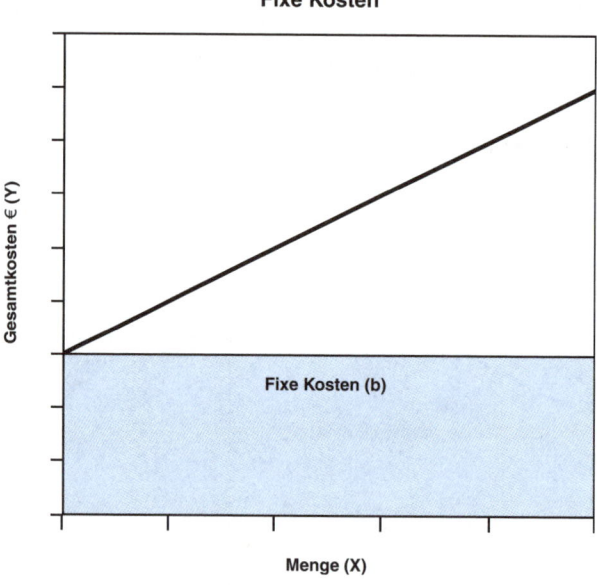

Fixe Kosten

Abbildung 3.4: Gesamtkosten setzen sich aus fixen und variablen Kosten zusammen

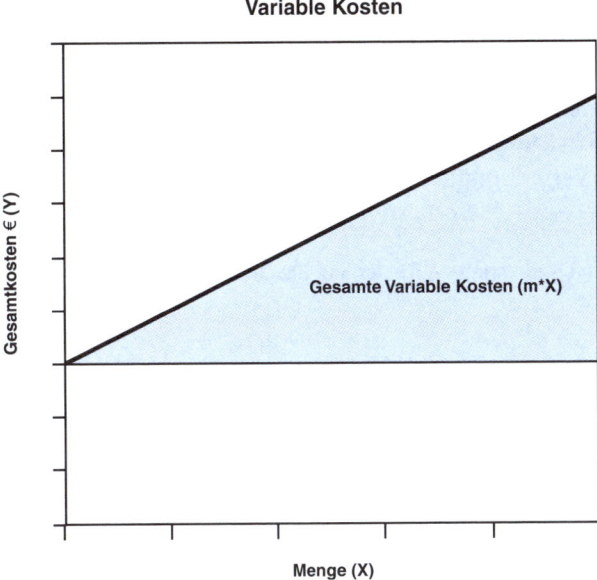

Variable Kosten

Abbildung 3.4: Gesamtkosten setzen sich aus fixen und variablen Kosten zusammen (Forts.)

Um dieses Modell zu verwenden, müssen wir natürlich alle Kosten eines Unternehmens einer dieser beiden Kategorien zuordnen. Wenn sich Aufwendungen nicht mengenbedingt ändern (beispielsweise der Mietaufwand), dann gehören sie zu den Fixkosten und bleiben immer gleich, egal wie viele Einheiten das Unternehmen produziert oder verkauft. Wenn sich Kosten mengenbedingt ändern (beispielsweise Umsatzprovisionen), dann haben wir es mit variablen Kosten zu tun.

Gesamte variable Kosten (€)
= Stückzahl (#) ∗ variable Kosten pro Einheit (€)

Gesamtkosten pro Einheit: Die Gesamtkosten für eine gegebene Menge lassen sich auch pro Einheit ausdrücken. Das Ergebnis kann man »Gesamtkosten pro Einheit«, »stückzahlbezogene Gesamtkosten«, »Durchschnittskosten«, »Vollkosten« oder gar »voll geladene Kosten« nennen. Für unser einfaches lineares Kostenmodell lassen sich die Gesamtkosten pro Einheit auf zwei Weisen berechnen. Am einfachsten wäre es, die Gesamtkosten durch die Anzahl der Einheiten zu teilen.

$$\text{Gesamtkosten pro Einheit (€)} = \frac{\text{Gesamtkosten (€)}}{\text{Menge (\#)}}$$

Wenn man dies grafisch darstellt, wird es interessant (siehe Abbildung 3.5): Je größer die Menge wird, umso niedriger werden die Gesamtkosten pro Einheit (Durchschnittskosten pro Einheit). Die Form dieser Kurve mag zwar unter Firmen mit verschiedenen Kostenstrukturen variieren, doch überall dort, wo fixe und variable Kosten beteiligt sind, ergibt sich im Grund dasselbe Bild: Verteilt man die Fixkosten auf eine wachsende Menge Einheiten, so sinken die Gesamtkosten pro Stück.

Auswirkungen der fixen und variablen Kosten auf die Stückkosten

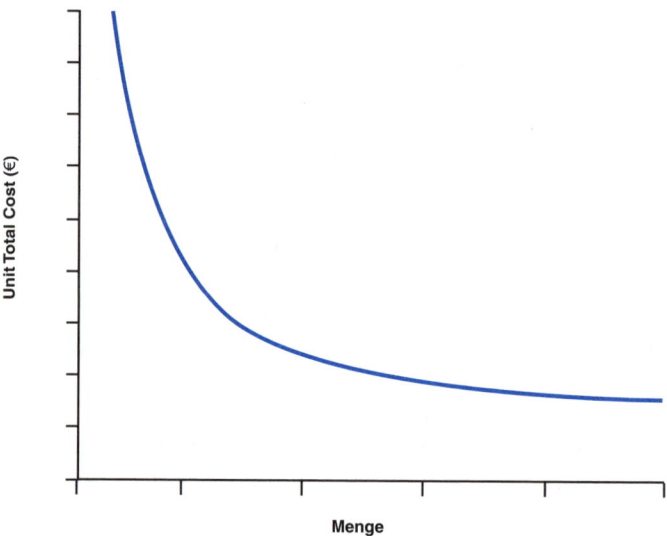

Abbildung 3.5: Die Gesamtkosten pro Einheit sinken bei steigender Menge (bei Zugrundelegung typischer Daten)

Die Umlegung der Fixkosten auf die produzierten Einheiten führt uns zu einer anderen gebräuchlichen Formel für die Gesamtkosten pro Einheit:

Gesamtkosten pro Einheit (€)

$$= \text{variable Kosten pro Einheit (€)} + \frac{\text{Fixkosten (€)}}{\text{Menge (\#)}}$$

Wenn die Menge zunimmt, also die Fixkosten auf mehr Einheiten umgelegt werden, fallen die Gesamtkosten pro Einheit nichtlinear.[3]

> **BEISPIEL** Die Umsatzstückzahlen eines Unternehmens wachsen, aber seine Fixkosten liegen konstant bei €500. Die variablen Kosten pro Einheit liegen ebenfalls gleich bleibend bei €10 pro Stück. Die gesamten variablen Kosten steigen mit jedem Stück mehr, das verkauft wird, doch die Gesamtkosten pro Einheit (Durchschnittsgesamtkosten) sinken mit jeder zusätzlich verkauften Einheit, da die Fixkosten auf mehr Stück verteilt werden. Letztlich, wenn immer mehr Einheiten produziert und verkauft werden, nähern sich die Gesamtkosten pro Einheit dieses Unternehmens den variablen Kosten pro Einheit an (siehe Tabelle 3.8).

Verkaufte Einheiten	1	10	100	1.000
Fixkosten	€500	€500	€500	€500
Variable Kosten	€10	€100	€1.000	€10.000
Gesamtkosten	€510	€600	€1.500	€10.500
Gesamtkosten pro Einheit	€510,00	€60,00	€15,00	€10,50
Variable Kosten pro Einheit	€10	€10	€10	€10

Tabelle 3.8: Fixe und variable Kosten bei steigenden Umsatzmengen

Zusammengefasst kann man sagen: Das einfachste Kostenmodell besteht in der Annahme, dass die Gesamtkosten mit der Umsatzmenge linear ansteigen. Die Gesamtkosten setzen sich aus fixen und variablen Kosten zusammen. Die Gesamtkosten pro Einheit nehmen bei steigenden Umsätzen nichtlinear ab.

Datenquellen, Komplikationen und Warnhinweise

Normalerweise geht man davon aus, dass die Gesamtkosten eine lineare Funktion der Umsatzmenge sind. Unter diesem Blickwinkel müssten die Gesamtkosten im Verhältnis zur Menge einen linearen Graph ergeben. Da manche Kosten Fixkosten sind, liegen die Gesamtkosten, selbst wenn noch keine Einheiten produziert werden, über null. Fixkosten enthalten auch solche Ausgaben wie Mieten und Löhne und Gehälter, die immer gezahlt werden müssen, egal ob Güter verkauft werden oder nicht. Die gesamten variablen Kosten dagegen steigen und sinken mit der Umsatzmenge. In unserem Modell liegen allerdings die variablen Kosten pro Einheit konstant bei €10 pro Einheit, unabhängig davon, ob eine oder 1.000 Einheiten produziert werden. Dieses Modell ist brauchbar, doch wer es verwendet, muss sich darüber im Klaren sein, dass es einiges an Komplexität ausblendet.

Das lineare Kostenmodell ist nicht für jede Situation passend: So können beispielsweise Mengenrabatte, erwartete zukünftige Prozessverbesserungen und Kapazitätseinschränkungen Kräfte sein, welche die Brauchbarkeit der einfachen linearen Kostengleichung (Gesamtkosten = Fixkosten + Variable Kosten pro Einheit * Menge) aushebeln. Selbst die Feststellung, dass die Gesamtkosten von der Menge abhängen, kann man infrage stellen. Zwar müssen Unternehmen bezahlen, was in ihren Betrieb hineingeht, wie beispielsweise Rohstoffe und Arbeitskraft, aber Marketingleute interessieren sich letztlich dafür, was die Dinge kosten, die aus dem Betrieb herausgehen, also die fertigen, verkauften Waren. Diese Unterscheidung ist in der Theorie klar. In der Praxis kann es allerdings schwierig sein, das genaue Verhältnis zwischen einer Menge fertiger Güter und den Gesamtkosten der vielen zu ihrer Erstellung verwendeten Produktionsmittel zu ermitteln.

Die Einteilung der Kosten in fixe oder variable hängt auch vom Kontext ab: Das lineare Modell mag zwar nicht in allen Situationen das richtige sein, aber es liefert doch eine vernünftige Annäherung an das Verhalten von Kosten in unterschiedlichen Gegebenheiten. Manchen Marketingleuten bereitet allerdings der Umstand Kopfzerbrechen, dass bestimmte Kosten mal als Fixkosten und mal als variable Kosten gerechnet werden müssen. Normalerweise sind bei kurzfristiger Betrachtung und geringen Mengenänderungen viele Kosten Fixkosten. Doch über längere Zeiträume und größere Mengenänderungen hinweg sind die meisten Kosten variabel. Nehmen wir beispielsweise die Miete: Geringfügige Mengenänderungen bedingen noch keinen Raum- oder Standortwechsel. In solchen Fällen zählt die Miete zu den Fixkosten. Wenn jedoch die Mengenänderung eklatant ausfällt, müssten die Arbeitsräume vergrößert oder verkleinert werden. In diesem Fall würde die Miete, bezogen auf die zugrunde liegende Produktionsmenge, zu einem variablen Kostenbestandteil.

Verwechseln Sie bitte nicht die Gesamtkosten pro Einheit mit den variablen Kosten pro Einheit: In unserer linearen Kostengleichung sind die variablen Kosten pro Einheit der Betrag, um den die Gesamtkosten wachsen, wenn das Unternehmen die produzierte Menge um eine Einheit steigert. Diese Zahl ist nicht zu verwechseln mit den Gesamtkosten pro Einheit, die als variable Kosten pro Einheit + (Fixkosten/Menge) berechnet werden. Wenn ein Unternehmen Fixkosten hat, liegen seine Gesamtkosten pro Einheit immer über den variablen Kosten pro Einheit. Die Gesamtkosten pro Einheit stellen für das Unternehmen die Durchschnittskosten pro Einheit für die jeweils aktuelle Menge (und nur diese Menge) dar. Machen Sie nicht den Fehler, die Gesamtkosten pro Einheit als eine Zahl zu betrachten, die auch bei wechselnden Mengen noch gilt. Die Gesamtkosten pro Einheit gelten nur für genau die Menge, für die sie berechnet wurden.

Ein ähnliches Missverständnis tritt gelegentlich aufgrund der Tatsache auf, dass die Gesamtkosten pro Einheit normalerweise abnehmen, wenn die produzierte Menge wächst. Manche Marketingleute wollen deswegen die Produktionsmengen drastisch steigern, »um die Kosten zu senken« und die Rentabilität zu erhöhen. Doch im Gegensatz zu den Gesamtkosten pro Einheit steigen die Gesamtkosten fast immer mit zunehmender Menge an. Nur bestimmte Mengenrabatte oder Preisnachlässe, die bei Erreichung bestimmter Umsatzziele eintreten, können die Gesamtkosten bei steigenden Produktionsmengen sinken lassen.

Marketingaufwand: Gesamtkosten, Fixkosten und variable Kosten

Um vorhersagen zu können, wie sich die Vertriebskosten mit dem Umsatz ändern werden, muss ein Unternehmen auch hier zwischen Fixkosten und variablen Kosten unterscheiden.

Gesamtkosten des Vertriebs (Marketing) (€)
= Gesamte Fixkosten des Vertriebs (€)
+ Gesamte variable Kosten des Vertriebs (€)

Gesamte variable Kosten des Vertriebs (€)
= Erlöse (€) * variable Vertriebskosten (%)

Wer zwischen fixen und variablen Vertriebskosten unterscheidet, kann die relativen Risiken alternativer Umsatzstrategien besser meistern. Im Allgemeinen sind Strategien, die nur variable Vertriebskosten verursachen, weniger riskant, da die variablen Vertriebskosten geringer ausfallen, wenn sich Umsatzerwartungen nicht erfüllen.

Zweck: Marketingausgaben prognostizieren und Budgetrisiken einschätzen

Marketingaufwand: Gesamtausgaben für Marketingaktivitäten. Dazu gehören in der Regel Werbung und nicht über den Preis gesteuerte Verkaufsförderung sowie manchmal auch Vertriebsausgaben und Aktionspreise.

Marketingkosten machen oft einen großen Teil der im eigenen Ermessen des Unternehmens stehenden Ausgaben aus. Insofern sind sie wichtige Determinanten für kurzfristige Gewinne. Natürlich können Marketing- und Vertriebsbudgets auch als Investitionen in die Gewinnung und Pflege von Kunden betrachtet werden. Egal, wie man es sieht: Es ist immer nützlich, zwischen fixen und variablen Marketingkosten zu unterscheiden. Das heißt, dass ein Manager wissen sollte, welche Marketingkosten konstant sind und welche umsatzabhängig. Normalerweise müssten Sie jede einzelne Position Ihres Marketingbudgets abklopfen, um diese Unterscheidung zu treffen.

In früheren Abschnitten betrachteten wir variable Gesamtkosten als Ausgaben, die sich mit den Umsatzstückzahlen ändern. Doch für Vertriebskosten müssen wir diese Konzeption ein wenig abwandeln. Die variablen Gesamtvertriebskosten ändern sich nämlich nicht mit den Umsatzstückzahlen, sondern direkt mit dem monetären Gegenwert der verkauften Einheiten – also mit den Erlösen. Daher werden variable Vertriebskosten eher in Prozent der Erlöse als in einem Geldbetrag pro Einheit quantifiziert.

Die Einordnung der Vertriebskosten in fixe oder variable hängt von der Struktur und den konkreten Managemententscheidungen eines Unternehmens ab. Allerdings fallen einige Posten fast immer in die eine oder andere Kategorie – vorausgesetzt, ihr Status als fixe oder variable Kosten kann zeitspezifisch gesehen werden. Langfristig werden alle Kosten irgendwann variabel.

Über einen typischen Planungszeitraum von einem Quartal oder einem Jahr betrachtet, könnten die fixen Marketingkosten Folgendes enthalten:

- Vertriebsgehälter und -unterstützung
- größere Werbekampagnen einschließlich Produktionskosten
- Marketingpersonal
- Material zur Verkaufsförderung, wie beispielsweise Point-of-Purchase-Verkaufshilfen, Erstellung von Coupons und Verteilungskosten
- Zuweisungen für Gemeinschaftswerbung aufgrund des Umsatzes im vorigen Zeitraum

Variable Marketingkosten können Folgendes enthalten:

- Umsatzprovisionen für Vertriebsangestellte, Makler oder Vertreter
- Umsatzbonuskontingent zur Erreichung der Umsatzziele
- Rechnungsabschläge und Leistungszulagen für den Handel, die an das aktuelle Umsatzvolumen gebunden sind
- Bedingungen für frühzeitige Zahlung (sofern in den Verkaufsförderungsbudgets enthalten)
- Auszahlung von Coupons zum Nennwert und Rabatte, einschließlich Bearbeitungsgebühren
- Erstattungen für örtliche Werbekampagnen, die von Einzelhändlern durchgeführt, aber über Zuweisungen zu Marken- und Gemeinschaftswerbung für den aktuellen Verkaufszeitraum erstattet werden

Oft trennen Marketingleute ihre Budgets nicht in fixe und variable Ausgaben, obwohl eine solche Betrachtungsweise zwei Vorteile hat:

Erstens: Wenn Marketingausgaben tatsächlich variabel sind, dann ist eine solche getrennte Budgetierung präziser. Mancher plant einen Festbetrag ein und wundert sich dann am Ende des Betrachtungszeitraums über eine Differenz oder »Abweichung«, weil das erklärte Umsatzziel nicht erreicht wurde. Dagegen gibt ein flexibles Budget – also eines, das auch die ihrem Wesen nach variablen Komponenten berücksichtigt – die tatsächlichen Ergebnisse wieder, egal, wo sich der Umsatz einpendelt.

Zweitens: Fixe Marketingkosten stellen kurzfristig ein größeres Risiko dar als variable. Wenn Erlöse empfindlich auf Faktoren reagieren, die sich der Kontrolle des Marketings entziehen, wie beispielsweise Aktionen des Wettbewerbs oder Produktionsengpässe, dann können Sie Ihr Risiko mindern, indem Sie mehr variable und weniger fixe Kosten budgetieren.

Eine klassische Entscheidung, bei der fixe und variable Marketingkosten gegeneinander abgewogen werden müssen, ist die Wahl zwischen externen, selbständigen Vertretern oder einem eigenen Vertrieb. Die Einstellung angestellter Vertriebsleute ist riskanter als die Alternative, weil Gehälter auch dann gezahlt werden müssen, wenn das Unternehmen sein Umsatzziel verpasst. Wenn Sie dagegen selbstständige Handelsvertreter oder Externe anheuern, die auf Provisionsbasis arbeiten, entstehen Ihnen niedrigere Vertriebskosten, wenn Umsatzziele nicht erfüllt werden.

Konstruktion

Gesamtkosten des Vertriebs (Marketing) (€)
= gesamte Fixkosten des Vertriebs (€)
+ gesamte variable Kosten des Vertriebs (€)

gesamte variable Kosten des Vertriebs (€)
= Erlöse (€) * variable Vertriebskosten (%)

Provisionsvertriebskosten: Umsatzprovisionen sind ein Beispiel für Vertriebskosten, die sich erlösabhängig ändern, und zählen daher zu den variablen Vertriebskosten.

BEISPIEL Henry's Catsup gibt jährlich €10 Millionen für einen Vertrieb aus, der Lebensmittelketten und Großhändler anspricht. Ein freier Vertrieb bietet dieselbe Leistung für eine Umsatzprovision von 5% an.
Bei €100 Millionen Umsatz gilt:

Gesamte variable Kosten des Vertriebs
= €100 Millionen * 5% = €5 Millionen

Bei €200 Millionen Umsatz gilt:

Gesamte variable Kosten des Vertriebs
= €200 Millionen * 5% = €10 Millionen

Bei €300 Millionen Umsatz gilt:

Gesamte variable Kosten des Vertriebs
= €300 Millionen * 5% = €15 Millionen

Wenn die Umsätze unter €200 Millionen fallen, kostet der freie Vertrieb weniger als der firmeneigene Vertrieb. Bei einem Umsatz von €200 Millionen sind die Kosten gleich, aber bei mehr als €200 Millionen Umsatz kostet der freie Vertrieb mehr.

Natürlich kann auch die Umstellung von angestellten auf freie Verkäufer selbst bereits eine Änderung der Erlöse mit sich bringen. Die Berechnung des Umsatzniveaus, bei dem die Kosten beider Varianten gleich sind, ist nur der Anfang einer Analyse. Aber es ist ein wichtiger erster Schritt zum Verständnis des Für und Wider.

Es gibt viele Arten von variablen Vertriebskosten. So können die Vertriebskosten auch nach einer komplizierten Formel berechnet werden, die in den Verträgen zwischen dem Unternehmen und seinen freien Vertriebsmitarbeitern festgehalten wird. Diese Kosten können Anreize für Händler vor Ort enthalten, die jeweils an bestimmte Umsatzziele gebunden sind, aber auch Zusagen, Einzelhändlern die Kosten für Gemeinschaftswerbung zu erstatten. Dagegen wären Ausgaben für eine bestimmte Anzahl Webseitenaufrufe oder Klicks im Internet in einem Vertrag, der eine konkrete Vergütung festlegt, eher als Fixkosten anzusehen. Zahlungen für Umtausch (Umsatz) wiederum wären variable Marketingkosten.

BEISPIEL Ein kleiner Hersteller einer regionalen Spezialität muss ein Budget für eine geplante Fernsehwerbekampagne ermitteln. Ein möglicher Plan könnte darin bestehen, einen Spot zu drehen und in einer bestimmten Anzahl von Werbepausen zu senden. Die Ausgaben wären damit festgelegt: Die Sendezeitpunkte würden im Voraus ausgewählt und ändern sich nicht mit den Ergebnissen der Kampagne.

Eine Alternative wäre es, die Werbung zu produzieren – das fällt immer noch unter die Fixkosten – und von Einzelhändlern in ihren örtlichen Märkten gegen Zahlung der erforderlichen Mediengebühren an Fernsehsender im Rahmen eines Gemeinschaftswerbungsarrangements ausstrahlen zu lassen. Die örtlichen Händler bekommen zum Ausgleich für die Mediengebühren einen Rabatt auf jede von ihnen verkaufte Produkteinheit des Unternehmens.

Im zweiten Fall wäre der Produktrabatt ein variabler Kostenfaktor, da sein Gesamtbetrag von der Anzahl der verkauften Einheiten abhängt. Durch eine solche Gemeinschaftswerbekampagne würde der Hersteller sein Marketingbudget zu einer Mischung aus fixen und variablen Kosten machen. Ist diese Art der Werbung eine gute Sache? Um dies entscheiden zu können, muss das Unternehmen seinen erwarteten Umsatz unter beiden Szenarien betrachten und die wirtschaftlichen Folgen und möglichen Gefahren analysieren.

Datenquellen, Komplikationen und Warnhinweise

Fixkosten sind oft leichter zu messen als variable Kosten. In der Regel lassen sich Fixkosten aus Löhnen und Gehältern, Miet- und Leasingverträgen oder Bilanzdaten ermitteln. Um variable Kosten einschätzen zu können, muss man ihre Steigerungsraten als Funktion der unternehmerischen Aktivität sehen. Zwar machen variable Vertriebskosten oft einen im Voraus bekannten Prozentsatz der Erlöse aus, aber sie können auch mit der Anzahl der verkauften Einheiten variieren (wie beispielsweise ein bestimmter Rabatt pro Einheit). Noch komplizierter wird die Sache, wenn variable Vertriebskosten nur für einen Teil des Gesamtumsatzes gelten. Das kann beispielsweise geschehen, wenn manche Händler die Voraussetzungen für Mengenrabatte erfüllen, andere dagegen nicht.

Hinzu kommt, dass manche Ausgaben nur wie Fixkosten aussehen, aber in Wirklichkeit stufenweise ansteigen: Bis zu einem bestimmten Punkt bleiben sie unverändert und wenn dieser Punkt überschritten ist, steigen sie an. So könnte beispielsweise ein Unternehmen mit einer Werbeagentur bis zu drei Werbekampagnen pro Jahr vereinbaren. Werden es mehr Kampagnen, entstehen zusätzliche Kosten. Stufenkosten können normalerweise als Fixkosten behandelt werden – vorausgesetzt, die Grenzen dieser Analyse sind klar verstanden worden.

Stufenkosten sind manchmal schwer zu modellieren. Rabatte für Kunden, deren Käufe ein bestimmtes Niveau übersteigen, oder Boni für Verkäufer, die ihr Ziel übererfüllen, lassen sich kaum als Funktion beschreiben. Die Entwicklung von Rabattmodellen erfordert Kreativität, doch diese Kreativität lässt sich nur schwer in einen Rahmen aus fixen und variablen Kosten pressen.

Wenn Unternehmen ihre Marketingbudgets planen, müssen sie entscheiden, welche Posten sie im jetzigen Betrachtungszeitraum bezahlen müssen und welche sie über mehrere Zeiträume abschreiben können. Letzteres ist der richtige Weg für Ausgaben, die als Investitionen zu betrachten sind. Ein Beispiel für eine solche Investition wäre ein spezieller Zuschuss, um Außenstände neuer Vertragshändler vorzufinanzieren. Anstatt solche Zuschüsse dem Budget des aktuellen Zeitraums zuzurechnen, betrachtet man es besser als eine Investition in das Betriebskapital des Unternehmens. Dagegen kann Werbung, die auf eine Langfristwirkung abzielt, zwar auch großzügig zu den Investitionen gerechnet werden. Es ist aber in Wirklichkeit eher eine Marketingausgabe. Theoretisch mag es zwar Argumente dafür geben, Werbung abzuschreiben, aber diese Debatte ist nicht Gegenstand des vorliegenden Buchs.

Verwandte Kennziffern und Konzepte

Oft werden Unternehmen anhand ihrer Marketingausgaben verglichen, um zu zeigen, wer am meisten auf diesem Gebiet »investiert«. Für diesen Zweck werden Marketingausgaben normalerweise in Prozent vom Umsatz angegeben.

Marketingaufwand in Prozent vom Umsatz: der Betrag der Marketingausgaben als Bruchteil vom Umsatz. Diese Zahl gibt an, wie intensiv ein

Unternehmen Marketing betreibt. Wie hoch dieser Prozentsatz sein sollte, hängt von den Produkten, Strategien und Märkten ab.

Marketingausgaben in Prozent vom Umsatz (%)

$$= \frac{\text{Marketingausgaben (€)}}{\text{Erlöse (€)}}$$

Mit Varianten dieser Kennziffer werden einzelne Komponenten des Marketings in Relation zum Umsatz untersucht, darunter Handelspromotion in Prozent vom Umsatz oder Vertriebskosten in Prozent vom Umsatz. Ein gebräuchliches Beispiel ist:

Werbung in Prozent vom Umsatz: Werbeausgaben als Bruchteil vom Umsatz. Normalerweise ist dies eine Teilmenge der Marketingausgaben in Prozent vom Umsatz.

Bevor Sie solche Kennziffern verwenden, sollten Sie feststellen, ob bestimmte Marketingaufwendungen bei der Berechnung der Umsatzerlöse bereits abgezogen worden sind. So werden häufig Handelsrabatte vom »Bruttoumsatz« abgezogen, um einen »Nettoumsatz« zu berechnen.

Slot-Aufwand: Diese Sonderform von Vertriebskosten bedeutet, dass neue Produkte beim Einzelhandel oder Zwischenhandel eingeführt werden. Gemeint ist damit die Belastung, die den Einzelhändlern dadurch entsteht, dass sie in ihren Geschäften und Lagern einen Platz (»Slot«) für die neue Ware bereitstellen. Diese Belastung kann in einer einmaligen Geldzahlung, Gratisware oder einem Sonderrabatt bestehen. Die Ausgestaltung der Slot-Spesen entscheidet darüber, ob sie fixe oder variable Vertriebskosten oder eine Mischung von beiden darstellen.

Break-even-Analyse und Deckungsbeitragsanalyse

Der **Break-even-Punkt** ist der Umsatz (entweder in Stückzahlen oder in Erlösen), der erforderlich ist, um die Gesamtkosten (fixe und variable) zu decken. Am Break-even-Punkt ist der Gewinn gleich null. Ein Break-even ist nur dann möglich, wenn der Preis pro Einheit höher als die variablen Kosten pro Einheit ist. Ist dies der Fall, erbringt jedes verkaufte Produkt einen »Deckungsbeitrag« zur Deckung der Fixkosten. Die Differenz zwischen Preis pro Einheit und variablen Kosten pro Einheit ist als Deckungsbeitrag pro Einheit definiert.

Deckungsbeitrag pro Einheit (€)
= Verkaufspreis pro Einheit (€) – variable Kosten pro Einheit (€)[4]

$$\text{Deckungsbeitrag (\%)} = \frac{\text{Deckungsbeitrag pro Einheit (€)}}{\text{Verkaufspreis pro Einheit (€)}}$$

$$\text{Break-even-Menge (\#)} = \frac{\text{Fixkosten (€)}}{\text{Deckungsbeitrag pro Einheit (€)}}$$

Break-even-Erlöse (€)
= Break-even-Menge (Einheiten) (#) * Preis pro Einheit (€)

oder

$$= \frac{\text{Fixkosten (€)}}{\text{Deckungsbeitrag (\%)}}$$

Die Break-even-Analyse ist das Allzweckwerkzeug für Marketingökonomen. Sie ist in vielen Situationen nützlich und wird oft verwendet, um die Rentabilität von Marketingaktionen einzuschätzen, welche die Fixkosten, Preise oder variablen Kosten pro Einheit beeinflussen. Ein Break-even-Punkt wird oft in einer »Bierdeckel«-Berechnung skizziert, die darüber entscheidet, ob eine detailliertere Analyse notwendig ist.

Zweck: Grobindikator für den Einfluss, den eine Marketingaktivität auf die Erlöse hat

Der Break-even-Punkt für eine geschäftliche Aktivität ist definiert als das Umsatzniveau, bei dem die Aktivität weder Gewinn noch Verlust macht, das heißt, bei dem die Gesamterlöse gleich den Gesamtkosten sind. Wenn ein Unternehmen seine Waren zu einem Stückpreis verkauft, der höher ist als die variablen Kosten pro Stück, erbringt jeder Verkauf einen »Deckungsbeitrag« für den Ausgleich eines Teils der Fixkosten. Dieser **Deckungsbeitrag** kann als Differenz zwischen Stückpreis (Erlöse) und variablen Kosten pro Stück berechnet werden. So gesehen ist der Break-even-Punkt der Mindestumsatz, der erforderlich ist, damit der Gesamtdeckungsbeitrag die Fixkosten in voller Höhe deckt.

Konstruktion

Um den Break-even-Punkt für ein Unternehmensprogramm ermitteln zu können, müssen zuerst die Fixkosten dieses Programms kalkuliert werden. Hierzu sind noch keine Umsatzprognosen erforderlich, da die Fixkosten unabhängig von Mengenerwägungen eine Konstante bilden. Was Sie jedoch benötigen, ist die Differenz zwischen Erlösen und variablen Kosten pro Einheit. Diese Differenz ist der Deckungsbeitrag pro Einheit (€). Deckungsbeiträge können auch in Prozent vom Verkaufspreis ausgedrückt werden.

BEISPIEL Die Firma Apprentice Mousetraps möchte wissen, wie viele »Magic Mouse Trapper«-Mausefallen sie verkaufen muss, um den Break-even-Punkt zu erreichen. Die Fallen werden für €20 pro Stück verkauft und kosten €5 pro Stück in der Herstellung. Die Fixkosten des Unternehmens belaufen sich auf €30.000. Der Break-even-Punkt ist erreicht, wenn der Gesamtdeckungsbeitrag gleich den Fixkosten ist.

$$\text{Break-even-Menge} = \frac{\text{Fixkosten}}{\text{Deckungsbeitrag pro Einheit}}$$

Deckungsbeitrag pro Einheit
= Verkaufspreis pro Einheit – variable Kosten pro Einheit
= €20 – €5 = €15

$$\text{Break-even-Menge} = \frac{€30.000}{€15} = 2.000 \text{ Mausefallen}$$

Diese Dynamik lässt sich an einem Graph erkennen, der die Fixkosten, variablen Kosten, Gesamtkosten und Gesamterlöse zeigt (siehe Abbildung 3.6). Unterhalb des Break-even-Punkts übersteigen die Gesamtkosten die Gesamterlöse, sodass ein Verlust entsteht. Oberhalb des Break-even-Punkts macht ein Unternehmen Gewinn.

Break-even: Der Break-even tritt ein, wenn der Gesamtdeckungsbeitrag gleich den Fixkosten ist. Gewinne und und Verluste sind dann gleich null.

Ein Schlüsselelement der Break-even-Analyse ist das Konzept des Deckungsbeitrags. Der **Deckungsbeitrag** ist der Teil der Umsatzerlöse, der die variablen Kosten übersteigt und so zur Deckung der Fixkosten beitragen kann.

Deckungsbeitrag pro Einheit (€)
= Verkaufspreis pro Einheit (€) – variable Kosten pro Einheit (€)

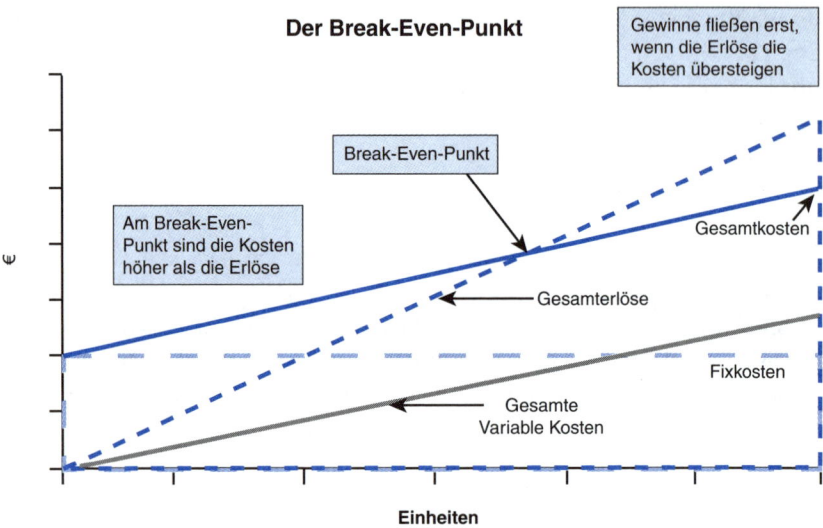

Abbildung 3.6: Am Break-even-Punkt gilt: Gesamtkosten = Gesamterlöse

Der Deckungsbeitrag kann auch prozentual ausgedrückt werden, um anzugeben, welcher Bruchteil des Verkaufspreises zur Deckung der Fixkosten beiträgt. Auch dieser Prozentsatz wird oft als Deckungsbeitrag bezeichnet.

$$\text{Deckungsbeitrag (\%)} = \frac{\text{Deckungsbeitrag pro Einheit (€)}}{\text{Verkaufspreis pro Einheit (€)}}$$

Zur Ermittlung des Gesamtdeckungsbeitrags dienen folgende Formeln:

Gesamtdeckungsbeitrag (€)
= verkaufte Einheiten (#) ∗ Deckungsbeitrag pro Einheit (€)

Gesamtdeckungsbeitrag (€)
= Gesamterlöse (€) – gesamte variable Kosten (€)

Wie zuvor bereits gesagt, gilt:

Gesamte variable Kosten
= variable Kosten pro Einheit ∗ verkaufte Einheiten

Gesamterlöse = Verkaufspreis pro Einheit ∗ verkaufte Einheiten

Break-even-Menge: die Anzahl der Einheiten, die verkauft werden muss, um die Fixkosten zu decken.

$$\text{Break-even-Menge (\#)} = \frac{\text{Fixkosten (€)}}{\text{Deckungsbeitrag pro Einheit (€)}}$$

Der Break-even-Punkt wird erreicht, wenn ein Unternehmen genügend Einheiten verkauft, um seine Fixkosten zu decken. Betragen die Fixkosten €10 und der Deckungsbeitrag pro Einheit €2, dann muss ein Unternehmen fünf Einheiten verkaufen, um zum Break-even zu gelangen.

Break-even-Erlöse: das Umsatzniveau in Euro, das zur Erreichung des Break-even-Punkts erforderlich ist

Break-even-Erlöse (€)
= Break-even-Menge (Einheiten) (#) ∗ Preis pro Einheit (€)

Mit dieser Formel werden einfach nur Stückzahlen in die Erlöse konvertiert, die durch den Verkauf dieser Stückzahlen erzielt werden.

BEISPIEL Die Firma Apprentice Mousetraps möchte wissen, für wie viel Euro sie ihre »Deluxe Mighty Mouse Trapper« verkaufen muss, um den Break-even zu erreichen. Das Produkt wird zum Preis von €40 pro Stück verkauft und kostet in der Herstellung €10 pro Einheit. Die Fixkosten betragen €30.000.

Mit €30.000 Fixkosten und einem Deckungsbeitrag von €30 pro Einheit muss Apprentice €30.000 / €30 = 1.000 Luxus-Mausefallen verkaufen, um zum Break-even-Punkt zu gelangen. Bei einem Stückpreis von €40 pro Falle bedeutet dies einen Erlös von 1.000 ∗ €40 = €40.000.

Break-even-Erlöse (€)
= Break-even-Menge (#) ∗ Preis pro Einheit (€)
= 1.000 ∗ €40 = €40.000

In Geld ausgedrückt kann der Break-even auch durch Division der Fixkosten durch den Bruchteil des Verkaufspreises berechnet werden, der den Deckungsbeitrag darstellt.

$$\text{Break-even-Erlöse} = \frac{\text{Fixkosten}}{\left(\dfrac{\text{Verkaufspreis} - \text{variable Kosten}}{\text{Verkaufspreis}}\right)}$$

$$= \frac{€30.000}{\left(\dfrac{€40 - €10}{€40}\right)}$$

$$= \frac{€30.000}{75\%}$$

$$= €40.000$$

Break-even auf Mehrinvestitionen

Der **Break-even auf Mehrinvestitionen** ist eine häufige Form der Break-even-Analyse. Er untersucht, welche zusätzlichen Investitionen zur Verfolgung eines Marketingplans erforderlich sind und wie viel zusätzlicher Umsatz nötig ist, um diese Ausgaben zu decken. Kosten oder Erlöse, die unabhängig von dieser Investitionsentscheidung ohnehin auftreten würden, werden aus der Analyse ausgeklammert.

> **BEISPIEL** In John's Clothing Store arbeiten drei Verkäufer. Das Geschäft setzt €1 Million pro Jahr um und erzielt einen Durchschnittsdeckungsbeitrag von 30%. Die Miete beträgt €50.000. Für jeden Verkäufer fallen jährlich €50.000 Euro an Gehalt und Sozialleistungen an. Wie stark müsste der Umsatz steigen, damit es sich lohnt, einen weiteren Verkäufer einzustellen?
>
> Wenn für einen weiteren Verkäufer eine »Investition« in Höhe von €50.000 anfällt, ist der Break-even-Punkt der Neueinstellung erreicht, wenn der Umsatz um €50.000/30% oder €166.666,67 steigt.

Datenquellen, Komplikationen und Warnhinweise

Um ein Break-even-Umsatzniveau kalkulieren zu können, müssen Sie den Stückpreis und die variablen Kosten pro Einheit sowie Ihre Fixkosten kennen. Diese Zahlen lassen sich nur ermitteln, wenn alle Kosten entweder als fix (Kosten, die sich nicht mengenbedingt ändern) oder variabel (Kosten, die linear mit der Menge ansteigen) klassifiziert werden.

Diese Klassifizierung kann durch den Betrachtungszeitraum der Analyse beeinflusst werden. Und manchmal lässt sich sogar die Absicht des Managements aus der Klassifikation der Kosten ablesen. (Wird das Unternehmen Mitarbeiter entlassen und Räumlichkeiten untervermieten, wenn der Umsatz einbricht?) Als Faustregel gilt: Alle Kosten werden mit der Zeit irgendwann variabel. So betrachten Unternehmen beispielsweise Mietkosten normalerweise als Fixkosten. Doch langfristig wird sogar die Miete zu einer variablen Größe, da ein Unternehmen größere Geschäftsräume benötigt, wenn der Umsatz über einen bestimmten Punkt hinaus wächst.

Doch ehe Sie verzweifeln, sollten Sie immer daran denken, dass die Break-even-Rechnung eigentlich nur dazu dient, ungefähr abzuschätzen, ob weitergehende Analysen angebracht sind. Die Break-even-Berechnung versetzt Sie in die Lage, Ihre Möglichkeiten und Vorschläge rasch abzuwägen. Sie ist allerdings kein Ersatz für tiefer gehende Überlegungen, beispielsweise über Gewinnziele (Abschnitt 3.7), Risiko und Zeitwert des Geldes (Abschnitte 5.3 und 10.4).

Verwandte Kennziffern und Konzepte

Rückflusszeitraum: der Zeitraum, der erforderlich ist, bis die Investitionen wieder ausgeglichen sind. Die Rückflusszeitraum ist die Zeit, die vergeht, bis eine Investition den Break-even-Punkt erreicht (siehe vorhergehende Abschnitte).

Gewinnabhängige Umsatzziele

Wenn ein Manager eine Aktion startet, hat er oft bereits eine Vorstellung davon, welchen Gewinn er damit erzielen will und welcher Umsatz dazu erforderlich ist. Das **Mengenziel** (#) ist der Umsatz in Stückzahlen, der zur Erreichung des Gewinnziels notwendig ist. Das **Erlösziel** (€) ist die entsprechende Angabe für den Umsatz in Geld. Beide Kennziffern können als Erweiterung der Break-even-Analyse betrachtet werden.

$$\text{Mengenziel (\#)} = \frac{\text{Fixkosten (€)} + \text{Gewinnziel (€)}}{\text{Deckungsbeitrag pro Einheit (€)}}$$

$$\text{Erlösziel (€)} = \text{Mengenziel (\#)} * \text{Verkaufspreis pro Einheit (€)}$$

oder

$$= \frac{\text{Fixkosten (€)} + \text{Gewinn (€)}}{\text{Deckungsbeitrag (\%)}}$$

Zunehmend wird von Marketingleuten erwartet, dass sie Umsatzmengen generieren, die den Gewinnzielen ihres Unternehmens entsprechen. Oft müssen sie hierzu ihre Umsatzziele revidieren, wenn sich Preise und Kosten ändern.

Zweck: gewährleisten, dass sich Marketing und Umsatzziele mit den Gewinnzielen decken

Im vorigen Abschnitt wurde der Break-even als der Punkt eingeführt, an dem das Unternehmen genug Waren verkauft, um seine Fixkosten zu decken. Bei Berechnungen von Mengenzielen und Erlöszielen gehen Manager noch einen Schritt weiter, indem sie feststellen, welche Umsatzstück-zahlen oder -erlöse erforderlich sind, um nicht nur die Kosten eines Unternehmens zu decken, sondern darüber hinaus seine Gewinnziele zu erreichen.

Konstruktion

Mengenziel: das Umsatzvolumen, das erforderlich ist, um die in der Planung eines Unternehmens beabsichtigten Gewinne zu erzielen.

Die Formel für das Mengenziel wird jedem, der schon einmal eine Break-even-Analyse vorgenommen hat, bekannt vorkommen. Man muss nur das Gewinnziel zu den Fixkosten hinzuaddieren, sonst bleibt alles gleich. Anders herum gesehen kann die Gleichung zur Berechnung der Break-even-Menge als Sonderfall der allgemeinen Mengenzielberechnung betrachtet werden, bei dem das Gewinnziel null ist und das Unternehmen danach strebt, lediglich seine Fixkosten zu decken. In Mengenzielberechnungen wird dieses Ziel eben einfach um einen angestrebten Gewinn erweitert.

$$\text{Mengenziel(\#)} = \frac{\text{Fixkosten (€) + Gewinn (€)}}{\text{Deckungsbeitrag pro Einheit (€)}}$$

BEISPIEL Mohan, ein Künstler, möchte wissen, wie viele Karikaturen er verkaufen muss, um sein jährliches Gewinnziel von €30.000 zu erreichen. Jede Karikatur bringt €20 ein und verursacht Materialkosten in Höhe von €5. Die Fixkosten für Mohans Atelier belaufen sich auf €30.000 jährlich:

$$
\begin{aligned}
\text{Mengenziel} &= \frac{\text{Fixkosten + Gewinn}}{\text{Verkaufspreis − Variable Kosten}} \\
&= \frac{€30.000 + €30.000}{€20 − €5} \\
&= 4.000 \text{ Karikaturen pro Jahr}
\end{aligned}
$$

Es ist ganz einfach, Mengenziele in Umsatzziele umzurechnen. Sie müssen nur die Menge mit dem Stückpreis pro Einheit multiplizieren. Im Beispiel von Mohans Atelier bedeutet dies:

$$
\begin{aligned}
\text{Erlösziel (€)} &= \text{Mengenziel (\#)} * \text{Verkaufspreis (€)} \\
&= 4.000 * €20 = €80.000
\end{aligned}
$$

Alternativ kann auch eine zweite Formel verwendet werden:

$$\text{Erlösziel (€)} = \frac{\text{Fixkosten (€)} + \text{Gewinn (€)}}{\text{Deckungsbeitrag (\%)}}$$

$$= \frac{\text{€30.000} + \text{€30.000}}{\left(\dfrac{\text{€15}}{\text{€20}}\right)}$$

$$= \frac{\text{€60.000}}{0,75}$$

$$= \text{€80.000}$$

Datenquellen, Komplikationen und Warnhinweise

Für eine Mengenzielberechnung sind im Grunde dieselben Informationen erforderlich wie für die Break-even-Analyse: Fixkosten, Verkaufspreis und variable Kosten. Natürlich muss vor der Festlegung eines Mengenziels auch ein Gewinnziel gesetzt werden.

Die Grundannahme ist hier dieselbe wie in der Break-even-Analyse: Kosten steigen über den in der Berechnung untersuchten Bereich linear mit den Stückzahlen.

Verwandte Kennziffern und Konzepte

Mengenziele, die nicht auf dem Gewinnziel basieren: In diesem Abschnitt gingen wir davon aus, dass ein Unternehmen mit einem Gewinnziel beginnt und herausfinden möchte, welcher Umsatz notwendig ist, um das Ziel zu erreichen. Doch in manchen Fällen kann ein Unternehmen ein Mengenziel auch aus anderen Gründen als der kurzfristigen Gewinnerzielung definieren. Manchmal zielt ein Unternehmen hauptsächlich auf Wachstum ab. Dieses Mengenziel sollte keinesfalls mit den gewinnabhängigen Mengenzielen verwechselt werden, die in diesem Abschnitt durchgerechnet wurden.

Gewinne und Ziele: Oft definieren Unternehmen Schwellenwerte für Umsatz- und Investitionsrentabilität und verlangen, dass zunächst einmal diese Werte in den Prognosen erreicht werden, ehe ein Plan gebilligt werden kann. Aus der Kenntnis dieser Ziele können wir das Umsatzvolumen ableiten, das zu ihrer Erfüllung notwendig ist (siehe auch Abschnitt 10.2).

BEISPIEL Niesha ist für die Unternehmensentwicklung der Firma Gird zuständig, die eine Umsatzrentabilität von 15% postuliert. Also verlangt Gird, dass jede Aktion einen Gewinn in Höhe von 15% der Umsatzerlöse abwirft. Niesha bewertet ein Programm, das €1.000.000 zusätzliche Fixkosten verursacht und anstrebt, jede Einheit des Produkts für €100 zu verkaufen, was einen Deckungsbeitrag von 25% bedeutet. Um für dieses Programm einen Break-even-Punkt zu erreichen, muss Gird €1.000.000/€25 = 40.000 Einheiten des Produkts verkaufen. Wie viel muss Gird umsetzen, um sein Umsatzrentabilitätsziel von 15% zu erreichen?

Um festzustellen, bei welchem Umsatz die 15% erreicht sind, kann Niesha entweder mit einer Tabellenkalkulation und dem Versuch-und-Irrtum-Verfahren vorgehen oder folgende Formel benutzen:

$$\text{Erlösziel (€)} = \frac{\text{Fixkosten (€)}}{\text{Deckungsbeitrag (\%)} - \text{Umsatzrentabilitätsziel (\%)}}$$

$$= \frac{€1.000.000}{(0,25 - 0,15)}$$

$$= \frac{€1.000.000}{0,1}$$

$$= €10.000.000$$

Gird erreicht somit sein 15%-Ziel für die Umsatzrentabilität, wenn der Umsatz um €10.000.000 gesteigert werden kann. Bei einem Verkaufspreis von €100 pro Einheit bedeutet dies einen Umsatz von 100.000 Stück.

Anmerkungen

1 »Running Out of Gas,« Business Week, March 28th, 2005

2 Dieses Formel müsste bekannt sein, wenn wir bedenken, dass der Verkaufspreis des Lieferanten gleich den Kosten auf dieser Stufe ist. Daher gilt: Verkaufspreis = Kosten / (1 – Marge%). Das ist dasselbe wie Verkauf € = Kosten € + Marge €.

3 In der BWL sind »Marginalkosten« die Kosten einer zusätzlich produzierten Einheit. In diesem linearen Kostenmodell sind die Marginalkosten für alle Einheiten gleich den variablen Kosten pro Einheit.

4 Deckungsbeitrag pro Einheit (€) und Deckungsbeitragsmarge (%) hängen eng mit Marge pro Stück (€) und Marge (%) zusammen. Der Unterschied: Die Deckungsbeiträge (prozentual und betragsmäßig) trennen schärfer zwischen Fixkosten und variablen Kosten.

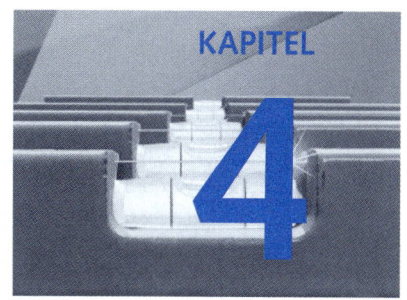

Produkt- und Portfolio-Management

Kennziffern in diesem Kapitel:	
Erprobung, Wiederholungskauf, Durchdringung und Umsatzprognosen	Conjoint Utilities und Verbraucherpräferenz
Wachstum: Prozentsatz und jährliche Wachstumsrate	Segmentierung und Conjoint Utilities
Kannibalisierungsrate und Fair Share Draw Rate	Conjoint Utilities und Mengenschätzung
Markenwertkennziffern	

>> Wirkungsvolles Marketing baut auf Kundenkenntnis und dem Wissen auf, wie ein Produkt die Kundenbedürfnisse befriedigt. In diesem Kapitel werden Kennziffern aus der Produktstrategie und -Planung vorgestellt, die folgende Fragen beantworten sollen: Welche Umsatzmengen können Marketingleute von einem neuen Produkt erwarten? Wie wird der Umsatz vorhandener Produkte durch die Einführung neuer beeinflusst? Wächst oder sinkt der Markenwert? Was wollen die Kunden wirklich und was würden sie dafür opfern?

Wir beginnen mit einem Abschnitt über Erprobung und Wiederholungsraten, um zu erklären, wie man diese Kennziffern ermittelt und für Umsatzprognosen neuer Produkte nutzt. Da zu Prognosen auch Wachstumsschätzungen gehören, ergründen wir danach den Unterschied zwischen dem Jahr-zu-Jahr-Wachstum und zusammengesetzten jährlichen Wachstumsraten. Das Wachstum des einen Produkts geht manchmal zu Lasten einer vorhandenen Produktlinie. Deshalb ist es wichtig, auch Kannibalisierungskennziffern zu verstehen. Diese geben den Einfluss neuer Produkte auf die vorhandene Produktpalette an.

Danach stellen wir ausgewählte Markenwertkennziffern vor, da der Markenwert ein zentrales Anliegen des gesamten Marketings ist. Tatsächlich können viele Kennziffern in diesem Buch für die Markenbewertung nützlich sein. Einige Kennziffern wurden speziell entwickelt, um zu beurteilen, wie »gesund« eine Marke ist. Dieses Kapitel wird sie vorstellen. Doch neben der überaus wichtigen Markenstrategie gibt es auch noch andere Aspekte eines Produktangebots und Manager müssen darauf vorbereitet sein, zwischen ihnen abzuwägen, indem sie mit den verschiedenen Merkmalen einen »Wert« verbinden. Die Conjoint-Analyse hilft zu erkennen, welche Wertschätzung der Kunde den konkreten Produktmerkmalen entgegenbringt. Diese Technik wird zunehmend angewandt, um Produkte zu verbessern und Marketingleute darin zu unterstützen, neue oder schnell wachsende Märkte auszuwerten und zu segmentieren. In den letzten Abschnitten dieses Kapitels diskutieren wir die Conjoint-Analyse «« aus mehreren Blickwinkeln.

	Kennziffer	Konstruktion	Überlegungen	Zweck
4.1	Erprobung	Erstmalige Nutzer in Prozent der Zielgruppe	»Irgendwann schon einmal probiert« muss von »neu probiert« unterschieden werden.	Mit der Zeit sollten mehr Wiederholungskäufer als Ausprobierer den Umsatz ausmachen.
4.1	Wiederholungskaufvolumen	Wiederholungskäufer mal Anzahl der bei jedem Kauf erworbenen Produkte mal Anzahl der Käufe pro Betrachtungszeitraum	Je nach dem Zeitpunkt der Erprobung haben vielleicht nicht alle Kunden die gleiche Chance auf Wiederholungskäufe	Maß für die Stabilität einer Marken-Franchise
4.1	Durchdringung	Nutzer des vorherigen Zeitraums mal Wiederholungskaufrate für den aktuellen Zeitraum plus Neuerprober im aktuellen Zeitraum	Normen werden von der Länge des Zeitraums beeinflusst, d.h., in einem Jahr kaufen mehr Kunden als in einem Monat.	Gibt an, welcher Anteil der Bevölkerung im aktuellen Zeitraum kauft
4.1	Mengenschätzungen	Kombination von Erprobungsmenge und Wiederholungskäufen	Anpassung von Erprobungs- und Wiederholungskaufmengen an Zeitrahmen. Nicht alle Erprober haben Zeit oder Gelegenheit für Wiederholungskäufe.	Produktions- und Lagerplanung für Handelsumsatz und Verbraucherumsatz
4.2	Jahr-zu-Jahr-Wachstum	Änderung von einem aufs andere Jahr in Prozent	Wachstumsraten in Geld und Stückzahlen unterscheiden	Produktions- und Budgetplanung
4.2	Jährliche Wachstumsrate	Jahresendwert geteilt durch Jahresanfangswert hoch 1/N, wobei N die Anzahl der Zeiträume ist	Weicht vielleicht von einzelnen Jahr-zu-Jahr-Wachstumsraten ab	Nützlich zur Berechnung von Durchschnittswachstumsraten über längere Zeiträume

(Fortsetzung)

	Kennziffer	Konstruktion	Überlegungen	Zweck
4.3	Kannibalisie-rungsrate	Umsatz, den neue Produkte den alten wegnehmen, in Prozent	Auch der Effekt einer Marktexpansion muss berücksichtigt werden.	Berücksichtigt die Tatsache, dass neue Produkte oft den Umsatz der älteren mindern
4.3	Abschöpfung des Norm-anteils	Annahme, dass neue Marktteilnehmer den etablierten Wettbe-werbern proportional zu den eingeführten Marken Umsatz wegnehmen	Keine realistische Annahme, wenn grö-ßere Unterschiede zwischen den kon-kurrierenden Marken bestehen	Nützlich zur Schät-zung von Umsatz und Marktanteilen nach Eintritt eines neuen Wettbewer-bers
4.4	Markenwert-kennziffern	Hierunter werden viele Größen sub-sumiert, beispiels-weise der einer Marke beigemessene Conjoint-Nutzen.	Maße, die das We-sen der Marke be-treffen, sagen viel-leicht nichts über ihren Wert und ihre Gesundheit aus.	Die Gesundheit einer Marke beobachten und wenn nötig Schwächen diagnos-tizieren
4.5	Conjoint-Nutzen	Regressionskoeffi-zienten für Merk-male, die von der Conjoint-Analyse abgeleitet werden	Kann eine Funktion von Anzahl, Stärke und Art der unter-suchten Merkmale sein	Zeigt an, welche re-lativen Werte Kun-den Merkmalen bei-messen, auf denen Produktangebote basieren
4.6	Segmentnutzen	Personen werden anhand der Summe der quadratischen Abweichungen zwi-schen den Regres-sionskoeffizienten aus der Conjoint-Analyse zu Markt-segmenten zusam-mengefasst.	Kann eine Funktion von Anzahl, Stärke und Art der unter-suchten Merkmale sein; setzt Homoge-nität der Segmente voraus	Kundenbeurteilun-gen der Produkt-merkmale helfen, Marktsegmente zu definieren
4.7	Conjoint-Nut-zen und Men-genschätzung	Wird in der Conjoint-Simulation zur Schät-zung des Volumens eingesetzt	Setzt voraus, dass der Grad der Produkt-kenntnis und der Verteilung bekannt ist oder geschätzt werden kann	Umsatzprognosen für alternative Pro-dukte, Designs, Preise und Marken-strategien

Erprobung, Wiederholungskauf und Mengenprognosen

Anhand von Testmärkten und Volumenprognosen können Marketingleute die Umsätze voraussagen, indem sie die Kundenintentionen in Umfragen und Marktstudien ergründen. Indem sie schätzen, wie viele Kunden ein neues Produkt ausprobieren und wie oft sie danach zu Wiederholungskäufern werden, legen Marketingleute die Grundlage für solche Projektionen.

$$\text{Erprobungsrate (\%)} = \frac{\text{Erstkäufer im Zeitraum t (\#)}}{\text{Gesamtbevölkerung (\#)}}$$

Erstkäufer im Zeitraum t (#) = Gesamtbevölkerung (#) $*$ Erprobungsrate (%)

Durchdringung t (#) = [Durchdringung in t-1 (#)
    + Wiederholungsrate Zeitraum t (%)]
    + Erstkäufer in Zeitraum t (#)

Umsatzprognose t (#) = Durchdringung t (#)
    $*$ Durchschnittliche Kaufhäufigkeit (#)
    $*$ Durchschnittsmenge der Einheiten
    pro Einkauf (#)

Projektionen aus Kundenbefragungen sind besonders nützlich in den Frühstadien der Produktentwicklung und beim Timing der Markteinführung. Mit solchen Projektionen können Sie Kundenreaktionen einschätzen, ohne die Kosten einer echten Produkteinführung auf sich nehmen zu müssen.

Zweck: Mengenschätzungen verstehen

Wenn Sie für ein relativ neues Produkt eine Umsatzschätzung anstreben, verwenden Sie normalerweise ein System aus Erst- und Wiederholungskaufberechnungen, um die zukünftigen Verkäufe einschätzen zu können. Das Prinzip dahinter: Jeder, der ein Produkt kauft, ist entweder ein Neukunde (»Erstkäufer«) oder ein Bestandskunde (»Wiederholungskäufer«). Wenn wir beide für einen Betrachtungszeitraum addieren, erhalten wir die Marktdurchdringung eines Produkts.

Es ist jedoch nicht ganz einfach, Umsätze in einer großen Bevölkerung auf der Basis simulierter Testmärkte oder auch richtiger regionaler Produkteinführungen zu schätzen. Marketingspezialisten haben eine Reihe von Lösungen entwickelt, um das Testmarketing schneller und kostengünstiger zu gestalten, indem sie beispielsweise ein Geschäft mit Produkten (oder Produktattrappen) ausstaffieren oder Kunden Geld geben, um die Produkte ihrer Wahl zu kaufen. So kann man zwar echte Einkaufsbedingungen simulieren, aber um auf der Grundlage solcher Testergebnisse das Volumen eines gesamten Markts einschätzen zu können, sind schon spezielle Modelle notwendig. Um den konzeptionellen Unterbau für diesen Prozess zu vergegenwärtigen, stellen wir Ihnen ein allgemeines Modell für Mengenschätzungen auf der Grundlage von Testmarktergebnissen vor.

Konstruktion

Die Marktdurchdringung eines Produkts in einem zukünftigen Zeitraum kann man auf der Basis von Bevölkerungszahlen, Erprobungsraten und Wiederholungsraten schätzen.

Erprobungsrate (%): der Prozentsatz einer definierten Bevölkerung, der ein Produkt in einem gegebenen Zeitraum zum ersten Mal kauft oder verwendet.

BEISPIEL Ein Kabelfernsehsender sammelt sorgfältig die Namen und Adressen seiner Kunden. Der stellvertretende Marketingleiter stellt fest, dass im März 2005 150 Haushalte das Angebot seines Unternehmens zum ersten Mal in Anspruch genommen haben. Der Sender erreicht insgesamt 30.000 Haushalte. Um die Erprobungsrate für den März zu kalkulieren, dividieren wir 150 durch 30.000 und erhalten 0,5%.

Erstkäufer in Zeitraum t (#): Anzahl der Kunden, die ein Produkt oder eine Marke in einem gegebenen Zeitraum erstmals kaufen oder benutzen

Durchdringung t (#) = [Durchdringung in t–1 (#)
+ Wiederholungsrate Zeitraum t (%)]
+ Erstkäufer in Zeitraum t (#)

BEISPIEL Ein Kabelfernsehsender verkauft seit Januar ein monatliches Sportpaket. Normalerweise hat das Unternehmen eine Wiederholungsrate von 80% und sie rechnet damit, diese auch für das neue Angebot zu erzielen. Das Unternehmen hat im Januar 10.000 Sportpakete verkauft und erwartet für den Februar 3.000 zusätzliche Kunden. Auf dieser Grundlage können wir die erwartete Marktdurchdringung des Sportpakets für den Monat Februar berechnen.

Durchdringung im Monat Februar
= (Durchdringung von Januar * Wiederholungsrate)
 + Erstkäufer im Februar
= (10.000 * 80%) + 3.000 = 11.000

Zu einem späteren Zeitpunkt desselben Jahres zählt das Unternehmen 20.000 Abonnenten. Seine Wiederholungsrate bleibt konstant bei 80%. Im August hatte es 18.000 Abonnenten. Das Management möchte nun wissen, wie viele neue Kunden im September das Sportpaket kauften:

Erstkäufer = Durchdringung – Wiederholungskunden
    = 20.000 – (18.000 * 80%) = 5.600

Von der Marktdurchdringung ist es nur ein kleiner Schritt zur Umsatzprognose:

Umsatzprognose (#) = Durchdringung (#)
        * Kaufhäufigkeit (#)
        * Einheiten pro Kauf (#)

Simulierte Testmarktergebnisse und Mengenschätzungen

Erprobungsmenge

Erprobungsraten werde oft auf der Grundlage von Umfragen bei potenziellen Kunden geschätzt. Dabei werden die Teilnehmer meist gefragt, ob sie Produkte »bestimmt« oder »wahrscheinlich« kaufen werden. Da dies die stärksten von mehreren möglichen Antworten auf Fragen zu Kaufabsichten sind, werden sie auch gelegentlich als »Top-Two« bezeichnet. Die weniger positiven Antworten in einer Standardskala von eins bis fünf sind »vielleicht«, »eher nicht« und »bestimmt nicht« (mehr über Kaufabsichten erfahren Sie in Abschnitt 2.7).

Da sich nicht alle Teilnehmer an ihre erklärten Kaufabsichten halten, werden oft die Prozentsätze der »Top-Two« bei der Entwicklung von Umsatzprognosen korrigiert. So schätzen manche Marketingleute, dass nur 80% der Teilnehmer, die das Produkt »bestimmt« kaufen wollen, und 30% derer, die mit »wahrscheinlich« antworten, das Produkt auch tatsächlich erwerben, wenn sie die Gelegenheit dazu haben.[1] (Die Korrekturen für Kunden, die ihre Absichten verwirklichen, werden im folgenden Modell verwendet.) Zwar mögen auch manche Teilnehmer mit den ungünstigeren Antworten ein Produkt kaufen, aber ihre Anzahl fällt kaum ins Gewicht. Indem Sie die Bewertung der Top-Two reduzieren, können Sie realistischer einschätzen, wie viele Kunden ein Produkt ausprobieren werden, wenn die Voraussetzungen – Kenntnis und Verfügbarkeit des Produkts – erfüllt sind.

Produktkenntnis: Umsatzprognosemodelle berücksichtigen auch einen Mangel an Produktkenntnis im Zielmarkt (siehe Abbildung 4.1). Ein Mangel an Bekanntheit senkt die Erprobungsrate, da einige potenzielle Kunden wegfallen, die das Produkt ausprobieren würden, wenn sie von seiner Existenz wüssten. Wenn die Produktkenntnis 100% beträgt, dann kennen alle potenziellen Kunden das Produkt und es gehen keine Umsätze wegen mangelnder Bekanntheit verloren.

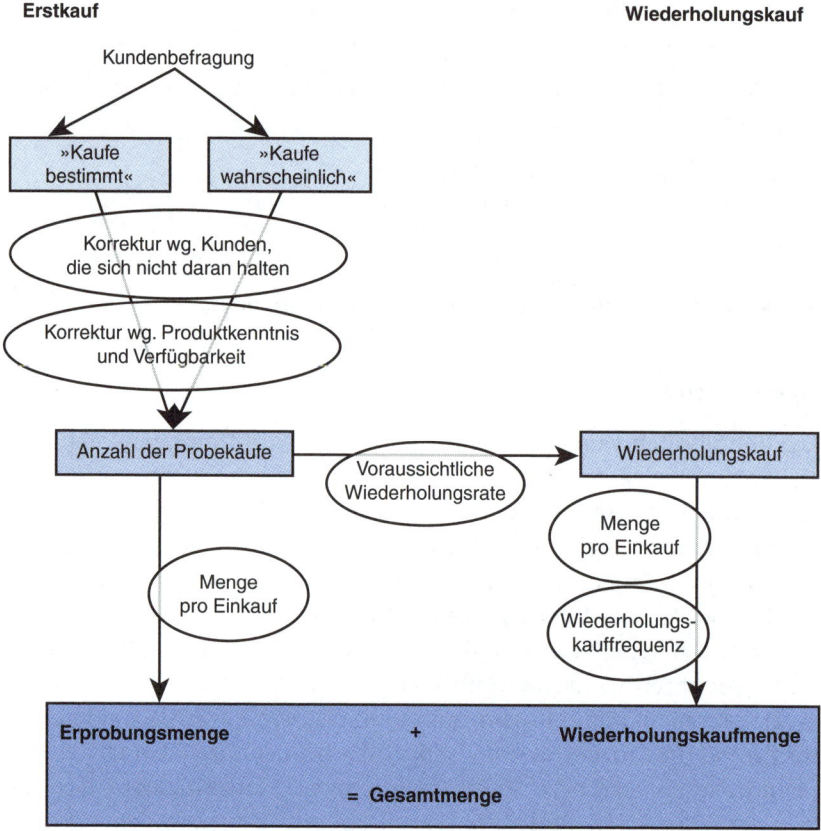

Abbildung 4.1: Schema der Testmarkt-Mengeneinschätzungen

Distribution: Normalerweise wird noch eine andere Anpassung der Erprobungsraten im Testmarkt vorgenommen. Die Verfügbarkeit des neuen Produkts muss ebenfalls berücksichtigt werden. Selbst die Umfrageteilnehmer, die »bestimmt« ein Produkt ausprobieren möchten, werden dies vermutlich nicht tun, wenn sie das Produkt nirgends finden können. Für diese Korrektur müssen Unternehmen eine geschätzte Produktverfügbarkeit zugrunde legen, also den Prozentsatz an Geschäften (All Commodity Value in Prozent), die das neue Produkt ins Programm nehmen werden (weitere Einzelheiten entnehmen Sie bitte Abschnitt 6.6).

Korrigierte Erprobungsrate (%)
= Erprobungsrate (%) * Bekanntheitsgrad (%) * ACV (%)

Nach diesen Anpassungen können Sie ausrechnen, wie viele Kunden das Produkt vermutlich ausprobieren werden, indem Sie einfach die korrigierte Erprobungsrate auf die Zielbevölkerung anwenden.

Erstkäufer (#) = Zielgruppe (#) * korrigierte Erprobungsrate (%)

Die Zahl der Erstkäufer entspricht also der Durchdringung (#) im Probierzeitraum.

Um die Erprobungsmenge zu prognostizieren, multiplizieren Sie die Erstkäufer mit der durchschnittlichen Anzahl Produkteinheiten, die bei jedem Erprobungskauf angeschafft wird. Oft ist dies nur eine einzige Einheit, da die meisten Käufer zuerst probieren möchten, ehe sie größere Mengen eines Produkts anschaffen.

Erprobungsmenge (#) = Erstkäufer (#) * Einheiten pro Kauf (#)

Wenn man alle diese Berechnungen kombiniert, erhält man folgende Formel für die Erprobungsmengenrechnung:

Erprobungsmenge (#)
= Zielgruppe (#)
  * [(80% * »Bestimmt« (#) + (30% * »Wahrscheinlich« (#))
    * Bekanntheitsgrad (%) * ACV (%)]
  * Einheiten pro Kauf (#)

BEISPIEL Das Marketingteam eines Bürozubehörherstellers hat eine tolle Idee für ein neues Produkt: einen Sicherheitstacker. Um die Idee intern zu promoten, möchte das Team schätzen, wie viele Tacker im ersten Jahr wohl über den Ladentisch gehen werden. Kundenbefragungen ergeben folgende Zahlen:

	% der Kundenantworten
Will bestimmt kaufen	20%
Will wahrscheinlich kaufen	50%
Will vielleicht kaufen	15%
Will eher nicht kaufen	10%
Will bestimmt nicht kaufen	5%
Gesamt	100%

Tabelle 4.1: Umfrageantworten der Kunden

Auf dieser Basis kalkuliert das Unternehmen eine Erprobungsrate für den neuen Tacker, indem es, wie branchenüblich, erwartet, dass 80% der »bestimmten« und 30% der »wahrscheinlichen« Käufer das Produkt tatsächlich kaufen, wenn sie die Gelegenheit dazu haben.

$$\text{Erprobungsrate} = 80\% \text{ »Bestimmt«} + 30\% \text{ »Wahrscheinlich«}$$
$$= (80\% * 20\%) + (30\% * 50\%) = 31\%$$

Also kann man davon ausgehen, dass 31% der Zielgruppe das Produkt ausprobiert, wenn sie es kennen und in den Geschäften finden können. Das Unternehmen ist in der Werbung stark präsent und hat ein solides Vertriebsnetz. Daher gehen die Marketingleiter davon aus, dass ein ACV von rund 60% für den Tacker realistisch ist und dass sie ungefähr dasselbe Maß an Produktkenntnis erzeugen können. Auf dieser Basis korrigieren sie die Erprobungsrate auf 11,16% der Zielgruppe:

$$\text{Korrigierte Erprobungsrate} = \text{Erprobungsrate} * \text{Produktkenntnis} * \text{ACV}$$
$$= 31\% * 60\% * 60\% = 11,16\%$$

Zur Zielgruppe gehören 20 Millionen Menschen. Um die Zahl der Erstkäufer zu berechnen, multiplizieren wir dies mit der bereinigten Erprobungsrate.

$$\text{Erstkäufer} = \text{Zielgruppe} * \text{bereinigte Erprobungsrate}$$
$$= 20 \text{ Millionen} * 11,16\% = 2,232 \text{ Millionen}$$

Wenn wir davon ausgehen, dass jeder Erstkäufer zunächst nur ein Teil kauft, beträgt die Erprobungsmenge insgesamt 2,232 Millionen Einheiten.

Die Erprobungsmenge kann man auch mit der vollständigen Formel berechnen:

Erprobungsmenge
= Zielgruppe
   * [((80% * »Bestimmt«) + (30% * »Wahrscheinlich«)) * Produktkenntnis
   * ACV]
   * Einheiten pro Kauf
= 20 Millionen * [((80% * 20%) + (30% * 50%)) * 60% * 60%)] * 1
= 2,232 Millionen

Wiederholungskäufe

Der zweite Teil der Mengenschätzungen betrifft den Anteil der Menschen, die ein Produkt ausprobieren und dann wiederholt kaufen. Das Modell für diesen Vorgang legt eine einzelne geschätzte Wiederholungsrate zugrunde, um zu berechnen, wie viele Kunden nach dem ersten Test wahrscheinlich erneut das Produkt kaufen werden. In Wirklichkeit sind die Wiederholungsraten am Anfang oft niedriger als bei folgenden Käufen. So ist es zum Beispiel nichts Ungewöhnliches, dass nur 50% der Erstkäufer, aber 80% der Zweitkäufer das Produkt ein weiteres Mal kaufen.

Wiederholungskäufer (#) = Erstkäufer (#) * Wiederholungsrate (%)

Um die Wiederholungskäufe zu berechnen, lässt sich die Zahl der Wiederholungskäufer mit einer erwarteten Kaufmenge bei Wiederholungskäufern und mit der Anzahl Fälle multiplizieren, in denen Kunden im Betrachtungszeitraum erneut Wiederholungskäufer werden.

Wiederholungskäufe (#) = Wiederholungskäufer (#)
                       * Wiederholungskäufe pro Kunde (#)
                       * Wiederholungskaufgelegenheiten (#)

Diese Berechnung sagt Ihnen, wie oft ein neues Produkt im angegebenen Einführungszeitraum voraussichtlich von Wiederholungskäufern erworben wird. Die vollständige Formel kann man auch wie folgt ausdrücken:

Wiederholungskäufe (#) = [Wiederholungsrate (%) * Erstkäufer (#)]
                       * Wiederholungskäufe pro Kunde (#)
                       * Wiederholungskaufgelegenheiten (#)

BEISPIEL Wir führen das obige Beispiel fort, indem wir annehmen, dass der Sicherheitstacker 2,232 Millionen Erstkäufer anspricht. Die Marketingleiter gehen davon aus, dass die Produktqualität gut genug ist, um eine Wiederholungsrate von 10% im ersten Jahr zu erbringen. Das macht 223.200 Wiederholungskäufer:

Wiederholungskäufer = Erstkäufer * Wiederholungsrate
= 2,232 Millionen * 10%
= 223.200

Im Durchschnitt erwartet das Unternehmen, dass jeder Wiederholungskäufer im ersten Jahr bei vier Gelegenheiten einkauft, und zwar jedes Mal durchschnittlich zwei Einheiten.

Wiederholungskäufe = Wiederholungskäufer
* Wiederholungskaufstückzahl pro Kunde
* Wiederholungskaufgelegenheiten
= 223.200 * 2 * 4
= 1.785.600 Einheiten

Die vollständige Formel bringt dasselbe Ergebnis:

Wiederholungskäufe (#) = [Wiederholungsrate (%) * Erstkäufer (#)]
* Wiederholungskäufe pro Kunde (#)
* Wiederholungskaufgelegenheiten (#)
= (10% * 2.232.000) * 2 * 4
= 1.785.600 Einheiten

Gesamtmenge

Die Gesamtmenge ist die Summe von Erprobungsmenge und Wiederholungskäufen, da alles entweder an neue oder an wiederkehrende Kunden verkauft wird.

Gesamtmenge (#) = Erprobungsmenge + Wiederholungskäufe

Eine Kombination der obigen beiden Formeln liefert die Gesamtmenge:

Gesamtmenge (#) = [Zielgruppe
* ((0,8 * »Bestimmt« + 0,3 * »Wahrscheinlich«)
* Produktkenntnis * ACV) * Einheiten pro Probekauf]
+ [(Wiederholungsrate * Erstkäufer)
* Wiederholungskäufe pro Kunde
* Wiederholungskaufgelegenheiten]

BEISPIEL Das Jahresgesamtvolumen für den Tacker ist die Summe von Erprobungsmenge und Wiederholungskäufen.

Gesamtmenge = Erprobungsmenge + Wiederholungskäufe
= 2.232.000 + 1.785.600
= 4.017.600 Einheiten

Eine vollständige Berechnung dieser Zahl und eine Vorlage für Spreadsheet-Berechnungen finden Sie in Tabelle 4.2.

Grunddaten	Quelle	
Will bestimmt kaufen	Kundenumfrage	20%
Will wahrscheinlich kaufen	Kundenumfrage	50%
Voraussichtliche Käufer		
aus der »Bestimmt«-Gruppe	= »bestimmt« * 80%	16%
aus der »Wahrscheinlich«-Gruppe	= »wahrscheinlich« * 30%	15%
Erprobungsrate (%)	Summe der wahrscheinlichen Käufer	31%
Marketing-Korrekturen		
Produktkenntnis	Schätzung aus Marketingplan	60%
ACV	Schätzung aus Marketingplan	60%
Korrigierte Erprobungsrate (%)	= Erprobungsrate * Produktkenntnis * ACV	11,2%
Zielgruppe (#) (in Tausend)	Marketingplandaten	20.000
Erstkäufer (#) (in Tausend)	= Zielgruppe * bereinigte Erprobungsrate	2,232
Stückzahl pro Probekauf (#)	Schätzung aus Marketingplan	1
Erprobungsmenge (#) (in Tausend)	= Erstkäufer * Menge pro Erstkäufer	2.232
Wiederholungsrate (%)	Schätzung aus Marketingplan	10%
Wiederholungskäufer (#)	= Wiederholungsrate * Erstkäufer	223.200
Durchschnittsmenge pro Wiederholungskauf (#)	Schätzung aus Marketingplan	2
Wiederholungskauffrequenz ** (#)	Schätzung aus Marketingplan	4
Wiederholungsmengenfrequenz (in Tausend)	= Wiederholungskäufer * Menge pro Wiederholungskauf * Wiederholungskäufe	1.786
Gesamtmenge (in Tausend)		4.018

**Hinweis: Die Durchschnittshäufigkeit der Käufe pro Wiederholungskäufer muss korrigiert werden um einen Zeitfaktor, den Erstkäufer für Wiederholungskäufe benötigen, um den Kaufzyklus (die Häufigkeit) von Käufen in dieser Produktsparte und um die Verfügbarkeit. Wenn beispielsweise die Erprobungsraten über das Jahr konstant bleiben, liegt die Anzahl der Wiederholungskäufe bei 50% des Werts, der erreicht würde, wenn alle Erstkäufe am Tag 1 der Betrachtungszeiträume aufgetreten wären.

Tabelle 4.2: Tabellenkalkulation für Mengenschätzungen

Datenquellen, Komplikationen und Warnhinweise

Umsatzhochrechnungen, die auf Testmärkten basieren, müssen immer bestimmte Grundannahmen berücksichtigen. Marketingleiter können hier in Versuchung geraten, diese Annahmen so zu treffen, dass ein möglichst günstiges Ergebnis für sie herauskommt. Dieser Versuchung müssen Sie widerstehen. Bauen Sie Ihre Analyse auf möglichst vernünftigen Werten auf, um zuverlässige Voraussagen treffen zu können.

Relativ einfache Kennziffern wie beispielsweise Erprobungs- und Wiederholungsraten sind in der Praxis oft schwer fassbar. Auch wenn Sie große Anstrengungen unternehmen, um Kundendaten zu sammeln – etwa über Kundenkarten –, lässt sich oft nicht so leicht feststellen, ob ein Kunde Erst- oder Wiederholungskäufer ist.

Was die Produktkenntnis und Verfügbarkeit angeht: Auch Annahmen über den durch Werbung erzielten Bekanntheitsgrad der Produkte sind mit Unsicherheit belastet. Wir raten Ihnen, zu fragen, welche Art von Produktkenntnis für dieses Produkt benötigt wird und welche zusätzlichen Promotions bei der Einführung des Produkts helfen könnten.

Erprobungs- und Wiederholungsraten sind beide wichtig. Manche Produkte erzielen im Erprobungsstadium gute Resultate, verpassen aber langfristig doch ihr Umsatzziel. Hierzu ein Beispiel.

BEISPIEL Wir wollen den Sicherheitstacker mit einem neuen Produkt vergleichen, beispielsweise einer neuartigen Kuvertiermaschine. Diese erregt zwar weniger Aufmerksamkeit, generiert aber eine höhere Wiederholungskaufrate. Um die Ergebnisse der Kuvertiermaschine voraussagen zu können, haben wir die vom Sicherheitstacker gewonnenen Daten angepasst, indem wir die Top-Two-Antworten halbierten (da am Anfang die Begeisterung nicht so stark ist) und die Wiederholungsrate von 10% auf 33% steigerten (da der Zuspruch nach dem ersten Ausprobieren doch höher ist).

Nach sechs Monaten liegt der Umsatz der Sicherheitstacker über dem der Kuvertiermaschinen, doch nach einem Jahr sind beide bereits gleichauf. Über drei Jahre betrachtet hat die Kuvertiermaschine mit ihrer treuen Kundenbasis den Sicherheitstacker deutlich überholt (siehe Abbildung 4.2).

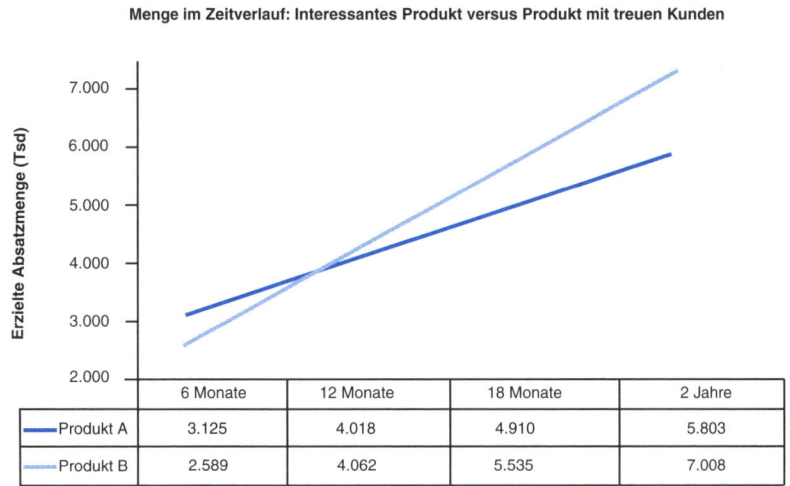

Menge im Zeitverlauf: Interessantes Produkt versus Produkt mit treuen Kunden

	6 Monate	12 Monate	18 Monate	2 Jahre
Produkt A	3.125	4.018	4.910	5.803
Produkt B	2.589	4.062	5.535	7.008

Zeit seit Produkteinführung

Abbildung 4.2: Einflüsse des Zeithorizonts

Die Daten für dieses Diagramm finden Sie in Tabelle 4.3.

Daten	Quelle	6 Monate		12 Monate		18 Monate		2 Jahre	
		Prod A	Prod B	Prod A	Prod B	Prod A	Prod B	Prod A	Prod B
Will bestimmt kaufen (%)	Umfrage	20	10	20	10	20	10	20	10
Will wahrscheinlich kaufen (%)	Umfrage	50	25	50	25	50	25	50	25
Voraussichtliche Käufer									
aus »Bestimmt« (%)	80%	16	8	16	8	16	8	16	8
aus »Wahrscheinlich« (%)	30%	15	8	15	8	15	8	15	8
Erprobungsrate (%)	Gesamt	31	16	31	16	31	16	31	16
Korrekturen									
Bekanntheit (%)	Schätzung	60	60	60	60	60	60	60	60
ACV (%)	Schätzung	60	60	60	60	60	60	60	60
Korrigierte Erprobungsrate (%)	Erprobungsrate * Kenntnis * ACV	11,2	5,6	11,2	5,6	11,2	5,6	11,2	5,6
Zielgruppe (Tsd.)	Marketingplandaten	20.000	20.000	20.000	20.000	20.000	20.000	20.000	20.000
Erstkäufer (Tsd.)	Zielgruppe * korrigierte Erprobungsrate	2.232	1.116	2.232	1.116	2.232	1.116	2.232	1.116
Verkaufte Stück/Erstkäufer	Schätzung	1	1	1	1	1	1	1	1
Erprobungsmenge (Tsd.)	Erstkäufer * verkaufte Stück	2.232	1.116	2.232	1.116	2.232	1.116	2.232	1.116
Wiederholungsrate (%)	Schätzung	10	33	10	33	10	33	10	33
Wiederholungskäufer	Wiederholungsrate * Erstkäufer	223,2	368,28	223,2	368,28	223,2	368,28	223,2	368,28
Wiederholungskauf Stück	Schätzung	2	2	2	2	2	2	2	2
Wiederholungskauf Anzahl	Schätzung	2	2	4	4	6	6	8	8
Wiederholungskauf Menge	Wiederholungskäufer * Wiederholungskauf Stück * Wiederholungskauf Anzahl	893	1.473	1.786	2.946	2.678	4.419	3.571	5.892
Gesamtmenge		3.125	2.589	4.018	4.062	4.910	5.535	5.803	7.008

Tabelle 4.3: Hohes Anfangsinteresse oder dauerhafte Markentreue – Ergebnisse über einen Zeitraum

Wiederholungskauf und Erprobungskauf: Manche Modelle vermuten, dass Kunden für immer verloren sind, wenn sie die Wiederholungskäufe einstellen. Doch Kunden können gewonnen, verloren, wieder gewonnen und wieder verloren werden. Generell ist das Erprobungs-Wiederholungskaufmodell am besten geeignet, um den Umsatz über die ersten Zeiträume hochzurechnen. Andere Modelle der Umsatzvoraussage beziehen den Bedarfsanteil und die Durchdringungskennziffern mit ein (siehe Abschnitte 2.4 und 2.5). Diese Modelle sind besser geeignet für Produkte, für die keine zuverlässigen Wiederholungsraten vorliegen.

	Markt-volumen	Durch-dringungs-anteil	Bedarfs-anteil	Nutzungs-intensitäts-index	Marktanteil	Verkaufte Einheiten
Neues Produkt	1.000.000	5%	80%	1,2	4,8%	48.000
Quelle	Schätzung	Schätzung	Schätzung	Schätzung	Durchdringungs-anteil * Bedarfsanteil * Nutzungs-intensitäts-anteil	Marktanteil * Markt-volumen

Verwandte Kennziffern und Konzepte

Ausprobierer (Ever-Tried): Diese Kennziffer weicht insofern von den Erstkäufern ab, als sie angibt, wie viele Prozent der Zielgruppe »irgendwann« (in einem beliebigen Zeitraum) das untersuchte Produkt schon einmal gekauft oder benutzt haben. Die Zahl Ausprobiererquote ist ein kumulatives Maß und kann nie mehr als 100% sein. Dagegen ist die Erstkäuferquote ein inkrementelles Maß, da sie angibt, wie viele Prozent der Bevölkerung das Produkt in einem konkreten Zeitraum zum ersten Mal erproben. Auch hier können jedoch Verwechslungen auftreten: Wenn ein Kunde den Kauf eines Produkts zunächst einstellt, aber es nach einem halben Jahr erneut versucht, würde er von manchen als Wiederholungskäufer und von anderen als Neukunde eingestuft. Nach der zweiten Definition gilt: Wenn jemand ein Produkt mehr als einmal »probiert«, könnte die Summe dieser Käufer theoretisch die Zahl der Gesamtbevölkerung übersteigen. Verwirrung vermeiden Sie am besten, indem Sie immer klären, auf welchen Definitionen Ihre Daten und Auswertungen beruhen.

Varianten der Erprobung: Manche Szenarien senken die Schwelle zur Erprobung ab, doch das Interesse der Kunden ist dann geringer als bei einem normalen Kauf.

- **Zwangserprobung**: Diese liegt vor, wenn kein anderes Produkt zu bekommen ist. So trinken beispielsweise viele Pepsi-Cola-Freunde im Restaurant zur Not auch einmal Coca-Cola, wenn es dort nichts anderes gibt (oder umgekehrt).
- **Sonderpreiserprobung**: Der Verbraucher kauft zwar ein neues Produkt, aber zu einem viel billigeren Preis.
- Zwangs- und Sonderpreiserprobungen generieren normalerweise geringere Wiederholungsraten als gewollte Erprobungen.
- **Erinnerte Marken**: die Marken, die ein Verbraucher nennt, wenn man ihn fragt, welche Marken er bei einem Kauf in einer bestimmten Produktsparte in Betracht zieht (oder ablehnt). Die Verbraucher erinnern sich beispielsweise oft eher an Kaffeemarken als an Zuckermarken.
- **Anzahl neuer Produkte**: die Anzahl der Produkte, die in einem spezifischen Zeitraum neu eingeführt wurden.
- **Erlöse aus neuen Produkten**: gibt normalerweise an, wie viel Prozent vom Umsatz Produkte generiert haben, die im aktuellen Zeitraum oder in den letzten drei bis fünf Zeiträumen eingeführt wurden.
- **Marge auf neue Produkte**: Gibt in Euro oder Prozent die Gewinnspanne auf neue Produkte an. Kann separat ermittelt werden, unterscheidet sich mathematisch aber nicht von den üblichen Margenberechnungen.
- **Unternehmensgewinn aus neuen Produkten**: Gibt an, wie viel Prozent des Unternehmensgewinns aus neuen Produkten stammt. Um mit dieser Zahl arbeiten zu können, müssen Sie klar definieren, was ein »neues Produkt« ist.
- **Zielmarktentsprechung**: Diese Größe gibt an, wie viel Prozent der Käufer eines Produkts auf die demografische, psychografische oder sonstige Beschreibung der Zielgruppe dieser Marke passen. Die Zielmarktentsprechung dient der Auswertung von Marketingstrategien. Wenn ein hoher Prozentsatz der Kunden eines Produkts gar nicht zu den eigentlich anvisierten Zielgruppen gehört, müssen Marketingleiter überdenken, wen sie ansprechen und wofür sie ihr Budget ausgeben.

Wachstum: Prozent und jährliche Wachstumsrate

Für das Wachstum gibt es zwei bekannte Kennziffern: Das prozentuale Jahr-zu-Jahr-Wachstum gibt auf der Grundlage der Vorjahresdaten an, wie viel Prozent Änderung im nächsten Jahr eintreten.

Über längere Zeiträume ist die jährliche Wachstumsrate (Compound Annual Growth Rate, CAGR – jährliche Wachstumsrate) eine allgemein anerkannte Kennziffer für durchschnittliche Wachstumsraten.

$$\text{Jahr-zu-Jahr-Wachstum (\%)} = \frac{\text{Wert (€,\#,\%)}_t - \text{Wert (€,\#,\%)}_{t-1}}{\text{Wert (€,\#,\%)}_{t-1}}$$

$$\text{Jährliche Wachstumsrate (\%)} = \left(\frac{\text{Endwert (€,\#,\%)}}{\text{Anfangswert (€,\#,\%)}}\right)^{\frac{1}{\text{Anzahl Jahre (\#)}}} - 1$$

Wachstum in gleichen Geschäftsräumen: das Wachstum bezogen nur auf die Geschäfte, die im vorigen und im jetzigen Zeiträume voll eingerichtet waren.

Zweck: Wachstum messen

So gut wie jedes Unternehmen hat Wachstum zum Ziel. Viele Unternehmen bewerten sogar ihren Erfolg und Misserfolg anhand ihres Wachstums. Allerdings wird die Messung eines Jahr-zu-Jahr-Wachstums durch zwei Faktoren erschwert:

1 Langfristige Änderungen der Grundlagen, auf denen Wachstumsmessungen basieren. Diese treten ein, wenn sich die Zahl der Läden, Märkte oder Verkäufer ändert, die den Umsatz generieren. Um diese Änderungen auszublenden, kann das Wachstum in gleichen Geschäftsräumen (oder gleichen Märkten oder mit gleicher Verkäuferzahl usw.) betrachtet werden.

2 Kompositwachstum über mehrere Zeiträume. Wenn ein Unternehmen in einem Jahr 30% Wachstum erreicht, aber in den folgenden beiden Jahren gar keins, so würde das 10% Wachstum pro Jahr bedeuten. Die jährliche Wachstumsrate ist eine Kennziffer, die dieses Problem behebt.

Konstruktion

Das prozentuale Wachstum ist der Ausgangspunkt der Jahr-zu-Jahr-Analyse. Diese antwortet auf die Frage, was ein Unternehmen in diesem Jahr im Vergleich zum Vorjahr erreicht hat. Wenn wir die Ergebnisse der aktuellen Zeiträume durch die der Vorjahreszeiträume dividieren, erhalten wir Vergleichszahlen. Wenn wir subtrahieren, erfahren wir die Steigerungen oder Rückgänge zwischen den betrachteten Zeiträumen. Bei der Auswertung von Vergleichsdaten könnte man beispielsweise sagen, dass das Jahr 2 110% des Ergebnisses von Jahr 1 gebracht hat. Um dies in eine Wachstumsrate umzurechnen, müssen wir nur 100% subtrahieren.

Oft sind die betrachteten Zeiträume Jahre, doch auch jeder andere Zeitrahmen erfüllt seinen Zweck.

$$\text{Jahr-zu-Jahr-Wachstum (\%)} = \frac{\text{Wert (€,\#,\%)}_t - \text{Wert (€,\#,\%)}_{t-1}}{\text{Wert (€,\#,\%)}_{t-1}}$$

> **BEISPIEL** Ed besitzt einen kleinen Delikatessenladen, der im zweiten Geschäftsjahr sehr erfolgreich lief. Der Umsatz im Jahr 2 betrug €570.000 gegenüber €380.000 im Jahr 1. Ed rechnet aus, dass der Umsatz im zweiten Jahr 150% vom ersten Jahr betrug, was einer Wachstumsrate von 50% entspricht.
>
> $$\text{Jahr-zu-Jahr-Umsatzwachstum (\%)} = \frac{€570.000 - €380.000}{€380.000} = 50\%$$

Wachstum in gleichen Geschäftsräumen: Diese Kennziffer ist der Kern der Einzelhandelsanalyse. Mit ihr können Marketingleiter Ergebnisse aus Geschäften analysieren, die im gesamten Betrachtungszeitraum existierten. Die Logik dahinter: Aus Gründen der Vergleichbarkeit werden die Geschäfte ausgeblendet, die nicht den gesamten Zeitraum über geöffnet waren. So beleuchtet das Wachstum in gleichen Geschäftsräumen, wie wirkungsvoll dieselben Ressourcen im Betrachtungszeitraum im Vergleich zum vorherigen Zeitraum genutzt wurden. Wenn im Einzelhandel ein geringes Wachstum in gleichen Geschäftsräumen einer hohen allgemeinen Wachstumsrate gegenübersteht, haben wir es mit einem schnell wachsenden Unternehmen zu tun, dessen Expansion durch Investitionen erfolgt. Ist das Wachstum sowohl in gleichen Geschäftsräumen als auch allgemein stark, kann man sagen, dass das Unternehmen seine vorhandenen Standorte effizient einsetzt.

BEISPIEL Eine kleine Einzelhandelskette in Bayern meldet von einem Jahr zum nächsten ein eindrucksvolles Umsatzwachstum von €58 Millionen auf €107 Millionen (+84%). Trotzdem zweifeln Analysten am Geschäftsmodell des Unternehmens, denn das Wachstum in gleichen Geschäftsräumen zeigt, dass die Rechnung nicht aufgeht (siehe Tabelle 4.4).

Geschäft	Eröffnet	Erlöse erstes Jahr (Mio.)	Erlöse zweites Jahr (Mio.)
A	Jahr 1	€10	€9
B	Jahr 1	€19	€20
C	Jahr 1	€20	€15
D	Jahr 1	€9	€11
E	Jahr 2	entf.	€52
		€58	€107

Tabelle 4.4: Erlöse einer bayerischen Einzelhandelskette

Das Wachstum in gleichen Geschäftsräumen lässt Geschäfte unberücksichtigt, die am Anfang des ersten Jahrs noch nicht eröffnet hatten. Der Einfachheit halber gehen wir davon aus, dass die Geschäfte in diesem Beispiel immer am ersten Tag der Jahre 1 und 2 eröffneten. Auf dieser Grundlage belaufen sich die Erlöse in gleichen Geschäftsräumen im Jahr 2 auf €55 Millionen (€107 Millionen Gesamterlöse des Jahres minus €52 Millionen aus dem neu eröffneten Geschäft E). Diese korrigierte Zahl kann in die Formel für Wachstum in gleichen Geschäftsräumen eingesetzt werden:

Wachstum in gleichen Geschäfträumen

$$= \frac{\text{Geschäfte A} - D_{\text{Umsatz Jahr 2}} - \text{Geschäfte A} - D_{\text{Umsatz Jahr 1}}}{\text{Geschäfte A} - D_{\text{Umsatz Jahr 1}}}$$

$$= \frac{\text{€55 Mio.} - \text{€58 Mio.}}{\text{€58 Mio.}} = -5\%$$

Wie das negative Wachstum in gleichen Geschäftsräumen zeigt, wurde das Wachstum in diesem Unternehmen hauptsächlich durch eine große Investition in ein neues Ladengeschäft erzielt. Daraus erwachsen ernsthafte Zweifel am vorhandenen Ladenkonzept. Und es stellt sich die Frage, ob das neue Geschäft nicht die Umsätze der vorhandenen Geschäfte kannibalisiert hat. (Kannibalisierungskennziffern werden im nächsten Abschnitt beschrieben.)

Kompositwachstum, Wert in einem künftigen Zeitraum: Durch Kombination von Wachstumszahlen können Sie Ihre Werte um iterative Verbesserungseffekte korrigieren. So ist beispielsweise ein Wachstum von je 10% in zwei aufeinander folgenden Jahren nicht dasselbe wie ein Gesamtwachstum von 20% über einen Zwei-Jahres-Zeitraum. Denn das Wachstum im zweiten Jahr baut auf dem höheren Wert auf, der im ersten erreicht wurde. Wenn also der Umsatz €100.000 im Jahr 0 beträgt und im Jahr 1 um 10% wächst, beträgt er im Jahr 1 €110.000. Wächst er im Jahr 2 erneut um 10%, so beträgt er dann nicht etwa €120.000, sondern €110.000 + (10% * €110.000) = €121.000.

Der Kompositeffekt lässt sich leicht in Tabellenkalkulationen modellieren, die Ihnen die Möglichkeit geben, Kompositberechnungen für ein Jahr nach dem anderen anzustellen. Den Wert im Jahr 1 erhalten Sie, wenn Sie den Wert des Jahres 0 mit 1 plus der Wachstumsrate multiplizieren. Dieses Ergebnis verwenden Sie als neue Basis und multiplizieren es wieder mit 1 plus der Wachstumsrate, um den entsprechenden Wert für das Jahr 2 zu berechnen, usw.

> **BEISPIEL** Über einen Drei-Jahres-Zeitraum werden aus €100 bei einer Wachstumsrate von 10% €133,10.
>
> | | | |
> |---|---|---|
> | Jahr 0 auf Jahr 1 | €100 + 10% Wachstum (d.h. €10) | = €110 |
> | Jahr 1 auf Jahr 2 | €110 + 10% Wachstum (€11) | = €121 |
> | Jahr 2 auf Jahr 3 | €121 + 10% Wachstum (€12.10) | = €133,10 |
>
> Die mathematische Formel, die diesen Effekt abbildet, multipliziert den Anfangswert, also den aus dem Jahr 0, mit 1 plus der Wachstumsrate hoch der Anzahl Jahre, für die diese Wachstumsrate gilt.
>
> Wert in einem künftigen Zeitraum (€,#,%)
> = aktueller Wert (€,#,%) * $(1 + \text{jährliche Wachstumsrate (\%)})^{\text{Anzahl Zeiträume (\#)}}$

BEISPIEL Mit dieser Formel können wir ausrechnen, was 10% jährliches Wachstum über einen Zeitraum von drei Jahren bedeutet. Der Wert im Jahr 0 beläuft sich auf €100. Die Anzahl der Jahre ist 3. Die Wachstumsrate beträgt 10%.

Wert in einem künftigen Zeitraum

$$= \text{Wert im Jahr 0} * (1 + \text{Wachstumsrate})^{\text{Anzahl Jahre}}$$

$$= €100 * (100\% + 10\%)^3$$

$$= €100 * 133,1\% = €133,10$$

Jährliche Wachstumsrate: Die jährliche Wachstumsrate ist eine konstante Jahr-zu-Jahr-Wachstumsrate über einen Zeitraum. Wenn wir die Anfangs- und Endwerte und die Länge der Zeiträume haben, können wir sie wie folgt berechnen:

Jährliche Wachstumsrate (%)

$$= \left(\frac{\text{Endwert } (€,\#)}{\text{Anfangswert } (€,\#)} \right)^{\frac{1}{\text{Anzahl Zeiträume } (\#)}} - 1$$

BEISPIEL Angenommen, wir kennen das Kompositwachstum aus dem obigen Beispiel, wissen aber nicht, welche Wachstumsrate wir hatten. Wir wissen, dass der Anfangswert €100, der Endwert €133,10 und die Anzahl der Jahre 3 betrug. Diese Zahlen setzen wir einfach in die Formel für die jährliche Wachstumsrate ein:

$$\text{Jährliche Wachstumsrate} = \left(\frac{\text{Endwert}}{\text{Anfangswert}} \right)^{\frac{1}{\text{Anzahl Jahre}}} - 1$$

$$= \left(\frac{€133,10}{€100} \right)^{\frac{1}{3}} - 1$$

$$= 1,331 \text{ (die Steigerung)}^{\frac{1}{3} \text{ (Kubikwurzel)}} - 1$$

$$= 1,1 - 1 = 10\%$$

So können wir die Wachstumsrate mit 10% errechnen.

Datenquellen, Komplikationen und Warnhinweise

Das prozentuale Wachstum ist ein nützlicher Teil eines ganzen Pakets von Kennziffern. Es kann allerdings trügerisch sein, wenn man nicht solche Faktoren wie Zahl der Läden, Verkäufer oder Produkte oder die Expansion in neue Märkte einbezieht. Nur die Betrachtung des Umsatzes in gleichen Geschäftsräumen und ähnliche Korrekturen können uns zuverlässige Vergleichswerte liefern, um zu erkennen, wie wirkungsvoll ein Unternehmen seine Ressourcen einsetzt. Doch leider sind auch diese Korrekturen insofern begrenzt, als sie absichtlich Faktoren unberücksichtigt lassen, die nicht für den gesamten Betrachtungszeitraum Geltung hatten. Also müssen die korrigierten Zahlen im Zusammenhang mit dem Gesamtwachstum beurteilt werden.

Verwandte Kennziffern und Konzepte

Lebenszyklus: Marketingleiter kennen vier Stadien der Produktentwicklung:

- **Einführung**: kleine Märkte, die noch nicht rasch wachsen
- **Wachstum**: größere Märkte mit höheren Wachstumsraten
- **Voll entwickelt**: die größten Märkte, aber wenig oder kein Wachstum
- **Niedergang**: Märkte unterschiedlicher Größe mit negativen Wachstumsraten

Dies ist nur eine grobe Einteilung, für die es keine allgemein verbindlichen Regeln gibt.

Kannibalisierungsraten und Abschöpfung des Normanteils

Kannibalisierung ist der Umsatzrückgang (in Einheiten oder Euro) bei den bestehenden Produkten eines Unternehmens infolge der Einführung eines neuen Produkts. Die Kannibalisierungsrate wird normalerweise kalkuliert als der Prozentsatz des Umsatzes eines neuen Produkts, dem ein Umsatzrückgang bestimmter vorhandener Produkte gegenübersteht (soweit dieser Rückgang direkt auf die neue Produkteinführung zurückzuführen ist).

$$\text{Kannibalisierungsrate (\%)} = \frac{\text{Umsatzverlust vorhandener Produkte (\#,€)}}{\text{Umsatz des neuen Produkts (\#,€)}}$$

Kannibalisierungsraten sind ein wichtiger Faktor für die Beurteilung neuer Produktstrategien.

Abschöpfung des Normanteils beschreibt die Annahme oder Erwartung, dass ein neues Produkt den vorhandenen Produkten Umsatz (in Einheiten oder Euro) proportional zu deren Marktanteilen wegnimmt.

Die Kannibalisierung ist eine bekannte Geschäftsdynamik. Ein Unternehmen, das ein erfolgreiches Produkt mit einem hohen Marktanteil hat, steht vor einem Konflikt: Einerseits möchte es seinen Gewinn aus der vorhandenen Produktlinie maximieren und seine vorhandenen Stärken nutzen, die auf kurze Sicht Erfolg verheißen. Andererseits könnte dieses Unternehmen (oder seine Wettbewerber) Chancen für neue Produkte erkennen, die den Bedarf in bestimmten Segmenten besser befriedigen. Wenn das Unternehmen jedoch in diesem Segment ein neues Produkt einführt, kann dadurch der Umsatz der vorhandenen Produkte »kannibalisiert« werden. Die Neueinführung würde den Umsatz der bewährten, bereits erfolgreichen Produktlinie schwächen. Wenn das Unternehmen deswegen jedoch die Einführung des neuen Produkts unterlässt, läuft es Gefahr, dass Wettbewerber ein solches Produkt auf den Markt bringen und ihm dadurch Umsatz und Marktanteile wegnehmen. Oft ist die Wahl des richtigen Zeitpunkts ein Schlüsselfaktor, wenn sich neue Segmente auftun und es Vorteile bringt, möglichst früh am Markt zu sein. Kommt ein Unternehmen mit dem neuen Produkt zu früh auf den Markt, nimmt es seinen anderen Produkten zu viel Umsatz weg; kommt es zu spät, verpasst es seine Chance vielleicht komplett.
Kannibalisierung: ein Marktphänomen, bei dem der Umsatz eines Produkts auf Kosten der anderen Produkte des Unternehmens geht.

Die Kannibalisierungsrate gibt an, wie viel Prozent Umsatz eines neuen Produkts aus einer bestimmten Menge vorhandener Produkte abgezogen wurde.

$$\text{Kannibalisierungsrate (\%)} = \frac{\text{Umsatzverlust vorhandener Produkte (\#,€)}}{\text{Umsatz des neuen Produkts (\#,€)}}$$

BEISPIEL Ein Unternehmen hat ein Produkt, von dem im vorherigen Zeitraum 10 Einheiten verkauft wurden. Es plant die Einführung eines neuen Produkts, von dem 5 Einheiten mit einer Kannibalisierungsrate von 40% verkauft werden. Entsprechend gehen 40% des Umsatzes des neuen Produkts (40% * 5 Einheiten = 2 Einheiten) zu Lasten des alten Produkts. Also kann das Unternehmen nach Einrechnung der Kannibalisierung davon ausgehen, dass es 8 Einheiten des alten und 5 Einheiten des neuen Produkts, also insgesamt 13 Einheiten, verkaufen wird.

Jedes Unternehmen, das über die Einführung eines neuen Produkts nachdenkt, sollte das Kannibalisierungspotenzial berücksichtigen. Sie tun gut daran, das Ausmaß der Kannibalisierung im Voraus einzuschätzen, um eine Vorstellung davon zu bekommen, wie sich der Deckungsbeitrag der Produktlinie insgesamt ändern kann. Wenn Sie diese Analyse richtig durchführen, erfahren Sie, ob die Einführung der neuen Produktlinie den Gewinn Ihres Unternehmens voraussichtlich steigern oder mindern wird.

BEISPIEL Lois verkauft Sonnenschirme an einem kleinen Strand, an dem sie der alleinige Anbieter ist. Ihre Einnahmen vom letzten Monat sehen wie folgt aus:

Verkaufspreis pro Schirm:	€20
Variable Kosten pro Schirm:	€10
Deckungsbeitrag pro Stück:	€10
Gesamtumsatzstückzahlen pro Monat:	100
Gesamtdeckungsbeitrag pro Monat:	**€1.000**

Im nächsten Monat will Lois einen größeren, leichteren Schirm der Marke »Big Block« auf den Markt bringen. Sie rechnet mit folgendem Ergebnis für den Big Block:

Verkaufspreis (Big Block):	€30
Variable Kosten (Big Block):	€15
Deckungsbeitrag pro Big Block:	€15
Gesamtumsatzstückzahlen pro Monat (Big Block):	50
Gesamtdeckungsbeitrag pro Monat (Big Block):	**€750**

Ohne Kannibalisierung kann Lois mit folgendem monatlichen Gesamtdeckungsbeitrag rechnen: €1.000 + €750 = €1.750. Nach einigem Nachdenken wird Lois jedoch bewusst, dass die Kannibalisierungsrate des Big Block bei 60% liegen wird. Wenn sie dies berücksichtigt, kann sie nur noch mit folgendem Ergebnis rechnen:

Umsatzstückzahlen Big Block:	50
Kannibalisierungsrate:	60%
Umsatzrückgang bei normalen Schirmen:	50 * 60% = 30
Neuer Umsatz mit normalen Schirmen:	100 – 30 = 70
Neuer Gesamtdeckungsbeitrag (normale Schirme):	
70 Einheiten * €10 Deckungsbeitrag pro Einheit = €700	
Gesamtdeckungsbeitrag Big Block:	
50 Einheiten * €15 Deckungsbeitrag pro Einheit = €750	
Gesamtdeckungsbeitrag pro Monat:	**€1.450**

Unter diesen Annahmen würde der Gesamtumsatz von 100 auf 120 und der Gesamtdeckungsbeitrag von €1.000 auf €1.450 steigen. Lois würde 30 normale Schirme durch 30 Big Block-Schirme ersetzen und pro Stück einen um €5 höheren Deckungsbeitrag erzielen. Sie würde auch 20 Schirme mehr als letzten Monat verkaufen, auf die jeweils €15 Deckungsbeitrag entfallen.

In diesem Szenario war Lois in der beneidenswerten Lage, ein Produkt mit geringer Gewinnspanne durch ein Produkt mit höherer Gewinnspanne zu kannibalisieren. Manchmal bringen allerdings neue Produkte geringere Deckungsbeiträge als alte. In solchen Fällen mindert die Kannibalisierung den Gesamtgewinn des Unternehmens.

Alternativ kann die Kannibalisierung auch als gewichteter Deckungsbeitrag berechnet werden. Im obigen Beispiel wäre der gewichtete Deckungsbeitrag die Marge pro Einheit, die Lois für den Big Block nach Einrechnung der Kannibalisierung bekommt. Da jeder Big Block eine Spanne von €15 bringt, aber €10 von dem Deckungsbeitrag der normalen Schirme bei einer Kannibalisierungsrate von 60% verschlingt, beträgt der gesichtete Deckungsbeitrag des Big Block €15 – (0,6 ∗ €10) = €9 pro Einheit. Da Lois mit einem Umsatz von 50 Big Blocks rechnet, steigt ihr Gesamtdeckungsbeitrag voraussichtlich um 50 ∗ €9 = €450. Dies entspricht dem Ergebnis unserer vorherigen Berechnungen.

Wenn die Einführung des Big Block irgendwelche Marketingfixkosten verursacht, kann die gewichtete Marge von €9 genutzt werden, um den Break-even-Umsatz an Big Blocks festzustellen, ab dem diese zusätzlichen Ausgaben gerechtfertigt sind. Verursacht beispielsweise die Einführung des Big Block einmalige Marketingkosten in Höhe von €360, so muss Lois €360/€9 = 40 Big Blocks verkaufen, um diese Kosten wieder hereinzuholen.

Wenn ein neues Produkt eine niedrigere Marge als das kannibalisierte alte Produkt bringt und seine Kannibalisierungsrate hoch genug ist, kann sein gewichteter Deckungsbeitrag auch ins Negative umschlagen. In diesem Fall würden die Einnahmen eines Unternehmens mit jeder verkauften Einheit des neuen Produkts sinken.

Kannibalisierung beschreibt eine Dynamik, bei der ein Produkt eines Unternehmens einem oder mehreren anderen Produkten desselben Unternehmens Anteile wegnimmt. Nimmt das Produkt den Umsatz jedoch von einem Produkt des Wettbewerbers, so spricht man nicht von Kannibalisierung. Manche Manager sprechen in diesem Zusammenhang fälschlich davon, ihre neuen Produkte würden den Umsatz eines Wettbewerbers »kannibalisieren«.

Auch wenn dies keine Kannibalisierung ist, stellt natürlich der Einfluss eines neuen Produkts auf den Umsatz der Konkurrenz eine sehr wichtige Überlegung dar. Wie sich die Einführung eines neuen Produkts auf den Umsatz der vorhandenen auswirkt, ist Gegenstand einer ganz einfachen Grundannahme: der so genannten »Abschöpfung des Normanteils«.

Abschöpfung des Normanteils: die Annahme, dass ein neues Produkt den vorhandenen Produkten direkt proportional zu ihren Marktanteilen Umsatz (in Stück oder Euro) wegnimmt.

BEISPIEL In einer Kleinstadt gibt es drei konkurrierende Anbieter für Junge Mode. Ihr Umsatz und ihre Marktanteile des letzten Jahres sind in folgender Tabelle verzeichnet.

Unternehmen	Umsatz	Marktanteil
Threadbare	€500.000	50%
Too Cool for School	€300.000	30%
Tommy Hitchhiker	€200.000	20%
Gesamt	€1.000.000	100%

Es wird erwartet, dass im nächsten Jahr ein weiteres Geschäft eröffnet und €300.000 Umsatz machen wird. Zwei Drittel dieser Umsätze werden voraussichtlich auf Kosten der drei bereits bestehenden Wettbewerber gehen. Wie viel wird jedes Unternehmen nächstes Jahr umsetzen, wenn wir die Abschöpfung des Normanteils zugrunde legen?

Wenn das neue Unternehmen zwei Drittel seines Umsatzes von den vorhandenen Wettbewerbern abschöpft, so macht das (2/3) * €300.000 oder €200.000. Bei der Abschöpfung eines Normanteils würden diese €200.000 proportional zu den Marktanteilen der Wettbewerber abgeschöpft. Also müssten 50% dieser €200.000 von Threadbare, 30% von Too Cool und 20% von Tommy kommen. Die nächste Tabelle zeigt die voraussichtlichen Umsätze und Marktanteile der vier Wettbewerber unter der Annahme der Abschöpfung des Normanteils für das nächste Jahr:

Unternehmen	Umsatz	Marktanteil
Threadbare	€400.000	36,36%
Too Cool for School	€240.000	21,82%
Tommy Hitchhiker	€160.000	14,55%
Neuer Marktteilnehmer	€300.000	27,27%
Gesamt	€1.100.000	100%

Beachten Sie, dass der Markt durch den Eintritt des neuen Wettbewerbers auch um €100.000 wächst. Dieser Umsatz des neuen Geschäfts geht nicht zu Lasten der anderen Wettbewerber. Interessant ist auch, dass bei Zugrundelegung einer Abschöpfung des Normanteils die relativen Marktanteile der vorhandenen Wettbewerber unverändert bleiben. So liegt beispielsweise Threadbares Marktanteil in Relation zum Gesamtanteil der ursprünglichen drei Wettbewerber bei 36,36/(36,36 + 21,82 + 14,55) = 50% – also das Gleiche, was auch vor Eintritt des neuen Wettbewerbers erzielt wurde.

Datenquellen, Komplikationen und Warnhinweise

Wie gesagt besagt Kannibalisierung, dass ein Produkt eines Unternehmens einem oder mehreren anderen Produkten desselben Unternehmens Umsatz wegnimmt. Wenn es Produkten des Wettbewerbs Umsatz fortnimmt, handelt es sich nicht um Kannibalisierung, auch wenn manche Manager es so nennen.

Kannibalisierungsraten hängen von Eigenschaften, Preis, Promotion und Verteilung des neuen Produkts im Vergleich zu den anderen Produkten des Unternehmens ab. Je ähnlicher die Marketingstrategien, desto höher die Kannibalisierungsrate.

Kannibalisierung ist immer ein Problem, wenn ein Unternehmen ein neues Produkt auf den Markt bringt, das mit seiner eingeführten Produktlinie konkurriert. Besonders schädlich wirkt sie sich jedoch auf die Unternehmensrentabilität aus, wenn ein Produkt mit niedriger Gewinnspanne Umsatz von Produkten mit höheren Gewinnspannen abzieht. In solchen Fällen kann der gewichtete Deckungsbeitrag des neuen Produkts sogar negativ sein. Dennoch ist ein Unternehmen gelegentlich gut beraten, auch bei hohen Kannibalisierungsraten und zunächst negativem Deckungsbeitrag mit der neuen Produkteinführung fortzufahren, wenn es Anzeichen dafür gibt, dass die alte Produktlinie ihre Wettbewerbskraft verliert. Das folgende Beispiel wird dies verdeutlichen.

BEISPIEL Ein Trockenmilchhersteller hat die Gelegenheit, ein Produkt mit einer neuen, verbesserten Rezeptur einzuführen. Die neue Rezeptur hat Eigenschaften, die den vorhandenen Produkten des Unternehmens fehlen. Wegen der höheren Kosten wird ihr Deckungsbeitrag allerdings nur €8 betragen, gegenüber €10 bei den eingeführten Produkten. Eine Analyse zeigt, dass die Kannibalisierungsrate des neuen Produkts im Jahr der Einführung 90% sein wird. Sollte das Unternehmen mit der Einführung des neuen Produkts fortfahren, wenn es im ersten Jahr 300 Einheiten davon verkauft?

Die Analyse ergibt, dass die neue Rezeptur €8 * 300 = €2.400 direkten Deckungsbeitrag einbringt. Dieser reduziert sich jedoch durch die Kannibalisierung der eingeführten Produkte um €10 * 0,9 * 300 = €2.700. Also bricht der Gesamtdeckungsbeitrag des Unternehmens um €300 ein. (Beachten Sie bitte auch, dass die gewichtete Marge pro Einheit des neuen Produkts –€1 beträgt.) Diese simple Analyse legt zunächst einmal nahe, die Produkteinführung zu unterlassen. Doch die folgende Tabelle mit den Resultaten einer etwas tiefer gehenden Vier-Jahres-Analyse zeigt, dass der Umsatz der alten Produkte nach den Erkenntnissen des Managements im Jahr 4 auf 700 Einheiten geschrumpft sein wird, wenn man das neue Produkt nicht einführt. Hinzu kommt, dass die Umsatzstückzahlen des neuen Produkts aller Voraussicht nach im Jahr 4 auf 600 gestiegen sein werden, die Kannibalisierungsrate dagegen auf 60% zurückgeht.

	Jahr 1	Jahr 2	Jahr 3	Jahr 4	Gesamt
Umsatzstückzahlen des alten Produkts ohne Neueinführung	1.000	900	800	700	3.400
Umsatzstückzahlen des neuen Produkts	300	400	500	600	1.800
Kannibalisierungsrate	90%	80%	70%	60%	—
Umsatzstückzahlen des alten Produkts mit Neueinführung	730	580	450	340	2.100

Ohne das neue Produkt beträgt der voraussichtliche Gesamtdeckungsbeitrag über die nächsten vier Jahre €10 * 3.400 = €34.000. Mit dem neuen Produkt wird er (€8 * 1.800) + (€10 * 2.100) = €35.400 erreichen. Zwar fällt der voraussichtliche Deckungsbeitrag im Jahr 1 mit dem neuen Produkt niedriger aus als ohne, aber über vier Jahre betrachtet wird der Gesamtdeckungsbeitrag mit dem neuen Produkt höher sein, da der Umsatz dieses Produkts steigt und seine Kannibalisierungsrate sinkt.

Markenwertkennziffern

Der Wert einer Marke ist für Marketingleiter von zentraler Bedeutung, aber leider ist er nur schwer zu beziffern. Die Kennziffern in diesem Kapitel helfen Ihnen dabei, diesen wichtigsten immateriellen Vermögenswert besser zu verstehen. Manche der hier vorgestellten Modelle sind geschützt, andere öffentlich zugänglich. Folgende Modelle werden häufig zur Ermittlung des Markenwerts eingesetzt:

Y&R Brand Asset Valuator
Interbrand's Brand Valuation Model

Zweck: den Wert einer Marke beziffern

Es gibt mehrere Möglichkeiten, Marken einen monetären Wert beizumessen. Wenn erst kürzlich eine Firma, die eine oder mehrere Marken besitzt, aufgekauft wurde, kann die Goodwill-Komponente des Akquisitionspreises einiges über die Bewertung dieser Marken aussagen. Der Goodwill ist der über den Wert der materiellen Vermögenswerte des übernommenen Unternehmens hinausgehende Kaufpreisanteil. Marketingleiter kennen mehrere Verfahren, um den Wert einer Marke zu beurteilen. Die Conjoint-Analyse beispielsweise dient der Schätzung des Werts einer Marke aus der Sicht des Kunden (siehe Abschnitt 4.5). Doch auch Universitätswissenschaftler haben diverse Markenwertkennziffern gefunden. Manch andere wurden von kommerziellen Marktforschungsunternehmen entwickelt. Zwei kommerzielle Unternehmen, die besonders gebräuchliche und einflussreiche Kennziffern für den Markenwert gefunden haben, sind Interbrand und die Werbeagentur Young and Rubicam (Y&R). Zwei führende Wissenschaftler, die sich mit Markenwerten beschäftigen, sind

David Aaker und Kevin Keller. Bill Moran wiederum hat interessante Wege vorgeschlagen, um drei wichtige Aspekte des Markenwerts zu quantifizieren: Volumenzuwachs (Marktanteil), Preisaufschlag und Markentreue (Kundenbindungsquote) werden in einem einzigen Indexwert zusammengefasst. Ailawadi et al. (2003) haben ein Maß für Markenwerte entwickelt und überprüft, das auf Vergleichen mit Private Labels basiert.

Konstruktion

Y&R Brand Asset Valuator: Der BAV[2] betrachtet Verbraucherumfragen über Vorstellungen und Einstellungen zu Marken. Y&R sehen die Vorstellungen, die sich Verbraucher von Marken machen, von vier Faktoren beherrscht: die wahrgenommenen Unterschiede (Differenzierung) der Marken im Markt, die Relevanz für den Lebensstil des Verbrauchers, die Wertschätzung, welche der Verbraucher der Marke entgegenbringt, und sein Wissen über die Marke. Laut Y&R helfen diese vier Größen, die Stärken und Trends von Marken besser zu beurteilen. Stärkere Marken erreichen in allen vier Disziplinen hohe Werte; wachsende Marken erzielen gute Ergebnisse in den Kategorien Differenzierung und Relevanz und Marken im Niedergang erreichen eine relativ hohe Beurteilung in puncto Wertschätzung und Bekanntheit. Diese Maßstäbe sind zwar proprietär, aber die Konzepte, auf denen sie basieren, sind weithin anerkannt und können anhand der Beurteilung einer Marke im Vergleich zu ihren Wettbewerbern ermittelt werden.

Leon Ramsellar[3] von Philips Consumer Electronics berichtet über vier Schlüsselgrößen, die er zur Bewertung einer Marke nutzt, und formuliert vier Beispielfragen, mit denen sich diese Größen ermitteln lassen:

- **Einzigartigkeit**: Bietet mir dieses Produkt etwas Neues?
- **Relevanz**: Ist dieses Produkt für mich von Bedeutung?
- **Attraktivität**: Will ich dieses Produkt haben?
- **Glaubwürdigkeit**: Glaube ich an das Produkt?

David Aaker's Brand Equity Ten: Diese Technik der Markenbewertung verwendet elf ungewichtete Beobachtungsgrößen, um die Stärke einer Marke zu erkennen: Differenzierung, Zufriedenheit/Markentreue, Qualitätswahrnehmung, Marktführerschaft/Popularität, Wertwahrnehmung, Markenpersönlichkeit, Assoziationen mit dem Anbieter, Markenkenntnis, Marktanteil, Marktpreis und Absatzwege.[4]

Markenwertmethode (Moran): Dieses Verfahren betrachtet die Jahr-zu-Jahr-Änderungen und stützt sich auf eine Kombination von effektivem Marktanteil, relativem Preis und Beständigkeit (Markentreueindex).[5]

Markenwertmethode (Moran) (I) = effektiver Marktanteil (%)
* relativer Preis (I)
* Beständigkeit (Markentreueindex) (I)

Der effektive Marktanteil entspricht dem Anteil an einem Marktsegment, gewichtet mit dem Prozentsatz des Markenumsatzes in diesem Segment: je höher der Marktanteil, desto stärker die Marke.

Der relative Preis, auch Preisaufschlag genannt (siehe Abschnitt 7.1), ist der Preis eines Produkts, geteilt durch den Durchschnittspreis des Markts. Preisindizes über 1 weisen auf einen Preisaufschlag und eine starke Marke hin. Fällt dieser Index unter 1, so haben wir es mit einer schwachen Marke zu tun, die zu Billigpreisen verkauft wird.

Ailawadi beschreibt in zwei sehr interessanten Artikeln, wie man Indizes für Preis- und Mengen-(Umsatz-)Aufschläge zur Bewertung einer Marke nutzen kann. In einem ihrer Artikel warnt sie, dass in manchen Fällen (wie beispielsweise Discounter und Billig-Airlines) ein Preisaufschlag kein nützlicher Indikator für den Markenwert ist.

Um die Beständigkeit/Markentreue zu ermitteln, betrachten Sie, wie viele Kunden einer Marke diese im nächsten Jahr wieder kaufen. Der Wert 1 bedeutet, dass alle Kunden Wiederholungskäufer werden und die Marke weiter auf große Markentreue ihrer Kundenbasis zählen kann.

> **BEISPIEL** »ILLI« ist ein Erfrischungsgetränk, das sich auf zwei regionale Märkte konzentriert: die großen Ballungsgebiete im Osten und im Westen der USA. Im Westen, der 60% des ILLI-Umsatzes ausmacht, hat das Getränk einen Marktanteil von 30%, im Osten einen Marktanteil von 50%.
>
> Der effektive Marktanteil entspricht den Anteilen in den Segmenten, gewichtet durch Prozent des Markenumsatzes.
>
> Westen = 30% * 60% = 0,18
> Osten = 50% * 40% = 0,20
> Effektiver Marktanteil = 0,38
>
> Die Hälfte der Konsumenten, die ILLI dieses Jahr kaufen, werden wahrscheinlich im nächsten Jahr einen Wiederholungskauf tätigen, was einen Markentreueindex von 0,5 ergibt. (Eine Definition von Wiederholungsraten finden Sie in Abschnitt 4.1.)

Der Durchschnittspreis für Erfrischungsgetränke beträgt €2,00, aber ILLI kann einen kleinen Aufschlag erreichen: Es wird normalerweise für €2,50 verkauft. Das ergibt einen relativen Preis von €2,50/€2,00 oder €1,25.

Mit diesen Informationen können wir den Markenwertindex von ILLI wie folgt berechnen:

$$\text{Markenwert} = \frac{\text{effektiver Marktanteil} * \text{relativer Preis} * \text{Beständigkeit}}{\text{Markentreueindex}}$$
$$= 0{,}38 * 1{,}25 * 0{,}5$$
$$= 0{,}2375$$

Auf der Basis dieses Markenwertindex kann das Marktvolumen oder der Preis der Marke im Vergleich zum Preis einer Private Label-Ware hinzugezogen werden, um den Wert der Marke einzuschätzen.

Interbrand's Brand Valuation Model: Diese proprietäre Kennziffer trennt den materiellen Produktwert vom immateriellen Markenwert. Sie bemisst, welche Erträge allein durch die Marke erzielt werden, indem sie vom Gesamtertrag den Teil abzieht, der den materiellen Vermögenswerten zuzurechnen ist. Also beruht dieses Maß zunächst auf Finanzanalysen oder Prognosen der Resterträge sowie auf einer Marktanalyse, die untersucht, welche Rolle Marken für die Erzielung dieser Erträge spielen. So wird geschätzt, welcher Teil der Gewinne den Marken zuzurechnen ist. Dieser Gewinnanteil wird dann mit Wachstums- und Diskontraten kombiniert (Letztere hängen auch von der Stärke der Marke ab), um den Wert der Marke zu schätzen. Da die meisten Schritte in diesem Verfahren geheim sind, ist dies notwendigerweise nur eine allgemeine Beschreibung.[6]

Datenquellen, Komplikationen und Warnhinweise

Die oben beschriebenen Methoden sind die besten Verfahren, die Experten entwickelt haben, um eine äußerst schwer fassbare Größe zu bewerten. Fast alle Kennziffern in diesem Buch nehmen auf die eine oder andere Weise auch Einfluss auf den Markenwert.

Verwandte Kennziffern und Konzepte

Conjoint-Analyse: Der Wert einer Marke lässt sich auch mit einer Conjoint-Analyse bestimmen (siehe Abschnitt 4.5). Dabei wird die Marke einfach behandelt wie jede andere Ware oder Dienstleistung.

Conjoint-Nutzwerte und Verbraucherpräferenz

Conjoint-Nutzwerte messen die Verbraucherpräferenz für eine Produkteigenschaft und quantifizieren dann durch Kombination der Bewertungen mehrerer Eigenschaften die Vorlieben, welche die Wahl des Verbrauchers insgesamt steuern. Die Messungen werden normalerweise individuell ermittelt, allerdings kann diese Analyse auch für ein gesamtes Segment vorgenommen werden. So können Conjoint-Nutzwerte verwendet werden, um zu ermitteln, wie hoch ein Tiefkühlpizza-Käufer einen besonders leckeren Geschmack (eine Eigenschaft) bewertet, wenn ein Preisaufschlag für eine Extraportion Käse (eine zweite Eigenschaft) dafür bezahlt werden muss.

Conjoint-Nutzwerte können auch eine Rolle bei der Analyse kompensatorischer und nichtkompensatorischer Entscheidungen spielen. Kompensatorische Schwächen können durch andere Eigenschaften ausgeglichen werden; für nichtkompensatorische Faktoren gilt dies nicht.

Mithilfe der Conjoint-Analyse lässt sich auch feststellen, was die Kunden wirklich wollen und – wenn auch der Preis als Eigenschaft einbezogen wird – was sie dafür zu zahlen bereit sind. Bei der Einführung neuer Produkte gewinnen Marketingleiter durch solche Analysen ein besseres Verständnis davon, wie die Kunden die verschiedenen Produkteigenschaften bewerten. Für das gesamte Produktmanagement können Conjoint-Nutzwerte Marketingleiter darin unterstützen, ihre Bemühungen auf die Eigenschaften zu konzentrieren, die den Kunden am wichtigsten sind.

Zweck: verstehen, was Kunden wollen

Die Conjoint-Analyse ergründet Kundenpräferenzen, indem sie untersucht, welches Gewicht Kunden den verschiedenen Produkteigenschaften bei ihrer Entscheidungsfindung beimessen. Dabei geht die Conjoint-Analyse davon aus, dass sich die Vorliebe eines Kunden, der zwischen Produktoptionen wählt, in eine Reihe von Eigenschaften aufschlüsseln lässt. Diese werden abgewogen, um zu einer Gesamtbewertung zu gelangen. Anstatt den Kunden direkt zu fragen, was er will und warum, wird er bei einer Conjoint-Analyse gefragt, welche Wahl er insgesamt zwischen verschiedenen Optionen treffen würde, die anhand ihrer Eigenschaften beschrieben sind. Diese werden dann in ihre Bestandteile zerlegt und gewichtet. Man kann ein Modell entwickeln, um bestimmte Mengen von Eigenschaften miteinander zu vergleichen und so festzustellen, welches Eigenschaftsbündel für den Kunden am attraktivsten ist.

Die Conjoint-Analyse wird oft angewandt, um zu beurteilen, welche Eigenschaften eines Produkts oder einer Dienstleistung für die Zielgruppe am wichtigsten sind. Sie ist für folgende Bereiche nützlich:

- Produktdesign
- Werbung
- Preisfindung
- Segmentierung
- Prognosen

Konstruktion

Conjoint-Analyse: eine Methode, die Kunden einschätzt, indem sie beurteilt, welche Präferenzen die Kunden bei mehreren Produktalternativen angeben.

Die Präferenz eines Kunden ist die Summe seiner Basispräferenzen für das gewählte Produkt plus der Teilwerte (relative Werte), die der Kunde diesem Produkt beimisst.

Dies kann linear durch folgende Formel ausgedrückt werden:

Lineare Formel der Conjoint-Präferenz (I)
= [Teilwert der Eigenschaft1 für Kunden (I) * Eigenschaft-Level (1)]
+ [Teilwert der Eigenschaft2 für den Kunden (I) * Eigenschaft-Level (2)]
+ [Teilwert der Eigenschaft3 für den Kunden (I) * Eigenschaft-Level (3)]
+ usw.

BEISPIEL Zwei Eigenschaften eines Mobiltelefons, Preis und Größe, werden per Conjoint-Analyse in eine Rangfolge gestellt. Das Ergebnis sehen Sie in Tabelle 4.5.

Eigenschaft	Rang	Teilwert
Preis	€100	0,9
Preis	€200	0,1
Preis	€300	−1
Größe	klein	0,7
Größe	mittel	− 0,1
Größe	groß	−0,6

Tabelle 4.5: Conjoint-Analyse: Preis und Größe eines Mobiltelefons

Ein kleines Handy für €100 besitzt für den Kunden einen Teilwert von 1,6 (0,9–0,7). Dies ist das höchste Ergebnis, das in dieser Untersuchung erzielt wurde. Ein kleines, aber teures Handy (€300) wird mit –0,3 bewertet (–1+0,7). Seine Attraktivität wird durch den hohen Preis zunichte gemacht. Am wenigsten attraktiv ist ein großes und teures Telefon; dieses erzielt nur einen Teilwert von –1,6 ((–1) + (–0,6)).

So stellen wir also fest, dass der Kunde, dessen Sicht hier analysiert wird, ein Handy mittlerer Größe zu €200 (Utility = 0) einem kleineren Gerät zu €300 (Utility = –0,3) vorziehen würde. Eine solche Information ist für Entscheidungen wichtig, bei denen es um die Abwägung zwischen Produktdesign und Preis geht.

Diese Analyse zeigt aber auch, dass der Preis innerhalb der untersuchten Parameter aus der Sicht dieses Verbrauchers wichtiger als die Größe ist. Der Preis hat Folgen, die auf einer Skala von 0,9 bis –1 (also mit einer Gesamtspanne von 1,9) angegeben werden, während die Effekte der am höchsten und am geringsten bewerteten Größen nur zwischen 0,7 und –0,6 liegen (Gesamtspanne = 1,3).

Kompensatorische und nichtkompensatorische Verbraucherentscheidungen

Eine **kompensatorische Entscheidung** ist eine Entscheidung, bei der ein Kunde seine Wahl unter der Perspektive trifft, dass die Stärken mancher Eigenschaften die Schwächen anderer aufwiegen können.

Bei einer **nichtkompensatorischen Entscheidung** sind dagegen bestimmte Eigenschaften eines Produkts unersetzbar: Wenn sie fehlen, können sie nicht durch andere Stärken des Produkts aufgewogen werden. Im obigen Mobiltelefon-Beispiel beispielsweise vertreten manche Kunden die Ansicht, dass auch ein noch so attraktiver Preis ein zu großes Handy nicht attraktiver machen kann.

In einem anderen Beispiel stellt sich heraus, dass die meisten Menschen ihr Lebensmittelgeschäft aufgrund der räumlichen Nähe wählen. Geschäfte, die in einem bestimmten Radius von Wohnung oder Arbeitsplatz liegen, kommen infrage. Alle weiter entfernten Geschäfte werden überhaupt nicht in Betracht gezogen und können nichts tun, um dies zu ändern. Selbst wenn ein Geschäft mit ungewöhnlich niedrigen Preisen und einem sagenhaft breiten Angebot wirbt, riesige Schaufenster bestückt und nur die frischeste Ware verkauft, kann das niemanden verlocken, 400 Kilometer zu fahren, um dort einzukaufen.

Dieses Extrembeispiel mag vielleicht absurd anmuten, aber es verdeutlicht eine wichtige Tatsache: Wenn ein Verbraucher eine nichtkompensatorische Entscheidung trifft, muss ein Marketingleiter zuerst feststellen, ob das Angebot insgesamt überhaupt in Betracht kommt, ehe er nach einzelnen Eigenschaften fragt.

Eine Form der nichtkompensatorischen Entscheidungsfindung ist die Eliminierung von Aspekten. Dabei betrachtet der Verbraucher eine ganze Palette von Wahlmöglichkeiten und schließt dann diejenigen aus, die nicht seinen Erwartungen entsprechen, und zwar geordnet nach der Wichtigkeit der Eigenschaften. Bei der Wahl eines Lebensmittelgeschäfts kann dieser Prozess beispielsweise wie folgt aussehen:

- Welche Läden befinden sich im Umkreis von 10 Kilometern um meine Wohnung?
- Welche haben nach 19.00 Uhr noch geöffnet?
- Welche führen den scharfen Tigersenf, den ich gerne mag?
- Welche bieten auch frische Blumen an?

... und so weiter, bis nur noch ein Geschäft übrig bleibt.

Im Idealfall haben Sie bei der Analyse von Kundenentscheidungen individuelle Daten zur Verfügung, die Ihnen folgende Informationen liefern:

- ob die Kundenentscheidung kompensatorisch ist oder nicht
- die Priorisierung der Eigenschaften
- den »Grenzwert«, ab dem eine Eigenschaft nicht mehr infrage kommt
- das relative Gewicht jeder Eigenschaft, wenn es sich um eine kompensatorische Entscheidung handelt

Häufiger ist es allerdings so, dass Marketingleiter nur Daten über das Käuferverhalten der Vergangenheit zur Verfügung haben, um Voraussagen für diese Punkte zu treffen. Solange keine detaillierten und individuellen Kundendaten für den gesamten Markt verfügbar sind, kann die Conjoint-Analyse lediglich Einblick in die Entscheidungsprozesse bei einer kleinen Stichprobe von Kunden geben. Normalerweise gehen wir bei der Conjoint-Analyse von einer kompensatorischen Entscheidung aus, indem wir annehmen, dass die Nutzwerte sich addieren. Daraus folgt: Wenn ein Angebot Schwächen in einer Eigenschaft hat (das Geschäft führt z.B. keinen scharfen Senf), kann es diese durch Stärken anderer Eigenschaften zumindest teilweise kompensieren (er führt allerdings frische Blumen). Conjoint-Analysen können eine Näherung an ein nichtkompensatorisches Modell bieten, indem sie einer Eigenschaft eine nichtlineare Gewichtung über bestimmte Ebenen ihres Werts zuordnet.

So könnten die Gewichtungen der Entfernung eines Lebensmittelgeschäfts folgendermaßen aussehen:

Im Umkreis von 1 Kilometer:	0,9
1–5 Kilometer entfernt:	0,8
5–10 Kilometer entfernt:	–0,8
Mehr als 10 Kilometer entfernt:	–0,9

In diesem Beispiel können Läden außerhalb des 5-Kilometer-Radius den durch die große Entfernung entstehenden Nutzwertverlust praktisch nicht mehr wettmachen. So wird die Entfernung im Endeffekt zu einer nichtkompensatorischen Eigenschaft.

Wenn Sie die Entscheidungsfindung der Kunden untersuchen, erfahren Sie, welche Eigenschaften erforderlich sind, um die Erwartungen der Verbraucher zu erfüllen. Sie lernen beispielsweise, ob bestimmte Eigenschaften kompensatorisch oder nichtkompensatorisch sind. Wenn Sie genau wissen, wie Kunden die verschiedenen Eigenschaften bewerten, können Sie Ihre Produkte darauf zuschneiden und Ihre Ressourcen wirkungsvoll einsetzen.

Bei der Betrachtung kompensatorischer und nichtkompensatorischer Entscheidungen treten jedoch einige Komplikationen auf. Oft wissen Kunden nicht, ob eine Eigenschaft kompensatorisch ist oder nicht, und vielleicht sind sie auch gar nicht in der Lage, ihre Entscheidungen zu erläutern. Daher ist es oft erforderlich, die Entscheidungsfindung des Kunden aus Folgerungen oder der Bewertung von Wahlmöglichkeiten abzuleiten, anstatt aus einer Beschreibung dieses Entscheidungsprozesses.

Allerdings werden auch nichtkompensatorische Elemente durch die Conjoint-Analyse abgedeckt. Jede Eigenschaft, deren Bandbreite der Beurteilung so groß ist, dass sie praktisch von anderen Eigenschaften nicht mehr eingeholt werden kann, ist im Grunde eine nichtkompensatorische Eigenschaft.

BEISPIEL Unter den Lebensmittelgeschäften bevorzugt Johann aufgrund der Nähe zu seiner Wohnung den Acme-Markt, obwohl dieser normalerweise teurer ist als der nächste Shoprite-Laden. Ein drittes Geschäft namens Vernons befindet sich zwar noch näher, aber Johann meidet es, weil es sein Lieblingsmineralwasser nicht führt.

Anhand dieser Informationen erkennen wir mindestens drei Faktoren, die Johanns Einkaufsverhalten beeinflussen: den Preis, die Entfernung und das Lieblingswasser. Bei Johanns Entscheidung scheinen Preis und Entfernung zwei Faktoren zu sein, die sich gegenseitig kompensieren können. Er nimmt den höheren Preis für die geringere Entfernung in Kauf. Doch das Mineralwassersortiment scheint ein nichtkompensatorischer Faktor zu sein: Wenn ein Geschäft Johanns Marke nicht führt, hat es schon verloren, egal wie nah und billig es auch sein mag.

Datenquellen, Komplikationen und Warnhinweise

Bevor Sie eine Conjoint-Untersuchung durchführen, müssen Sie die Eigenschaften kennen, die dem Kunden wichtig sind. Zu diesem Zweck werden oft Fokusgruppen eingesetzt. Wenn die Eigenschaften und ihre Levels klar sind, benutzt die Conjoint-Analyse meist einen bruchteilsbezogenen, faktoriellen, orthogonalen Entwurf in Form einer Stichprobe aller möglichen Kombinationen von Eigenschaften. So wird die Gesamtzahl der vom Umfrageteilnehmer abgefragten Bewertungen reduziert. In einem orthogonalen Modell bleiben die Eigenschaften voneinander unabhängig und werden immer proportional zueinander gewichtet.

Daten kann man auf unterschiedliche Weise sammeln. Eine einfache Methode besteht darin, den Teilnehmern Wahlmöglichkeiten zu geben und sie zu bitten, diese nach ihren Präferenzen in eine Rangfolge zu stellen. Diese Präferenzen sind dann die abhängige Variable in einer Regression, in welcher die Eigenschaften-Levels, wie in der vorigen Gleichung, die unabhängigen Variablen darstellen. Conjoint-Nutzwerte sind die Gewichtungen, welche am besten die vom Befragten angegebene Rangfolge seiner Vorlieben wiedergeben.

Oft wirken bestimmte Eigenschaften in der Beeinflussung der Wahl des Kunden zusammen. So kann beispielsweise ein schneller und schnittiger Sportwagen für den Kunden einen größeren Wert darstellen als die Summe der beiden Eigenschaften »schnell« und »schnittig« vermuten lässt. Solche Verhältnisse zwischen Eigenschaften werden von einem einfachen Conjoint-Modell nicht erfasst – es sei denn, Sie beziehen auch Interaktionen mit ein.

Im Idealfall wird eine Conjoint-Analyse mit Daten von Einzelpersonen durchgeführt, da die Produkteigenschaften in den Angaben verschiedener Personen unterschiedlich gewichtet sein können. Ausgewogener werden die Daten, wenn Sie die Angaben mehrerer Personen stichprobenmäßig analysieren. Am besten wird die Analyse in Verbrauchersegmenten mit annähernd gleichen Gewichtungen vorgenommen. Die Conjoint-Analyse kann als Momentaufnahme der Wünsche eines Kunden gesehen werden. Sie lässt sich nicht beliebig weit in die Zukunft fortschreiben.

Die Auswahl der richtigen Eigenschaften ist für jede Conjoint-Analyse äußerst wichtig. Ihre Kunden können Ihnen ihre Vorlieben nur innerhalb der von Ihnen selbst gesetzten Parameter mitteilen. Wenn Ihre Untersuchung nicht die richtigen Eigenschaften analysiert, können Sie zwar die relative Bedeutung der in die Untersuchung einbezogenen Eigenschaften herausfinden und sogar Daten herausbekommen, um Segmente zu formen, aber im Endeffekt sind diese Segmente unnütz. Wenn Sie beispielsweise eine Conjoint-Analyse der Verbraucherpräferenzen im Hinblick auf Autofarben und -designs durchführen, können Sie die Kunden recht gut danach einteilen, wie sie diese Eigenschaften bewerten. Doch wenn die Verbraucher sich in Wirklichkeit nur für die PS-Zahl interessieren, sind solche Segmentierungen von geringem Wert.

Segmentierung durch Conjoint-Nutzwerte

Ein Hauptziel des Marketings ist es, Kundenwünsche zu verstehen. Die Zusammenfassung ähnlicher Kunden zu Segmenten, auch Clustering genannt, kann Managern helfen, sinnvolle Muster auszumachen und interessante Untergruppen in einem größeren Markt zu identifizieren. Mit diesem Verständnis können Manager Zielmärkte auswählen, passende Angebote für diese entwickeln, die wirkungsvollsten Wege zur Erreichung der Zielgruppen erkennen und Ressourcen entsprechend einsetzen. Die Conjoint-Analyse kann für diese Übung sehr nützlich sein.

Zweck: Segmente anhand von Conjoint-Nutzwerten identifizieren

Wie im vorigen Abschnitt beschrieben, dient die Conjoint-Analyse der Erkennung von Kundenpräferenzen anhand des Gewichts, das die Kunden bei ihrer Entscheidungsfindung bestimmten Eigenschaften beimessen. Diese Gewichtungen, oder Nutzwerte, werden normalerweise individuell abgefragt.

Um diese Segmentierung zu erreichen, werden die Kunden zu Gruppen zusammengefasst, die ähnliche Muster und Vorlieben für bestimmte

Produkteigenschaften bekunden. Andere Gruppen folgen wieder anderen Mustern. Durch Segmentierung kann ein Unternehmen entscheiden, welche Zielgruppe(n) es ins Visier nimmt, und Wege finden, um die Mitglieder eines Segments anzusprechen. Nachdem es seine Kundensegmente gebildet hat, kann ein Unternehmen seine Strategie an der Attraktivität dieser Segmente ausrichten (Größe, Wachstum, Kaufkraft, Vielfalt) und natürlich danach, ob es (auch im Vergleich zum Wettbewerb) überhaupt in der Lage ist, diese Segmente zu bedienen.

Konstruktion

Um Ihre Kunden auf der Grundlage von Conjoint-Nutzwerten segmentieren zu können, müssen Sie zuerst die Nutzwerteinstufungen der einzelnen Kunden ermitteln. Danach fassen Sie Kunden, die ähnlich denken, zu Segmenten zusammen. Die dahinter stehende Methode nennt man Cluster-Analyse.

Cluster-Analyse: eine Technik, die den Abstand zwischen Kunden berechnet und Gruppen bildet, indem sie die Unterschiede innerhalb derselben Gruppen minimiert und zwischen verschiedenen Gruppen maximiert.

Die Cluster-Analyse berechnet einen »Abstand« (eine quadratische Abweichung) zwischen Einzelpersonen und beginnt dann damit, diese Personen hierarchisch zu Paaren zusammenzufassen. Diese Zusammenfassung von Paaren minimiert den Abstand innerhalb einer Gruppe und sorgt dafür, dass auch eine größere Bevölkerungsgruppe nicht in zu viele Segmente zerfällt.

> **BEISPIEL** Das Unternehmen Samson-Finn hat drei Kunden. Um seine Marketinganstrengungen zu unterstützen, möchte Samson-Finn ähnlich denkende Kunden zu Segmenten zusammenfassen. Hierzu wird eine Conjoint-Analyse durchgeführt, um herauszufinden, ob die Kunden zuverlässige oder sehr zuverlässige bzw. schnelle oder sehr schnelle Produkte bevorzugen (siehe Tabelle 4.6). Dann werden die Conjoint-Nutzwerte für jeden Kunden untersucht, um festzustellen, welche Kunden ähnliche Wünsche bekunden. Beim Clustering von Conjoint-Daten würden die Abstände anhand von Teilwerten berechnet.

	Sehr zuverlässig	Zuverlässig	Sehr schnell	Schnell
Bob	0,4	0,3	0,6	0,2
Erin	0,9	0,1	0,2	0,7
Yogesh	0,3	0,3	0,5	0,2

Tabelle 4.6: Conjoint-Nutzwerte für Kunden

Die Analyse hinterfragt, wie wichtig Zuverlässigkeit für Bob und Erin ist. Bob bewertet Zuverlässigkeit mit 0,4 und Erin mit 0,9. Die quadratische Abweichung dieser Werte liefert uns den »Abstand« zwischen Bob und Erin.

Mit dieser Methode kann der Abstand zwischen allen Kundenpaaren der Firma Samson-Finn wie folgt berechnet werden:

Abstände	Sehr zuverlässig	Zuverlässig	Sehr schnell	Schnell
Bob und Erin	$= (0,4 - 0,9)^2$	$+ (0,3 - 0,1)^2$	$+ (0,6 - 0,2)^2$	$+ (0,2 - 0,7)^2$
	$= 0,25$	$+ 0,04$	$+ 0,16$	$+ 0,25$
	$= 0,7$			
Bob und Yogesh	$= (0,4 - 0,3)^2$	$+ (0,3 - 0,3)^2$	$+ (0,6 - 0,5)^2$	$+ (0,2 - 0,2)^2$
	$= 0,01$	$+ 0,0 + 0,01$	$+ 0,0$	
	$= 0,02$			
Erin und Yogesh	$= (0,9 - 0,3)^2$	$+ (0,1 - 0,3)^2$	$+ (0,2 - 0,5)^2$	$+ (0,7 - 0,2)^2$
	$= 0,36$	$+ 0,04$	$+ 0,09$	$+ 0,25$
	$= 0,74$			

Also sind sich Bob und Yogesh offenbar ziemlich einig, da die Summe ihrer quadratischen Abweichungen 0,02 beträgt. Infolgedessen gehören sie zu demselben Segment. Umgekehrt zeigt die hohe Summe der quadratischen Abweichungen im Fall von Erin, dass sie aufgrund ihrer Vorlieben weder mit Bob noch mit Yogesh in dasselbe Segment gehört. Natürlich werden die meisten Segmentierungsanalysen auf einer größeren Kundenbasis durchgeführt. Dieses Beispiel soll lediglich den Ablauf der Berechnungen in einer Cluster-Analyse zeigen.

Datenquellen, Komplikationen und Warnhinweise

Wie bereits gesagt, bleibt die Nutzwerteinschätzung eines Kunden nicht stabil und auch seine Segmentzugehörigkeit kann über einen Zeitraum oder verschiedene Gelegenheiten hinweg wechseln. Derselbe Mensch kann bei Privatflügen zu einem Kundensegment gehören, das stark auf den Preis schaut, und bei Dienstreisen zu einem Segment, in dem die Bequemlichkeit eine größere Rolle spielt. Die Conjoint-Gewichtungen (Nutzwerte) eines solchen Kunden würden je nach Kaufgelegenheit unterschiedlich aussehen.

Die passende Anzahl der Segmente für eine Analyse wird manchmal willkürlich festgelegt. Es gibt kein allgemein verbindliches statistisches Verfahren, um die »richtige« Anzahl der Segmente zu bestimmen. Im Idealfall erfüllt eine Segmentstruktur folgende Bedingungen:

- Jedes Segment ist eine homogene Gruppe von Personen, die Nutzwerte von Eigenschaften relativ ähnlich sehen.
- Gruppen aus verschiedenen Segmenten sind heterogen, das heißt, in unterschiedlichen Segmenten werden die Nutzwerte ganz verschieden zugeordnet.

Conjoint-Nutzwerte und Mengenschätzungen

Die Conjoint-Nutzwerte von Produkten und Dienstleistungen können genutzt werden, um ihre Marktanteile und Umsätze zu prognostizieren. Marketingleiter schätzen den Marktanteil für ein Angebot entweder anhand des Bevölkerungsanteils, der es aus einer Menge ähnlicher Angebote auswählt, oder anhand seines Gesamtnutzwerts.

Zweck: Marktanteile und Umsatzvolumen eines Produkts oder einer Dienstleistung durch Conjoint-Analyse prognostizieren

Die Conjoint-Analyse misst die Nutzwerte eines Produkts. Die Kombination (normalerweise Addition) dieser Nutzwerte liefert uns eine Art Messlatte für die voraussichtliche Beliebtheit des Produkts. Anhand dieser Bewertungen lässt sich eine Rangfolge der Produkte festlegen. Um den Marktanteil zu schätzen, sind allerdings weitere Informationen erforderlich. Man kann damit rechnen, dass ein Käufer das Produkt auf Platz 1 der Kundenwertung eher kaufen wird als eines mit einer niedrigeren Bewertung. Wenn man die Anzahl der Kunden addiert, die der Marke den ersten Platz zuweisen, erhält man den Anteil der Kunden, die dies tun würden.

Datenquellen, Komplikationen und Warnhinweise

Um zu einer vollständigen Prognose des Umsatzvolumens zu gelangen, muss auch die Conjoint-Analyse vollständig sein. Sie muss alle wichtigen Produkteigenschaften, die für Verbraucher von Bedeutung sind, berücksichtigen. Die richtige Definition des »Markts« ist natürlich lebenswichtig, um zu einem sinnvollen Ergebnis zu kommen.

Um einen Markt definieren zu können, müssen Sie wissen, welche Wahlmöglichkeiten dort bestehen. Wenn Sie nur für jede Produktalternative berechnen, wie viel Prozent »Top«-Bewertung sie bekommt, erfahren Sie lediglich einen »Anteil an den Präferenzen«. Um daraus einen Marktanteil zu machen, müssen Sie (1) das Umsatzvolumen pro Kunde, (2) die Zugänglichkeit oder Verfügbarkeit jedes Produkts und (3) den Prozentsatz der Kunden kennen, die ihren Kauf aufschieben würden, bis ihr Lieblingsprodukt wieder erhältlich ist.

Der größte Fehler, den Sie dabei machen können, besteht darin, wichtige Eigenschaften aus der Conjoint-Analyse auszuklammern.

Auch Vernetzungseffekte können eine Conjoint-Analyse verzerren. In manchen Fällen treffen Kunden Kaufentscheidungen nicht allein aufgrund der Eigenschaften eines Produkts, sondern sie werden auch durch seine Akzeptanz im Markt beeinflusst. Solche Vernetzungseffekte müssen entweder abgewehrt oder überwunden werden. Das zeigt sich besonders deutlich bei größeren Bewegungen in Technologiebranchen.

Referenzen und weiterführende Literatur

Aaker, D.A. (1991). Managing Brand Equity: Capitalizing on the Value of a Brand Name, New York: Free Press; Toronto; New York: Maxwell Macmillan; Canada: Maxwell Macmillan International.

Aaker, D.A. (1996). Building Strong Brands, New York: Free Press.

Aaker, D.A. und J.M. Carman. (1982). »Are You Overadvertising?« Journal of Advertising Research, 22(4), 57–70.

Aaker, D.A. und K.L. Keller. (1990). »Consumer Evaluations of Brand Extensions«, Journal of Marketing, 54(1), 27–41.

Ailawadi, Kusum und Kevin Keller. (2004). »Understanding Retail Branding: Conceptual Insights and Research Priorities«, Journal of Retailing, Vol. 80, No. 4, Winter, 331–342.

Ailawadi, Kusum, Donald Lehman und Scott Neslin. (2003). »Revenue Premium As an Outcome Measure of Brand Equity«, Journal of Marketing, Vol. 67, No. 4, 1–17.

Burno, Hernan A., Unmish Parthasarathi und Nisha Singh, eds. (2005). »The Changing Face of Measurement Tools Across the Product Lifecycle«, Does Marketing Measure Up? Performance Metrics: Practices and Impact, Marketing Science Institute, No. 05-301.

Harvard Business School Case: Nestlé Refrigerated Foods Contadina Pasta & Pizza (A) 9-595-035. Rev Jan 30 1997.

Moran, Bill. Persönliches Gespräch mit Paul Farris

Anmerkungen

1 Harvard Business School Case: Nestlé Refrigerated Foods Contadina Pasta & Pizza (A) 9-595-035. Rev Jan 30 1997

2 Young and Rubicam: http://www.yr.com/yr/. Stand: 03/03/05.

3 Bruno, Hernan, Unmish Parthasarathi und Nisha Singh, Hrsg. (2005). »The Changing Face of Measurement Tools Across the Product Lifecycle«, Does Marketing Measure Up? Performance Metrics: Practices and Impact, Marketing Science Conference Summary, No. 05-301

4 Siehe Darden technischer Hinweis und Forschungsergebnisse

5 Die Information wurde den Autoren von Bill Moran mündlich mitgeteilt.

6 Interbrand: http://www.interbrand.com/. Stand: 03/03/05.

Kundenrentabilität

Kennziffern in diesem Kapitel:	
Kunden, Aktualität und Kundenbindung	Prospect Value versus Customer Value
Kundenrentabilität	Akquisitionsaufwand versus Kunden-bindungsaufwand
Customer Lifetime Value	

Die Kennziffern aus Kapitel 2 sollten allgemein die Qualität der Beziehung zwischen dem Unternehmen und seinen Kunden ergründen. Die bisher vorgestellten Kennziffern fassten die Leistungen eines Unternehmens für seine Kunden im Hinblick auf ganze Märkte oder Marktsegmente zusammen. Im vorliegenden Kapitel betrachten wir Kennziffern für die Leistung einzelner Kundenbeziehungen. Wir beginnen mit Kennziffern, die einfach nur zählen, wie viele Kunden das Unternehmen bedient. Wie dieses Kapitel noch zeigen wird, lassen sich die verkauften Einheiten viel einfacher zählen als die Käufer dieser Einheiten. Abschnitt 5.2 führt das Konzept der Kundenrentabilität ein. So wie einige Marken rentabler sind als andere, sind auch manche Kundenbeziehungen rentabler als andere. Während die Kundenrentabilität eine Kennziffer ist, die die bisherige Finanzleistung einer Kundenbeziehung betrachtet, schaut der Customer Lifetime Value nach vorne und versucht, den künftigen Wert einer vorhandenen Kundenbeziehung zu prognostizieren. Abschnitt 5.3 beschreibt, wie der Customer Lifetime Value berechnet und gedeutet wird. Wichtig ist der Customer Lifetime Value vor allem zur Unterstützung von Entscheidungen, welche die Neukundenwerbung betreffen. Abschnitt 5.4 erläutert, wie man potenzielle Kunden zu Bestandskunden macht, und unterscheidet sorgfältig zwischen dem Wert eines potenziellen Kunden (»Prospect«) und eines Kunden. Abschnitt 5.5 behandelt zwei Kennziffern, die Unternehmen benötigen, um die Leistungskraft von zwei wichtigen Posten im Marketingbudget zu ermitteln: die Ausgaben für die Neukundenakquisition und die Ausgaben für die Bindung von und Gewinnerzielung aus vorhandenen Kunden.

	Kennziffer	Konstruktion	Überlegungen	Zweck
5.1	Kunden	Die Anzahl Menschen (Unternehmen), die Produkte unserer Firma in einem bestimmten Zeitraum gekauft haben	Leute, die mehr als ein Produkt gekauft haben, dürfen nicht doppelt gezählt werden. Kunden müssen sorgfältig definiert werden, z.B. als Einzelperson/ Haushalt /Benutzername /Abteilung, der/die gekauft/ bestellt/sich angemeldet hat.	Messung, wie gut ein Unternehmen Kunden anspricht und hält
5.1	Aktualität	Die Zeit, die seit dem letzten Kauf eines Kunden verstrichen ist	Überall, wo kein expliziter Vertrag mit dem Kunden geschlossen wird, sollte ein Unternehmen die Aktualität seiner Kunden beobachten	Änderungen der Zahl der aktiven Kunden beobachten
5.1	Kunden- bindungsquote	Der Anteil der Kunden, die dem Unternehmen trotz Abwanderungsmöglichkeit treu geblieben sind	Nicht zu verwechseln mit dem Zuwachs (Rückgang) der Kundenzahl. Kundenbindung betrifft nur Bestandskunden in Vertragssituationen.	Beobachten, ob sich die Fähigkeit des Unternehmens, Kunden zu binden, geändert hat
5.2	Kunden- rentabilität	Die Differenz zwischen den Erlösen und den Kosten einer Kundenbeziehung in einem gegebenen Zeitraum	Erlöse und Kosten müssen einzelnen Kunden zurechenbar sein.	Das Unternehmen erkennt, welche Kunden profitabel sind und welche nicht, eventuell zur Vorbereitung einer ungleichen Behandlung der Kunden zur Steigerung der Unternehmensrentabilität.

(Fortsetzung)

	Kennziffer	Konstruktion	Überlegungen	Zweck
5.3	Customer Lifetime Value	Der heutige Wert künftiger Geldflüsse, die von der Kundenbeziehung erwartet werden	Hierzu ist eine Prognose dieser künftigen Geldflüsse notwendig, was in Vertragssituationen einfacher gelingt. Die Formeln für den CLV behandeln die Anfangsmarge und die Akquisitionsausgaben unterschiedlich.	Managemententscheidungen, die Kundenbeziehungen betreffen, sollten immer eine Verbesserung des CLV anstreben. Auch die Akquisitionskosten sollten anhand des CLV budgetiert werden.
5.4	Prospect Lifetime Value	Antwortquote mal Summe der Anfangsmarge und des CLV des akquirierten Kunden minus Kosten der Neukundenwerbung	Es gibt mehrere gleichwertige Berechnungsmethoden, um festzustellen, ob sich der Aufwand der Neukundenwerbung lohnt.	Unternehmensentscheidungen im Hinblick auf Neukundenwerbung unterstützen. Prospecting ist nur nützlich, wenn der erwartete Prospect Lifetime Value positiv ist.
5.5	Durchschnittliche Akquisitionskosten	Akquisitionsausgaben im Verhältnis zu den neu gewonnenen Kunden	Oft lassen sich Akquisitionsausgaben vom Gesamt-Marketingaufwand nur schwer trennen.	Die Kosten der Akquisition neuer Kunden beobachten und mit dem Wert der neu gewonnenen Kunden vergleichen
5.5	Durchschnittliche Kundenbindungskosten	Kundenbindungskosten im Verhältnis zur Anzahl der behaltenen Kunden	Oft lassen sich die Kosten der Kundenbindung vom Gesamt-Marketingaufwand nur schwer trennen. Die durchschnittlichen Kosten der Kundenbindung sind nicht unbedingt hilfreich, um Budgetentscheidungen für die Kundenbindung zu treffen.	Kundenbindungsaufwand pro Kunde betrachten

Kunden, Aktualität und Kundenbindung

Diese drei Größen eignen sich, um Kundenzahlen zu ermitteln und Kundenaktivitäten zu beobachten – und zwar unabhängig davon, wie oft und in welchem Gegenwert die Kunden beim Unternehmen einkaufen.

Ein Kunde ist eine Person oder Firma, die bei einem Unternehmen etwas kauft.

- **Kundenzahl**: gibt an, wie viele Kunden ein Unternehmen in einem bestimmten Zeitraum hat.
- **Aktualität**: gibt an, wie viel Zeit seit dem letzten Einkauf des Kunden verstrichen ist. Ein Sechsmonatskunde ist in diesem Zusammenhang jemand, der in den letzten sechs Monaten mindestens einmal etwas gekauft hat.
- **Kundenbindungsquote**: drückt das Verhältnis von Stammkunden zu Gelegenheitskunden (Laufkundschaft) aus.

In Unternehmen, die mit ihren Kunden Verträge abschließen, lässt sich die Kundenbindung ermitteln, indem man feststellt, wie viel Prozent der Bestandskunden ihren Vertrag verlängern.

In anderen Unternehmen (beispielsweise im Versandhandel) ist es sinnvoller, statt der Bestandskunden diejenigen Kunden zu zählen, die in einer bestimmten Frist, also mit einer gewissen Aktualität, etwas bestellt haben.

Zweck: beobachten, wie gut das Unternehmen Kunden anspricht und an sich bindet

Erst seit kurzem machen sich Marketingfachleute die Mühe, Kennzahlen zu entwickeln, die den einzelnen Kunden in den Mittelpunkt stellen. Doch ehe ein Unternehmen daran denken kann, einzelne Kundenbeziehungen zu managen, muss es zunächst einmal wissen, wie viele Kunden es überhaupt hat. Auch wenn es wohl wichtiger ist, die Kriterien zur Bestimmung der Kundenzahl konsequent durchzuhalten: Ohne Definition kommen Sie nicht weiter. Und diese Definition und Kundenzahl wird je nachdem, ob Sie Verträge oder andere Kundenbeziehungen betrachten, unterschiedlich ausfallen.

Konstruktion

Kunden zählen

Vertragsschließende Unternehmen können jederzeit mühelos feststellen, wie viele Kunden gerade unter Vertrag stehen. So freute sich beispielsweise das Telekommunikationsunternehmen Vodafone Australia[1] Ende Dezember über 2,6 Millionen Direktkunden.

Dabei tritt jedoch eine Schwierigkeit auf: Wie bewerte ich einen Vertrag mit mehreren Personen? Zähle ich den Telefonanschluss einer Familie, die fünf Telefone auf eine Rechnung betreibt, als fünf Kunden oder als einen? Zählt ein Business-to-Business-Vertrag, der nur eine Grundgebühr, aber Gesprächsgebühren für tausend Anschlüsse umfasst, als ein Kunde oder als tausend? Hängt die Antwort auf diese Fragen davon ab, ob der einzelne Nutzer an Vodafone, an seine Firma oder überhaupt an jemanden zahlt? In solchen Situationen muss Ihr Unternehmen eine Standarddefinition eines Kunden haben (Policeninhaber, Mitglied usw.) und konsequent anwenden.

Eine weitere Schwierigkeit beim Zählen von Vertragskunden entsteht, wenn ein Kunde mehrere Verträge mit derselben Firma hat. Nehmen wir als Beispiel den Versicherungs- und Finanzdienstleister USAA, der sich auf US-Militärangehörige und ihre Familien spezialisiert hat. Jeder Kunde wird als Mitglied behandelt und bekommt eine eigene Mitgliedsnummer. Auf diese Weise kennt USAA jederzeit genau die Anzahl seiner Mitglieder – Ende 2004 waren es mehr als fünf Millionen –, auch wenn die meisten von ihnen mehrere Dienstleistungen in Anspruch nehmen.

Andere Finanzdienstleister zählen ihre Kunden in jeder Sparte separat. Der Geschäftsbericht 2003 der Versicherungsgesellschaft State Farm Insurance führt beispielsweise insgesamt 73,9 Millionen Verträge und Konten auf, die ein Diagramm in die Sparten Kfz-, Wohngebäude-, Lebens- und Rentenversicherung usw. aufteilt. Wahrscheinlich werden manche Kunden in diesen 73,9 Millionen doppelt oder sogar dreifach gezählt, weil sie bei State Farm ihre Kfz-, Gebäude- und Lebensversicherung abgeschlossen haben. Da die State Farm-Versicherung die Namen und Adressen aller ihrer Versicherungsnehmer kennt, wäre es ein Leichtes, auch die Zahl ihrer Einzelkunden zu bestimmen. Der Umstand, dass sie Policen statt Kunden zählt, lässt jedoch darauf schließen, dass ihr der Verkauf von Versicherungen wichtiger ist als das Management ihrer Kundenbeziehungen.

Unser letztes Beispiel ist ein Gasversorger, der sich ganz besondere Mühe gab, seine Kunden mehrfach zu zählen. Er definierte einen Kunden als: »einen Abnehmer von Erdgas, das in einem Abrechnungszeitraum an einem bestimmten Standort über einen bestimmten Zähler bezogen wurde. Eine Organisation, die an mehreren Orten Gas bezieht, wird an jedem Standort als separater Kunde betrachtet.« Für diesen Gasversorger war ein Kunde dasselbe wie ein Zähler. Das ist natürlich eine schöne Sichtweise, wenn Sie Ihre Aufgabe darin sehen, Zähler zu installieren und zu warten – aber weniger schön, wenn es Ihre Aufgabe ist, Erdgas zu verkaufen.

Liegen keine Verträge vor, kann ein Unternehmen seine Kunden nur zählen, wenn es einzelne Kunden auch identifizieren kann. Ansonsten kann das Unternehmen eigentlich nur Besuche oder Abschlüsse zählen. Da beispielsweise die Einzelhandelskette Wal-Mart ihre Kunden nicht identifiziert, sind ihre Kundenzahlen nichts weiter als die Anzahl der Einkäufe, die an einem Tag, in einer Woche oder in einem Jahr an den Kassen registriert wurden. Solche »Verkehrszählungen« ähneln den Besucherzählungen bei Sportereignissen oder auf Websites. In gewissem Sinne werden damit ja auch Personen gezählt, aber wenn man sie über mehrere Zeiträume hinweg addiert, erfassen sie keine Einzelpersonen mehr. Auch wenn 1993[2] die Heimspiele der Atlanta Braves 3.884.720 Besucher verzeichneten, ist die tatsächliche Anzahl der Menschen, die eines oder mehrere dieser Spiele angeschaut haben, wohl kleiner.

Firmen, die zwar keine Verträge schließen, aber ihre Kunden dennoch identifizieren können (hierzu zählen Versandhäuser, Einzelhändler mit Kundenkarten, Clubs, Autovermietungen und Hotels mit Gästeregistrierung) haben das Problem, dass die Kunden oft nur sporadisch einkaufen. So weiß die New York Times zwar genau, wie viele Kunden (Abonnenten) sie momentan hat, aber bei einem Versandhaus wie L.L.Bean, bei dem manche Kunden nur sporadisch etwas bestellen, hat es wenig Sinn, von momentanen Kunden zu sprechen. L.L.Bean weiß, wie viele Bestellungen es an einem Tag erhält und wie viele Kataloge es in einem Monat verschickt, doch es kann nicht wissen, wie viele momentane Kunden es hat, da es nur schwerlich definieren kann, was darunter zu verstehen ist.

Firmen, die keine Vertragsbindungen zu Kunden unterhalten, zählen stattdessen, wie viele Kunden in einem bestimmten Zeitraum etwas gekauft haben. Dies ist das Konzept der Aktualität, also der Zeit, die seit dem letzten Einkauf verstrichen ist. Kunden mit einer Aktualität von einem Jahr oder weniger sind Kunden, die innerhalb des letzten Jahres etwas gekauft haben.

Aktualität: der Zeitraum, der seit dem letzten Kauf des Kunden verstrichen ist.

So meldete beispielsweise eBay im ersten Quartal 2005 60,5 Millionen aktive Nutzer. Diese wurden definiert als diejenigen Nutzer, die in den vorangegangenen 12 Monaten auf der Auktionsplattform von eBay einen Artikel angeboten oder versteigert oder bei einer Versteigerung mitgeboten hatten. In demselben Vorjahreszeitraum, so der Bericht weiter, belief sich die Zahl der aktiven Nutzer auf 45,1 Millionen.

Beachten Sie, dass eBay keine Kunden, sondern »aktive Nutzer« zählt, und das Konzept der »Aktualität« verwendet, um die Anzahl seiner aktiven Benutzer über einen Zeitraum hinweg zu bestimmen. Die Anzahl der aktiven Benutzer (über 12 Monate betrachtet) ist also in einem Jahr von 45,1 auf 60,5 Millionen gestiegen. Daraus kann das Unternehmen schließen, dass seine Kundenzahl zum Teil aufgrund von Akquisitionsbemühungen zugenommen hat. Wie gut es außerdem seine vorhandenen Kundenbeziehungen gepflegt hat, erkennt man daran, dass die 45,1 Millionen Kunden des Vorjahres auch in den nachfolgenden 12 Monaten aktiv waren. Diese Kennzahl verweist auf die Kundenbindung, da sie angibt, wie viel Prozent der aktiven Kunden auch im Folgezeitraum aktiv blieben.

Kundenbindung: lässt sich auf Vertragsbeziehungen anwenden, bei denen die Kunden entweder bleiben oder nicht. Entweder erneuert ein Kunde sein Zeitschriftenabonnement oder er lässt es auslaufen. Kunden behalten ihr Girokonto bei einer Bank, bis sie es schließen. Mieter zahlen die Miete, bis sie ausziehen. Dies sind Beispiele für Situationen, in denen es nur auf Kundenbindung ankommt, in denen also die Kunden entweder gehalten werden oder für immer verloren sind.

In diesen Situationen achten die Firmen besonders auf die Kundenbindungsquoten.

Kundenbindungsquote: das Verhältnis von Stammkundschaft zu Laufkundschaft

Wenn 40.000 Abonnements des Magazins Fortune im Juli auslaufen und der Verlag 26.000 dieser Kunden zur Verlängerung ihrer Abonnements bewegen kann, so kann man sagen, dass er 65 Prozent seiner Abonnenten binden konnte.

Das Gegenstück zur Kundenbindung ist der Kundenabgang. Die Abgangsquote im Beispiel der 40.000 Fortune-Abonnenten betrug 35 Prozent.

Beachten Sie, dass diese Definition von Kundenbindung die Anzahl der Kunden, die bleiben, ins Verhältnis zur Anzahl der Kunden setzt, die zu gehen drohen. Das Wichtige an dieser Definition ist: Ehe man sagen kann, dass der Kunde erfolgreich ans Unternehmen gebunden werden konnte, muss er einmal in Gefahr gewesen sein, verloren zu gehen. Das bedeutet, dass die im Monat Juli neu hinzugekommenen Fortune-Abonnenten ebenso wenig in diese Rechnung einfließen, wie die vielen Kunden, deren Abonnements erst in den folgenden Monaten auslaufen.

Abschließend sei gesagt, dass es manchmal sinnvoller ist, die Kundenbindung an der »Verweildauer« statt am »Kalenderzeitraum« zu messen.

Statt zu fragen, welche Kundenbindungsquote ein Unternehmen 2004 erzielen konnte, ist es aufschlussreicher, wie viel Prozent der Kunden, die seit drei Jahren dabei sind, auch im Jahr Nummer vier gehalten werden konnten.

Datenquellen, Komplikationen und Warnhinweise

Das Verhältnis der Gesamtzahl der Kunden am Ende eines Zeitraums zur Gesamtzahl der Kunden am Anfang des Zeitraums ist noch keine Kundenbindungsquote, da dieses Verhältnis nicht nur durch die Kundenbindung während des betrachteten Zeitraums, sondern auch durch den Akquisitionserfolg bei Neukunden beeinflusst wird.

Der Prozentsatz der Kunden, die zu Beginn des Zeitraums da sind und den ganzen Zeitraum bleiben, kommt der Kundenbindungsquote schon näher. Eine echte Kundenbindungsquote wäre diese Zahl aber nur dann, wenn alle Kunden, die zu Beginn des Zeitraums vorhanden sind, in Gefahr wären, im Laufe des Zeitraums abzuspringen.

Tipps zum Zählen von Kunden[3]

■ Es ist äußerst wichtig, Kunden richtig zu definieren.
Marketingleute neigen dazu, »Kunden« auf möglichst einfache Weise zu zählen, und erhalten deshalb falsche Antworten. Der grundlegende und überaus wichtige Schritt, den Kunden zu definieren, wird oft übergangen. Mit der falschen Definition hat jedoch auch das Zählen keinen Nutzen mehr.

Banken betrachten »Haushalte«, da sie von »Kundenbeziehungen« besessen sind (dabei handelt es sich per Definition um die Anzahl der Produkte, die an Kunden mit derselben Kundenanschrift verkauft wurden). Banken betonen gerne die Anzahl der verkauften Produkte, wobei es keine Rolle spielt, ob zum Haushalt ein Unternehmer gehört, der über fast alle Kontenarten verfügt, ein Ehepartner, der die meisten seiner Bankgeschäfte anderswo abwickelt, oder Kinder, die gar nichts mit Banken zu tun haben. In einer solchen Situation ist der Begriff »Haushalt« bedeutungslos; hier geht es um mindestens drei »Kunden«: den Unternehmer (ein sehr attraktiver Kunde), den Ehepartner (kaum ein Kunde zu nennen) und die Kinder (definitiv keine Kunden).

Einzelhändler zählen Verkäufe oder Kassenbelege. Was darauf festgehalten ist, kann die Mutter, der Vater, ein Kind, Tante Maria oder Nachbarin Susanne erstanden haben. Oder auch der Ehemann nach den Anweisungen seiner Frau – in diesem Falle ist eigentlich die Ehefrau die Kundin, für die der Mann lediglich als Geschäftsbesorger auftritt.

Es ist fast immer schwierig, den Kunden zu definieren, da man hierfür nicht nur die Unternehmensstrategie, sondern auch das Käuferverhalten klar durchschauen muss.

■ Nicht alle »Kunden« sind gleich.
Erst wenn Sie die Unterschiede zwischen den Kunden verstehen, können Sie zur besseren Ausrichtung Ihres Managements messen, wie »Kunden« akquiriert und gebunden werden. Vergangenes Jahr kaufte ein großes Softwarehaus – nennen wir es Zapp – ein einziges Exemplar einer Software. Eine andere Firma, die wir Tancat nennen wollen, kaufte hundert Exemplare davon. Sind nun beide gleichwertige »Kunden«? Natürlich nicht. Tancat ist ein Kunde, den man tunlichst pflegen und möglichst auch auf andere Produkte hinweisen sollte. Zapp will das Produkt vermutlich nur prüfen, um bei neuen Softwarekonzepten auf dem Laufenden zu bleiben, und wird die Software möglicherweise auch kopieren. Zapp könnte man nun nach seiner einmaligen Anschaffung weiter im Auge behalten, um zu erfahren, was die Firma vorhat. Wenn wir herausfinden, was den Kauf motivierte, oder diesen Kauf nutzen, um einen Ansprechpartner zu finden, wird Zapp vielleicht noch ein großartiger »Kunde«.

Bevor Sie anfangen zu zählen, müssen Sie Ihre potenziellen und bestehenden Kunden zu Gruppen zusammenfassen (segmentieren), die strategisch angesprochen werden können. Mancher Käufer von heute – wie etwa Zapp – sollte in Wirklichkeit als potenzieller Kunde behandelt werden. Wenn Käufer und potenzielle Kunden sich ähneln, müssen sie in klar definierter Weise gezählt werden.

■ Wo ist der »Kunde«?
Große Kunden kaufen oft nicht dort ein, wo der Nutzer des Produkts sitzt. Ist die Deutsche Bank oder jede ihrer Geschäftsstellen Ihr Kunde? Wenn die Sparkasse zentral einkauft, können Sie sie nicht gut als einen einzigen Kunden zählen, wenn Sie die Deutsche Bank als Hunderte von Kunden betrachten.

■ Wer ist der »Kunde«?
Dies ist eine noch kniffligere Frage. Oft ist der »Kunde« nicht der, der das Bestellformular Ihres Verkäufers ausfüllt, sondern er versteckt sich tief im Inneren einer Firma – jemand, der nur mit allergrößter Mühe überhaupt festzustellen ist. Auch wenn das Konto auf GM lautet, kann der eigentliche Kunde ein Burt Cipher sein, ein Ingenieur in irgendeiner unbekannten Niederlassung. Oder der Einkäufer von Ford hat Bestellungen

von mehreren Mitarbeitern quer durch das ganze Land gesammelt. In diesem Fall ist Ford nicht der Kunde, sondern nur der, der die Rechnung zahlt. Was also gibt es da zu zählen?

Noch häufiger ist der Kunde ein vielköpfiges Wesen. Kaufentscheidungen werden von mehreren Personen getroffen. Zu unterschiedlichen Zeitpunkten und für unterschiedliche Produkte sind verschiedene Personen an der Entscheidung beteiligt. Große Firmen beschäftigen spezielle Vertriebsteams für den Verkauf an solche Käufergruppen. Auch wenn sie vielleicht nur als ein einziger Kunde gezählt werden, ist das Kräftespiel bei ihren Kaufentscheidungen um ein Vielfaches komplizierter als bei einer Einzelperson.

Kinderkleidungsboutiquen haben mindestens zwei Kunden: die Mutter und das Kind. Zählen die beiden als ein Kunde oder als zwei? Das Marketing würde beide als Kunden behandeln, um entscheiden zu können, wie und wo die Werbung geschaltet wird. Das Geschäft dagegen wird entweder beide als einen Kunden betrachten oder das Kind als Zielgruppe auswählen.

Diese Ausführungen zeigen vor allem, dass die Definition eines Kunden zum Zweck der Zählung stark vom Ziel dieser Zählung abhängt. Denselben »Kunden« kann man für verschiedene Ziele auf verschiedene Weise zählen. Die universelle Definition eines Kunden gibt es nicht.

Kundenrentabilität

Kundenrentabilität (Customer Profitability, CP) ist der Gewinn, den das Unternehmen macht, indem es einen Kunden oder eine Kundengruppe über einen bestimmten Zeitraum hinweg bedient.

Die Berechnung der Kundenrentabilität ist ein wichtiger Schritt in der Ermittlung, welche Kundenbeziehungen besser sind als andere. Oft muss ein Unternehmen feststellen, dass manche Kundenbeziehungen unrentabel sind. Das Unternehmen würde gewinnen, wenn es sich von diesen Kunden trennt. Auf der anderen Seite kann das Unternehmen durch diese Berechnung seine profitabelsten Kunden identifizieren und Maßnahmen ergreifen, um diese besonders rentablen Beziehungen zu pflegen.

Zweck: Rentabilität einzelner Kunden erkennen

Unternehmen betrachten ihre Leistung häufig in der Summe. Nicht selten liest man Äußerungen wie: »Wir blicken auf ein gutes Geschäftsjahr zurück; unsere Unternehmensbereiche haben €400.000 Gewinn gemacht.« Kunden werden oft nur als Durchschnittswerte betrachtet, wie beispielsweise: »Wir haben einen Gewinn von €2,50 pro Kunde gemacht.« Zwar können auch dies nützliche Kennziffern sein, aber sie verbergen etwas Wichtiges: Nicht alle Kunden sind gleich und, schlimmer noch, manche sind sogar unrentabel. Statt vom »Durchschnittskunden« auszugehen, können wir mehr lernen, wenn wir herausfinden, was der einzelne Kunde zu unserem Gewinn beisteuert.[4]

Kundenrentabilität: die Differenz zwischen den Erlösen und den Kosten aus einer Kundenbeziehung über einen bestimmten Zeitraum

Sie können die Gesamtrentabilität Ihres Unternehmens verbessern, indem Sie ungleiche Kunden ungleich behandeln.

Im Grunde gibt es drei verschiedene Kundenschichten:

1 Starke Kunden – belohnen: Ihre wertvollsten Kunden sollten Sie am stärksten an sich binden. Ihnen sollten Sie mehr Aufmerksamkeit als jeder anderen Kundengruppe schenken. Wenn Sie diese Leute verlieren, leidet Ihr Gewinn am meisten. Belohnen Sie sie nicht nur durch simple Preisaktionen. Da diese Kunden Ihre Leistung mehr als andere zu schätzen wissen, sind sie für Preise vielleicht gar nicht empfänglich.

2 Mittlere Kunden – wachsen lassen: Diese Kunden, die mittlere bis niedrige Gewinne generieren, können ein Wachstumsziel bilden. Man könnte diese Kunden zu starken Kunden weiterentwickeln. Anhand der in Abschnitt 5.3 beschriebenen Kundenanteilskennziffern finden Sie heraus, welche Kunden das größte Wachstumspotenzial haben.

3 Schwache Kunden – feuern: Das Unternehmen verliert Geld, wenn es diese Leute bedient. Wenn sie nicht leicht auf höhere Rentabilitätsstufen zu hieven sind, muss man überlegen, ob man sie nicht mehr bezahlen lässt für in Anspruch genommene Angebote. Wenn Sie diese Gruppe im Voraus erkennen können, ist es das Beste, Sie akquirieren sie gar nicht erst.

Eine Datenbank, die in der Lage ist, die Rentabilität von Einzelkunden zu berechnen, kann einen Wettbewerbsvorteil für Sie darstellen. Wenn Sie die Rentabilität pro Kunde erkennen können, haben Sie die Möglichkeit, Ihre besten Kunden zu verteidigen und vielleicht sogar die gewinnbringendsten Konsumenten vom Wettbewerb abzuwerben.

Konstruktion

Theoretisch macht diese Berechnung keine Mühe. Man muss nur herausfinden, wie viel es über einen Zeitraum gekostet hat, die einzelnen Kunden zu bedienen, und wie viel diese Einzelkunden in demselben Zeitraum eingebracht haben. Ermitteln Sie durch Subtraktion den Gewinn pro Kunde und sortieren Sie die Kunden nach dem Gewinn. Doch dieser in der Theorie so einfache Vorgang dürfte bei großen Unternehmen mit einer Vielzahl von Kunden auch mit den besten Datenbanken kaum zu bewältigen sein.

Um die Analyse für eine große Datenbasis durchzuführen, müssen Sie sich unter Umständen von der Berechnung eines Gewinns für jeden einzelnen Kunden verabschieden und stattdessen die Kunden zu sinnvollen Gruppen zusammenfassen.

Anhand einer sortierten Liste der Kunden(gruppen)rentabilitäten können Sie einen kumulierten Prozentsatz der Gesamtgewinne einem kumulierten Prozentsatz der Gesamtkundenbasis gegenüberstellen. Wenn die Kunden absteigend nach Gewinn sortiert sind, sieht das resultierende Diagramm normalerweise aus wie der Kopf eines Wals.

Die Rentabilität steigt am Anfang stark an und fällt dann ab. (Denken Sie daran, dass die Kunden vom rentabelsten zum unrentabelsten hin sortiert wurden.) Sobald Kunden mit negativer Rentabilität auftauchen, hat der Graph seinen Scheitelpunkt erreicht – mehr als 100% – und der Gewinn pro Kunde schlägt ins Negative um. Wenn wir weiter die Negativkunden durchlaufen, sinkt der kumulative Gewinn immer rapider. Der Graph endet immer bei 100% – das ist die gesamte Kundenbasis, die auch den Gesamtgewinn generiert.

Robert Kaplan (Co-Entwickler der Methoden »Activity-Based Costing« und »Balanced Scorecard«) bezeichnet diese Kurven gerne als »Walkurven«.[5] Nach seinen Erfahrungen zeigt die Walkurve normalerweise, dass die profitabelsten 20% der Kunden manchmal 150% bis 300% der kumulierten Gewinne generieren, sodass die Kurve dem aus dem Wasser ragenden Rücken eines Pottwals gleicht. Abbildung 5.2 zeigt ein Beispiel einer Walkurve.

> **BEISPIEL** Ein Versandhändler hat seine Kunden nach ihrer Rentabilität in 10 Dezile eingeteilt (siehe Tabelle 5.1 und Abbildung 5.1). (Da ein Dezil ein Zehntel der Bevölkerung ist sind 0–10% die rentabelsten 10% der Kunden.)

Kundendezil nach Renta- bilität	0 – 10%	10 – 20%	20 – 30%	30 – 40%	40 – 50%	50 – 60%	60 – 70%	70 – 80%	80 – 90%	90 – 100%
Band (€ Mio.) Rentabilität	€100	€50	€25	€10	€5	€3	€2	€0	(€8)	(€20)
% der Gesamt- gewinne	60%	30%	15%	6%	3%	2%	1%	0%	-5%	-12%

Tabelle 5.1: Kundenrentabilität nach Renditen

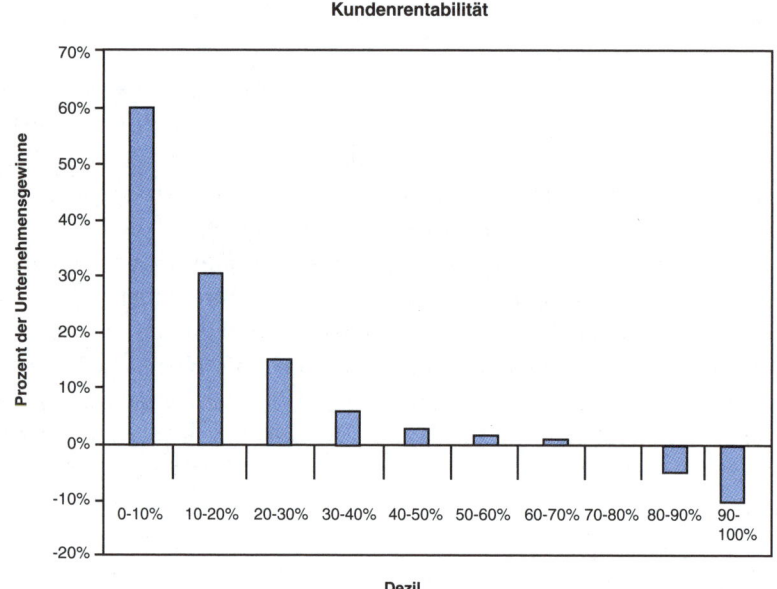

Abbildung 5.1: Kundenrentabilität nach Dezilen

Hier zeigt sich klar: Wenn das Unternehmen seine 20% unprofitabelsten Kunden nicht mehr bedienen würde, könnte es €28 Millionen mehr verdienen.

Tabelle 5.2 zeigt dieselben Kundeninformationen in kumulativer Form. Die kumulativen Gewinne über die Dezile sehen aus wie ein Wal mit einem scharf ansteigenden Rücken, der in der Spitze eine Gesamtrentabilität über 100% erreicht und danach abfällt (siehe Abbildung 5.2).

Kundendezil nach Rentabilität	0 – 10%	10 – 20%	20 – 30%	30 – 40%	40 – 50%	50 – 60%	60 – 70%	70 – 80%	80 – 90%	90 – 100%
Kumulativer Gewinn	€100	€150	€175	€185	€190	€193	€195	€195	€187	€167
Kumulative Rentabilität %	59,9	89,8	104,8	110,8	113,8	115,6	116,8	116,8	112,0	100,0

Tabelle 5.2: Kumulative Rentabilitätsspitzen vor Bedienung aller Kunden

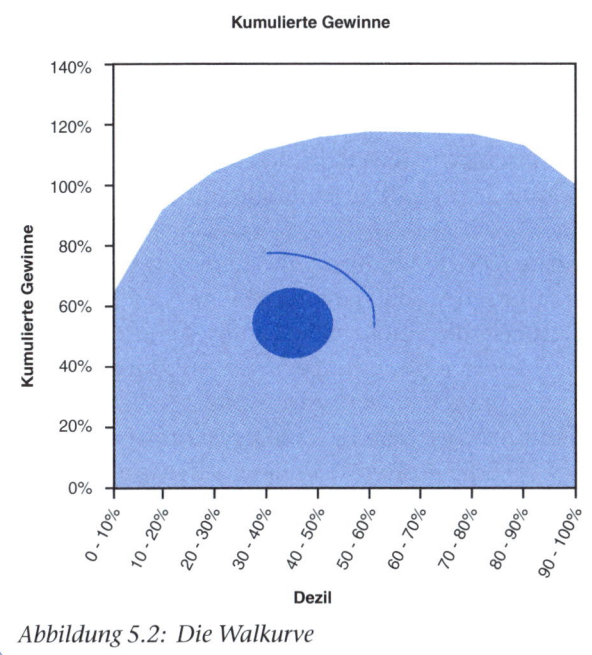

Abbildung 5.2: Die Walkurve

Datenquellen, Komplikationen und Warnhinweise

Die Kundenrentabilität lässt sich nur mit detaillierten Informationen messen. Die Erlöse den Kunden zuzuordnen, ist relativ einfach. Schwierig wird es, wenn Sie dasselbe mit den Kosten versuchen. Die Kosten der verkauften Waren werden natürlich nach Maßgabe der gekauften Güter den Kunden zugeordnet. Um jedoch die indirekten Kosten zuordnen zu können, benötigen Sie ein **Activity-Based Costing** (ABC)-System. Und manche Kostenarten, die sich gar nicht den Kunden zurechnen lassen, behandelt man am besten als Unternehmenskosten und begnügt sich damit, dass die Kundenrentabilität in der Summe etwas unter dem Gesamtgewinn des Unternehmens liegt.

Bei der Betrachtung der Kundenprofite müssen Sie daran denken, dass die meisten Dinge sich mit der Zeit ändern. Kunden, die letztes Jahr noch rentabel waren, sind es vielleicht dieses Jahr nicht mehr. Da die Walkurve eine Leistung aus der Vergangenheit widerspiegelt, müssen wir vorsichtig sein, wenn es gilt, Entscheidungen für die Zukunft zu treffen. So kann es beispielsweise angeraten sein, eine in der Vergangenheit unprofitable Kundenbeziehung fortzuführen, wenn wir wissen, dass sich das Blatt in Zukunft zum Besseren wenden wird. Beispielsweise bieten Banken Studenten oft Sonderkonditionen an, um sie als Kunden zu gewinnen. Diese mögen vielleicht kurzfristig eine niedrige oder gar negative Kundenrentabilität aufweisen, könnten aber in Zukunft Gewinne bringen, die für die heutigen Einbußen entschädigen. Der Customer Lifetime Value (um den es in Abschnitt 5.3 geht) ist eine in die Zukunft gerichtete Kennziffer, die versucht, die voraussichtliche zukünftige Rentabilität jeder Kundenbeziehung zu berücksichtigen.

Wenn Sie Kundendaten sichten, um zu entscheiden, welche Kunden bedient werden sollen, müssen Sie auch das rechtliche Umfeld Ihres Unternehmens berücksichtigen, das von Land zu Land sehr unterschiedlich sein kann. In anderen Ländern gibt es andere Antidiskriminierungsgesetze und in bestimmten Branchen herrschen Sonderbedingungen. So sind öffentliche Einrichtungen verpflichtet, alle Kunden zu bedienen.

Auch eine zu aggressive Erhebung von Kundendaten kann Kundenbeziehungen schädigen. Manche Menschen möchten bei dieser exzessiven Sammlung von Daten nicht mitmachen. Für ein Lebensmittelunternehmen kann es nützlich sein, zu wissen, welche seiner Kunden Diät halten. Doch ob eine solche Frage in einen Verbraucherfragebogen gehört, sollte man sich gut überlegen.

Mitunter gibt es sogar gute finanzielle Gründe, um unprofitable Kunden zu bedienen. So zählen beispielsweise manche Unternehmen auf Netzwerkeffekte. Nehmen Sie zum Beispiel die Post: Ein Teil ihrer Stärke beruht darauf, dass sie in der Lage ist, das ganze Land zu bedienen. Oberflächlich betrachtet mag es vielleicht profitabler sein, die Zustellung an abgelegene Gebiete einzustellen. Doch dadurch würde die Dienstleistung bei allen Kunden an Wert einbüßen. Kurz: Manchmal sind auch unprofitable Kundenbeziehungen für ein Unternehmen notwendig, um die profitablen zu bewahren.

In ähnlicher Weise müssen Unternehmen, die ihren Kunden bei der Kalkulation ihrer Kundenrentabilität hohe Fixkosten zugeordnet haben, sich fragen, ob diese Kosten durch das Beenden von unprofitablen Kundenbeziehungen verschwinden. Wenn das nicht der Fall ist, kann eine Beendigung der unprofitablen Beziehungen nur dazu führen, dass die restlichen Kundenbeziehungen nun auch unprofitabler erscheinen (da die Kosten nun auf noch weniger Kunden verteilt werden) und die Gesamtgewinne des Unternehmens sinken. Achten Sie also darauf, dass der negative Gewinn verschwindet, wenn die Kundenbeziehung endet. Die Kosten und Erlöse der verkauften Waren werden dann natürlich neutralisiert, doch wenn dies für andere Kostenarten nicht gilt, kann das Unternehmen gut daran tun, auch eine Beziehung mit negativem Gewinn zu pflegen, sofern sie zur Deckung der Fixkosten beiträgt (siehe Abschnitte 3.4 und 3.6).

Kunden zu vertreiben ist eine heikle Sache. Ehe Sie dies tun, sollten Sie immer die Folgen für Ihren Ruf in der Öffentlichkeit bedenken. Hinzu kommt: Wenn Sie sich von einem Kunden trennen, können Sie nicht damit rechnen, ihn so bald zurückzugewinnen, falls er später einmal zu Ihrem rentablen Segment gehören sollte.

Abschließend sei gesagt: Da die Walkurve einen kumulativen Prozentsatz vom Gesamtgewinn anzeigt, hängen die Zahlen stark vom Euro-Betrag dieses Gesamtgewinns ab. Ist der Gewinn in Geld nur klein, so machen die profitablen Kunden natürlich rasch einen gewaltigen Prozentsatz dieser kleinen Zahl aus. Wenn Sie also hören, dass 20% der Unternehmenskunden 350% des Unternehmensgewinns generieren, schauen Sie als Erstes nach, wie hoch dieser Gewinn überhaupt ist. 350% einer kleinen Zahl kann immer noch eine kleine Zahl sein. Um diesen Gedanken zu veranschaulichen, überlegen Sie doch einmal, wie eine Walkurve für ein Unternehmen mit einem Gewinn von €0 aussähe.

Customer Lifetime Value

Customer Lifetime Value (CLV) ist der Wert einer Kundenbeziehung in Geld, basierend auf dem heutigen Wert der voraussichtlichen zukünftigen Geldzuflüsse aus der Kundenbeziehung.

Wenn Margen und Kundenbindungsquoten konstant sind, liefert die folgende Formel den Wert einer Kundenbeziehung über ihre gesamte Lebensdauer (Customer Lifetime Value):

Customer Lifetime Value (€)

$$= \text{Marge (€)} * \frac{\text{Kundenbindungsquote (\%)}}{1 + \text{Abzinsungsrate (\%)} - \text{Kundenbindungsquote (\%)}}$$

Der Customer Lifetime Value (CLV) ist wichtig, da er Unternehmen ermutigt, weniger auf die Quartalsgewinne zu schauen und sich stattdessen stärker um die langfristige Gesundheit ihrer Kundenbeziehungen zu bemühen. Der Customer Lifetime Value ist überdies bedeutend, da er die absolute Obergrenze dessen angibt, was für die Akquisition neuer Kunden aufgewendet werden darf.

Zweck: Wert des einzelnen Kunden einschätzen

Wie Don Peppers und Martha Rogers gerne sagen: »Manche Kunden sind gleicher als andere.«[6] Dies trat bereits deutlich im letzten Abschnitt zutage, der die Rentabilität einzelner Kundenbeziehungen im Blick hatte. Die Kundenrentabilität ist, wie bereits gesagt, die Differenz zwischen den Erlösen und den Kosten einer Kundenbeziehung über einen bestimmten Zeitraum. Der zentrale Unterschied zwischen Kundenrentabilität und Customer Llifetime Value (CLV) besteht darin, dass Kundenrentabilität die Vergangenheit betrachtet, während CLV die Zukunft im Visier hat. So kann der CLV nützlicher sein, um Managemententscheidungen zu treffen, aber er ist auch schwieriger zu quantifizieren. Die Kundenrentabilität lässt sich ermitteln, wenn die Ergebnisse der Vergangenheit sorgfältig gesammelt und zusammengefasst wurden, während für den CLV eine Prognose zukünftiger Aktivitäten notwendig ist.

Customer Lifetime Value (CLV): der heutige Wert der zukünftigen Geldzuflüsse aus der Kundenbeziehung

Was der heutige Wert ist, wird in Abschnitt 10.4 genauer dargelegt. Vorläufig betrachten wir ihn einfach als die diskontierte Summe der künftigen Geldzuflüsse. Wir diskontieren die zukünftigen Geldzuflüsse (multiplizieren sie mit einer sorgfältig ausgewählten Zahl kleiner 1), bevor wir sie addieren, um den Umstand zu berücksichtigen, dass Geld immer einen Zeitwert hat. Anders ausgedrückt: Jeder möchte lieber früher als später bezahlt werden und jeder möchte lieber später als früher zahlen. Das gilt für Privatpersonen (je eher ich mein Honorar bekomme, umso früher kann ich mein Konto decken und Überziehungszinsen vermeiden) ebenso wie für Unternehmen. Welcher Diskontfaktor in Ansatz gebracht wird, hängt von der gewählten Abzinsungsrate ab (z.B. 10% per annum) und von der Zeit, die vergeht, bis wir Geld bekommen (ein Euro-Betrag, den wir in zehn Jahren bekommen, wird stärker diskontiert als einer, den wir in fünf Jahren bekommen).

Im Grunde ist der CLV nichts anderes als der Gegenwartswert der Geldzuflüsse aus der Kundenbeziehung. Da der Gegenwartswert jedweder zukünftigen Geldströme dazu da ist, den einen pauschalen Wert zu messen, den diese Geldzuflüsse heute haben, stellt der CLV den heutigen Wert der Kundenbeziehung in Form eines Pauschalbetrags dar. Vereinfacht ausgedrückt ist der CLV der Wert in Euro, den die Kundenbeziehung heute für das Unternehmen repräsentiert. Er ist die Obergrenze dessen, was das Unternehmen für die Akquisition der Kundenbeziehung auszugeben bereit wäre, und gleichzeitig die Obergrenze dessen, was das Unternehmen zahlen würde, um einen Verlust der Kundenbeziehung zu verhindern. Wenn wir eine Kundenbeziehung als einen Vermögenswert des Unternehmens betrachten, ist der CLV der Gegenwert dieses Vermögenswerts in Euro.

Die Cohort-and-Incubate-Methode

Um den Wert künftiger Geldzuflüsse aus einer Kundenbeziehung zu prognostizieren, nehmen wir einmal mutig an, dass die früher akquirierten Kunden nicht besser oder schlechter (in Bezug auf ihren CLV) sind als die heute akquirierten. Dann gehen wir zurück und sammeln Daten über eine Schar (engl. »cohort«) von Kunden, die alle ungefähr zur selben Zeit akquiriert wurden, und rekonstruieren sorgfältig die Geldzuflüsse aus diesen Kundenbeziehungen über eine endliche Anzahl Zeiträume. Als Nächstes diskontieren wir die Geldzuflüsse für jeden Kunden bis zum Akquisitionszeitpunkt zurück, um den CLV dieses Kunden und danach den Durchschnitt aller berechneten CLVs zu kalkulieren, um zu einer Schätzung des CLVs für jeden neu akquirierten Kunden zu gelangen. Diese Methode bezeichnen wir als den »Cohort-and-Incubate«-Ansatz. Ebenso können wir den heutigen Wert der gesamten Geldzuflüsse aus der Kundenschar berechnen und durch die Anzahl der Kunden dividieren, um den Durchschnitts-CLV für diese Kunden zu ermitteln. Wenn der Wert von Kundenbeziehungen über längere Zeit stabil ist, liefert der Durchschnitts-CLV aus der Stichprobe der Kundenschar eine annehmbare Näherung an den CLV der neu akquirierten Kunden.

Als Beispiel für diese Methode beziehen wir uns auf Berger, Weinberg und Hanna, die 2003 alle Kunden untersuchten, die eine Kreuzfahrtlinie 1993 akquirieren konnte. Die 6.094 Kunden von 1993 wurden fünf Jahre lang verfolgt (»incubated«). Der gesamte heutige Nettowert der Geld-zuflüsse von diesen Kunden beträgt €27.916.614. Dazu gehören Erlöse aus den unternommenen Kreuzfahrten (die 6.094 Kunden machten in den fünf Jahren 8.660 Kreuzfahrten), variable Kosten dieser Fahrten und Wer-beaufwand. Der gesamte Netto-Gegenwartswert, den die Kundenschar über die fünf Jahre darstellt, beläuft sich pro Kunde auf €27.916.614/6.094 oder €4.581. Dies ist der Fünf-Jahres- Durchschnitts-CLV für diese Gruppe.

> »Vor dieser Analyse hätte das [Kreuzfahrt-]Management niemals mehr als €3.314 ausgegeben, um einen Passagier zu akquirieren. Nun, da wir den CLV kennen (sowohl das Konzept als auch die Ergebnisse), wurde eine Wer-bung, die pro Akquisition drei- bis viertausend Euro kosten sollte, bereitwillig finanziert, zumal die CLV-Zahlen noch konservativ gerechnet sind (wie ge-sagt, berücksichtigt der CLV nach fünf Jahren keine weiteren Anschluss-geschäfte mehr).«[7]

Der Cohort-and-Incubate-Ansatz funktioniert gut, wenn Kundenbezie-hungen statisch sind, also sich mit der Zeit nur wenig ändern. Wenn dies der Fall ist, können wir aus dem Wert fortgeschriebener älterer Bezie-hungen Voraussagen für den Wert neuer Beziehungen ableiten.

In Situationen, in denen Kundenbeziehungen ihren Wert rascher än-dern, wird oft ein einfaches Modell zur Vorausberechnung dieses Werts eingesetzt. Mit »Modell« meinen wir Annahmen darüber, wie sich die Kundenbeziehung entfalten wird. Wenn das Modell einfach genug ist, können wir vielleicht sogar eine Gleichung für den heutigen Wert unseres Modells zukünftiger Geldzuflüsse finden. Das vereinfacht die Berechnung des CLV, da nun nur noch die für den jeweiligen Fall passenden Zahlen in die Gleichung eingesetzt werden müssen.

Im Folgenden werden wir das womöglich einfachste Modell für zu-künftige Geldzuflüsse von Kunden und die Gleichung für den heutigen Wert dieser Geldzuflüsse vorstellen. Es ist zwar nicht das einzige Modell für künftige Geldzuflüsse, aber das am häufigsten verwendete.

Konstruktion

Das Modell für Geldzuflüsse von Kunden sieht die Kundenbeziehungen des Unternehmens wie einen Eimer mit Loch. In jedem Zeitraum geht ein Bruchteil (1 minus der Kundenbindungsquote) der Unternehmenskunden für immer verloren.

Das CLV-Modell hat nur drei Parameter: 1) eine konstante Marge (Deckungsbeitrag nach Abzug der variablen Kosten einschließlich Aufwand für die Kundenbindung) pro Zeitraum, 2) eine konstante Kundenbindungswahrscheinlichkeit pro Zeitraum und 3) eine Abzinsungsrate. Außerdem geht das Modell davon aus, dass Kunden, die sich einmal abwenden, nie wieder zurückkommen und dass die erste Marge (wahrscheinlich ist sie gleich der Kundenbindungsrate) am Ende des ersten Zeitraums vereinnahmt wird.

Ansonsten gibt es nur noch die Annahme, dass das Unternehmen bei der Berechnung des heutigen Werts zukünftiger Geldzuflüsse von einer unendlichen Dauer ausgeht. Auch wenn dies für kein Unternehmen realistisch ist, hat diese Annahme Gründe, die im Folgenden noch erläutert werden.

Customer Lifetime Value: Die CLV-Formel[8] multipliziert die Marge (€) pro Zeitraum (nachfolgend einfach »Marge« genannt) mit einem Faktor, der den heutigen Wert der erwarteten Dauer der Kundenbeziehung darstellt:

Customer Lifetime Value (€)

$$= \text{Marge (€)} * \frac{\text{Kundenbindungsquote (\%)}}{1 + \text{Abzinsungsrate (\%)} - \text{Kundenbindungsquote (\%)}}$$

Unter diesen modellhaften Grundannahmen ist der CLV ein Vielfaches der Marge. Der multiplikative Faktor repräsentiert den heutigen Wert der voraussichtlichen Länge (Anzahl der Zeiträume) der Kundenbeziehung. Wenn die Kundenbindung gleich 0 ist, wird der Kunde niemals bleiben und der multiplikative Faktor ist null. Ist die Kundenbindung gleich 1, wird der Kunde immer bleiben und das Unternehmen vereinnahmt seine Marge immer weiter. Der heutige Wert der wiederkehrenden Marge beträgt Marge/Abzinsungsrate. Für dazwischen liegende Kundenbindungswerte verrät uns die CLV-Formel den passenden Multiplikator.

BEISPIEL Ein Internetprovider (ISP) berechnet €19,95 pro Monat. Die variablen Kosten liegen bei ungefähr €1,50 pro Account und Monat. Wenn sich die Marketingausgaben auf €6 pro Jahr belaufen, macht das lediglich €0,5 pro Monat. Wie hoch ist der CLV eines Kunden bei einer Abzinsungsrate von 1%?

Deckungsbeitrag = (€19,95 – €1,50 – €6/12) = €17,95

Kundenbindungsquote = 0,995

Abzinsungsrate = 0,01

Customer Lifetime Value (CLV)

$$= \text{Marge} * \frac{\text{Kundenbindungsquote (\%)}}{1 + \text{Abzinsungsrate (\%)} - \text{Kundenbindungsquote (\%)}}$$

$$\text{CLV} = €17,97 * \frac{0,995}{1 + 0,01 - 0,995}$$

$$= €17,97 * 66,33$$

$$= €1.191$$

Datenquellen, Komplikationen und Warnhinweise

Die Kundenbindungsquote (und entsprechend auch die Verlustquote) haben großen Einfluss auf den Kundenwert. Geringfügige Änderungen können hier für den Lifetime Value bereits drastische Folgen haben. Dieser Parameter muss äußerst präzise sein, um sinnvolle Ergebnisse zu erzielen.

Wir gehen davon aus, dass die Kundenbindungsquote über die Dauer der Kundenbeziehung eine Konstante ist. Für Produkte und Dienstleistungen, die die Stadien der Erprobung, Bekehrung und Markentreue durchlaufen, nehmen die Kundenbindungsquoten jedoch über die Dauer der Kundenbeziehung hinweg zu. In solchen Situationen ist das hier vorgestellte Modell möglicherweise zu einfach. Wenn das Unternehmen Schätzwerte für eine Sequenz von Kundenbindungsquoten benötigt, ist vielleicht ein Spreadsheet-Modell besser zur Berechnung des CLVs geeignet.

Die Abzinsungsrate ist ebenfalls ein empfindlicher Teil der CLV-Berechnung, da mit zunehmender Dauer der Kundenbindung scheinbar geringfügige Änderungen für den CLV-Wert große Abweichungen hervorrufen können. Die Abzinsungsrate sollte also sorgfältig ausgewählt werden.

Auch der Deckungsbeitrag bleibt im obigen Modell die ganze Zeit konstant. Wenn die Marge über die Dauer der Kundenbeziehung ansteigt, gilt dieses simple Modell nicht mehr.

Nutzen Sie diese CLV-Formel auch nicht für Beziehungen, in denen die Inaktivität eines Kunden nicht das Ende seiner Kundeneigenschaft bedeutet. Im Katalogversand beispielsweise bestellt ein kleiner Prozentsatz der Kunden aus jedem beliebigen Katalog. Verwechseln Sie diesen Prozentsatz der in einem Zeitraum aktiven Kunden (relevant für den Versandhändler) bitte nicht mit den Kundenbindungsquoten in diesem Modell. Wenn Kunden oft nach einer inaktiven Zeit zum Unternehmen zurückkehren, ist diese CLV-Formel ebenfalls ungeeignet.

Customer Lifetime Value (CLV) mit Anfangsmarge: Die Zeitannahmen unseres Modells können ebenfalls Verwirrung stiften. Der erste Geldzufluss, der im Modell registriert wird, ist die am Ende eines Zeitraums vereinnahmte Marge, wahrscheinlich gleich der Kundenbindungsquote. Andere Modelle rechnen auch mit einer Anfangsmarge, die zu Beginn dieses Zeitraums eintritt. Wenn ein Modell eine solche Anfangsmarge einbezieht, ist der CLV gleich dem alten CLV plus dieser Anfangsmarge. Außerdem gilt: Wenn die Anfangsmarge gleich allen weiteren Margen ist, kann man für einen CLV mit Anfangsmarge mindestens zwei Formeln schreiben:

CLV mit Anfangsmarge (€)

$$= \text{Marge (€)} + \text{Marge (€)} * \frac{\text{Kundenbindungsquote (\%)}}{1 + \text{Abzinsungsrate (\%)} - \text{Kundenbindungsquote (\%)}}$$

oder

$$= \text{Marge (€)} * \frac{1 + \text{Abzinsungsrate (\%)}}{1 + \text{Abzinsungsrate (\%)} - \text{Kundenbindungsquote (\%)}}$$

Die zweite Formel gleicht der ersten, nur dass im Zähler 1 + Abzinsungsrate die Stelle der Kundenbindungsquote einnimmt. Vergessen Sie nicht, dass die neue und die alte CLV-Formel auf dieselben Situationen passen und sich nur in der Anfangsmarge unterscheiden. Diese neue CLV-Formel enthält eine und die alte CLV-Formel enthält keine.

Die Annahme der unbegrenzten Dauer

In manchen Branchen und Firmen ist es üblich, Kundenwerte auf vier oder fünf Jahre anstatt für unbestimmte Zeit zu berechnen. Natürlich werden Kundenbindungsquoten über kürzere Zeiträume weniger von Änderungen in der Technologie oder Wettbewerbsstrategie beeinflusst und gleichen eher den früheren Kundenbindungsquoten. Für Manager stellt sich die Frage: »Macht es einen Unterschied, ob ich eine unbegrenzte Dauer oder (beispielsweise) den Fünf-Jahres-Wert betrachte?« Die Antwort lautet: Ja, manchmal macht es einen Unterschied, weil der Wert über fünf Jahre betrachtet weniger als 70% des Werts über unbegrenzte Zeit betragen kann (siehe Tabelle 5.3).

Tabelle 5.3 berechnet die (auf unbestimmte Dauer betrachteten) CLV-Prozente, die in den ersten fünf Jahren auflaufen. Wenn die Kundenbindungsquoten mehr als 80% und die Abzinsungsraten weniger als 20% betragen, treten substanzielle Unterschiede zwischen den beiden Berechnungen auf. Je nachdem, mit welchen strategischen Risiken sich ein Unternehmen konfrontiert sieht, können die zusätzlichen Komplikationen, die durch Verwendung eines Fünf-Jahres-Zeitraums entstehen, recht informativ sein.

In den ersten fünf Jahren auflaufender CLV in Prozent						
Abzinsungs-raten	Kundenbindungsquoten					
	40%	50%	60%	70%	80%	90%
2%	99%	97%	93%	85%	70%	47%
4%	99%	97%	94%	86%	73%	51%
6%	99%	98%	94%	87%	76%	56%
8%	99%	98%	95%	89%	78%	60%
10%	99%	98%	95%	90%	80%	63%
12%	99%	98%	96%	90%	81%	66%
14%	99%	98%	96%	91%	83%	69%
16%	100%	99%	96%	92%	84%	72%
18%	100%	99%	97%	93%	86%	74%
20%	100%	99%	97%	93%	87%	76%

Tabelle 5.3: CLV auf begrenzte Dauer in Prozent CLV auf unbegrenzte Dauer

Prospect Lifetime Value im Vergleich zum Customer Lifetime Value

Der **Prospect Lifetime Value** ist der voraussichtliche Wert eines Interessenten (Prospect), also der erwartete Wert der Kundenbeziehung minus den Kosten, die notwendig sind, um den Interessenten als Kunden zu gewinnen (Prospecting-Kosten). Der voraussichtliche Wert des Interessenten ist der Bruchteil der Interessenten, die zu Käufern werden, multipliziert mit der Summe aus Durchschnittsmarge auf Erstkäufe und CLV des neu akquirierten Kunden.

Nur wenn der Prospect Lifetime Value positiv ist, sollte das Unternehmen seine Akquisitionsbemühungen fortsetzen.

Zweck: Wert eines neu akquirierten Kunden (CLV) in die Prospecting-Entscheidungen einbeziehen

Eine der wichtigsten Funktionen des CLV ist es, Informationen für Prospecting-Entscheidungen zu liefern. Ein Interessent ist jemand, für dessen Akquisition das Unternehmen Geld ausgibt. Der Akquisitionsaufwand muss jedoch nicht nur mit dem Deckungsbeitrag aus dem unmittelbar generierten Umsatz, sondern auch mit den künftigen Geldzuflüssen verglichen werden, die voraussichtlich aus der neuen Kundenbeziehung erwachsen (dem CLV). Nur eine vollständige Bewertung der neuen Kundenbeziehung liefert dem Unternehmen die notwendigen Informationen, um wirtschaftlich sinnvolle Prospecting-Entscheidungen treffen zu können.

Konstruktion

Der voraussichtliche Prospect Lifetime Value (PLV) ist der Wert, der von einem Interessenten erwartet wird, abzüglich der Prospecting-Kosten. Der Wert, der von jedem Interessenten erwartet wird, ist gleich der Akquisitionsquote (der voraussichtliche Anteil Interessenten, die einen Kauf tätigen und zu Kunden werden) multipliziert mit der Summe aus der Anfangsmarge, die das Unternehmen auf Erstkäufe vereinnahmt und dem CLV. Die Kosten sind gleich dem Betrag der Akquisitionsausgaben pro Interessent. Die Formel zur Berechnung des voraussichtlichen PLV sieht also wie folgt aus:

Prospect Lifetime Value (€)
= Akquisitionsquote (%) ∗ [Anfangsmarge (€) + CLV (€)]
− Akquisitionsausgaben (€)

Wenn der PLV positiv ist, sind die Akquisitionsausgaben eine gute Investition. Ist der PLV jedoch negativ, sollten Sie gar nicht erst Geld für die Akquisition ausgeben.

Der PLV ist normalerweise sehr klein. Zwar liegt der CLV hin und wieder bei Hunderten von Euros, aber der PLV beträgt manchmal nur ein paar Cent. Denken Sie daran, dass der PLV für Interessenten und nicht für Kunden gilt. Viele kleine, aber positiv bewertete Interessenten können sich zu einem beträchtlichen Wert für ein Unternehmen summieren.

BEISPIEL Ein Dienstleistungsunternehmen plant, €60.000 für eine Werbung auszugeben, die 75.000 Leser erreichen wird. Wenn das Dienstleistungsunternehmen damit rechnet, dass diese Werbung 1,2% der Leser veranlassen wird, ein spezielles Einführungsangebot zu nutzen (das so günstig ist, dass das Unternehmen beim Erstkauf nur €10 Marge verdient), und der CLV der akquirierten Kunden €100 beträgt: Ist dann die Werbung wirtschaftlich sinnvoll?

Hier betragen die Akquisitionsausgaben €0,80 pro Interessent, die voraussichtliche Akquisitionsquote ist 0,012 und die Anfangsmarge beläuft sich auf €10. Der voraussichtliche PLV von jedem der 75.000 Interessenten ist:

$$PLV = 0{,}012 * (€10 + €100) - €0.80 = €0{,}52$$

Der erwartete PLV beträgt €0,52. Der voraussichtliche Gesamtwert der Neukundenwerbung beträgt:

$$75.000 * €0{,}52 = €39.000$$

Somit sind die Akquisitionsausgaben ökonomisch sinnvoll.

Wenn wir uns bei der Akquisitionsquote von 0,012 nicht sicher sind, können wir fragen, welche Akquisitionsquote die Prospecting-Kampagne bringen muss, damit sie ein wirtschaftlicher Erfolg wird. Diese Zahl können wir mit der Zielsuchfunktion von Excel finden, indem wir sie auf eine Akquisitionsquote einstellen, bei der der PLV gleich null ist. Oder wir nutzen ein wenig Algebra, setzen €0 für den PLV ein und lösen nach der Break-even-Akquisitionsquote auf:

$$\text{Break-even-Akquisitionsquote} = \frac{\text{Akquisitionsausgaben (€)}}{\text{Anfangsmarge (€)} + \text{CLV (€)}}$$

$$= \frac{€0{,}80}{€10 + €100} = 0{,}007273$$

Die Akquisitionsquote muss 0,7273% übersteigen, damit die Werbung ein Erfolg wird.

Datenquellen, Komplikationen und Warnhinweise

Zusätzlich zum CLV der neu akquirierten Kunden muss ein Unternehmen die geplanten Akquisitionsausgaben (pro Prospect), die voraussichtliche Erfolgsrate (Bruchteil der Interessenten, die Kunden werden) und die Durchschnittsmarge aus den ersten Käufen der neu akquirierten Kunden kennen. Die Anfangsmarge wird benötigt, weil der CLV, so wie er oben definiert wurde, nur auf die zukünftigen Geldzuflüsse aus der Kundenbeziehung entfällt. Der Anfangs-Geldzufluss ist im CLV nicht inbegriffen und muss separat berücksichtigt werden. Beachten sie auch, dass die Anfangsmarge für jeden Kundenbindungsaufwand in der ersten Zeit gelten muss.

Das womöglich Schwierigste an der PLV-Berechnung ist die Einschätzung des CLV. Die anderen Terme (Akquisitionsausgaben, Akquisitionsquote und Anfangsmarge) beziehen sich alle auf Prozesse in der nahen Zukunft, während für den CLV langfristige Prognosen erforderlich sind.

Vorsichtig müssen Sie auch die Entscheidung angehen, Geld für Kundenakquisition auszugeben, wenn der positive PLV auf der Annahme beruht, dass die akquirierten Kunden ohne diese Ausgaben nicht hätten akquiriert werden können. Mit anderen Worten: In unserer Berechnung sind die Kundenakquisitionen das alleinige »Verdienst« der Akquisitionsausgaben. Wenn das Unternehmen mehrere Akquisitionsanstrengungen zugleich laufen hat, kann die Einstellung der einen zu höheren Akquisitionsquoten der anderen führen. Situationen wie diese (in denen eine Werbung die andere kannibalisiert) erfordern eine komplizierte Analyse.

Das Unternehmen muss die wirtschaftlichste Weise finden, neue Kunden zu akquirieren. Wenn es mehrere Alternativen für das Prospecting gibt, darf nicht einfach die erstbeste herausgegriffen werden, die einen positiven Plan-PLV ergibt. Bei einer endlichen Anzahl Interessenten sollte immer der Ansatz gewählt werden, der den höchsten Plan-PLV verheißt.

Zum Schluss eine Warnung: Es gibt noch andere Berechnungsmethoden, um den ökonomischen Sinn einer Neukundenwerbung zu beurteilen. Diese anderen Methoden sind zwar der hier vorgestellten gleichwertig, aber sie beziehen unterschiedliche Dinge in den »CLV« ein: Manche sehen die Anfangsmarge als Teil des »CLV«, andere beziehen neben der Anfangsmarge auch noch die voraussichtlichen Akquisitionskosten pro akquiriertem Kunden mit ein. Wir wollen diese beiden Ansätze am Beispiel des Dienstleistungsunternehmens kurz vorstellen.

BEISPIEL Ein Dienstleistungsunternehmen will €60.000 für eine Werbung ausgeben, die 75.000 Leser erreicht. Ist die Werbung ökonomisch sinnvoll, wenn das Dienstleistungsunternehmen dadurch voraussichtlich 1,2% der Leser veranlasst, ein besonderes Einführungsangebot wahrzunehmen (das so günstig ist, dass das Unternehmen nur €10 Marge auf den Erstkauf erzielt), und der CLV der akquirierten Kunden €100 beträgt?

Wenn wir die Anfangsmarge in den »CLV« einbeziehen, erhalten wir

$$\text{»CLV« [mit Anfangsmarge (€)]} = \text{Anfangsmarge (€)} + \text{CLV (€)}$$
$$= €10 + €110 = €110$$

Der voraussichtliche PLV beträgt nun:

$$\text{PLV (€)} = \text{Akquisitionsquote (\%)} * \text{»CLV« [mit Anfangsmarge (€)]}$$
$$- \text{Akquisitionskosten (€)}$$
$$= 0,012 * €110 - €0,85 = €0,52$$

Das ist dieselbe Zahl wie zuvor, nur mit einem etwas anderen »CLV« gerechnet (der die Anfangsmarge berücksichtigt).

Und nun kommt die dritte Möglichkeit einer Berechnung in Bezug auf den wirtschaftlichen Nutzen einer Prospecting-Kampagne. Dieser letzte Rechenweg liefert eine Pro-Akquirierter-Kunde-Zahl anhand eines »CLV«, der sowohl eine Anfangsmarge als auch zugewiesene Akquisitionsausgaben einbezieht. Dahinter steckt folgende Überlegung: Der voraussichtliche Wert eines Neukunden beträgt jetzt €10 plus €100 aus künftigen Umsätzen, also insgesamt €110. Die Akquisitionskosten für einen Kunden sind die Summe der Kosten der Werbung geteilt durch die voraussichtliche Anzahl gewonnener Neukunden. Die durchschnittlichen Akquisitionskosten berechnen sich zu €60.000 /(0,012 * 75.000) = €66,67. Der zu erwartende Wert eines neuen Kunden abzüglich der voraussichtlichen Akquisitionskosten pro Kunde ist €110 – €66,67 = €43,33. Da dieser neue »Netto«-CLV positiv ist, ist die Werbung ökonomisch sinnvoll. Manch einer wird sogar diese €43,33 als »CLV« eines neuen Kunden ansetzen.

Beachten Sie, dass €43,33 multipliziert mit den 900 zu erwartenden Neukunden den Betrag €39.000 ergibt, also denselben Gesamtnettowert der Werbung, wie er im ursprünglichen Beispiel als €0,52 PLV multipliziert mit 75.000 Interessenten berechnet worden ist. Die beiden Berechnungen sind äquivalent.

Akquisitions- und Kundenbindungskosten

Die durchschnittlichen Akquisitionskosten eines Unternehmens sind die Akquisitionsausgaben geteilt durch die akquirierten Kunden. Die durchschnittlichen Kundenbindungskosten sind der Kundenbindungsaufwand für eine Kundengruppe geteilt durch die Anzahl der Kunden, die treu bleiben.

$$\varnothing \text{ Akquisitionskosten } (\text{€}) = \frac{\text{Akquisitionsausgaben } (\text{€})}{\text{Zahl der akquirierten Kunden } (\#)}$$

$$\varnothing \text{ Kundenbindungskosten } (\text{€}) = \frac{\text{Kundenbindungsaufwand } (\text{€})}{\text{Zahl der treu gebliebenen Kunden } (\#)}$$

Diese beiden Kennziffern helfen Unternehmen, die Wirksamkeit von zwei wichtigen Arten von Marketingausgaben zu überprüfen.

Zweck: Akquisitions- und Kundenbindungskosten des Unternehmens ermitteln

Ehe das Unternehmen seinen Mix von Akquisitions- und Kundenbindungsaufwand optimieren kann, muss es zunächst einmal den gegenwärtigen Stand der Dinge kennen. Wie kostet es das Unternehmen derzeit (im Durchschnitt), neue Kunden zu akquirieren, und wie viel gibt es (wieder im Durchschnitt) aus, um seine vorhandenen Kunden zu behalten? Kostet die Akquisition eines Neukunden fünfmal so viel wie die Bindung eines Bestandskunden?

Konstruktion

Durchschnittliche Akquisitionskosten: gibt an, wie viel es durchschnittlich kostet, einen Kunden zu akquirieren. Entspricht den Gesamtakquisitionsausgaben geteilt durch die Anzahl der akquirierten Kunden.

$$\varnothing \text{ Akquisitionskosten } (\text{€}) = \frac{\text{Akquisitionsausgaben } (\text{€})}{\text{Zahl der akquirierten Kunden } (\#)}$$

Durchschnittliche Kundenbindungskosten: die Durchschnitts-»Kosten« der Bindung eines vorhandenen Kunden. Entspricht dem gesamten Kundenbindungsaufwand geteilt durch die Anzahl der treu gebliebenen Kunden.

$$\varnothing \text{ Kundenbindungskosten } (\text{€}) = \frac{\text{Kundenbindungsaufwand } (\text{€})}{\text{Zahl der treu gebliebenen Kunden } (\#)}$$

> **BEISPIEL** Ein regionaler Kammerjägerdienst gab im Laufe des letzten Jahres €1,4 Millionen aus und gewann 64.800 neue Kunden. Von den 154.890 Kundenbeziehungen, die Anfang des Jahres bestanden hatten, waren am Ende des Jahres nur noch 87.957 übrig, obwohl es sich das Unternehmen im selben Jahr €500.000 kosten ließ, die 154.890 Kunden zu binden. Die durchschnittlichen Akquisitionskosten sind leicht zu berechnen. Der Gesamtaufwand von €1,4 Millionen generierte 64.800 neue Kunden. Die durchschnittlichen Akquisitionskosten sind €1.400/64,8 = €21,60 pro Kunde. Auch die Berechnung der durchschnittlichen Kundenbindungskosten ist einfach. Mit €500.000 Aufwand konnten 87.957 Kunden im Unternehmen gehalten werden. Die durchschnittlichen jährlichen Kundenbindungskosten betragen €500.000 / 87.957 = €5,68. Also kostet es den Kammerjägerdienst rund viermal so viel, Neukunden zu akquirieren, als er aufbringen muss, um vorhandene an sich zu binden.

Datenquellen, Komplikationen und Warnhinweise

Das Unternehmen muss für jeden Betrachtungszeitraum wissen, wie viel es insgesamt für die Kundenakquisition ausgegeben hat und wie viele neue Kunden damit gewonnen werden konnten. Was die Kundenbindung betrifft, so muss das Unternehmen den Gesamtbetrag seiner auf diesen Zeitraum entfallenden Ausgaben für die Kundenbindung kennen sowie die Zahl seiner Kunden zu Beginn und am Ende des Zeitraums.

Beachten Sie, dass der Kundenbindungsaufwand für Kunden, die innerhalb dieses Zeitraums akquiriert werden, nicht in dieser Zahl enthalten ist. Und auch die Anzahl der treu gebliebenen Kunden bezieht sich lediglich auf die am Anfang des Zeitraums bestehenden Kunden. Also hängt der durchschnittliche Aufwand für die Kundenbindung mit der Länge des Betrachtungszeitraums zusammen. Handelt es sich um ein Jahr, drücken die durchschnittlichen Kundenbindungskosten die jährlichen Kosten pro erfolgreich gebundenen Kunden aus.

Die durchschnittlichen Akquisitionskosten lassen sich viel einfacher berechnen und interpretieren als die durchschnittlichen Kundenbindungskosten. Denn oft ist es möglich, Akquisitionsausgaben zu isolieren und die daraus resultierenden Neukunden zu zählen. Eine einfache Division liefert uns dann die Durchschnittskosten der Akquisition. Diese Berechnung beruht auf der vernünftigen Annahme, dass die neuen Kunden nicht gekommen wären, wenn es die Akquisitionsausgaben nicht gegeben hätte.

Bei den durchschnittlichen Kundenbindungskosten liegen die Dinge aber weniger einfach. Eine Schwierigkeit ist, dass Kundenbindungsquoten (und -kosten) vom Betrachtungszeitraum abhängen. Die jährliche Kundenbindung unterscheidet sich von der monatlichen. Einen Kunden für einen Monat zu behalten, ist günstiger, als ihn für ein Jahr zu behalten. Also muss für die Definition der durchschnittlichen Kundenbindungskosten der Zeitraum der Kundenbindung spezifiziert werden. Eine zweite Schwierigkeit folgt aus der Tatsache, dass manche Kunden selbst dann noch treu bleiben, wenn das Unternehmen überhaupt nichts für Kundenbindung ausgibt. Daher kann es irreführend sein, den Kundenbindungsaufwand geteilt durch die Zahl der treu gebliebenen Kunden als durchschnittliche Kundenbindungskosten zu bezeichnen. Lassen Sie sich nicht zu der irrigen Annahme verleiten, dass die Kundenbindung aufhört, wenn der Kundenbindungsaufwand aufhört. Ebenso wenig dürfen Sie annehmen, dass die bloße Erhöhung des Kundenbindungsbudgets um die durchschnittlichen Kundenbindungskosten genau einen weiteren Kunden an Sie binden wird. Die durchschnittlichen Kundenbindungskosten sind keine sehr hilfreiche Zahl, wenn Entscheidungen über Kundenbindungsbudgets getroffen werden müssen.

Ein letzter Warnhinweis betrifft die Fähigkeit von Unternehmen, die Akquisitions- von den Kundenbindungskosten zu trennen. Natürlich tragen viele Aufwendungen zu beiden Zielen bei. So senkt beispielsweise die Markenwerbung sowohl die Kosten der Akquisition als auch die der Kundenbindung. Versuchen Sie nicht, alle Aufwendungen entweder als Akquisitions- oder als Kundenbindungskosten zu budgetieren. Es ist völlig akzeptabel, eine getrennte Kategorie aufzumachen, die weder Akquisitions- noch Kundenbindungskosten enthält.

Referenzen und weiterführende Literatur

Berger, Weinberg und Hanna. (2003). »Customer Lifetime Value Determination and Strategic Implications for a Cruise-Ship Line«, Database Marketing and Customer Strategy Management, 11(1).

Blattberg, R.C. und S.J. Hoch. (1990). »Database Models and Managerial Intuition: 50% Model + 50% Manager«, Management Science, 36(8), 887–899.

Gupta, S. und Donald R. Lehmann. (2003). »Customers As Assets«, Journal of Interactive Marketing, 17(1).

Kaplan, R.S. und V.G. Narayanan. (2001). »Measuring and Managing Customer Profitability«, Journal of Cost Management, September/October: 5–15.

Little, J.D.C. (1970). »Models and Managers: The Concept of a Decision Calculus«, Management Science, 16(8), B-466; B-485.

McGovern, G.J., D. Court, J.A. Quelch und B. Crawford. (2004). »Bringing Customers into the Boardroom«, Harvard Business Review, 82(11), 70–80.

Much, J.G., Lee S. Sproull und Michal Tamuz. (1989). »Learning from Samples of One oder Fewer«, Organization Science: A Journal of the Institute of Management Sciences, 2(1), 1–12.

Peppers, D. und M. Rogers. (1997). Enterprise One-to-One: Tools for Competing in the Interactive Age (1st ed.), New York: Currency Doubleday.

Pfeifer, P.E., M.E. Haskins und R.M. Conroy. (2005). »Customer Lifetime Value, Customer Profitability and the Treatment of Acquisition Spending«, Journal of Managerial Issues, 17(1), 11–25.

Anmerkungen

1 »Vodafone Australia Gains Customers«, Sydney Morning Herald, 26. Januar 2005.

2 »Atlanta Braves Home Attendance.« Wikipedia.

3 Dank an Gerry Allan, President, Anametrica, Inc. (Entwickler des Internettools für Manager) für seine Arbeit an diesem Abschnitt.

4 Pfeifer, P.E., Haskins, M.E. und Conroy, R.M. (2005). »Customer Lifetime Value, Customer Profitability und the Treatment of Acquisition Spending«, Journal of Managerial Issues, 25 Seiten.

5 Kaplan, R.S. und V.G. Narayanan. (2001). »Measuring and Managing Customer Profitability«, Journal of Cost Management, September/Oktober, 5–15.

6 Peppers, D. und M. Rogers. (1997). Enterprise One to One: Tools for Competing in the Interactive Age, New York: Currency Doubleday.

7 Berger, P.D., B. Weinberg und R. Hanna. (2003). »Customer Lifetime Value Determination and Strategic Implications for a Cruise-Ship Line«, Database Marketing and Customer Strategy Management, 11(1), 40–52

8 Gupta und Lehman. (2003). »Customers as Assets«, Journal of Interactive Marketing, 17(1), 9–24.

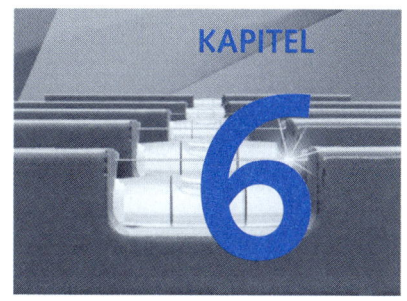

Vertrieb und Vertriebs-weg-Management

Kennziffern in diesem Kapitel:	
Vertriebsabdeckung	Facings und Kontaktstrecke (Share-of-Shelf)
Vertriebsziele	Vorratslücke und Service Labels
Vertriebsergebnisse	Lagerumschlag
Vertriebsvergütung	Abschläge
Pipeline-Analyse	Bruttorentabilität der Lagerinvestitionen (Gross Margin Return on Inventory Investment, GMROII)
Numerische Distribution, ACV-Distribution und PCV-Distribution	Direkte Produktrentabilität (Direct Product Profitability, DPP)

>> Dieses Kapitel handelt vom Push-Marketing. Es beschreibt, wie Marketingleiter erkennen können, ob die Systeme, die den Kunden Grund und Gelegenheit zum Kauf ihrer Produkte geben sollen, passend und wirksam sind.

In den ersten Abschnitten werden die gebräuchlichsten Vertriebskennziffern beschrieben und definiert. Sie geben Aufschluss darüber, ob die Vertriebsbemühungen und ihre räumliche Ausdehnung passend sind. Anschließend stellen wir die Pipeline-Analyse vor, die nützlich für Umsatzprognosen und die Zuordnung von Vertriebsbemühungen zu verschiedenen Stadien des Verkaufsprozesses ist. Pipeline-Kennziffern untersuchen eine Abfolge von Verkaufsaktivitäten, angefangen von der Erstansprache des Kunden (»Lead«), über die Weiterverfolgung (»Follow-up«) bis hin zur Bekehrung und schließlich dem Umsatz. Auch wenn es uns am meisten interessiert, wie viel Prozent der Erstkontakte schließlich zu Käufern werden, können auch die anderen Kennziffern für Aktivität, Produktivität, Effizienz und Kosten in jedem Stadium des Verkaufsprozesses nützlich sein.

In späteren Abschnitten dieses Kapitels werden wir die Distribution und Verfügbarkeit der Produkte betrachten. Für Hersteller, die ihren Markt über Wiederverkäufer erreichen, geben drei Kennziffern Hinweise auf die »Listings«, also die Antwort auf die Frage, wie viel Prozent der potenziellen Geschäfte ihre Produkte anbieten. Dazu gehören die (nicht gewichtete) numerische Distribution, der ACV (dieser ist der Industriestandard), und der PCV, ein produktspartenspezifisches Maß für die Verfügbarkeit eines Produkts.

Kennziffern zur Verfolgung der Marketing-Logistik werden genutzt, um die Wirksamkeit der Systeme abzuklopfen, die Einzelhändler und

Zwischenhändler bedienen. Lagerumschlag, Vorratslücken und Service Levels sind die Schlüsselfaktoren auf diesem Gebiet.

Auf der Stufe des Einzelhandels sind die Bruttorentabilität der Lagerinvestitionen (GMROII) und die direkte Produktrentabilität (DPP) lagereinheitspezifische Kennziffern für die Produkt-Performance, da sie Bewegungsraten, Bruttomargen, Lagerkosten und andere Faktoren miteinander in Beziehung setzen.

	Kennziffer	Konstruktion	Überlegungen	Zweck
6.1	Arbeitslast	Anzahl der Stunden, die nötig sind, um Kunden und Interessenten zu bedienen	Die Zahl der Interessenten kann strittig sein. Die zur Bekehrung von Interessenten aufgewandte Zeit kann je nach Gebiet, Verkäufer und potenziellem Kunden variieren.	Schätzen, wie viele Verkäufer zur Abdeckung eines Gebiets erforderlich sind und gleichmäßige Verteilung der Arbeitslast
6.1	Umsatzpotenzialprognose	Die Anzahl der Interessenten und ihre Kaufkraft	Bewertet nicht die Wahrscheinlichkeit einer Bekehrung »potenzieller« Kunden. Definitionen der Kaufkraft sind mehr eine Kunst als eine Wissenschaft.	Umsatzziele festlegen. Kann auch helfen, herauszufinden, in welchen Gebieten nur wenige Vertriebsressourcen eingesetzt werden sollten.
6.2	Gesamtumsatz	Individuelle Umsatzprognosen können auf dem Anteil eines Verkäufers am Planumsatz, auf dem Vorjahresumsatz und einem Anteil an den erhöhten Planzahlen für den Bezirk, oder auf einem vom Management geschaffenen Gewichtungssystem beruhen.	Die individuellen Zielvereinbarungen auf der Basis der Vorjahresumsätze festzulegen, kann entmutigen und die Leistung beeinträchtigen, denn je besser der Verkäufer in einem Jahr arbeitet, umso ehrgeiziger werden die Ziele fürs nächste Jahr definiert.	Ziele für einzelne Verkäufer und Gebiete vereinbaren

(Fortsetzung)

	Kennziffer	Konstruktion	Überlegungen	Zweck
6.3	Vertriebs-effizienz	Effizienzkennziffern analysieren den Umsatz im Kontext von verschiedenen Kriterien, darunter Anrufe, Kontakte, potenzielle Kunden, aktive Kunden, Kaufkraft des Gebiets und Ausgaben.	Hängt von Faktoren ab, die auch das Umsatzpotenzial und die Arbeitslast beeinflussen.	Die Leistung eines Verkäufers oder Verkaufsteams beurteilen
6.4	Vergütung	Alle Zahlungen an einen Verkäufer, darunter Grundgehalt, Bonus und/oder Provisionen	Branchen und Unternehmen machen sehr unterschiedliche Beobachtungen über den Zusammenhang zwischen Anreizen und Belohnungen einerseits und den überprüfbaren Aktivitäten andererseits.	Maximale Verkaufsanstrengungen motivieren; Verkäufern und Management Gelegenheit geben, ihre Fortschritte bei der Zielerreichung zu erkennen
6.4	Break-even-Personalbestand	Umsatzerlöse, multipliziert mit der Nettomarge der Provision, geteilt durch die Kosten pro Mitarbeiter.	Margen können je nach Produkt, Zeit und Verkäufer verschieden sein. Umsatz ist nicht unabhängig von der Zahl der Verkäufer.	Den passenden Personalbestand für ein geplantes Umsatzvolumen ermitteln
6.5	Umsatztrichter, Umsatz-Pipeline	Zeigt die Anzahl der Kunden und potenziellen Kunden in verschiedenen Stadien des Umsatzzyklus.	Die Dimensionen des Trichters hängen von der Art des Unternehmens und der Definition eines »potenziellen Kunden« ab.	Verkaufsanstrengungen beobachten und künftige Umsätze prognostizieren.
6.6	Numerische Distribution	Gibt an, wie viel Prozent der Geschäfte in einem definierten Raum eine bestimmte Marke oder ein Produkt vorrätig haben.	Die Größe oder Umsatzlevels der Geschäfte spiegeln sich in diesem Maß nicht wider. Die Grenzen des Vertriebsraums können willkürlich definiert sein.	Beurteilen, in welchem Maße eine Marke oder ein Produkt ihre/seine potenziellen Vertriebswege durchdrungen hat.

(Fortsetzung)

	Kennziffer	Konstruktion	Überlegungen	Zweck
6.6	Menge aller Waren (All Commodity-Volumen, ACV)	Numerische Distribution, gewichtet nach den Anteilen der Geschäfte am Umsatz aller Produktsparten	Gibt den Umsatz aller Waren (»All Commodities«) wieder, sagt aber nichts über den Umsatz des jeweiligen Produkts oder der Produktsparte aus.	Beurteilen, in welchem Maße eine Marke oder ein Produkt Zugang zum Einzelhandel findet.
6.6	Produktspartenvolumen (Product Category Volume, PCV)	Numerische Distribution, gewichtet nach den Anteilen der Geschäfte am Umsatz der betreffenden Produktsparte.	Ein starker Indikator für das Marktanteilspotenzial, lässt jedoch Chancen zur Erweiterung von Produktsparten außer Acht.	Beurteilen, in welchem Maße eine Marke oder ein Produkt Zugang zu den eingeführten Geschäften seiner Produktsparte hat.
6.6	Gesamtdistribution	Beruht normalerweise auf ACV oder PCV. Addiert die jeweiligen Größen für jede Lagereinheit einer Marke oder Produktlinie.	Starker Indikator der Distribution einer Produktlinie, im Gegensatz zur individuellen Lagereinheit (Stock Keeping Unit)	Beurteilen, in welchem Maße eine Produktlinie erhältlich ist.
6.6	Facings	Durchschnitt der Gesamtzahl der in einem typischen Vorratsgeschäft sichtbaren Packungen	Zeigt die Sichtbarkeit im Einzelhandel an. Kann auch Lagerbestände enthalten, wenn diese ebenfalls erhältlich sind.	Vorratshaltung und Sichtbarkeit in den Läden ermitteln.
6.7	Vorratslücke	Prozentsatz der Geschäfte, die ein Produkt oder eine Marke normalerweise führen, aber gerade nicht vorrätig haben	Vorratslücken können in Zahlen, als ACV oder als PCV angegeben werden.	Beobachten, wie gut die Logistiksysteme ihre Lieferungen an die Nachfrage anpassen.
6.7	Lagerbestand	Gesamtzahl der Produkte oder Marken, die in einem Vertriebsweg zum Verkauf angeboten werden	Lagerhaltung ist auf verschiedenen Ebenen möglich und kann mit oder ohne Berücksichtigung von Sonderangebotspreisen und Rabatten beziffert werden.	Die Fähigkeit zur Befriedigung der Nachfrage ermitteln und Investitionen in Vertriebswege festlegen

(Fortsetzung)

	Kennziffer	Konstruktion	Überlegungen	Zweck
6.8	Preisabschläge	Gibt an, um wie viel Prozent der reguläre Verkaufspreis gemindert wird.	Von vielen Produkten wird ein bestimmter Preisabschlag erwartet. Zu geringe Abschläge können ein Zeichen für »Under-Ordering« sein. Wenn die Abschläge zu hoch sind, gilt das Gegenteil.	Erkennen, ob der Umsatz auf dem betreffenden Vertriebsweg planmäßige Margen einbringt.
6.8	Direkte Produktrentabilität	Die justierte Bruttomarge der Produkte abzüglich der direkten Produktkosten	Die Kosten lassen sich oft nicht genau zuordnen. Manche Produkte sollen vielleicht keinen Gewinn erwirtschaften, sondern nur Umsatz machen.	Rentable SKUs identifizieren und ihre Erträge realistisch einschätzen
6.8	Bruttorentabilität der Lagerinvestitionen (GMROII)	Marge geteilt durch den durchschnittlichen Geldwert des über einen bestimmten Zeitraum gehaltenen Lagers	Zulagen und Rabatte müssen in die Margenberechnungen mit einfließen. Für »Loss Leaders« kann dieses Maß permanent negativ sein, ohne dass dies ein Problem darstellt. Doch bei den meisten Produkten sind negative GMROII-Tendenzen ein Anzeichen für heraufziehende Probleme.	Die Rentabilität des in Vorräte investierten Betriebskapitals ermitteln

Vertriebsabdeckung: Gebiete

Vertriebsgebiete sind Kundengruppen oder geografische Bezirke, für die einzelne Verkäufer oder Verkaufsteams verantwortlich sind. Gebiete können geografisch, nach Umsatzpotenzial, historisch oder anhand einer Kombination mehrerer Faktoren festgelegt werden. Unternehmen bemühen sich, ihre Gebiete ausgewogen zu gestalten, da dies Kosten sparen und Verkäufe fördern kann.

Arbeitslast (#)
= [aktuelle Kunden (#)
∗ Durchschnittzeit zur Bedienung eines aktiven Kunden (#)]
+ [Interessenten (#)
∗ Zeit zur Bekehrung eines Interessenten zu einem aktiven Kunden (#)]

Umsatzpotenzial (€) = Anzahl der möglichen Kunden (#) ∗ Kaufkraft (€)

Zweck: ausgewogene Verkaufsbezirke schaffen

Es gibt verschiedene Möglichkeiten, Gebiete zu analysieren.[1] Meist werden die Gebiete anhand ihres Potenzials oder ihrer Größe verglichen. Dies ist eine wichtige Übung: Wenn sich Gebiete stark unterscheiden oder die Ausgewogenheit verloren geht, bekommt das Verkaufspersonal entweder zu viel oder zu wenig Arbeit. Dies kann dazu führen, dass Kunden zu viel oder zu wenig angesprochen werden.

Werden zu wenig Verkäufer beschäftigt, können Kunden nicht mehr richtig bedient werden. Dies kann ein Unternehmen Umsatz kosten, da überbeschäftigte Verkäufer in einigen Bereichen keine optimale Leistung mehr bringen. Sie machen zu wenig Akquisitionsanrufe, finden zu wenig Interessenten und widmen auch ihren Bestandskunden zu wenig Zeit. Diese Kunden wiederum könnten zu anderen Anbietern abwandern.

Eine Überbedienung dagegen kann die Kosten und Preise in die Höhe treiben und dadurch mittelbar den Umsatz mindern. Überbedienung mancher Gebiete kann zudem zu einer zu geringen Bedienung anderer führen. Ungleiche Gebiete werfen auch die Frage nach der fairen Verteilung des Umsatzpotenzials unter den Vertriebsleuten auf. Das kann zu Verschiebungen in der Vergütung führen und talentierte Verkäufer bewegen, ein Unternehmen zu verlassen, um an anderer Stelle eine fairere Chance und Vergütung zu suchen.

Also ist die richtige Ausgewogenheit der Vertriebsgebiete wichtig, um Kunden, Verkäufer und das Unternehmen als Ganzes zufriedenzustellen.

Konstruktion

Beim Definieren oder Umverteilen der Verkaufsgebiete wollen Firmen Folgendes erreichen:

- Arbeitslast gerecht verteilen
- Umsatzpotenzial gerecht verteilen
- kompakte Gebiete entwickeln
- Brüche bei einer Umverteilung vermeiden

Diese Ziele können auf unterschiedliche Beteiligte unterschiedliche Auswirkungen haben, wie Tabelle 6.1[2] zeigt.

Bevor Sie also neue Gebiete definieren, sollten Sie die Arbeitslasten aller Mitglieder Ihres Verkaufsteams bewerten. Die Arbeitslast für ein Gebiet kann wie folgt berechnet werden:

Arbeitslast (#)
= [aktuelle Kunden (#)
* Durchschnittszeit zur Bedienung eines aktiven Kunden (#)]
+ [Interessenten (#)
* Zeit zur Bekehrung eines Interessenten zu einem aktiven Kunden (#)]

Das Umsatzpotenzial eines Gebiets lässt sich wie folgt darstellen:

Umsatzpotenzial (€) = Anzahl der möglichen Kunden (#) * Kaufkraft (€)

		Abwägung der Arbeitslast	Abwägung des Umsatzpotenzials	Brüche minimieren	Kompakte Bezirke schaffen
Kunden	Reaktionen	X			X
	Beziehungen			X	
Verkäufer	Umsatzchancen		X		
	Akzeptable Arbeitslast	X			X
	Wenig Ungewissheit			X	
	Wenig Reisen über Nacht				X
Unternehmen	Umsatzergebnisse	X	X	X	
	Kontrolle	X			
	Motivation	X	X	X	X
	Reisekosten				X

Tabelle 6.1: Auswirkungen ausgewogener Verkaufsbezirke

Die Kaufkraft beruht auf solchen Dingen wie dem Durchschnittseinkommen der Bevölkerung, der Anzahl der Unternehmen in einem Gebiet und dem Durchschnittsumsatz dieser Unternehmen und Bevölkerungsteile. Kaufkraftangaben gelten normalerweise nur für bestimmte Branchen.

BEISPIEL Unter den Kaufinteressenten in einem seiner Gebiete hat ein Kopiergerätehersteller 6 kleine, 8 mittlere und 2 große Unternehmen ausgemacht. Unternehmen dieser Größe haben in der Vergangenheit im Durchschnitt Kopierer im Wert von €500, €700 bzw. €1000 gekauft. Das Umsatzpotenzial für dieses Gebiet ist also:

$$\text{Umsatzpotenzial} = (6 * \text{€}500) + (8 * \text{€}700) + (2 * \text{€}1.000) = \text{€}10.600$$

Zusätzlich zu Arbeitslast und Umsatzpotenzial bedarf es einer dritten wichtigen Kennziffer, um Gebiete vergleichen zu können: ihr Zuschnitt oder, genauer gesagt, die Reisezeit. In diesem Zusammenhang ist die Reisezeit ein nützlicherer Wert als die Größe des Gebiets, da sie stärker auf die Implikationen der Gebietsgröße hinweist: Es dauert länger, Kunden bzw. potenzielle Kunden zu erreichen.

Da es ein Ziel des Managements ist, Arbeitslast und Potenzial unter dem Vertriebspersonal gerecht zu verteilen, kann es sinnvoll sein, kombinierte Kennziffern wie beispielsweise Umsatzpotenzial oder Reisezeit zu ermitteln, um Vergleiche zwischen Gebieten anstellen zu können.

Datenquellen, Komplikationen und Warnhinweise

Das Umsatzpotenzial kann auf verschiedene Weisen dargestellt werden; am einfachsten anhand der Bevölkerung, also der Anzahl der potenziellen Kunden in einem Gebiet. Im Falle des Kopiergeräteherstellers wäre die Anzahl der Büros in einem Gebiet eine besser geeignete Angabe.

Die Größe eines Gebiets kann einfach nach seiner Ausdehnung bestimmt werden, doch wahrscheinlich spielt auch die durchschnittliche Reisezeit eine wichtige Rolle. Je nach der Qualität der Verkehrsverbindungen, der Verkehrsdichte oder der Entfernung zwischen den Unternehmen können gleich große Gebiete durchaus sehr unterschiedliche Reisezeiten bedingen. Bei der Auswertung solcher Unterschiede sind Vertriebsaufzeichnungen nützlich, die den notwendigen Zeitaufwand, um von einem Kunden zum nächsten zu gelangen, dokumentieren. Für diese Zwecke gibt es auch spezielle Computerprogramme.

Eine Neuaufteilung von Gebieten kann ein ungeheuer schwieriger Prozess sein. Um dabei keine Fehler zu machen, müssen Sie nicht nur die obigen Kennziffern berücksichtigen, sondern auch mögliche Brüche in der Kundenbeziehung und die Gefühle von Verkäufern, die sich als Eigentümer ihrer Gebiete sehen.

Vertriebsziele: Die Zieldefinition

Umsatzziele dienen zur Motivation der Verkäufer. Sie können sich negativ auswirken, wenn sie zu hoch oder zu niedrig angesetzt werden. Folgende Formeln helfen bei der Definition von Umsatzzielen:

Umsatzziel (€)
= Anteil des Verkäufers am Vorjahresumsatz im Bezirk (%)
* Umsatzprognose für den Bezirk (€)

Umsatzziel (€)
= Vorjahresumsatz des Verkäufers (€)
+ [Erwartetes Umsatzwachstum für den Bezirk (€)
* Anteil des Gebiets am Umsatzpotenzial im Bezirk (%)]

Gewichteter Anteil an der Umsatzzuteilung (%)
= {Anteil des Verkäufers am Vorjahresumsatz im Bezirk (%)
* zugeordnete Gewichtung (%)}
+ {Anteil des Gebiets am Umsatzpotenzial im Bezirk (%)
* [1 – zugeordnete Gewichtung (%)]}

Umsatzziel (€)
= gewichteter Anteil an der Umsatzzuteilung (%)
* Umsatzprognose für den Bezirk (€)

Bei vielen dieser Verfahren werden frühere Ergebnisse mit einer Gewichtung des Umsatzpotenzials der Gebiete kombiniert. So ist gewährleistet, dass die Gesamtziele erfüllt werden, wenn alle Verkäufer ihre individuellen Ziele erreichen.

Zweck: das Vertriebspersonal motivieren und Benchmarks für die Bewertung und Belohnung ihrer Leistung definieren

Sie sollten die Umsatzziele so setzen, dass Ihre Mitarbeiter motiviert werden, sich anzustrengen und so viel Umsatz wie möglich zu machen. Aber legen Sie die Latte nicht zu hoch: Richtig gewählte Ziele motivieren alle Verkäufer und belohnen die meisten von ihnen.

Für die Planung von Umsatzzielen gibt es einige wichtige Richtlinien. Die von Jack D. Wilner, dem Autor von »Seven Secrets to Successful Sales Management«[3] empfohlene SMART-Strategie sieht Ziele vor, die konkret, messbar, erreichbar, realistisch und zeitgebunden sind. Die Ziele sollten für eine Abteilung, ein Gebiet und sogar einen Verkäufer spezifisch sein. Sie sollten klar und für jeden Einzelnen umsetzbar sein, damit der Verkäufer nicht einen Teil seines Ziels selbst erschließen muss. Messbare Ziele, in konkreten Zahlen wie beispielsweise »Euro-Umsatz« oder »Prozent Steigerung« ausgedrückt, versetzen Verkäufer in die Lage, sich klare Aufgaben vorzunehmen und ihren Fortschritt zu erkennen. Vage definierte Ziele, wie beispielsweise »mehr« oder »höherer« Umsatz, sind ineffizient, denn an ihnen lässt sich nur schwer ein Fortschritt festmachen. Erreichbare Ziele liegen im Bereich des Möglichen. Sie können sowohl vom Manager als auch vom Verkäufer visualisiert und verstanden werden. Realistische Ziele sind hoch genug angesetzt, um zu Leistung zu motivieren, aber nicht so hoch, dass der Verkäufer schon aufgibt, ehe er richtig angefangen hat. »Zeitgebunden« bedeutet, dass die Ziele in einem bestimmten Zeitrahmen liegen müssen. Diese Vorgabe macht Druck, die Ziele eher früher als später zu erreichen, und definiert einen Endpunkt, an dem die Ergebnisse vorliegen müssen.

Konstruktion

Es gibt viele Möglichkeiten, die Planzahlen eines Unternehmens der Vertriebsmannschaft zuzuordnen. Diese Methoden wurden geschaffen, um faire, erreichbare Ziele im Einklang mit dem bisher Geleisteten vereinbaren zu können. Die Ziele werden in Form von Gesamtumsätzen für einzelne Verkäufer definiert. In den folgenden an diesen Methoden orientierten Formeln setzt sich ein Bezirk aus den einzelnen Gebieten mehrerer Verkäufer zusammen.

Ein Umsatzziel oder eine auf dem Vorjahresumsatz basierende Planzahl lässt sich folgendermaßen berechnen:[4]

Umsatzziel (€) = Anteil des Verkäufers am Vorjahresumsatz im Bezirk (%)
            * Umsatzprognose für den Bezirk (€)

Ein Umsatzziel, das auf dem Vorjahresumsatz und dem Umsatzpotenzial eine Gebiets beruht, wird wie folgt ermittelt:

Umsatzziel (€) = Vorjahresumsatz des Verkäufers (€)
            + [erwartetes Umsatzwachstum für den Bezirk (€)
            * Anteil des Gebiets am Umsatzpotenzial im Bezirk (%)]

Umsatzziele können auch mit einer kombinierten Methode definiert werden, wobei das Management sowohl den Vorjahresumsatz jedes Verkäufers als auch das Umsatzpotenzial jedes Gebiets gewichtet. Diese Gewichtungen werden benötigt, um zu berechnen, welchen Anteil in Prozent jeder Verkäufer an den betreffenden Planzahlen bekommen soll. Anhand dieser prozentualen Anteile werden die jeweiligen Umsatzziele in Euro ausgerechnet.

Gewichteter Anteil der Umsatzzuteilung (%)
= {Anteil des Verkäufers am Vorjahresumsatz im Bezirk (%)
* zugeordnete Gewichtung (%)}
+ {Gebietsanteil am Umsatzpotenzial im Bezirk (%)
* [1 – zugeordnete Gewichtung (%)]}

Umsatzziel (€) = gewichteter Anteil an der Umsatzzuteilung (%)
* Umsatzprognose für den Bezirk (€)

BEISPIEL Ein Verkäufer hat einen Vorjahresumsatz von €1.620 erreicht, was 18% des Gesamtumsatzes in seinem Bezirk entspricht. Er war für ein Gebiet zuständig, das 12% vom Umsatzpotenzial des Bezirks ausmacht. Wenn sein Arbeitgeber für diesen Bezirk ein Umsatzziel von €10.000 für nächstes Jahr vorgibt (was einer Steigerung von insgesamt €1.000 gegenüber dem Vorjahr entspricht), dann kann das individuelle Umsatzziel des Verkäufers auf mehrere Arten berechnet werden. Diese legen jeweils unterschiedliches Gewicht auf vergangene Umsätze und zukünftiges Umsatzpotenzial. Hierzu vier Beispiele:

1. Umsatzziel basierend auf dem Vorjahresumsatz
   = 18% * €10.000 = €1.800
2. Umsatzziel basierend auf dem Umsatzpotenzial
   = 12% * €10.000 = €1.200
3. Umsatzziel basierend auf dem Vorjahresumsatz
   + Umsatzpotenzial * Steigerung
   = €1.620 + (12% * €1.000) = €1.740
4. Gewichteter Anteil der Umsatzzuteilung, wobei Vorjahresumsatz und Umsatzpotenzial (beispielsweise) je zu 50% gewichtet werden können, also = (18% * 50%) + (12% * 50%) = 15%. Dann...
   Umsatzziel basierend auf dem gewichteten Anteil der Umsatzzuteilung = 15% * €10.000 = €1.500

Datenquellen, Komplikationen und Warnhinweise

Umsatzziele werden normalerweise durch eine Kombination von Bottom-up und Top-down-Verfahren ermittelt. Oft setzt die Führungsebene Ziele für den Gesamtkonzern fest, während der Vertriebsleiter Teile dieser Gesamt-Planzahlen auf seine Verkäufer verteilt.

Das Top-Management verwendet in der Regel mehrere Kennziffern für die Umsatzprognosen, darunter der Vorjahresumsatz des jeweiligen Produkts, der Vorjahresumsatz im betreffenden Markt, der Vorjahresumsatz nach Wettbewerbern und der aktuelle Marktanteil des Unternehmens. Nachdem der Konzernumsatz prognostiziert worden ist, prüft der Vertriebsleiter, ob die gesetzten Ziele vernünftig sind, und revidiert sie, wenn nötig. Dann ordnet er den Planumsatz den Bezirken zu, wobei zumindest teilweise die jeweiligen Leistungen des Vorjahres berücksichtigt werden. Die wichtigsten Elemente in dieser Berechnung sind die bisherigen Umsätze eines Verkäufers in Prozent und das Umsatzpotenzial seines Gebiets.

Es ist wichtig, die Umsatzziele im Laufe des Jahres neu zu bewerten, um zu gewährleisten, dass die tatsächliche Leistung nicht zu stark von den Plandaten abweicht. Wenn eine solche Überprüfung ergibt, dass mehr als 90% oder weniger als 50% des Vertriebs die Ziele erreichen werden, dann empfiehlt sich möglicherweise eine Revidierung der Ziele. Ansonsten könnten die Verkäufer zu früh in ihren Bemühungen nachlassen, da das Ziel ja bereits in Reichweite scheint, bzw. im anderen Fall aufgeben, weil das Ziel unerreichbar ist. 75% Erfolgsrate wäre eine mögliche Faustregel für die Zieldefinition. Sie würde dafür sorgen, dass die meisten Verkäufer ihr Ziel erreichen, und dass das Ziel dennoch eine Herausforderung bleibt.

Wenn eine »Neubudgetierung« erforderlich werden sollte, müssen Sie gewährleisten, dass diese richtig aufgezeichnet wird. Sonst kann es leicht passieren, dass sich die Umsatzziele nicht mehr mit den Finanzbudgets und den Erwartungen des Vorstands decken.

Vertriebseffizienz: Messzahlen für Anstrengungen, Potenzial und Ergebnisse

Wenn Sie die Leistung Ihres Vertriebs analysieren, lassen sich Änderungen herbeiführen, um den Umsatz zu optimieren. Um dies zu erreichen, können Sie die Leistung einzelner Verkäufer oder des gesamten Vertriebs sowie den Jahresumsatz auf verschiedene Weisen schätzen.

Kennzahlen für die Vertriebseffizienz

$$= \frac{\text{Umsatz } (€)}{\text{Kundenkontakte (Anrufe) } (\#)}$$

$$= \frac{\text{Umsatz } (€)}{\text{Potenzielle Kunden } (\#)}$$

$$= \frac{\text{Umsatz } (€)}{\text{Aktive Kunden } (\#)}$$

$$= \frac{\text{Umsatz } (€)}{\text{Kaufkraft } (\#)}$$

$$= \frac{\text{Ausgaben } (€)}{\text{Umsatz } (€) \text{ (auch Umsatzkosten genannt)}}$$

Jede dieser Zahlen kann auch auf der Grundlage eines Deckungsbeitrags in Euro kalkuliert werden.

Zweck: die Leistung des Vertriebs und der einzelnen Verkäufer messen

Zur Analyse der Leistung eines Verkäufers können mehrere Kennziffern verglichen werden, die mehr über ihn verraten als sein Gesamtumsatz.

Konstruktion

In einem Standardwerk werden folgende Kennzahlen als nützlich für die Einschätzung der relativen Vertriebspersonaleffizienz genannt:[5]

$$\frac{\text{Umsatz } (€)}{\text{Kundenkontakte (Calls) } (\#)}$$

$$\frac{\text{Umsatz } (€)}{\text{Potenzielle Kunden } (\#)}$$

$$\frac{\text{Umsatz } (€)}{\text{Aktive Kunden } (\#)}$$

$$\frac{\text{Umsatz } (€)}{\text{Kaufkraft } (\#)}$$

Anhand dieser Formeln lassen sich Verkäufer in verschiedenen Gebieten vergleichen und Trends über einen Zeitraum beobachten. Sie können Unterschiede deutlich machen, die der Gesamtumsatz verschleiert, insbesondere in Bezirken, deren Gebiete sich in Größe, Anzahl der potenziellen Kunden oder Kaufkraft unterscheiden.

Diese Kennzahlen zeigen die Faktoren, die hinter dem Umsatz stehen. Wenn ein Verkäufer pro Anruf wenig Umsatz macht, kann das beispielsweise ein Zeichen dafür sein, dass man ihn darin schulen muss, die Kunden zu umfangreicheren Käufen zu motivieren. Oder es kann eine Abschlussschwäche verraten. Wenn der Umsatz pro potenziellen Kunden oder der Umsatz gemessen an der Kaufkraft zu niedrig ist, tut der Verkäufer vielleicht nicht genug, um neue Kunden zu gewinnen. Diese Kennziffern verraten viel über die Interessentenwerbung (»Prospecting«) und Anbahnungen, da sie auf dem gesamten Gebiet jedes Verkäufers basieren, zu dem potenzielle und bestehende Kunden gehören. Der Umsatz pro aktivem Kunden ist ein nützlicher Indikator dafür, wie gut ein Verkäufer den Wert seiner Bestandskunden maximieren kann.

Auch wenn es noch so wichtig ist, aus jedem Telefonat das Beste zu machen, wird kein Verkäufer sein Ziel mit nur einem einzigen Anruf erreichen. Etwas Mühe ist schon nötig, um den Umsatz zu steigern. Dies lässt sich auch grafisch darstellen (siehe Abbildung 6.1):[6]

Verkäufe (€)/Potenzieller Kunde (#)

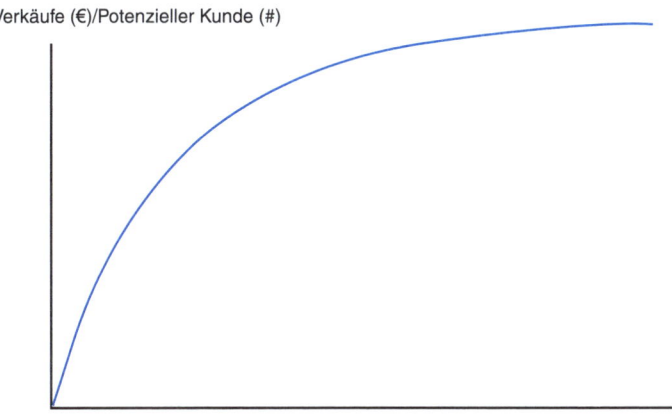

Gespräche (#)/Potenzieller Kunde (#)

Abbildung 6.1: Umsatz aus telefonischen Kundenkontakten

Auch wenn sich der Umsatz durchaus steigern lässt, indem man dem Kunden mehr Zeit und Aufmerksamkeit widmet, gibt es einen Punkt, an dem dieser Effekt kippt und der Verkäufer durch mehr Anrufe bei demselben Kunden seinen Umsatz nur noch schmälern kann. Zuletzt deckt das zusätzliche Geschäft, das dadurch generiert wird, noch nicht einmal mehr die Kosten des Telefonats.

Zusätzlich zu den oben beschriebenen Formeln gibt es ein weiteres wichtiges Maß für Effizienz: das Verhältnis von Ausgaben zu Umsatz. Diese kostenorientierte Kennziffer wird oft in Prozent vom Umsatz angegeben und wie folgt berechnet:

$$\frac{\text{Ausgaben (€)}}{\text{Umsatz (€)}}$$

Wenn diese Quote bei einem Verkäufer deutlich höher ist als bei anderen, kann das bedeuten, dass dieser Verkäufer seine Ausgaben nicht gut im Griff hat. Eine schlechte Kostenkontrolle liegt beispielsweise vor, wenn unnötige Kundenbesuche unternommen, zu viele Prospekte verteilt oder zu viele Essenseinladungen ausgesprochen werden. Doch die Ausgaben können auch dann einen hohen prozentualen Anteil am Umsatzanteil ausmachen, wenn ein Verkäufer nicht abschlusssicher ist. Wenn ein Verkäufer genauso viele Spesen abrechnet wie seine Kollegen, aber einen niedrigeren Umsatz erwirtschaftet, dann gibt er womöglich viel Geld für einen potenziellen Kunden aus, ohne diesen zum Geschäftsabschluss zu bewegen.

Noch schwieriger sind die Vertriebskennziffern zu fassen, die den Kundendienst betreffen. Kundendienst ist nur schwer messbar, da er nicht durch konkrete Zahlen belegt wird, es sei denn anhand von Wiederholungskauffragen oder Kundenbeschwerden. Diese beiden Größen mögen vielsagend sein, aber wie kann ein Vertriebsleiter den Service für Kunden bewerten, die weder weitere Käufe tätigen noch abwandern noch klagen? Man könnte zum Beispiel einen Umfragebogen mit einer Skala entwickeln, auf der die Kunden ihre Eindrücke quantifizieren können. Wenn genügend Fragebogen ausgefüllt wurden, können Sie Durchschnittswertungen für verschiedene Service-Kennziffern errechnen. Durch Vergleich dieser Wertungen mit den Umsatzzahlen können Sie den Umsatz mit dem Kundendienst korrelieren und die Leistung der Verkäufer beurteilen.

BEISPIEL Um die Ansichten der Kunden in eine Kennziffer zu übertragen, könnte ein Unternehmen Fragen wie diese stellen:

Welchen Grad an Service hat Ihre Firma durch unseren Vertrieb nach der Lieferung Ihrer bestellten Waren erhalten? (Zutreffendes bitte einkreisen)

1	2	3	4	5	6	7	8	9	10
Sehr schlecht				Befriedigend				Sehr gut	

Datenquellen, Komplikationen und Warnhinweise

Die Effizienz eines Verkäufers zu berechnen, ist nicht schwer, aber es erfordert die genaue Beobachtung einiger wichtiger Zahlen. Diese werden jedoch zum Glück in der Vertriebsbranche fast immer aufgezeichnet.

Die wichtigsten Daten sind der Betrag jedes Verkaufs (in Euro) und der dadurch erbrachte Deckungsbeitrag. Wenn ein Verkäufer besonders eine bestimmte Produktlinie anbieten soll, ist es möglicherweise von Bedeutung, die Art der verkauften Waren zu registrieren. Nützliche Informationen sind auch die Anzahl der (persönlichen und telefonischen) Gespräche, die Zahl der aktiven Kunden und die Kunden im Gebiet. Aus den beiden letzten Zahlen kann man die Kaufkraft eines Gebiets ermitteln.

Das größte Problem bei der Leistungsüberprüfung ist die Tendenz, sich nur auf eine oder zwei Kennziffern zu stützen. Das ist gefährlich, da die Leistung eines Einzelnen, wenn man sie nur an einer einzigen Latte misst, von der Norm abweichen kann. Ein Verkäufer, der €30.000 Umsatz pro Kundengespräch macht, kann wertvoller sein als einer, der €50.000 Umsatz macht, wenn sein Umsatz pro potenziellen Kunden höher ist. Ein Verkäufer in einem kleinen Gebiet bringt vielleicht nur einen geringen Deckungsbeitrag, aber einen hohen Umsatz, wenn man ihn an der Kaufkraft misst. In einem solchen Fall sollten Sie dem betreffenden Verkäufer ein größeres Gebiet geben. Bei einem anderen Verkäufer steigt vielleicht der Umsatz pro aktivem Kunde rapide an, doch wenn er dies erreicht, indem er einfach schwächere Kunden ignoriert, ohne zusätzlichen Umsatz zu machen, ist das kein Grund für eine Belohnung. Wenn Sie Ihr Vertriebspersonal auf den Prüfstand stellen, sollten Sie so viele Leistungskennziffern wie möglich auswerten.

Die weiter oben zitierte Kundendienstumfrage fußt zwar auf einem einfachen Konzept, aber gelegentlich ist es schwieriger, genügend – oder genügend repräsentative – Daten zu sammeln, um einen wirklichen Nutzen aus ihnen zu ziehen. Vielleicht füllen Kunden nicht gerne die Fragebögen aus oder sie tun es nur, wenn sie Grund für Klagen haben. Wenn Sie nur eine kleine Stichprobe oder überwiegend negative Antworten bekommen, könnten die Ergebnisse verzerrt sein. Doch auch dann müssen die Bemühungen zur Ermittlung der Kundenzufriedenheit weiter betrieben werden, damit die Verkäufer nicht die falschen Themen ansprechen oder die für den Kunden wichtigen vernachlässigen.

Vertriebsvergütung: Ein Mix aus Gehalt und Belohnung

»Der Incentive-Plan muss die Aktivitäten der Verkäufer mit den Unternehmenszielen in Einklang bringen.«[7] Um das zu erreichen, kann der Plan auf der Vergangenheit (Wachstum), der Gegenwart (Vergleich mit anderen) oder der Zukunft (Zielerreichung in Prozent) fußen. Folgende Formeln sind in diesem Zusammenhang wichtig:

$$\text{Vergütung (€)} = \text{Gehalt (€)} + \text{Bonus 1 (€)} + \text{Bonus 2 (€)}$$

$$\text{Vergütung (€)} = \text{Gehalt (€)} + [\text{Umsatz (€)} * \text{Provision (\%)}]$$

$$\text{Break-even-Personalbestand (\#)} = \frac{\text{Umsatz (€)} * [\text{Marge (\%)} - \text{Provision (\%)}]}{[\text{Gehalt (€)} + \text{Spesen (€)} + \text{Bonus (€)}]}$$

Zweck: die richtige Mischung von Festgehalt, Bonus und Provisionen feststellen, damit der Vertrieb größtmöglichen Umsatz macht

Wenn Sie einen Vergütungsplan für den Vertrieb aufstellen, sind vier Überlegungen wichtig: Höhe des Gehalts, Mischung von Gehalt und Incentive (Anreizen), Leistungsmessung und das Verhältnis von Leistung zu Geld. Das Gehalt, oder die Vergütung, ist der Betrag, den das Unternehmen einem Verkäufer im Laufe eines Jahres zahlen will. Man kann dies auch als einen Vergütungskorridor sehen, da die Summe von Bonus und Provisionen mit bestimmt wird.

Die Mischung von Gehalt und Incentive ist ein wichtiger Faktor in der Gesamtvergütung. Das Festgehalt ist Geld, das garantiert gezahlt wird. Incentives können unterschiedliche Formen haben, zum Beispiel ein Bonus oder Provisionen. Im Falle eines Bonus erhält der Verkäufer eine pauschale Zahlung, wenn er bestimmte Umsatzziele erreicht; Provisionen dagegen werden mit jedem Verkauf verdient und steigen inkrementell. Um die richtigen Incentives zu definieren, müssen Sie ganz genau feststellen, welche Rolle der Verkäufer bei jedem Kauf spielt. Je mehr der Erfolg dem Verkäufer zuzurechnen ist, umso einfacher wird es, ein Incentive-System einzurichten.

Es gibt diverse Kennziffern, um die Leistung eines Verkäufers zu ermitteln, nämlich im Kontext von vergangenen, gegenwärtigen oder zukünftigen Vergleichsgrößen:

- **Die Vergangenheit**: Stellen Sie fest, um wie viel Prozent ein Verkäufer seinen Umsatz gegenüber den Vorjahren gesteigert hat.
- **Die Gegenwart**: Stufen Sie den Verkäufer auf der Grundlage seiner aktuellen Ergebnisse ein.
- **Die Zukunft**: Ermitteln Sie, wie viel Prozent seiner Umsatzziele jeder Verkäufer erreicht.

Auch können Sie als Vertriebsleiter aussuchen, auf welche Ebene Ihrer Organisation Sie Ihren Incentive-Plan konzentrieren. Die Auszahlung von Zulagen kann an die Ergebnisse des Unternehmens, der Abteilung oder der Produktlinie geknüpft sein. Überall gilt: Wenn Leistung gemessen und Vergütungspläne entworfen werden, sollten die Anreize für die Verkäufer den Unternehmenszielen entsprechen.

Zu guter Letzt müssen Sie auch einen Zeitraum festlegen, in dem die Leistung der Verkäufer begutachtet wird.

Konstruktion

Manager haben einige Freiheiten bei der Entwicklung von Vergütungssystemen. Der Schlüssel ist es, mit einer Umsatzprognose und einem Gehaltskorridor für jeden Verkäufer anzufangen. Sind diese Elemente einmal festgelegt, so gibt es viele Möglichkeiten, um Verkäufer zu motivieren.

In einem Multi-Bonus-System kann die folgende Formel die Vergütungsstruktur für Verkäufer angeben:

Vergütung (€) = Gehalt (€) + Bonus 1 (€) + Bonus 2 (€)

In diesem System könnte der Bonus 1 vielleicht auf halbem Wege zum Umsatzziel für das Gesamtjahr erreicht werden und der zweite Bonus dann, wenn das Ziel erfüllt wurde.

In einem Provisionssystem würde die Vergütung eines Verkäufers mit folgender Formel errechnet:

Vergütung (€) = Gehalt (€) + [Umsatz (€) ∗ Provision (%)]

Theoretisch könnte dann, wenn 100% der Vergütung aus Provisionen besteht, das Gehalt auf €0 sinken. Doch solche Vereinbarungen sind vielerorts gesetzlich verboten. Manager müssen dafür sorgen, dass die Vergütungsstrukturen, die sie entwickeln, arbeitsrechtlich unbedenklich sind.

Manager können auch Bonus- und Provisionsstrukturen miteinander verbinden, indem sie ab einem bestimmten Umsatz zusätzlich zu den Provisionen noch einen Bonus zahlen oder die Provisionsrate erhöhen.

> **BEISPIEL** Tina bekommt bis zu einem Umsatz von €1.000.000 eine Provision von 2% und ab diesem Punkt eine Provision von 3%. Ihr Gehalt beträgt €20.000 pro Jahr. Wenn sie €1.200.000 Umsatz macht, lässt sich ihre Vergütung folgendermaßen berechnen:
>
> $$\text{Vergütung} = €20.000 + (0,02) * (€1.000.000) + (0,03) * (€200.000)$$
> $$= €46.000$$

Wenn ein Vergütungsplan für den Vertrieb installiert wurde, kann man die Stärke der Vertriebsmannschaft überdenken. Laut den Prognosen für das nächste Jahr hat das Unternehmen vielleicht Raum für mehr Verkäufer oder es möchte das Vertriebsteam verkleinern. Auf der Basis einer Umsatzprognose können Sie den Break-even-Personalbestand für Ihr Unternehmen folgendermaßen errechnen:

Break-even-Personalbestand (#)

$$= \frac{\text{Umsatz (€)} * [\text{Marge (\%)} - \text{Provision (\%)}]}{[\text{Gehalt (€)} + \text{Spesen (€)} + \text{Bonus (€)}]}$$

Datenquellen, Komplikationen und Warnhinweise

In Incentive-Plänen werden oft Kennziffern wie Gesamtumsatz, Gesamtdeckungsbeitrag, Marktanteil, Kundenbindung und Kundenbeschwerden berücksichtigt. Da ein solcher Plan einen Verkäufer für die Erreichung bestimmter Ziele belohnen soll, müssen diese Ziele zu Beginn des Jahres (oder eines anderen Zeitraums) definiert werden. Eine permanente Beobachtung dieser Kennziffern hilft sowohl dem Verkäufer als auch dem Unternehmen, die Vergütung am Jahresende zu planen.

Das richtige Timing ist ein wichtiger Punkt in Incentive-Plänen. Ein Unternehmen muss seine Daten zeitnah sammeln, damit Manager und Verkäufer wissen, wo sie im Verhältnis zu den festgelegten Zielen stehen. Auch der Zeitrahmen eines Plans ist von Bedeutung. Wenn ein Unternehmen versucht, mit wöchentlichen Anreizen seine Mitarbeiter zu motivieren, kann sein Vergütungsplan zu teuer und zeitraubend werden. Ist der Zeitraum hingegen zu lang, kann sich der Plan von den Prognosen und Zielen des Unternehmens entfernen, sodass der Vertrieb zu hoch oder zu niedrig bezahlt wird. Um diese Fehler zu vermeiden, können Sie ein Programm entwickeln, das einen Mix von kurz- und langfristigen Incentives vorsieht. Manche Belohnungen können mit einer einfachen, kurzfristigen Kennziffer wie beispielsweise Gespräche pro Woche verknüpft werden, andere dagegen mit komplexeren, langfristigen Zielen wie beispielsweise der in einem Jahr erreichte Marktanteil.

Weitere Komplikationen können daraus entstehen, dass der Erfolg womöglich nicht einem einzelnen Verkäufer ursächlich zuzurechnen ist. Das kann manchmal zum Problem werden, wenn beispielsweise Teams zusammenarbeiten. In einem solchen Szenario lässt sich manchmal kaum feststellen, welche Teammitglieder welche Belohnung verdient haben. So entscheiden manche Manager, allen Mitgliedern des Teams für die Zielerreichung denselben Bonus zu zahlen.

Ein Letztes: Wenn ein Incentive-Programm eingeführt wird, kann es passieren, dass der »falsche« Verkäufer belohnt wird. Um dies zu verhindern, sollten Vertriebsleiter das Programm probehalber einmal auf die Vorjahresergebnisse anwenden, ehe sie es tatsächlich in die Praxis umsetzen. Ein »guter« Plan wird normalerweise den Verkäufer belohnen, den auch der Vertriebsleiter für den besten hält.

Beobachtung des Vertriebs: Pipeline-Analyse

Die Pipeline-Analyse soll den Fortschritt der Verkaufsbemühungen im Verhältnis zu allen bestehenden und potenziellen Kunden beobachten, um den kurzfristigen Umsatz prognostizieren und die Arbeitslast des Vertriebs beurteilen zu können.

Zweck: künftige Umsätze vorausberechnen und die Verteilung der Arbeitslast beurteilen

Um kurzfristige Umsatzvorhersagen zu treffen und den Vertrieb im Auge zu behalten, sind Umsatz-Pipelines oder Umsatztrichter praktisch. Man kann sie grafisch darstellen und zusätzlich werden die Daten, auf denen sie beruhen, elektronisch in einer Datenbank oder Tabellenkalkulation gespeichert.

Das Konzept des Umsatztrichters beruht auf einem bekannten Phänomen: Wenn ein Vertrieb sehr viele potenzielle Kunden anspricht, werden nur einige von ihnen tatsächlich etwas kaufen. Wenn die Verkäufer die verschiedenen Stufen der Kundeninteraktion durchlaufen, springen immer auch einige Interessenten ab. Nach jeder Stufe bleiben weniger potenzielle Kunden übrig. Wenn Sie die Anzahl der potenziellen Kunden in jedem Stadium dieses Prozesses verfolgen, können Sie die Arbeitslast in Ihrem Team gerecht verteilen und zuverlässige Vorhersagen über den Umsatz treffen.

Diese Analyse ähnelt der in Abschnitt 2.7 beschriebenen Effekthierarchie. Egal, ob diese auf Werbung oder Massenmedien beruht: Der Umsatztrichter ist immer geeignet, um die Aktiviäten der Einzelkunden (oft sogar namentlich) und des Vertriebs nachzuvollziehen. (Hinweis: Manche Branchen, darunter auch die Konsumgüterbranche, verstehen unter »Pipeline-Umsatz« die Umsätze in einen Vertriebskanal hinein. Bitte verwechseln Sie also Pipeline-Umsatz nicht mit einer Umsatz-Pipeline.)

Konstruktion

Um sich das Konzept des Umsatztrichters oder der Umsatz-Pipeline klarzumachen, betrachten Sie ein Diagramm mit den Stufen des Verkaufsprozesses (siehe Abbildung 6.2). Auf jeder Stufe werden sich zu jeder Zeit immer einige Kunden befinden. Wie Abbildung 6.2 zeigt, mögen zwar anfangs viele potenzielle Kunden vorhanden sein, aber die, die tatsächlich bei Ihnen kaufen, stellen immer nur einen Prozentsatz dieser Interessenten.

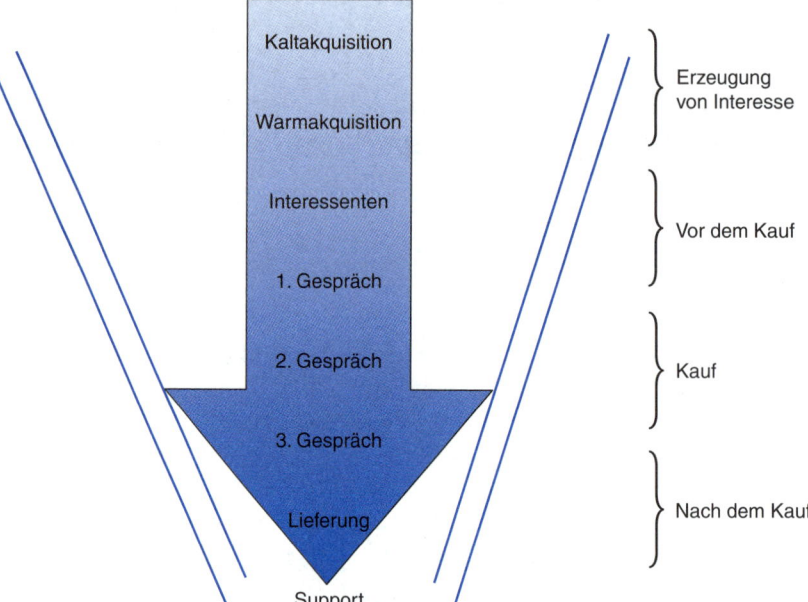

Abbildung 6.2: Der Umsatztrichter

Erzeugung von Interesse: Dazu gehört der Aufbau von Produktkenntnis, beispielsweise durch Verkaufsshows, Direktmailings und Werbung. Um Interesse zu wecken, kann der Verkäufer auch Leads generieren, das heißt, seinem Vorrat an potenziellen Kunden neue hinzufügen. Die so genannten »Leads« (das sind zu akquirierende Personen oder Firmen) teilt man in Kalt- und Warmakquisitionen (»Cold Leads« und »Warm Leads«) ein.

Kaltakquisition: jemand, der kein besonderes Interesse bekundet hat, sondern durch Mailinglisten, Telefonbücher, Firmenverzeichnisse usw. ausfindig gemacht wird.

Warmakquisition: jemand, bei dem man mit einer Reaktion rechnen kann. Diese potenziellen Kunden haben sich vielleicht auf einer Website registriert oder Produktinformationen angefordert.

Vorstufe des Kaufs: Hier müssen aus den Kalt- und Warmakquisitionen die Interessenten herausgefiltert werden. Verkäufer treffen diese Unterscheidung, indem sie Interessenten bei Antrittsbesuchen die Merkmale und Vorteile ihres Produkts erläutern und dem Kunden bei seiner Problemlösung helfen. Bei einem Kundenbesuch in einer derart frühen Phase geht es noch nicht um Abschlüsse, sondern darum, herauszufinden, ob der Angesprochene überhaupt ein Interessent ist, und um die Vereinbarung eines Anschlusstermins.

Interessent (auch »Prospect« genannt): ein potenzieller Kunde, der wahrscheinlich zum Käufer wird, d.h. die Fähigkeit und den Willen besitzt, etwas zu kaufen.[8]

Kauf: Nachdem die Interessenten erkannt wurden und weiteren Kontaktaufnahmen zugestimmt haben, kann der Verkäufer ein zweites oder drittes Treffen mit ihnen planen. Bei diesen Besprechungen findet der eigentliche »Verkauf« statt. Der Verkäufer wird den Interessenten überzeugen, mit ihm verhandeln und/oder ein Angebot unterbreiten. Wenn ein Kauf vereinbart wird, kann ein Verkäufer das Geschäft durch ein schriftliches Angebot, einen Vertrag oder eine Bestellung dokumentieren.

Nachbereitung des Kaufs: Auch nachdem der Kunde seinen Kauf getätigt hat, bleibt immer noch einiges zu tun: Sie müssen das Produkt ausliefern oder die Leistung erbringen, etwas installieren (wenn nötig), Zahlungen vereinnahmen und möglicherweise Schulungen durchführen. Darum muss sich nun der Kundendienst nachhaltig kümmern.

Wenn sich ein Verkäufer die verschiedenen Stufen eines Umsatztrichters vor Augen führt, kann er seine Kunden und Konten genauer im Auge behalten. Dazu verwendet er entweder eine Datenbank oder ein Tabellenkalkulationsprogramm. Wenn eine Umsatz-Pipeline auf einem freigegebenen Datenträger gespeichert wird, kann jeder Verkäufer seine Daten regelmäßig aktualisieren und der Vertriebsleiter kann sich jederzeit von den Fortschritten seines Teams überzeugen. Tabelle 6.2 zeigt einen Umsatztrichter in der Darstellung eines Tabellenkalkulationsprogramms.

| Verkäufer | Interesse erzeugen | | Vor dem Kauf | | Kauf | Nach dem Kauf | |
	Kalt-akqui-sition	Warm-akqui-sition	Interes-senten	1./2. Treffen	2./3. Treffen	Lieferung	Support
Sandy	56	30	19	5	8	7	25
Bob	79	51	33	16	4	14	35

Tabelle 6.2: Umsatztrichter aus einem Tabellenkalkulationsprogramm

Anhand der Daten eines solchen Trichters können Sie sich auf den Umsatz der nahen Zukunft vorbereiten. Dies ist eine Form der Pipeline-Analyse. Wenn ein Unternehmen Probleme mit der Lagerhaltung hat oder seine Umsatzziele verpasst, sind diese Informationen lebenswichtig. Wenn Sie die Durchschnittszahlen der Vergangenheit hinzuziehen, können Sie die auf den Umsatztrichterdaten beruhenden Umsatzprognosen noch verbessern. Das ist entweder manuell oder mit einer Spezialsoftware möglich. Der Umsatztrichter basiert auf der Annahme, dass durch einen Fehler auf irgendeiner Ebene jeweils ein Interessent wegbricht. Das folgende Beispiel zeigt, wie man eine solche Bottom-up-Hochrechnung einsetzen könnte.

BEISPIEL Der Vertriebsleiter von Sandy und Bob möchte mithilfe des Umsatztrichters berechnen, wie viel Umsatz noch nötig ist, um die Planzahlen der nächsten fünf Monate zu erreichen. Er greift dazu auf die Durchschnittswerte der Vergangenheit zurück:

- In fünf Monaten wurden 2% der Kaltakquisitionen zu Käufern.
- In vier Monaten wurden 14% der Warmakquisitionen zu Käufern.
- In drei Monaten wurden 25% der Interessenten zu Käufern.
- In zwei Monaten wurden 36% der Kunden, die einem unverbindlichen Vorgespräch zustimmten, zu Käufern.
- In einem Monat wurden 53% der Kunden, die einem Abschlussgespräch zustimmten, zu Käufern.

Somit gilt:

Voraussichtliche Verkäufe
$= [(56 + 79) * 2\%] + [(30 + 51) * 14\%] + [(19 + 33) * 25\%]$
$+ [(5 + 16) * 36\%)] + [(8 + 4) * 53\%] = 41$

Hinweis: Dieses Beispiel gilt nur für ein Produkt. Oft benötigt ein Unternehmen mehrere Umsatztrichter für verschiedene Produkte oder Produktlinien. Manchmal wird nur eine einzige Ware, manchmal aber auch Tausende davon verkauft. Im letzteren Fall wäre es gut, eine Kennziffer wie etwa »Durchschnittliche Menge pro Verkauf und Kunde« für die Vorhersagen zu verwenden.

Datenquellen, Komplikationen und Warnhinweise

Um einen Umsatztrichter auf den richtigen Daten aufzubauen, müssen die Verkäufer über alle bestehenden und potenziellen Kunden und ihren jeweiligen Status im Verkaufsprozess Rechenschaft ablegen können. Jeder Verkäufer muss diese Informationen zugänglich machen, damit sie in einer umfassenden Datenbank der Vertriebsaktivitäten zusammengetragen werden können. Dann kann das Unternehmen auf diese Daten bestimmte, auf den Erfahrungen der Vergangenheit beruhende Annahmen anwenden, um den zukünftigen Umsatz vorauszuberechnen. Wenn beispielsweise normalerweise 25% der Warmakquisitionen binnen zwei Monaten zu Umsatz führen und zurzeit 200 Warmakquisitionen in einem Umsatztrichter erscheinen, können Sie davon ausgehen, dass 50 davon innerhalb von zwei Monaten zu Kaufaktivitäten führen werden.

Manchmal besteht bei Verwendung eines Umsatztrichters die Gefahr, die Interessentenwerbung (»Prospecting«) zu übertreiben. Wenn der inkrementelle Deckungsbeitrag aus einer Kundenbeziehung kleiner ist als die Kosten der Akquisition dieses Kunden, ergibt die Werbung dieses Kunden ein negatives Resultat. Ihre Verkäufer sollten den Customer Lifetime Value als Messlatte nehmen, wenn sie über Art und Umfang des Prospecting entscheiden. Die Umsatztrichtergrößen aus den Phasen, die dem eigentlichen Kauf vorgeschaltet sind, zu steigern, lohnt sich nur dann, wenn diese Steigerung auch weiter unten im Trichter zu besseren Zahlen führt.

Schwierigkeiten im Verkaufszyklus können sich auch ergeben, wenn ein Verkäufer meint, ein potenzieller Kunde sei schon deshalb ein Interessent, weil er den Willen und die Fähigkeit zum Kauf hat. Um diese Einschätzung zu untermauern, muss er sicherstellen, dass der Kunde darüber hinaus auch die Vollmacht zum Kauf hat. Beim Prospecting sollten sich die Verkäufer genug Zeit nehmen, um zu überprüfen, ob ihre Ansprechpartner Kaufentscheidungen ohne die Einwilligung einer anderen Stelle treffen dürfen.

Numerische, ACV- und PCV-Distribution, Facings/Kontaktstrecke

Distributionskennziffern geben an, wie gut die Produkte bei den Wiederverkäufern erhältlich sind. Die Angabe erfolgt normalerweise in Prozent aller potenziellen Geschäfte. Oft werden die Geschäfte dabei nach ihrem Anteil am Spartenumsatz oder am Umsatz aller Waren (»All Commodity«-Umsatz) gewichtet.

Numerische Distribution (%)

$$= \frac{\text{Anzahl der Geschäfte, welche die Marke führen (\#)}}{\text{Gesamtzahl der Geschäfte (\#)}}$$

All Commodity-Volumen (ACV)-Distribution (%)

$$= \frac{\text{Gesamtumsatz der Geschäfte, welche die Marke führen (€)}}{\text{Gesamtumsatz aller Geschäfte (€)}}$$

Produktspartenvolumen-Distribution (Product Category Volume, PCV)[9] (%)

$$= \frac{\text{Gesamtspartenumsatz der Geschäfte, welche die Marke führen (€)}}{\text{Gesamtspartenumsatz aller Geschäfte (€)}}$$

$$\text{Performancequote der Produktsparte (\%)} = \frac{\text{PCV (\%)}}{\text{ACV (\%)}}$$

Marketingleiter, die ihre Produkte über Wiederverkäufer vertreiben, erkennen an den Distributionskennziffern, wie viel Prozent Marktzugang ihre Marken haben. Immer streben Marketingleiter nach einer ausgewogenen Strategie des »Push« (Wiederverkäufer und Großhändler aufbauen und pflegen) und »Pull« (Kundennachfrage generieren).

Zweck: die Fähigkeit eines Unternehmens messen, seine Produkte an den Kunden heranzutragen

Im Grunde steht das Marketing vor zwei Herausforderungen:

- Die erste (und bekanntere) besteht darin, bei Verbrauchern oder Anwendern ein Bedürfnis nach dem Produkt des Unternehmens zu wecken. Hierbei spricht man von Pull-Marketing (der Konsument wird zum Produkt hingezogen).
- Die zweite, weniger bekannte, ist jedoch genauso wichtig: Das Push-Marketing sorgt dafür, dass die Kunden überhaupt die Gelegenheit bekommen, zu kaufen (das Produkt wird zum Konsumenten hingeschoben).

Marketingleiter haben eine Vielzahl von Kennziffern entwickelt, um die Wirksamkeit ihres Distributionssystems zu beurteilen, das Kaufchancen eröffnen soll. Die grundlegendsten unter ihnen sind Maße für die Produktverfügbarkeit.

Maße für die Verfügbarkeit geben an, wie viele Geschäfte ein Produkt erreicht, welchen Bruchteil des betreffenden Markts diese Geschäfte erreichen und wie viel Prozent Gesamtumsatzvolumen aller Sparten die Geschäfte, die diese Marke führen, erzielen.

Konstruktion

Es gibt drei gebräuchliche Kennziffern für Absatzwege:

1. Numerische Distribution
2. All Commodity-Volumen (ACV)
3. Produktspartenvolumen (PCV), auch »gewichtete Distribution« genannt

Numerische Distribution

Dieses Maß basiert auf der Anzahl der Geschäfte, die ein Produkt führen (Geschäfte, die mindestens eine Lagereinheit des Produkts vorrätig haben). Es gibt an, wie viel Prozent der Läden des betreffenden Markts eine Marke oder Lagereinheit am Lager haben.

Die numerische Distribution soll vor allem helfen, zu verstehen, wie viele Standorte ein Produkt oder eine Marke auf Lager haben. Dies hat Folgen für die Logistik und für die Kosten der Belieferung dieser Geschäfte.

Um die numerische Distribution zu berechnen, teilen Sie die Anzahl der Läden, die mindestens eine Lagereinheit eines Produkts oder einer Marke führen, durch die Anzahl der Geschäfte im relevanten Markt.

Numerische Distribution (%)

$$= \frac{\text{Anzahl der Geschäfte, die ein Produkt führen (\#)}}{\text{Gesamtzahl der Geschäfte im Markt (\#)}}$$

Mehr über Lagereinheiten (Stock-Keeping Units, SKUs) lesen Sie in Abschnitt 3.3.

BEISPIEL Alice verkauft Fotoalben an Geschenk-Shops. In ihrem Umfeld gibt es 60 solcher Läden. Um ihren Absatz zu optimieren, möchte Alice mindestens 60% dieser Läden erreichen. Allerdings muss sie, um eine Geschäftsbeziehung mit einem Laden aufzubauen, diesem Waren im Gegenwert von €4.000 zur Verfügung stellen, um überhaupt Präsenz zu zeigen. Wie viel muss Alice in Lagerhaltung investieren, um ihr Ziel zu erreichen?

Um ihr Ziel einer numerischen Distribution von 60% zu erreichen, muss Alice 36 Läden (also 0,60 * 60) beliefern.

Also muss sie Lagerinvestitionen in Höhe von mindestens €144.000 tätigen (36 Läden * €4.000 pro Laden).

All Commodity-Volumen

Das All Commodity-Volumen (ACV) ist ein gewichtetes Maß für die Produktverfügbarkeit oder Distribution und basiert auf dem gesamten Ladenumsatz. Das ACV kann in Euro oder Prozent ausgedrückt werden.

All Commodity-Volumen (ACV): Diese Kennziffer gibt an, wie viel Prozent der Umsätze aller Sparten die Läden generieren, die eine bestimmte Marke führen (also mindestens eine Lagereinheit dieser Marke vorrätig haben).

All Commodity-Volumen (ACV-Distribution) (%)

$$= \frac{\text{Umsatz der Geschäfte, die eine Marke führen (€)}}{\text{Umsatz der Geschäfte im Markt (€)}}$$

All Commodity-Volumen (ACV-Distribution) (€)
= Gesamtumsatz der Läden, welche die Marke führen (€)

BEISPIEL Der Marketingleiter von Madre's Tortillas möchte das All Commodity-Volumen seines Absatznetzwerks in Erfahrung bringen (Tabelle 6.3).

Geschäft	Aller Umsatz	Tortilla-Umsatz	Madre's Tortillas Lagereinheiten	Padre's Tortillas Lagereinheiten
Laden 1	€100.000	€1.000	12 ct, 24 ct	12 ct, 24 ct
Laden 2	€75.000	€500	12 ct	24 ct
Laden 3	€50.000	€300	12 ct, 24 ct	keine
Laden 4	€40.000	€400	keine	12 ct, 24 ct

Tabelle 6.3: Madre's Tortillas: Distribution

Madre's Tortillas findet man in den Läden 1 bis 3, aber nicht im Laden 4. Das ACV des Distributionsnetzes ist daher der Gesamtumsatz der Läden 1, 2 und 3, geteilt durch den Gesamtumsatz aller Läden. Dies ist ein Maß für den Umsatz sämtlicher Waren in diesen Läden und nicht nur für den Tortilla-Umsatz.

$$
\begin{aligned}
\text{Madre's Tortillas ACV (\%)} &= \frac{\text{Umsatz Läden 1 – 3}}{\text{Umsatz aller Läden}} \\
&= \frac{€100.000 + €75.000 + €50.000}{€100.000 + €75.000 + €50.000 + €40.000} \\
&= \frac{€225.000}{€265.000} \\
&= 84,9\%
\end{aligned}
$$

Das ACV hat gegenüber der numerischen Distribution den Vorteil, dass es eine bessere Kennzahl für den Kundenverkehr in den Läden abgibt, die eine Marke führen. Im Grunde ist das ACV eine korrigierte numerische Distribution, nämlich korrigiert um den Umstand, dass nicht alle Einzelhändler gleich viel Umsatz machen.

Nehmen wir als Beispiel einen Markt, der aus einem Supermarkt und einem Kiosk besteht: Die numerische Distribution würde beide Geschäfte gleich gewichten, während das ACV einer Bevorratung des Supermarkts den Vorrang geben würde. Wenn keine detaillierten Umsatzzahlen zur Verfügung stehen, kann zur Berechnung des ACV auch die Quadratmeterfläche des Verkaufsraums der Läden als Näherung für ihr Gesamtumsatzvolumen herangezogen werden.

Die Schwäche des ACV besteht darin, dass es nichts darüber aussagt, wie gut ein Laden seine Waren vermarktet und sich im Wettbewerb um die betreffende Produktsparte behauptet. Auch wenn ein Geschäft insgesamt eine Menge Umsatz macht, kann es sein, dass er ausgerechnet in Ihrer Produktsparte nur ganz wenig verkauft.

Spartenvolumen

Das Spartenvolumen (Product Category Volume, PCV)[10] ist eine verfeinerte ACV-Kennzahl. Es hinterfragt, welchen Anteil Ihre Produktsparte am Umsatz der Läden hat, in denen Ihr Produkt geführt wird. Dieses Maß sagt Ihnen, ob ein Produkt in Geschäften, wo die Kunden nach dieser Produktsparte suchen, an Umsatz zulegt oder ob es sich einfach nur um umsatzstarke Läden handelt, wo Ihr Produkt in der Vielfalt des Angebots untergeht.

Um das Beispiel mit dem Kiosk und dem Supermarkt fortzuführen: Es kann zwar sein, dass das ACV den Anbieter eines Schokoriegels zunächst veranlasst, den umsatzstarken Supermarkt vorrangig zu bedienen, aber das PCV könnte zeigen, dass überraschenderweise der Kiosk mehr Umsatz in Schokoriegeln macht. Daher ist der Schokoriegelhersteller gut beraten, dem Kiosk die höhere Priorität einzuräumen.

Spartenvolumen (PCV): der Anteil in Prozent oder Euro, den der Spartenumsatz in den Läden hat, die mindestens eine Lagereinheit der betreffenden Marke vorrätig haben, im Vergleich zu allen Läden in ihrem Markt.

Spartenvolumen (PCV-Distribution) (%)

$$= \frac{\text{Gesamtspartenumsatz der Läden, welche die Marke führen (€)}}{\text{Gesamtspartenumsatz aller Läden (€)}}$$

Spartenvolumen (PCV-Distribution) (€)
= Gesamtspartenumsatz der Läden, welche die Marke führen (€)

Wenn detaillierte Umsatzzahlen zur Verfügung stehen, kann das PCV ziemlich präzise angeben, welchen Marktanteil in einer Produktsparte eine Marke erzielt. Sind keine Umsatzdaten verfügbar, können Sie ein ungefähres PCV berechnen, indem Sie die Ladenfläche, die der Produktsparte eingeräumt wird, als Hinweis darauf betrachten, wie wichtig diese Produktsparte einem Geschäft oder Geschäftstyp ist.

BEISPIEL Der Marketingleiter von Madre's Tortillas möchte wissen, wie gut sein Produkt die Geschäfte erreicht, in denen Tortillas gekauft werden. Wir verwenden die Daten aus dem obigen Beispiel: Die Läden 1, 2 und 3 führen Madre's Tortillas, der Laden 4 nicht. Das Spartenvolumen von Madre's Tortillas errechnet sich als »gesamter Tortilla-Umsatz in den Läden 1 bis 3, geteilt durch den Tortilla-Umsatz im gesamten Markt«.

$$\text{PCV (\%)} = \frac{\text{Tortilla-Umsatz der Läden, welche die Madre's führen}}{\text{Tortilla-Umsatz aller Läden}}$$

$$= \frac{€1.000 + €500 + €300}{€1.000 + €500 + €300 + €400}$$

$$= 81{,}8\%$$

Gesamtdistribution: die Summe von ACV- oder PCV-Distribution für alle Lagereinheiten einer Marke, jeweils einzeln berechnet. Dagegen steht das einfache ACV oder PCV, das auf dem gesamten Waren- oder Produktspartenumsatz aller Läden beruht, welche mindestens eine Lagereinheit einer Marke führen. Außerdem gibt die Gesamtdistribution an, wie viele Lagereinheiten der Marke diese Läden vorrätig haben.

Sparten-Performancequote: die relative Performance eines Einzelhändlers in einer Produktsparte, verglichen mit seiner Performance in allen Produktsparten.

Durch Vergleich von PCV und ACV zeigt die Sparten-Performance, ob das Distributionsnetz einer Marke die Produktsparte dieser Marke im Vergleich zum Durchschnitt aller Sparten, in denen die Mitglieder dieses Netzes konkurrieren, wirkungsvoll verkauft oder nicht.

$$\text{Sparten-Performancequote (\%)} = \frac{\text{PCV (\%)}}{\text{ACV (\%)}}$$

Wenn ein Distributionsnetz eine Sparten-Performancequote größer 1 aufweist, verkaufen die Geschäfte in diesem Netz die betreffende Produktsparte im Vergleich zu anderen Sparten und im Verhältnis zum Gesamtmarkt besser als andere.

BEISPIEL Oben sahen wir bereits, dass das PCV von Madre's Tortillas' Distributionsnetz 81,8% beträgt. Sein ACV beläuft sich auf 84,9%. Also liegt die Sparten-Performancequote bei 0,96.

Madre's hat es also geschafft, von den größten Läden des Markts angeboten zu werden. Doch der Tortilla-Umsatz in diesen Läden liegt im Vergleich zum Gesamtmarkt etwas unter dem Durchschnitt aller Warenumsätze. Das bedeutet, dass die Geschäfte, die Madre's führen, auf den Tortilla-Verkauf etwas weniger Wert legen als der Durchschnitt der Läden in diesem Markt.

Datenquellen, Komplikationen und Warnhinweise

In vielen Märkten gibt es Datenanbieter, die sich darauf spezialisiert haben, Informationen über die Distribution von Produkten zu sammeln. In anderen Märkten müssen die Unternehmen selbst Daten sammeln. Berichte über Verkaufszahlen und Rechnungen für Lieferungen können einen Anfang darstellen.

In bestimmten Warengruppen, insbesondere Luxusgüter mit geringen Stückzahlen und hohem Wert, lassen sich die wenigen Geschäfte, die das betreffende Produkt führen, leicht zählen. Doch für Anbieter von Massenwaren kann es schon eine Herausforderung sein, nur zu ermitteln, wie viele Geschäfte eine Ware führen. Eventuell muss man die Zahl schätzen. Nehmen wir als Beispiel die Anzahl Geschäfte, die ein bestimmtes Erfrischungsgetränk führen. Um ihre genaue Zahl zu bestimmen, müssten Sie neben den normalen Lebensmittelgeschäften auch Getränkeautomaten und fliegende Händler mitzählen.

Um den Gesamtumsatz eines Ladens zu schätzen, wenden Sie den branchenüblichen Durchschnittsumsatz pro Quadratmeter Verkaufsfläche auf die Größe dieses Ladens an.

Wenn Sie keine genauen Daten über den Spartenumsatz zur Hand haben, können Sie den ACV gewichten, um eine Näherung des PCVs zu bekommen. Vielleicht wissen Sie beispielsweise, dass Apotheken gemessen an ihrem Gesamtumsatz mehr von einem Produkt verkaufen als Supermärkte. Also können Sie die Apotheken im Verhältnis zu Supermärkten stärker gewichten, wenn Sie Ihre Absatzwege evaluieren.

Verwandte Kennziffern und Konzepte

Facings: Ein »Facing« ist eine Frontalansicht einer einzelnen Packung eines Produkts in einem komplett eingeräumten Regal.

Kontaktstrecke (Share of Shelf): Diese Kennziffer vergleicht die Facings einer Marke mit den gesamten Facings, um festzustellen, wie prominent die betreffende Marke herausgestellt wird.

$$\text{Kontaktstrecke (\%)} = \frac{\text{Facings einer Marke (\#)}}{\text{Facings insgesamt (\#)}}$$

Ladenmaße versus Markenmaße: Marketingleiter reden oft vom ACV einer Supermarktkette. Diese kann man in Euro ausdrücken (der Gesamtumsatz aller Sparten im betreffenden regionalen Markt) oder in Prozent (der Anteil am Euro-Umsatz im Bereich dieser Geschäfte). Das ACV einer Marke ist die Summe des ACVs der Ketten und Läden, welche diese Marke vorrätig haben. Wenn also eine Marke von zwei Ketten in einem Markt geführt wird und diese Ketten 40% und 30% ACV haben, dann beträgt das ACV vom Distributionsnetz dieser Marke 30% + 40% = 70%.

Marketingleiter können auch den Marktanteil einer Marke in einer bestimmten Produktsparte anführen. Dieser entspricht dem PCV (%) der Kette. Das PCV der Marke dagegen ist die Summe der PCVs der Ketten, welche diese Marke vorrätig haben.

Lagerhaltung: Dieses Maß für die physisch vorhandene Zahl der Waren am Lager wird in der Regel an verschiedenen Stellen in einer Pipeline bestimmt. Die Lagerhaltung eines Einzelhändlers kann bestellte, in Lagerhäusern eingelagerte, auf dem Transitweg befindliche, im Hinterzimmer gestapelte und in den Regalen eingeräumte Waren umfassen.

Distributionsbreite: Diese Zahl kann anhand der Lagereinheiten bestimmt werden. Ein Unternehmen hält normalerweise viele Lagereinheiten, also eine große Distributionsbreite, der Produkte auf Vorrat, an deren Verkauf es am meisten interessiert ist.

Features im Laden: gibt an, wie viel Prozent der Läden in einem bestimmten Zeitraum eine Preispromotion anbieten. Kann nach Produkt oder nach All Commodity-Volumen (ACV) gewichtet werden.

ACV in der Auslage: Bei der Bestimmung des All Commodity-Volumens kann man berücksichtigen, wo die Produkte in der Auslage sind. So sinkt die gemessene Distribution der Produkte, wenn sie gar nicht in einer Weise angeboten werden, dass sie verkauft werden können.

ACV in Promotion: Gelegentlich interessieren sich Marketingleiter für das ACV der Geschäfte, in denen ein Produkt als Sonderaktion angeboten wird (Promotion). So lässt sich schnell herausfinden, wie stark das Produkt von Sonderangeboten abhängig ist.

Kennziffern für die Lieferkette

Marketinglogistik erfordert die Verfolgung folgender Kennziffern:

Vorratslücken (%)

$$= \frac{\text{Läden, die das Produkt im Programm, aber nicht vorrätig haben (\#)}}{\text{Gesamtzahl der Läden, die das Produkt im Programm haben (\#)}}$$

Service-Levels; Prozentsatz termingerechter Lieferung (%)

$$= \frac{\text{termingerechte Lieferungen (\#)}}{\text{alle Lieferungen des Betrachtungszeitraums (\#)}}$$

$$\text{Lagerumschlag (I)} = \frac{\text{Produkterlöse (€)}}{\text{Durchschnittslagerhaltung (€)}}$$

Logistikverfolgung hilft zu gewährleisten, dass Unternehmen die Nachfrage schnell und wirkungsvoll befriedigen.

Zweck: ermitteln, wie wirkungsvoll ein Unternehmen seine Distribution und Logistik managt

Logistik tritt da ein, wo Verkaufsanstrengungen in Lieferungen münden. Viel kann am potenziellen Point-of-Purchase verloren gehen, wenn nicht die richtigen Güter zur richtigen Zeit in der richtigen Menge am richtigen Ort sind. Wie schwierig ist das?

Nun, eine nachfragegerechte Versorgung wird durch folgende Umstände erschwert:

1 Das Unternehmen verkauft nicht nur einige wenige Lagereinheiten (SKUs).
2 An der Distribution sind Lieferanten, Lagerhäuser und Läden auf mehreren Ebenen beteiligt.
3 Die Modelle wechseln häufig.
4 Der Vertriebsweg bietet kundenfreundliche Umtauschmöglichkeiten an.

In diesem komplizierten Gefüge können Sie an bestimmten Kennziffern, die zu den Normen und Vorgaben der Vergangenheit in Relation gesetzt werden, erkennen, wie gut Ihre Distribution als Lieferkette zum Kunden funktioniert.

Durch die Beobachtung Ihrer Logistik können Sie beispielsweise folgende Fragen klären: Haben wir Umsatz verloren, weil die falschen Waren an einen Laden geliefert wurden, der ein Aktionsangebot laufen hat? Müssen wir Geld für die Vernichtung überzähliger Waren bezahlen, die zu lange in den Lagerhäusern oder Läden gelegen haben?

Konstruktion

Vorratslücken (Out-of-Stocks): Diese Kennziffer gibt an, in wie vielen Einzelhandelsgeschäften eine Ware, die sie eigentlich führen, nicht vorrätig ist. Sie wird in Prozent der Läden angegeben, die die betreffende Ware im Angebot haben.

$$\text{Vorratslücken (\%)} = \frac{\text{Läden, die das Produkt im Programm, aber nicht vorrätig haben (\#)}}{\text{Gesamtzahl der Läden, die das Produkt im Programm haben (\#)}}$$

»Im Programm haben« bedeutet, dass der Zentraleinkauf einer Kette den Verkauf einer Marke, einer Lagereinheit oder eines Produkts in den Läden genehmigt hat. Dies bedeutet aber nicht unbedingt, dass die Ware in den Regalen liegt. Eventuell ist der örtliche Marktleiter mit dem Angebot nicht einverstanden oder das Produkt ist ausverkauft.

Vorratslücken werden oft in Prozent angegeben. Marketingleiter müssen wissen, ob dieser Vorratslücken-Prozentsatz auf der numerischen Distribution, dem ACV oder PCV beruht, oder ob er angibt, wie viel Prozent der Läden einer Kette das Produkt führen.

Der Vorratslücke (»out-of-Stock«) steht der Vorrat (»in-stock«) gegenüber. Eine Vorratslücke von 3% entspricht einer Bevorratung von 97%.

PCV-Nettovorratslücken: das PCV im Distributionsnetz eines Produkts, bereinigt um die Vorratslücken.

Spartenvolumen (PCV), Nettovorratslücken: Dieses Maß für Vorratslücken berechnen Sie, indem Sie das PCV mit einem Faktor multiplizieren, der die Vorratslücken einbezieht. Dieser Faktor ist »1 – die Vorratslücken«.

Spartenvolumen, Nettovorratslücken (%) = PCV (%) * [1 – Vorratslücke (%)]

Service-Levels, Prozentsatz termingerechter Lieferungen: Es gibt mehrere Service-Kennziffern für die Logistik; eine der bekanntesten ist das Maß für die rechtzeitige Lieferung. Dieses zeigt an, wie viel Prozent der Bestellungen der Kunden (oder des Handels) zum vereinbarten Termin ausgeliefert werden.

Service-Levels, Prozentsatz termingerechter Lieferungen (%)

$$= \frac{\text{termingerechte Lieferung (\#)}}{\text{alle Lieferungen des Betrachtungszeitraums (\#)}}$$

Die Bevorratung sollte ebenso wie die Vorratslücken und Service-Levels anhand der Lagereinheiten nachvollzogen werden. So müsste beispielsweise ein Schuhhändler, der seinen Lagerbestand im Auge behalten möchte, nicht nur die Marke und das Design seiner Waren, sondern auch ihre Größe kennen. Es reicht nicht zu wissen, dass er 30 Paar Nubukleder-Wanderschuhe hat – vor allem dann, wenn alle dieselbe Größe haben, die fast niemandem passt.

Durch Beobachtung der Bevorratung können Sie erkennen, wie viel Prozent der Güter in welchem Stadium des Logistikprozesses (z.B. im Warenlager, auf dem Weg zu den Läden oder im Verkaufsraum) sind. Wie wichtig diese Information ist, hängt vom Ressourcenmanagement des Unternehmens ab. Manche Unternehmen versuchen, den Großteil ihrer Bevorratung über Lagerhäuser abzuwickeln, vor allem, wenn sie ein effektives Transportsystem besitzen, das die Waren rasch zu den Läden bringt.

Lagerumschläge: gibt an, wie oft sich das Lager in einem Jahr »umschlägt«; kann aus den Produkterlösen und dem Maß der Bevorratung errechnet werden. Sie müssen die Erlöse aus dem Produkt durch die durchschnittliche Lagerhaltung teilen. Je höher dieser Quotient ist, umso schneller schlägt sich das Produkt um. Lagerumschläge können für Unternehmen, Marken oder Lagereinheiten und für jede Ebene der Distributionskette errechnet werden, sind aber vor allem für die einzelnen Handelskunden relevant. Wichtiger Hinweis: Wenn Sie Lagerumschläge berechnen, müssen Sie den Gegenwert von Umsatz und Lagerhaltung entweder auf Kosten- bzw. Großhandelsbasis oder auf Einzelhandels- bzw. Wiederverkäuferbasis angeben, aber nicht als eine Mischung von beiden.

$$\text{Lagerumschläge (I)} = \frac{\text{Produkterlöse pro Jahr (€)}}{\text{Durchschnittslagerhaltung (€)}}$$

Lagertage: Diese Kennziffer zeigt ebenfalls, mit welcher Geschwindigkeit sich das Lager durch den Verkaufsprozess umschlägt. Um sie zu berechnen, teilen Marketingleiter die 365 Tage des Jahres durch die Anzahl der Lagerumschläge und erhalten so die durchschnittliche Anzahl Tage, die das Produkt in einem Unternehmen im Lager ist. Ein Beispiel: Wenn der Lagerbestand, den ein Unternehmen an einem Produkt hat, 36,5 Mal pro Jahr umgeschlagen wird, hält das Unternehmen das Produkt im Durchschnitt 10 Tage im Lager. Ein hoher Lagerumschlag und dementsprechend wenige Lagertage bedeuten in der Regel gute Rentabilität, da das Unternehmen seine Lagerinvestitionen effizient nutzt. Es kann jedoch auch große Vorratslücken und entgangenen Umsatz bedeuten.

$$\text{Lagertage (\#)} = \frac{\text{Tage im Jahr (365)}}{\text{Lagerumschläge (I)}}$$

Die Lagertage sind ein Maß dafür, wie viele Tagesumsätze ein Unternehmen aus seinem Lager heraus bedienen könnte. Aus einem anderen Blickwinkel betrachtet sagt diese Zahl den Logistikmanagern, wie viel Zeit es braucht, bis eine Vorratslücke auftritt. Sie berechnen diese Zahl, indem Sie die Produkterlöse des Jahres durch die Lagertage teilen, was die Anzahl der jährlichen Lagerumschläge für diesen konkreten Teil des Lagers ergibt. Dies lässt sich mit der obigen Gleichung leicht in Tage umrechnen.

> **BEISPIEL** Ein Oberbekleidungsgeschäft hat am 1. Januar Socken im Wert von €600.000 am Lager und am folgenden 31. Dezember Socken im Werte von €800.000. Insgesamt hat es in diesem Jahr mit Socken €3,5 Millionen Umsatz gemacht.
>
> Um den Durchschnittsvorrat an Socken im Laufe des Jahres zu berechnen, können Sie den Durchschnitt der Zahlen vom Jahresanfang und Jahresende nehmen: (€600.000 + €800.000)/2 = €700.000. Auf dieser Basis berechnen Sie die Lagerumschläge wie folgt:
>
> $$\text{Lagerumschläge} = \frac{\text{Produkterlöse}}{\text{Durchschnittsvorrat}}$$
> $$= \frac{\text{€3.500.000}}{\text{€700.000}}$$
> $$= 5$$

Wenn sich das Lager fünfmal jährlich umschlägt, kann man dies in Lagertage umrechnen, um die Durchschnittszahl der Tage herauszufinden, die die Ware in dem betrachteten Zeitraum im Lager verbracht hat.

$$\text{Lagertage (\#)} = \frac{\text{Tage im Jahr (365)}}{\text{Lagerumschläge}}$$

$$= \frac{365}{5} = 73 \text{ Tage Verbleib im Lager}$$

Datenquellen, Komplikationen und Warnhinweise

Auch wenn manche Unternehmen und Lieferketten ausgefeilte Systeme zur Verfolgung ihrer Lagerbestände unterhalten, gibt es doch andere, die logistische Kennziffern aus unzureichenden Daten erschließen müssen. Darüber hinaus haben Hersteller zunehmend Schwierigkeiten, solche Untersuchungsdaten zu erwerben, da die Einzelhandelsunternehmen, die diese Daten zusammentragen, sie entweder nicht oder nur gegen Zahlung hoher Gebühren zugänglich machen. Oft stammen die einzigen frei verfügbaren Daten aus unvollständigen Geschäfts-Audits oder Berichten eines überlasteten Vertriebs. Im Idealfall würden Marketingleiter zuverlässige Kennziffern für folgende Berechnungen besitzen:

- Lagereinheiten und monetärer Gegenwert jeder Lagereinheit auf jeder Stufe der Distributionskette für jeden wichtigen Kunden
- Vorratslücken für jede Lagereinheit, gemessen sowohl auf Lieferanten- und als auch auf Geschäftsebene
- Prozentsatz der Kundenbestellungen, die termingerecht und in der richtigen Menge ausgeliefert wurden
- Inventurdaten des Lagerverfolgungssystems, die von den tatsächlichen, physischen Lagerbeständen abweichen. (So könnten Schwund oder Diebstähle leichter erkannt werden.)

Wenn Sie einen monetären Gegenwert der Lagerbestände verwenden, ist es wichtig, für alle Berechnungen vergleichbare Zahlen zu verwenden. Hier kann viel Inkonsistenz und Verwirrung entstehen. So kann ein Unternehmen seine Bevorratung des Einzelhandels entweder nach seinen Kosten bewerten, die eine Näherung an alle direkten Kosten enthalten. Es könnte dieselben Lagerbestände für andere Zwecke jedoch auch zu Einzelhandelspreisen bewerten. Solche Zahlen lassen sich nur schwerlich mit

den Kosten der ab Lager gekauften Ware oder mit den um die Überbevorratung bereinigten Ansätzen in der Buchhaltung abstimmen.

Bei der Bewertung Ihres Inventars müssen Sie auch ein Kostensystem
für Waren einrichten, die nicht einzeln nachverfolgt werden können. Es
gibt zwei Arten solcher Systeme:

- **First In, First Out (FIFO):** Die erste Lagereinheit, die eingeht, ist auch
  die erste, die beim Verkauf wieder hinausgeht.
- **Last In, First Out (LIFO):** Die letzte Lagereinheit, die eingeht, ist die
  erste, die beim Verkauf wieder hinausgeht.

Die Wahl zwischen FIFO oder LIFO kann in Inflationszeiten großen Einfluss auf die Finanzdaten haben. In solchen Zeiten hält ein FIFO-System
die Kosten der verkauften Waren niedrig, indem es ihren Wert zum frü-
hesten verfügbaren Preis ansetzt. Dagegen wird es die Lagervorräte zu
Höchstpreisen – nämlich den aktuellsten Preisen – bewerten. Ein LIFO-
System wirkt sich genau umgekehrt auf die Finanzen aus.

In manchen Branchen ist Lagermanagement eine Schlüsselqualifika-
tion. Dazu gehört unter anderem die Bekleidungsbranche, in der Einzelhändler dafür sorgen müssen, dass sie nicht auf der Mode des letzten Jahres sitzen bleiben, und die IT-Industrie, in der die Entwicklung so schnell
geht, dass Produkte schon nach wenigen Monaten unverkäuflich sind.

Beim Logistikmanagement müssen sich Unternehmen vor Beloh-
nungssystemen hüten, die suboptimale Ergebnisse würdigen. Wenn Sie
beispielsweise Ihren Lagerhaltungsmanager allein schon für die Minimie-
rung von Vorratslücken belohnen, hätte er einen klaren Anreiz, zu viel zu
kaufen, egal wie hoch die Lagerhaltungskosten auch sein mögen. Hier
müssen Sie die Anreize so variieren, dass keine unerwünschten Verhaltensweisen auftreten.

Außerdem müssen Unternehmen das, was sich durch Lagerhaltungs-
management erreichen lässt, realistisch einschätzen. Die meisten Firmen
müssten Vorräte anhäufen, wenn sie jederzeit jedes Produkt auf Lager haben wollten. Dadurch würden aber gewaltige Lagerkosten entstehen. Ein
großer Teil des Unternehmenskapitals würde nur für die Lagerhaltung
aufgewendet und die Entsorgung der überflüssigen, zuviel gekauften Güter würde ein Vermögen kosten. Eine gute Logistik und ein gutes Vorrats-
management finden den richtigen Kompromiss zwischen zwei widerstrei-
tenden Zielen: Lagerhaltungskosten zu minimieren und Umsatzeinbußen
aufgrund von Vorratslücken zu vermeiden.

Verwandte Kennziffern und Konzepte

Rain Checks oder **Make-Goods on Promotions**: Diese Kennzahlen untersuchen, welche Auswirkungen es auf ein Geschäft hat, wenn Aktionsartikel ausverkauft sind. So könnte ein Geschäft festhalten, wie oft es Kunden ein Ersatzprodukt anbietet, weil ein Aktionsartikel ausgegangen ist. Rain-Checks oder Make-Goods können in Prozent der verkauften Waren oder, konkreter, in Prozent der Erlöse angegeben werden, die nach dem Aktionsartikel codiert sind, aber in Wirklichkeit von Artikeln stammen, die nicht zur Sonderaktion gehörten.

Fehllieferungen: Dies ist die Anzahl der Lieferungen, die entweder nicht rechtzeitig oder in falscher Menge eingetroffen sind.

Rechnungskürzungen: Um diesen Wert werden Rechnungen an Kunden wegen falscher oder unvollständiger Lieferungen, beschädigter Waren, Rücknahmen oder anderer Faktoren gekürzt. Es ist nützlich, die Gründe für Rechnungskürzungen unterscheiden zu können.

Überbevorratung: Diese Kennziffer ist für viele Einzelhändler lebenswichtig, besonders wenn sie mit Mode oder Technologie zu tun haben. Sie wird in der Regel als Euro-Wert der überflüssigen Waren ausgedrückt oder als prozentualer Anteil dieser Waren am Gesamtvorrat. Wenn eine große Überbevorratung vorliegt, dann wird das Unternehmen einen bedeutenden Teil seiner Vorräte nur zu stark verbilligten Preisen losschlagen können.

Schwund: Dies ist normalerweise ein feineres Wort für Diebstahl. Es beschreibt ein Phänomen, bei dem die tatsächlichen Vorräte aufgrund eines unerklärlichen Rückgangs der Waren einen geringeren Wert haben, als sie nach den Aufzeichnungen haben müssten. Diese Größe wird normalerweise als Geldbetrag oder in Prozent des Gesamtwerts der Vorräte berechnet.

Pipeline-Umsatz: der Umsatz, der notwendig ist, um den Groß- und Einzelhandel mit ausreichenden Vorräten auszustatten, damit ein Produkt zum Verkauf angeboten werden kann (siehe Abschnitt 6.5).

Verbraucherabsatz (Consumer Off-Take): Käufe von Verbrauchern bei Einzelhändlern, im Gegensatz zu Käufen von Einzelhändlern oder Großhändlern von ihren Lieferanten. Wenn der Verbraucherabsatz höher als die Umsatzraten der Hersteller ist, geht der Lagerbestand zurück.

Weitergereichte Waren (Diverted Goods): Produkte, die an einen Kunden geliefert, aber danach an einen anderen Kunden weiterverkauft werden, beispielsweise dann, wenn eine Drogerie zu viele Vitaminpräparate kauft und ihren Überschuss dann zum Sonderpreis an einen anderen Laden weitergibt.

Rentabilität der Lagereinheit: Preisabschläge, Lagerrentabilität und Produktrentabilität

Rentabilitätskennziffern für Einzelhandelsprodukte und -produktsparten ähneln normalerweise den anderen Rentabilitätskennziffern, wie beispielsweise Margen in Stückzahlen und Prozent. Allerdings wurden für den Einzelhandel und den Zwischenhandel noch einige verfeinerte Maße entwickelt. Preisabschläge beispielsweise sind das Verhältnis von Sonderpreis zu Originalpreis. Die Bruttorentabilität der Lagerinvestitionen (GMROII) wird als Marge geteilt durch Lagerhaltungskosten berechnet und als »Rate« oder Prozentsatz ausgedrückt. Die direkte Produktrentabilität (DPP) korrigiert die Bruttomarge um andere Kosten, wie beispielsweise Lager, Bearbeitung und von Herstellern gezahlte Zuschläge.

$$\text{Preisabschlag (\%)} = \frac{\text{Preisreduktion der Lagereinheit (€)}}{\text{Originalpreis der Lagereinheit (€)}}$$

Bruttorentabilität der Lagerinvestitionen (%)

$$= \frac{\text{Bruttomarge auf den Produktumsatz im Zeitraum (€)}}{\text{Durchschnittswert der Vorräte nach Kosten (€)}}$$

Direkte Produktrentabilität (€) = Bruttomarge (€) + direkte Produktkosten (€)

Die Beobachtung von Preisabschlägen gibt Aufschluss über die Rentabilität der Lagereinheit. Die GMROII-Kennzahl kann wichtig sein, um zu erkennen, welche Umsätze welchen Lagerbestand rechtfertigen. Die direkte Produktrentabilität ist theoretisch eine gute Kennziffer zur Rentabilitätsbeurteilung, die jedoch heute nicht mehr beliebt ist. Man könnte sie in anderer Form wiederbeleben, beispielsweise als Kennzahl für Activity-Based Costing.

Zweck: die Effektivität und Rentabilität einzelner Produkt- und Spartenumsätze bewerten

Einzel- und Zwischenhändler haben die Wahl, welche Produkte sie führen und welche sie aus dem Programm nehmen, um Platz für einen ständigen Strom neuer Angebote zu schaffen. Durch Beobachtung der Rentabilität einzelner Lagereinheiten können Sie die notwendigen Erkenntnisse gewinnen, um eine solche Produktwahl zu optimieren. Rentabilitätskennziffern sind überdies nützlich für Entscheidungen über Preisgestaltung, Auslage und Aktionsangebote.

Die Einzelhandelsrentabilität wird durch Preisabschläge, Bruttorentabilität der Lagerinvestitionen und direkte Produktrentabilität beeinflusst. Diese Größen wollen wir nacheinander vorstellen:

Preisabschläge kommen bei Waren, die sich langsam umschlagen, nicht immer zum Tragen. Wenn jedoch Preisabschläge das hierfür vorgesehene Budget übersteigen, ist das fast immer ein Zeichen für Fehler im Sortiment, in der Preisgestaltung oder in der Verkaufsförderung. Preisabschläge werden in Prozent vom regulären Preis ausgedrückt. Isoliert betrachtet sind sie schwer zu interpretieren.

Die Bruttorentabilität der Lagerinvestitionen (Gross Margin Return On Inventory Investment, GROII) wendet das Konzept der Investitionsrentabilität (Investitionsrendite) auf das zentrale Element des Betriebskapitals eines Einzelhändlers an: seine Vorräte.

Die direkte Produktrentabilität (DPP) hat viel mit dem Activity-Based Costing (ABC) gemeinsam. Hierbei werden viele Kostenarten gewichtet und bestimmten Produkten durch Kostentreiber zugeordnet, also durch die Faktoren, die für die Kosten verantwortlich sind. Bei der Bemessung der direkten Produktrentabilität beziehen Einzelhändler Lagerung, Bearbeitung, Zulagen der Hersteller, Gewährleistungen und Finanzierungspläne in die Berechnung der Erlöse aus dem Verkauf eines spezifischen Produkts mit ein.

Konstruktion

Preisabschlag: Diese Kennziffer beziffert Preisreduktionen einer Lagereinheit im Laden. Sie kann pro Stück oder für den Gesamtbestand der Lagereinheiten und in Euro oder in Prozent vom Originalpreis ausgedrückt werden.

$$\text{Preisabschlag (€)} = \text{Originalpreis der Lagereinheit (€)} \\ - \text{tatsächlicher Verkaufspreis (€)}$$

$$\text{Preisabschlag (\%)} = \frac{\text{Preisabschlag (€)}}{\text{Originalpreis der Lagereinheit (€)}}$$

Bruttorentabilität der Lagerinvestitionen (GMROII): Diese Kennziffer quantifiziert die Rentabilität der Produkte in Relation zu den Lagerinvestitionen, die notwendig sind, um sie anzubieten. Sie berechnet sich als Bruttomarge auf den Produktumsatz, geteilt durch die Kosten des betreffenden Lagerbestands.

$$\text{Bruttorentabilität der Lagerinvestitionen (\%)} \\ = \frac{\text{Bruttomarge auf Produktumsatz im Zeitraum (€)}}{\text{Durchschnittswert der Vorräte zu Kosten (€)}}$$

Direkte Produktrentabilität (DPP)

Die direkte Produktrentabilität beruht auf einem einfachen Konzept, kann jedoch in der Praxis schwer zu beziffern sein. Man berechnet sie in mehreren Schritten. Im ersten Schritt wird die Bruttomarge der betreffenden Ware ermittelt. Diese Bruttomarge wird dann um andere Erlöse bereinigt, die mit dem Produkt in Zusammenhang stehen, wie beispielsweise Werberabatte von Lieferanten oder Zahlungen von Unternehmen, die durch den Verkauf dieser Ware Vorteile haben. Die korrigierte Bruttomarge reduziert sich dann durch Zuweisung der direkten Produktkosten, die im Folgenden beschrieben werden.

Direkte Produktkosten: der Betrag, den es kostet, ein Produkt zum Kunden zu bringen. Normalerweise gehören dazu Lagerungs-, Distributions- und Ladenkosten.

> Direkte Produktkosten (€) = direkte Lagerkosten (€)
> + direkte Transportkosten (€)
> + direkte Ladenkosten (€)

Direkte Produktrentabilität (DPP): die bereinigte Bruttomarge eines Produkts abzüglich seiner direkten Produktkosten.

Wie gesagt, folgt die direkte Produktrentabilität einem einfachen Konzept. Schwierigkeiten können jedoch bei der Berechnung oder Schätzung der relevanten Kosten auftreten. Normalerweise wird ein ausgefeiltes ABC-System benötigt, um direkte Kosten für einzelne Lagereinheiten bestimmen zu können. Durch diese Schwierigkeiten ist die direkte Produktrentabilität als Kennzahl etwas aus der Mode gekommen.

Andere Kennziffern wurden entwickelt, um eine verfeinerte und präzisere Schätzung der »wahren« Rentabilität einzelner Lagereinheiten zu bekommen, wobei die schwankenden Kosten für Empfang, Lagerung und Verkauf der Waren mit einbezogen werden. Diese Kosten können bei verschiedenen Produkten stark voneinander abweichen. So sind beispielsweise im Lebensmittelhandel die Kosten der Lagerung und Präsentation pro Einheit oder bezogen auf den Euro-Umsatz für Tiefkühlware viel höher als für Konserven.

> Direkte Produktrentabilität (€) = bereinigte Bruttomarge (€)
> – direkte Produktkosten (€)

BEISPIEL Das oben bereits angeführte Bekleidungsgeschäft möchte die Rentabilität seiner Socken genauer untersuchen und sammelt dafür folgende Informationen. Für die Socken bekommt es so genannte »Regalzulagen« in Höhe von €50.000 pro Jahr. Das sind Gebühren, die der Hersteller für die Zurverfügungstellung von Regalplatz zahlt. Die Lagerhauskosten betragen €10.000.000 pro Jahr. Die Socken belegen 0,5% des Lagerhausplatzes. Auf die Socken entfallen schätzungsweise Laden- und Distributionskosten in Höhe von €80.000.

Mit diesen Zahlen lässt sich eine korrigierte Bruttomarge auf die Socken wie folgt berechnen.

$$
\begin{aligned}
\text{Bereinigte Bruttomarge} &= \text{Bruttomarge} + \text{Zusatzmarge} \\
&= €350.000 + €50.000 \\
&= €400.000
\end{aligned}
$$

Dann berechnet der Einzelhändler die direkten Kosten auf seine Sockenlinie.

$$
\begin{aligned}
\text{Direkte Produktkosten} &= \text{Laden- und Distributionskosten} + \text{Lagerhauskosten} \\
&= €80.000 + (0,5\% * €10.000.000) \\
&= €80.000 + €50.000 \\
&= €130.000
\end{aligned}
$$

Auf dieser Grundlage kann die direkte Produktrentabilität der Socken wie folgt ermittelt werden:

$$
\begin{aligned}
\text{Direkte Produktrentabilität} &= \text{bereinigte Bruttomarge} \\
&\quad - \text{direkte Produktkosten} \\
&= €400.000 - €130.000 \\
&= €270.000
\end{aligned}
$$

Datenquellen, Komplikationen und Warnhinweise

Für GMROII-Berechnungen ist es wichtig, den Wert der Vorräte zu Kosten zu ermitteln. Im Idealfall ist dies eine Durchschnittszahl für den gesamten Betrachtungszeitraum. Oft wird der Durchschnittsbestand der Vorräte am Anfang und am Ende dieses Zeitraums als Näherungswert benutzt, der normalerweise, aber nicht immer, brauchbar ist. Außerdem muss für die GMROII-Kalkulation eine Bruttomarge errechnet werden.

Bei der Bewertung der direkten Produktrentabilität ist es wichtig, dass das Unternehmen, möglichst viele präzise Daten für die Analyse aufgezeichnet hat. Die Berechnung erfordert eine Schätzung der Lager-, Distributions-, Laden- und anderer Kosten, die einem Produkt zuzuordnen sind. Um diese Daten sammeln zu können, ist es vielleicht erforderlich, alle Distributionskosten zusammenzutragen und sie auf die erkannten Kostentreiber zu verteilen.

Die eingelagerten Vorräte – und mit ihnen die Kosten dieser Lagerung – können sich über einen Zeitraum beträchtlich ändern. Zwar lässt sich normalerweise der Durchschnittslagerbestand über einen Zeitraum ungefähr als Durchschnitt zwischen dem Anfangs- und dem Endbestand bestimmen, aber das ist nicht immer eine Lösung. So können diese Zahlen saisonbedingt stark schwanken. Außerdem haben manche Unternehmen während eines Jahres viel mehr Waren auf Lager als am Jahresanfang oder -ende. Das kann jede DPP-Berechnung über den Haufen werfen.

Außerdem müssen Sie für die Berechnung der Produktrentabilität wissen, welche Zusatzerlöse mit dem Produktumsatz zusammenhängen.

Die direkte Produktrentabilität ist ein starkes Konzept: Sie versucht, die breite Palette von Kosten einzubeziehen, die Einzelhändlern entstehen, wenn sie ein Produkt zum Kunden bringen. Sie ist daher ein realistisches Maß für die Rentabilität des betreffenden Produkts. Die einzige wirkliche Schwäche dieser Kennziffer ist ihre Komplexität. Nur wenige Einzelhändler sind in der Lage, diese Kennziffer zu ermitteln. Viele Unternehmen versuchen jedoch, mit Activity-Based Costing zumindest das zugrunde liegende Konzept umzusetzen.

Verwandte Kennziffern und Konzepte

Warenkorbspanne: die Gewinnspanne für einen kompletten Einkauf beim Einzelhandel, bei dem mehrere Produkte über die Ladentheke gehen. Das gesamte Geschäft wird als »Warenkorb« eines Verbrauchers bezeichnet.

Wichtig für die Rentabilität eines Unternehmens ist seine Fähigkeit, zusätzlich zu seinen Sonderangeboten noch andere Produkte zu verkaufen. In manchen Unternehmen wird durch Zusatzangebote mehr Gewinn gemacht als mit dem Kernprodukt. Ein gutes Beispiel sind die Getränke und Snacks, die es im Kino zu kaufen gibt. Marketingleiter müssen also verstehen, welche Rolle das einzelne Produkt im Gesamtangebot seines Unternehmens spielt: ob es ein Vehikel sein kann, um Kundenverkehr anzuziehen oder um den Einkaufskorb aufzufüllen oder um die Erlöse für das Produkt selbst zu erhöhen.

Referenzen und weiterführende Literatur

Wilner, J.D. (1998). 7 Secrets to Successful Sales Management: The Sales Manager's Manual, Boca Raton: St. Lucie Press.

Zoltners, A.A., P. Sinha und G.A. Zoltners. (2001). The Complete Guide to Accelerating Sales Performance, New York: Amacom

Anmerkungen

1 Das Material in den Abschnitten 7.1–7.5 basiert auf einer »Note on Sales Force Metrics« von Eric Larson, Darden MBA 2005.

2 Zoltners, Andris A., Prabhakant Sinha und Greggor A. Zoltners. (2001). The Complete Guide to Accelerating Sales Force Performance, New York: AMACON.

3 Wilner, Jack D. (1998). 7 Secrets to Successful Sales Management, Boca Raton, Florida: CRC Press LLC; 35–36, 42.

4 Mehr über diese Zuordnungen siehe Zoltners, Andris A., Prabhakant Sinha und Greggor A. Zoltners. (2001). The Complete Guide to Accelerating Sales Force Performance, New York: AMACON

5 Zoltners, Andris A., Prabhakant Sinha und Greggor A. Zoltners. (2001). The Complete Guide to Accelerating Sales Force Performance, New York: AMACON.

6 Dolan, Robert J. und Benson P. Shapiro. »Milford Industries (A)«, Harvard Business School, Case 584-012

7 Zoltners, Andris A., Prabhakant Sinha und Greggor A. Zoltners. (2001). The Complete Guide to Accelerating Sales Force Performance, New York: AMACON

8 Jones, Eli, Carl Stevens und Larry Chonko. (2005). Selling ASAP: Art, Science, Agility, Performance, Mason, Ohio: South Western, 176.

9 Das Produktspartenvolumen wird auch als gesichtete Distribution bezeichnet.

10 Die Autoren nennen diese Kennziffer Spartenvolumen, auch wenn in der Branche der Begriff All Commodity Volume (ACV) verbreiteter ist.

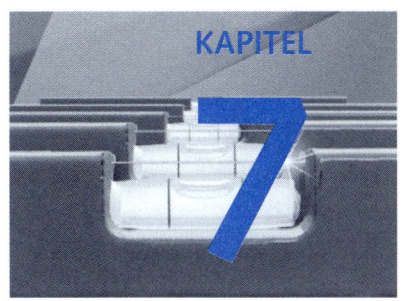

KAPITEL

7

Strategie der Preisgestaltung

Kennziffern in diesem Kapitel:	
Preisprämie	Optimaler Preis, lineare und konstante Nachfrage
Grenzpreis	
Schnäppchenkäufer-Anteil	»Eigene«, »Quer«- und »Rest«-Preiselastizität
Preiselastizität der Nachfrage	

>> *»Inkompetenz in der Preisgestaltung verursacht täglich höhere Kosten. Wenn Kunden und Wettbewerber global in einem immer komplexer werdenden Marketingumfeld agieren, wird naive Preisgestaltung zu einer ernsthaften Bedrohung für die finanzielle Gesundheit eines Unternehmens.«*[1]

Eine umfassende Bewertung aller Preisgestaltungsstrategien würde sicherlich den Rahmen dieses Buchs sprengen. Doch einige Kennziffern und Konzepte, die für die Analyse von alternativen Preisgestaltungen wichtig sind, werden in diesem Kapitel vorgestellt.

Als Erstes erläutern wir einige der üblichen Methoden zur Berechnung von Preisprämien (auch relative Preise genannt).

Danach beschreiben wir die Konzepte, auf denen Preis-Mengen-Planungen beruhen, die so genannten Nachfragefunktionen oder Nachfragekurven. Dazu gehören Grenzpreise und Schnäppchenkäufer-Anteil.

Im dritten Abschnitt definieren und berechnen wir die Preiselastizität, eine häufig verwendete Kennzahl für die Reaktion des Markts auf Preisänderungen. Diese relativ einfache Kennzahl für prozentuale Änderungen in Mengen und Preisen wird in der Praxis durch Messfehler und Interpretationen verkompliziert.

Wer seine Preisgestaltung verbessern möchte, muss etwas von Preiselastizität verstehen. Daher widmen wir dem optimalen Preis für die beiden wichtigsten Nachfragefunktionen (der linearen und der konstanten) einen eigenen Abschnitt. Der letzte Teil dieses Kapitels setzt sich mit der Frage auseinander, ob die Elastizität unter Beachtung der wahrscheinlichen Reaktionen des Wettbewerbs berechnet worden ist. Sie erläutert drei Arten der Elastizität: »Eigene«, »Quer«- und »Rest«-Elastizität. Die Unterschiede mögen zwar auf den ersten Blick pedantisch erscheinen, aber sie haben große Auswirkungen auf die Aussagekraft. Das bekannte Dilemma der Gefangenen hilft, sie besser zu verstehen. <<

	Kennziffer	Konstruktion	Überlegungen	Zweck
7.1	Preisprämie	Der Prozentsatz, um den der Preis einer Marke einen Vergleichspreis übersteigt	Vergleichspreise (Benchmarks) sind der gezahlte Durchschnittspreis, der vereinnahmte Durchschnittspreis, der ausgewiesene Durchschnittspreis und der Preis eines relevanten Wettbewerbers. Preise können auf jeder Ebene des Vertriebswegs verglichen und brutto oder nach Abzug von Abzügen und Rabatten berechnet werden.	Zeigt an, wie sich der Preis einer Marke zu den Preisen des Wettbewerbs verhält
7.2	Grenzpreis	Der Höchstbetrag, den ein Käufer für ein Produkt zu zahlen bereit ist	Grenzpreise sind schwer zu erkennen.	Eine Nachfragekurve kann man sich als Sammlung von Grenzpreisen potenzieller Kunden vorstellen.
7.2	Schnäppchenkäufer-Anteil	Der Teil der Kunden, der der Ansicht ist, dass ein Produkt einen guten Gegenwert bietet, d.h. einen Verkaufspreis hat, der unter ihrem Grenzpreis liegt	Leichter zu beobachten als einzelne Grenzpreise	Eine Nachfragekurve kann man sich auch als das Verhältnis zwischen Schnäppchenkäufer-Anteil und Preis vorstellen.
7.3	Preiselastizität der Nachfrage	Gibt in Prozent an, wie stark die Nachfrage auf kleine Preisänderungen reagiert.	Für lineare Nachfrage sind lineare, auf der Elastizität beruhende Vorhersagen zwar genau, aber die Elastizität ändert sich mit dem Preis. Für konstante Nachfrageelastizität sind lineare Vorhersagen nur Näherungen, aber die Elastizität bleibt für alle Preise gleich.	Gibt an, wie stark die Menge auf Preisänderungen reagiert. Bei optimalem Preis beträgt die Marge das negative Umgekehrte der Elastizität.

(Fortsetzung)

	Kennziffer	Konstruktion	Überlegungen	Zweck
7.4	Optimaler Preis	Bei linearer Nachfrage ist der optimale Preis der Durchschnitt von variablen Kosten und maximalem Grenzpreis. Bei konstanter Elastizität ist der optimale Preis eine bekannte Funktion von variablen Kosten und Elastizität. Generell ist der optimale Preis der Preis, mit dem nach Berücksichtigung von preisbedingten Mengenänderungen der höchste Deckungsbeitrag erzielt wird.	Formeln für den optimalen Preis sind nur dann geeignet, wenn die variablen Kosten pro Einheit konstant sind und keine übergeordneten strategischen Überlegungen bestehen.	Ermittelt schnell den Preis, der den Deckungsbeitrag maximiert.
7.5	Restelastizität	Restelastizität ist die »eigene« Elastizität plus das Produkt aus der Elastizität der Wettbewerbsreaktion und der Querelastizität.	Beruht auf der Annahme, dass die Reaktion der Wettbewerber auf Preisänderungen eines Unternehmens vorhersehbar ist.	Misst, wie stark sich nach Einbeziehen der Reaktion der Wettbewerber Preisänderungen auf die Menge auswirken.

Die Preisprämie

Die **Preisprämie**, oder der relative Preis, ist der Prozentsatz, um den der Verkaufspreis eines Produkts einen Vergleichspreis über- oder unterschreitet.

$$\text{Preisprämie (\%)} = \frac{\text{Preis der Marke A (€)} - \text{Vergleichspreis (€)}}{\text{Vergleichspreis (€)}}$$

Marketingleiter müssen Preisprämien als Frühindikatoren für die Preisgestaltungsstrategien des Wettbewerbs beobachten. Änderungen der Preisprämien können auch Zeichen für Verknappung, Lagerbestandsüberhang oder andere Änderungen im Verhältnis von Angebot und Nachfrage sein.

Zweck: die Preisgestaltung für ein Produkt im Kontext des Wettbewerbs bewerten

Es gibt zwar mehrere nützliche Benchmarks, mit denen ein Manager den Preis einer Marke vergleichen kann, aber sie alle versuchen, den »Durchschnittspreis« am Markt zu ermitteln. Durch Vergleich des Preises einer Marke mit einem Marktdurchschnitt können Sie wertvolle Einblicke in seine Stärke erhalten – besonders, wenn Sie diesen Preis in Zusammenhang mit Mengen- und Marktanteilsänderungen betrachten. Die Preisprämie (auch »relativer Preis« genannt) ist eine Kennziffer, die Marketingleiter und Geschäftsführer häufig benutzen. Laut einer Umfrage in den USA, England, Deutschland, Japan und Frankreich[2] melden volle 63% der Unternehmen den relativen Preis ihrer Produkte an ihre Vorstände.
Preisprämie: der Prozentsatz, um den der Preis einer Marke einen Vergleichspreis für ein ähnliches Produkt oder Produktpaket über- oder unterschreitet. Die Preisprämie wird auch als relativer Preis bezeichnet.

Konstruktion

Zur Berechnung einer Preisprämie müssen Sie zuerst einen Vergleichspreis heranziehen, der normalerweise auch den Preis der betreffenden Marke enthält. Alle in ihm enthaltenen Preise gelten für dieselbe Produktmenge (beispielsweise Preis pro Liter). Mindestens vier solcher Vergleichspreise oder Benchmarks sind gebräuchlich:

1 der Preis eines bestimmten Wettbewerbers oder mehrerer Wettbewerber

2 der gezahlte Durchschnittspreis: der nach Stückumsatz gewichtete Durchschnittspreis in der Produktsparte

3 ausgewiesener Durchschnittspreis: der gewichtete Durchschnittspreis laut Auszeichnung in der Produktsparte

4 der vereinnahmte Durchschnittspreis: der einfache (ungewichtete) Durchschnittspreis in der Produktsparte

Preis eines bestimmten Wettbewerbers: Am einfachsten lässt sich die Preisprämie durch Vergleich des Preises einer Marke mit dem Preis eines direkten Wettbewerbers ermitteln.

BEISPIEL Alis Unternehmen verkauft »gO2«-Mineralwasser in einem Markt der EU zu einem Preis, der 12% über dem seines Hauptkonkurrenten liegt. Ali möchte wissen, ob er dieselbe Preisprämie auch in der Türkei erzielen könnte, wo »gO2« einer ganz anderen Wettbewerbslandschaft ausgesetzt ist. Er stellt fest, dass sich »gO2«-Mineralwasser in der Türkei für 2 (neue) Lira pro Liter verkauft, während sein Hauptkonkurrent, »Essence«, 1,9 Lira pro Liter erzielt.

$$\text{Preisprämie} = \frac{2,0 \text{ YTL} - 1,9 \text{ YTL}}{1,9 \text{ YTL}}$$

$$= \frac{0,1 \text{ YTL}}{1,9 \text{ YTL}} = 5,3\% \text{ Prämie gegenüber »Essence«}$$

Wenn Sie die Preisprämie einer Marke im Vergleich zu mehreren Wettbewerbern ermitteln möchten, können Sie als Vergleichsgröße den Durchschnittspreis einer ausgewählten Gruppe dieser Wettbewerber heranziehen.

Gezahlter Durchschnittspreis: Eine andere nützliche Vergleichsgröße ist der Durchschnittspreis, den Kunden für Marken in einer konkreten Produktsparte zahlen. Dieser Durchschnitt lässt sich auf zwei Arten berechnen: (1) als Verhältnis von Gesamterlösen der Produktsparte zu Gesamt-Umsatzstückzahlen der Sparte oder (2) als der nach Stückzahlenanteilen gewichtete Durchschnittspreis in der Produktsparte. Beachten Sie, dass der am Markt gezahlte Durchschnittspreis den Preis der untersuchten Marke mit einbezieht.

Außerdem sollten Sie berücksichtigen, dass Änderungen des stückzahlbezogenen Marktanteils auch den gezahlten Durchschnittspreis beeinflussen. Wenn eine Billigmarke einem teureren Konkurrenten Anteile wegnimmt, sinkt der Durchschnittspreis. Dies hat zur Folge, dass die Preisprämie eines Unternehmens (gegenüber dem gezahlten Durchschnittspreis) selbst dann steigt, wenn sich der absolute Preis nicht ändert. Ebenso gilt: Wenn eine Marke eine Preisprämie erzielt, sinkt diese Prämie in dem Maße, in dem der Marktanteil steigt. Der Grund: Wenn eine hochpreisige Marke ihren Marktanteil steigert, steigt damit auch der gesamte Durchschnittspreis am Markt. Dadurch reduziert sich wiederum die Differenz zwischen dem Preis dieser Marke und dem Marktdurchschnitt.

BEISPIEL Ali möchte den Preis seiner Ware mit dem Durchschnittspreis vergleichen, der für ähnliche Produkte am Markt erzielt wird. Er stellt fest, dass »gO2« für 2,0 Lira pro Liter verkauft wird und 20% Anteil an den Umsatzstückzahlen im Markt hält. Sein Wettbewerber »Panache« verkauft sein Wasser für 2,1 Lira und hat 10% Marktanteil an den verkauften Stückzahlen. »Essence« bietet sein Wasser für 1,9 Lira an und besitzt ebenfalls einen Marktanteil von 20%. Die Billigmarke »Besik« schließlich geht für 1,2 Lira pro Liter über den Ladentisch und hält 50% Marktanteil.

Ali berechnet den gewichteten, gezahlten Durchschnittspreis wie folgt:

$$(20\% * 2) + (10\% * 2{,}1) + (20\% * 1{,}9) + (50\% * 1{,}2) = 1{,}59 \text{ Lira}$$

$$\text{Preisprämie (\%)} = \frac{2{,}00 - 1{,}59}{1{,}59}$$

$$= \frac{0{,}41}{1{,}59} = 25{,}8\%$$

Um die Preisprämie im Vergleich zum gezahlten Durchschnittspreis zu berechnen, können Sie auch den Euro-Marktanteil einer Marke durch den Marktanteil an den Stückzahlen dividieren. Wenn beide gleich sind, gibt es keine Prämie. Ist der wertmäßige Marktanteil größer als der mengenmäßige, haben Sie eine positive Preisprämie.

$$\text{Preisprämie (\%)} = \frac{\text{Marktanteil an den Erlösen (\%)}}{\text{Marktanteil an den Stückzahlen (\%)}}$$

Vereinnahmter Durchschnittspreis: Um den gezahlten Durchschnitt-spreis berechnen zu können, müssen Sie den Umsatz oder Marktanteil Ihrer Wettbewerber kennen. Eine einfachere Vergleichsgröße ist der vereinnahmte Durchschnittspreis, denn dies ist der einfache, nicht gewichtete Durchschnittspreis der Marken in der betreffenden Produktsparte. Um ihn zu berechnen, müssen Sie nur die Preise kennen. Daher wird die auf dieser Grundlage berechnete Preisprämie nicht von Änderungen des Marktanteils an den Stückzahlen beeinflusst. Aus diesem Grund dient diese Vergleichsgröße einem etwas anderen Zweck: Sie gibt an, wo der Preis einer Marke im Vergleich zu den Wettbewerbspreisen steht, ohne sich um die Reaktion der Kunden auf diese Preise zu kümmern. Außerdem werden alle Wettbewerber bei der Berechnung des Vergleichspreises gleich behandelt. Große und kleine Wettbewerber erfahren bei der Kalkulation des vereinnahmten Durchschnittspreises die gleiche Behandlung.

> **BEISPIEL** Ali berechnet anhand der obigen Daten auch den vereinnahmten Durchschnittspreis in der Mineralwassersparte zu $(2 + 2,1 + 1,9 + 1,2) / 4 = 1,8$ Lira.
>
> Wenn er den vereinnahmten Durchschnittspreis als Vergleichsgröße ansetzt, ist die Preisprämie von »gO2« gleich:
>
> $$\text{Preisprämie (\%)} = \frac{2,0 - 1,8}{1,8}$$
>
> $$= \frac{0,2}{1,8} = 11,1\%$$

Ausgewiesener Durchschnittspreis: eine Vergleichsgröße, deren Konzept zwischen dem gezahlten und dem vereinnahmten Durchschnittspreis angesiedelt ist. Marketingmanager, die einen Vergleichspreis suchen, welcher Unterschiede in Umfang und Stärke der Markendistribution wiedergibt, setzen den Preis der Marke im Verhältnis zu einem numerischen Maß für die Distribution an. Typische Kennziffern für die Distribution sind numerische Distribution, ACV (%) und PCV (%).

BEISPIEL Ali berechnet den ausgewiesenen Durchschnittspreis anhand der numerischen Distribution.

Alis Marke »gO2« kostet 2 Lira und wird in 500 der 1.000 Läden angeboten, die Mineralwasser in Flaschen verkaufen. »Panache« kostet 2,1 Lira und wird von 200 Läden angeboten und »Essence« kostet 1,9 Lira und wird von 400 Läden geführt. »Besik« wird in 900 Läden zum Preis von 1,2 Lira angeboten.

Ali berechnet die relative Gewichtung anhand der numerischen Distribution. Die Gesamtzahl der Läden beträgt 1.000. Die Gewichtungen sind daher: für »gO2« 500/1.000 = 50%; für »Panache« 200/1.000 = 20%; für »Essence« 400/1.000 = 40%; und für »Besik« 900/1.000 = 90%. Da die Gewichtungen sich auf 200% summieren, muss die Summe der gewichteten Preise bei der Kalkulation des ausgewiesenen Durchschnittspreises durch diese Zahl geteilt werden:

Ausgewiesener Durchschnittspreis

$$= \frac{(2 * 50\%) + (2,1 * 20\%) + (1,9 * 40\%) + (1,2 * 90\%)}{200\%}$$

$$= 1,63 \text{ Lira}$$

$$\text{Preisprämie (\%)} = \frac{2,0 - 1,63}{1,63} = 22,7\%$$

Datenquellen, Komplikationen und Warnhinweise

Die Berechnung von Preisprämien hat in der Praxis mehrere Aspekte, die nicht unerwähnt bleiben dürfen. Am einfachsten ist es, Sie suchen einige Hauptkonkurrenten aus und konzentrieren Ihre Analysen und Vergleiche auf diese. Oft ist es schwierig, zuverlässige Zahlen für kleinere Wettbewerber zu ermitteln.

Bei der Interpretation von Preisprämien ist Vorsicht angebracht. Verschiedene Vergleichspreise messen verschiedene Arten von Prämien und müssen daher unterschiedlich gedeutet werden.

Kann eine Preisprämie auch negativ sein? Ja. Zwar wird sie normalerweise in positiven Werten ausgedrückt, aber eine Preisprämie kann auch negativ sein. Wenn eine Marke keine positive Prämie erzielt, erzielt ein Konkurrenzangebot eine. Daher sollten Manager (außer in dem äußerst unwahrscheinlichen Fall, dass alle Preise genau gleich sind) nur von positiven Prämien sprechen.

Wenn der Preis einer Marke sich am unteren Ende des Markts bewegt, kann man sagen, dass der Wettbewerb eine Preisprämie von einer bestimmten Höhe hält.

Sollen wir die Preise des Einzelhandels, der Hersteller oder der Großhändler zugrunde legen? Jeder dieser Preise ist nützlich, um die Marktkräfte auf der betreffenden Stufe zu untersuchen. Wenn Produkte je nach Vertriebsweg verschiedene Margen haben, unterscheiden sich die Preisprämien abhängig vom betrachteten Vertriebsweg. Wenn Sie von einer Preisprämie sprechen, sollten Sie immer auch sagen, auf welche Stufe des Absatzweges Sie sich beziehen.

Auf jeder Ebene können die Preise entweder brutto oder nach Abzug von Preisminderungen, Rabatten und Coupons berechnet werden. Vor allem wenn Sie mit Zwischen- oder Einzelhändlern zu tun haben, liegen die Brutto- und Netto-Verkaufspreise der Hersteller (Kaufpreise des Einzelhandels) oft weit auseinander.

Verwandte Kennziffern und Konzepte

Theoretische Preisprämie: Dies ist die Preisdifferenz, die beim Kunden Unentschlossenheit zwischen zwei konkurrierenden Produkten hervorrufen würde. Dieses andere Konzept einer »Preisprämie« erfreut sich zunehmender Beliebtheit. Die theoretische Preisprämie kann auch durch eine Conjoint-Analyse ermittelt werden, bei der die Marke als Eigenschaft eingesetzt wird. Die theoretische Preisprämie ist der Punkt, an dem der Verbraucher zwischen zwei Marken oder einer Marke und einem No-Name-Produkt unentschieden ist. Wir haben diesen Wert »theoretische« Preisprämie getauft, weil nicht garantiert ist, dass die tatsächlichen Preisprämien im Markt diesen Wert annehmen. (In Abschnitt 4.5 ist beschrieben, was eine Conjoint-Analyse ist.)

Grenzpreis und Schnäppchenkäufer-Anteil

Der **Grenzpreis** ist der Wert, den ein Kunde einem Produkt beimisst. Er ist das, was der Kunde höchstens zu zahlen bereit ist. Der **Schnäppchenkäufer-Anteil** ist der Anteil der Kunden in Prozent, die der Meinung sind, bei einem bestimmten Preis einen »guten Gegenwert« bekommen zu haben.

Diese Kennziffern sind nützlich zur Beurteilung von Preisgestaltung und Kundenwert.

Zweck

Anhand von Grenzpreisen können Sie die Nachfragefunktionen eines Produkts schätzen, wenn keine anderen Daten zur Verfügung stehen. Sie geben überdies Einblick in die Preisgestaltungsfreiheit. Wenn es schwierig oder unmöglich ist, Kunden nach ihren Grenzpreisen zu fragen, kann der Schnäppchenkäufer-Anteil diese Kennziffer ersetzen.

Konstruktion

Grenzpreis: Teurer als zu diesem Preis wird ein Kunde ein Produkt nicht kaufen. Wird auch als höchster akzeptabler Preis bezeichnet.
Schnäppchenkäufer-Anteil: Gibt an, wie viel Prozent der Kunden der Meinung sind, das Produkt biete viel fürs Geld, habe also einen Verkaufspreis der kleiner oder gleich ihrem Grenzpreis ist.

Nehmen wir zum Beispiel an, wir hätten einen Markt mit 11 Teilnehmern, deren Grenzpreise für ein bestimmtes Produkt €30, €40, €50, €60, €70, €80, €90, €100, €110, €120 und €130 betragen. Der Hersteller dieses Produkts möchte entscheiden, zu welchem Preis er es anbieten soll. Hier ist es zwar offensichtlich, dass nicht nur ein einziger Preis festgelegt werden sollte, aber wir wollen einmal annehmen, dass maßgeschneiderte Preise keine Option sind. Die variablen Herstellungskosten für das Produkt betragen €60 pro Einheit.

Bei diesen Grenzpreisen kann der Hersteller damit rechnen, 11 Einheiten zu €30 oder weniger, 10 Einheiten zu einem Preis größer €30 und kleiner/gleich €40 und so weiter zu verkaufen. Bei einem Stückpreis größer als €130 würde er keinen Umsatz mehr machen. (Der Bequemlichkeit halber haben wir angenommen, dass die Leute zu ihrem Grenzpreis kaufen. Diese Annahme beruht darauf, dass der Grenzpreis der Höchstpreis ist, den jemand zu zahlen bereit ist.)

Tabelle 7.1 zeigt dieses Preis-Mengen-Verhältnis, zusammen mit dem Deckungsbeitrag, den das Unternehmen bei jedem praktikablen Preis erzielen würde.

Preis	% Schnäppchenkäufer	Menge	Deckungsbeitrag
€20	100,00	11	– €440
€30	100,00	11	– €330
€40	90,91	10	– €200
€50	81,82	9	– €90
€60	72,73	8	€0
€70	63,64	7	€70
€80	54,55	6	€120
€90	45,45	5	€150
€100	36,36	4	€160
€110	27,27	3	€150
€120	18,18	2	€120
€130	9,09	1	€70
€140	0,00	0	€0
€150	0,00	0	€0
Die variablen Kosten betragen €60 pro Einheit.			

Tabelle 7.1: Preis-Mengen-Verhältnis

Eine Tabelle der Verkaufsmengen, die bei unterschiedlichen Preisen zu erwarten sind, bezeichnet man auch als Nachfragemuster oder -kurve. Dieses Beispiel zeigt eine Möglichkeit, sich eine Nachfragekurve zu vergegenwärtigen, nämlich als Ansammlung einzelner Grenzpreise. Zwar wird es in der Praxis kaum möglich sein, einzelne Grenzpreise zu sammeln, doch hier soll lediglich gezeigt werden, wie Grenzpreise in Preisgestaltungsentscheidungen eingesetzt werden können. In diesem Beispiel beträgt der optimale Preis, nämlich der Preis mit dem höchsten Deckungsbeitrag, €100. Zu €100 kann der Hersteller voraussichtlich vier Einheiten verkaufen. Der Deckungsbeitrag beträgt €40 pro Stück, also insgesamt €160.

Das Beispiel illustriert auch das Konzept des Verbraucherplus. Zu €100 verkauft der Hersteller drei Einheiten zu einem Preis, der unter den Grenzpreisen der Kunden liegt. Der Verbraucher mit dem Grenzpreis von €110 freut sich über ein Plus von €10; der mit dem Grenzpreis von €120 hat €20 »gespart« und der mit dem höchsten Grenzpreis von €130 hat €30 Plus. Aus der Sicht des Herstellers stellt das gesamte Verbraucherplus, nämlich €60, eine potenzielle Erhöhung seines Deckungsbeitrags dar, wenn er nur die Möglichkeit findet, diesen Wert abzuschöpfen.

Datenquellen, Komplikationen und Warnhinweise

Grenzpreise zu finden ist nicht leicht. Folgende beiden Techniken werden oft angewandt, um Einblick in diese Kennziffer zu erhalten:

Auktionen zum zweithöchsten Preis: Bei dieser Auktion gewinnt zwar der höchste Bieter, aber er zahlt nur das zweithöchste Gebot. Die Auktionstheorie ist der Ansicht, dass der Bieter einen Anreiz hat, seinen Grenzpreis zu bieten, wenn er in solchen Auktionen auf Gegenstände bietet, deren Wert ihm bekannt ist. Man hat Marktforschungsverfahren entwickelt, die diesen Prozess nachahmen. Bei einem dieser Verfahren werden die Kunden aufgefordert, ihren Preis für eine Ware zu nennen, wobei dieser Preis an einer Lotterie teilnimmt. Wird in der Lotterie ein niedrigerer Preis gezogen, bekommt der Umfrageteilnehmer die Möglichkeit, die betreffende Ware zu dem niedrigen, bei der Lotterie gezogenen Preis zu erwerben.

Conjoint-Analyse: Bei dieser Analysetechnik erhalten Marketingleiter anhand der Kompromisse, die Kunden einzugehen bereit sind, Aufschluss darüber, wie diese Kunden den Wert bestimmter Eigenschaften einer Ware beurteilen.

Solche Tests können allerdings schwierig zu konstruieren und manchmal nicht praktikabel sein. Also können Sie als Marketingleiter notfalls auch den Anteil der Schnäppchenkäufer ansetzen. Anstatt den Grenzpreis jedes Kunden zu ermitteln, ist es viel einfacher, einige Preisvorschläge zu testen, indem Sie die Kunden fragen, ob sie die Ware zu dem jeweiligen Preis für ein Schnäppchen halten oder nicht.

Lineare Nachfrage

Der aus Grenzpreisen gebildete Mengen-Preis-Plan kann mehrere Formen annehmen. Wenn die Verteilung der Grenzpreise gleichmäßig ist, die Grenzpreise also wie in unserem Beispiel gleich weit auseinander liegen, dann ist das Nachfragemuster linear (siehe Abbildung 7.1). Das bedeutet, dass jede Preissteigerung eine entsprechende Minderung der Verkaufsmenge bewirkt. Da die lineare die bei weitem häufigste Darstellung der Nachfrage ist, werden wir diese Funktion beschreiben, zumal sie mit der Verteilung der zugrunde liegenden Grenzpreise in Zusammenhang steht.

Es sind nur zwei Punkte erforderlich, um eine gerade Linie zu ziehen. Also braucht es auch nur zwei Parameter, um eine Gleichung für diese Linie zu schreiben. Normalerweise hat eine solche Gleichung die Form $Y = mX + b$, wobei m die Steigung und b den Schnittpunkt mit der Y-Achse darstellen.

Eine Linie kann jedoch auch anhand der beiden Schnittpunkte mit den Achsen definiert werden. Im Falle der linearen Nachfrage haben diese Schnittpunkte Interpretationen, die für Manager interessant sind. Der Schnittpunkt mit der Mengenachse kann als Darstellung des maximalen Kaufwillens (Maximum Willing to Buy, MWB) angesehen werden. Dies ist die Gesamtzahl der potenziellen Kunden eines Produkts. Ein Unternehmen kann alle diese Kunden nur bedienen, wenn es den Preis auf null setzt. Wenn wir davon ausgehen, dass jeder potenzielle Kunde eine Einheit kauft, ist der MWB die Menge, die bei einem Preis von null verkauft würde.

Der Schnittpunkt mit der Preisachse kann als Grenzpreis betrachtet werden. Der maximale Grenzpreis ist etwas höher als der höchste Grenzpreis aller Kaufinteressenten. Wenn ein Unternehmen sein Produkt zum oder über dem Grenzpreis anbietet, kauft es niemand.

Grenzpreis: der niedrigste Preis, zu dem die Nachfragemenge gleich null ist.

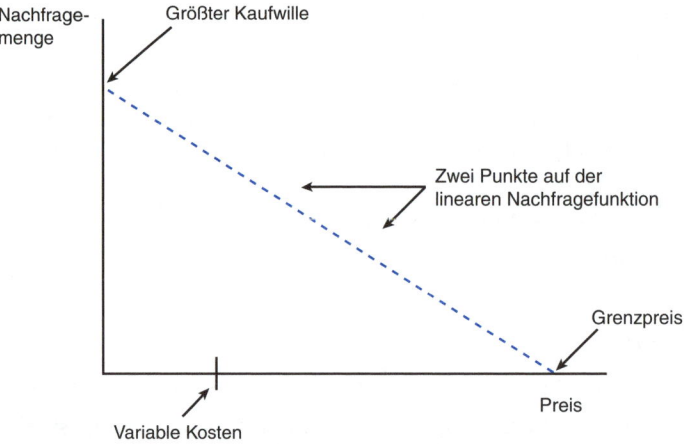

Abbildung 7.1: Maximaler Kaufwille und maximaler Grenzpreis

Maximaler Kaufwille (Maximum Willing to Buy, MWB): die Menge, die Kunden »kaufen« würden, wenn der Preis eines Produkts gleich null wäre. Dies ist ein künstliches Konzept zur Verankerung einer linearen Nachfragefunktion.

In einer linearen Nachfragekurve, die durch MWB und Grenzpreis definiert ist, kann die Gleichung für Menge (Q) als Funktion vom Preis (P) wie folgt geschrieben werden:

$$Q = \text{MWB} * \left(1 - \frac{P}{\text{Grenzpreis}}\right)$$

BEISPIEL Erin weiß, dass die Nachfrage nach ihren Erfrischungsgetränken eine einfache lineare Funktion des Preises ist. Sie kann 10 Einheiten zu einem Preis von null verkaufen. Erreicht der Preis €5 pro Einheit, sinkt die Nachfrage auf null. Wie viele Einheiten verkauft Erin, wenn der Preis €3 beträgt (siehe Abbildung 7.2)?

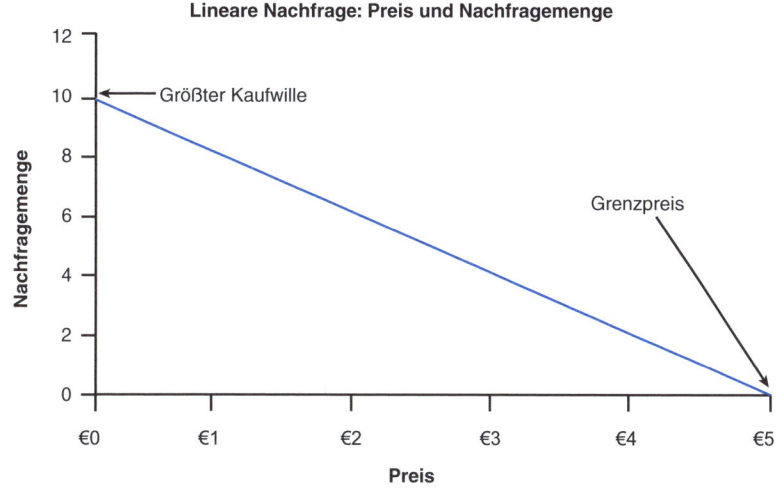

Abbildung 7.2: Einfache lineare Nachfragefunktion (Preis-Mengen-Funktion)

Für Erins Getränk beträgt der Grenzpreis €5 und der MWB (der maximale Kaufwille) liegt bei 10 Einheiten. Zum Preis von €3 würde Erin 10 ∗ (1 − €3/€5) oder 4 Einheiten verkaufen.

Wenn die Nachfrage linear ist, können zwei beliebige Punkte der Preis-Mengen-Nachfragefunktion zur Ermittlung von Grenzpreis und MWB herangezogen werden. Wenn P_1 und Q_1 der erste Preis-Mengen-Punkt auf der Linie ist und P_2 und Q_2 ist der zweite, dann lassen sich MWB und Grenzpreis mit folgenden beiden Gleichungen errechnen.

$$\text{MWB} = Q_1 - \frac{Q_2 - Q_1}{P_2 - P_1} * P_1 = 22{,}7\%$$

$$\text{Grenzpreis} = P_1 - \frac{P_2 - P_1}{Q_2 - Q_1}$$

BEISPIEL Weiter oben in diesem Kapitel trafen wir auf ein Unternehmen, das fünf Einheiten für €90 und drei Einheiten für €110 verkauft. Wenn die Nachfrage linear ist, wie hoch sind dann MWB und Grenzpreis?

$$MWB = 5 - \frac{-2}{€20} * €90$$
$$= 5 + 9$$
$$= 14$$

$$Grenzpreis = €90 - \frac{€90}{-2} * 5$$
$$= €90 + €50$$
$$= €140$$

Die Gleichung für die Menge als Funktion des Preises lautet also:

$$Q = 14 * \left(1 - \frac{P}{€140}\right)$$

Wie Sie sich erinnern werden, besteht der Markt in diesem Beispiel aus 11 potenziellen Käufern mit den Grenzpreisen €30, €40, . . . , €120, €130. Zum Preis von €130 kann das Unternehmen 1 Einheit verkaufen. Wenn wir in der obigen Gleichung den Preis auf €130 festsetzen, ergibt die Berechnung auch tatsächlich die Menge 1. Damit dies stimmt, muss der Grenzpreis in Wirklichkeit geringfügig über €130 liegen.

Eine lineare Nachfragefunktion ergibt meist nur für eine recht begrenzte Preisspanne eine brauchbare Schätzung der tatsächlichen Nachfrage. In unserem 11-Personen-Markt beispielsweise ist die Nachfrage nur für Preise zwischen €30 und €130 linear. Um die Gleichung der linearen Funktion zu schreiben, die die Nachfrage zwischen €30 und €130 beschreibt, müssten wir einen MWB von 14 und einen Grenzpreis von €140 ansetzen. Wenn wir diese lineare Gleichung verwenden, dürfen wir nicht vergessen, dass sie die tatsächliche Nachfrage nur bei Preisen zwischen €30 und €130 wiedergibt, wie die Abbildung 7.3 zeigt.

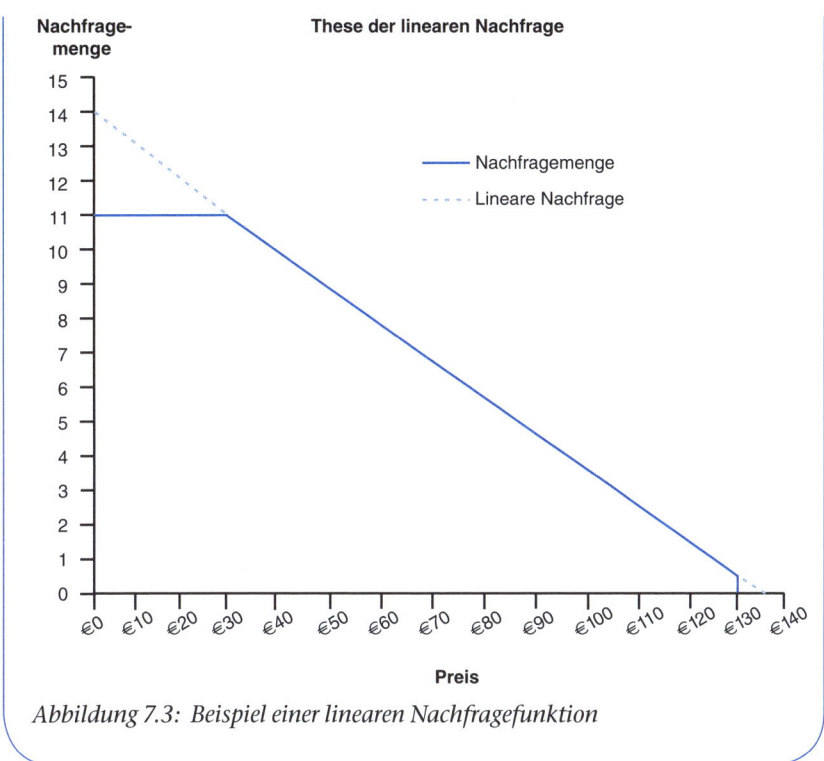

Abbildung 7.3: *Beispiel einer linearen Nachfragefunktion*

Preiselastizität der Nachfrage

Bei der Preiselastizität geht es darum, wie sich geringfügige Preisänderungen auf die Nachfragemenge auswirken.

$$\text{Preiselastizität (I)} = \frac{\text{Mengenänderung (\%)}}{\text{Preisänderung (\%)}}$$

Die Preiselastizität kann ein wertvolles Maß sein, wenn es gilt, einen optimalen Preis festzulegen.

Zweck: die Reaktionen des Markts auf Preisänderungen verstehen

Preiselastizität ist die Kennzahl, die am häufigsten herangezogen wird, um Marktreaktionen auf Preisänderungen zu messen. Doch viele Marketingleiter benutzen diesen Begriff, ohne genau zu wissen, was er bedeutet. Dieser Abschnitt wird einige der möglichen Gefahren aufzeigen, die mit Schätzungen der Preiselastizität verbunden sind. Die Materie ist zwar schwierig, aber die Mühe lohnt sich, denn wer die Preiselastizität von Grund auf durchschaut, ist in der Lage, den optimalen Preis zu finden.

Preiselastizität: die Reaktion der Nachfrage auf kleine Preisänderungen, ausgedrückt in Prozent. Wenn die Preiselastizität beispielsweise auf –1,5 geschätzt wird, dann ist zu erwarten, dass sich die Nachfragemenge prozentual ungefähr um das 1,5-Fache der prozentualen Preisänderung ändert. Die negative Zahl bedeutet: Wenn der Preis steigt, sinkt die Nachfrage und umgekehrt.

Konstruktion

Wenn wir den Preis eines Produkts anheben, wird dann die Nachfrage gleich bleiben oder einbrechen? Wenn ein Markt unempfindlich auf Preisänderungen reagiert, sprechen wir von einer unelastischen Nachfrage. Haben dagegen kleinere Preisänderungen großen Einfluss auf die Nachfrage, so sprechen wir von einer elastischen Nachfrage. Kaum jemand hat Schwierigkeiten, die Elastizität auf der qualitativen Ebene zu verstehen. Schwierig wird es, wenn wir versuchen, sie zu quantifizieren.

Problem 1: Das Vorzeichen

Die erste Schwierigkeit besteht darin, sich auf das Vorzeichen der Elastizität zu einigen. Die Elastizität ist die prozentuale Änderung der Nachfragemenge im Verhältnis zu einer prozentualen Preisänderung, und zwar einer kleinen. Wenn ein höherer Preis zu einer geringeren Nachfrage führt, ist diese Kennzahl negativ. Infolgedessen wird die Elastizität bei dieser Definition fast immer eine negative Zahl sein.

Viele Menschen sind allerdings der Meinung, dass die Menge immer automatisch sinkt, wenn der Preis steigt, und fragen dann sofort: »Um wie viel denn?« Für diese Leute ist die Preiselastizität die Antwort auf diese Frage und mithin eine positive Zahl. In ihren Augen gilt: Wenn die Elastizität gleich 2 ist, dann führt ein kleiner prozentualer Preisanstieg zu einem doppelt so hohen prozentualen Mengenrückgang.

In einem solchen Fall würden wir in diesem Buch sagen, dass die Preiselastizität –2 beträgt.

Problem 2: Bei linearer Nachfrage ändert sich die Elastizität mit dem Preis.

Bei einer linearen Nachfragefunktion ist zwar die Steigung konstant, nicht aber die Elastizität. Der Grund: Elastizität ist nicht gleich Steigung. Die Steigung ist die Mengenänderung bei einer geringfügigen Änderung des Preises. Dagegen ist die Elastizität eine prozentuale Mengenänderung bei einer geringfügigen prozentualen Preisänderung.

BEISPIEL Betrachten Sie drei Punkte auf einer linearen Nachfragekurve: (€8, 100 Einheiten), (€9, 80 Einheiten) und (€10, 60 Einheiten) (siehe Abbildung 7.4). Wenn sich der Preis um einen Euro ändert, ändert sich die Menge um 20 Einheiten. Die Steigung dieser Kurve liegt konstant bei –20 Einheiten pro Euro.

Wenn der Preis von €8 auf €9 steigt (+12,5%), sinkt die Menge von 100 auf 80 (–20%). Das Verhältnis dieser Prozentsätze ist 20%/12,5% oder –1,6. Wenn der Preis von €8 auf €10 steigt (+ 25%), sinkt die Menge von 100 auf 60 (–40%). Hier beträgt das Verhältnis (40%/25%), also wieder –1,6. Es scheint, als sei das Verhältnis zwischen Prozent Mengenänderung zu Prozent Preisänderung immer –1,6, egal um wie viel man den ursprünglichen Preis von €8 ändert.

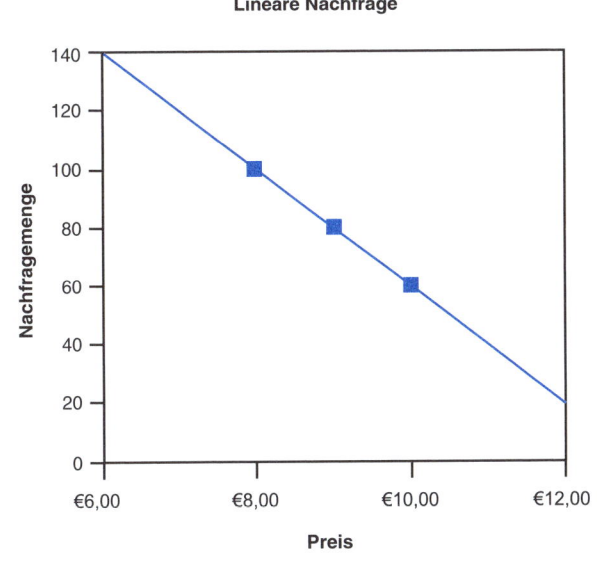

Abbildung 7.4: Lineare Nachfragefunktion

Schauen Sie sich jedoch an, was geschieht, wenn der Preis von €9 auf €10 steigt (+11,11%). Die Menge sinkt von 80 auf 60 (–25%). Das Verhältnis dieser Zahlen, also 25%/11,11%, beträgt nunmehr –2,25. Eine Preissenkung von €9 auf €8 ergibt ebenfalls eine Elastizität von –2,25. Offenbar ist diese Kennzahl immer –2,25, wenn wir von einem Preis von €9 ausgehen, egal in welche Richtung sich die Preisänderung bewegt.

Übung: Vergewissern Sie sich, dass die prozentuale Mengenänderung im Verhältnis zu einer prozentualen Preisänderung ausgehend von einem Preis von €10 immer –3,33 beträgt, egal wie man den Preis ändert.

Bei einer linearen Nachfragekurve ändert sich also die Elastizität mit dem Preis. Wenn der Preis steigt, wächst die Elastizität. Also ist für eine lineare Nachfragekurve die absolute Mengenänderung in Stückzahlen für eine absolute Preisänderung in Euro (Steigung) konstant, die prozentuale Mengenänderung für eine prozentuale Preisänderung (Elastizität) dagegen nicht. Je höher der Preis, umso elastischer ist die Nachfrage (umso höher ist die negative Kennzahl).

Für eine lineare Nachfragekurve lässt sich die Nachfrageelastizität auf mindestens drei Arten errechnen:

$$\text{Elastizität } (P_1) = \frac{\left(\dfrac{Q_2 - Q_1}{Q_1}\right)}{\left(\dfrac{P_2 - P_1}{P_1}\right)}$$

$$= \left(\frac{Q_2 - Q_1}{P_2 - P_1}\right) * \left(\frac{P_1}{Q_1}\right)$$

$$= \text{Steigung} * \left(\frac{P_1}{Q_1}\right)$$

Um zu betonen, dass sich die Elastizität bei linearer Nachfrage mit dem Preis ändert, schreiben wir »Elastizität (*P*)«, was bedeutet, dass die Elastizität eine Funktion des Preises ist. Außerdem sprechen wir von »Punktelastizität«, um klarzustellen, dass die Elastizität nur für einen einzigen Punkt auf der linearen Nachfragekurve gilt.

Da die Steigung einer linearen Nachfragekurve eine Mengenänderung in Bezug auf eine bestimmte Preisänderung widerspiegelt, ist die Preiselastizität für eine lineare Nachfrage gleich Steigung mal Preis geteilt durch Menge. Dies halten wir in der dritten der obigen Gleichungen fest.

BEISPIEL Wenn wir nun auf die weiter oben vorgestellte Nachfragefunktion zurückkommen, können wir erkennen, dass die Steigung für jeden Euro Preissteigerung einen Nachfrageeinbruch von 20 Einheiten anzeigt. Die Steigung ist also –20.

Wir können nun unsere früheren Berechnungen anhand der Steigungsformel für die Elastizität verifizieren. Wenn Sie für jeden Punkt der Kurve Preis/Menge rechnen und dies mit der Steigung multiplizieren, erhalten Sie die Preiselastizität an diesem Punkt der Kurve (siehe Tabelle 7.2).

Preis	Nachfragemenge	Preis/Menge	Steigung	Preiselastizität
€8,00	100	0,08	(20,00)	(1,60)
€9,00	80	0,11	(20,00)	(2,25)
€10,00	60	0,17	(20,00)	(3,33)

Tabelle 7.2: Punktelastizitäten, berechnet aus der Steigung einer Funktion

So werden beispielsweise 100 Einheiten der Ware zum Preis von €8 verkauft. Also gilt:

$$\text{Elastizität (€8)} = -20 * \frac{8}{100} = -1,6$$

In einer linearen Nachfragefunktion können Punktelastizitäten dazu dienen, prozentuale Mengenänderungen für jede prozentuale Preisänderung zu prognostizieren.

BEISPIEL Xavi ist Marketingmanager für eine Zahnpastamarke. Er weiß, dass die Marke eine lineare Nachfrage hat. Zum derzeitigen Preis von €3,00 pro Einheit verkauft sein Unternehmen 60.000 Einheiten mit einer Elastizität von –2,5. Es wird vorgeschlagen, den Preis auf €3,18 pro Einheit anzuheben, um die Gewinnspannen über alle Marken zu standardisieren. Wie viele Einheiten würden für €3,18 verkauft?

Die vorgeschlagene Preisänderung auf €3,18 würde einen Anstieg von 6% gegenüber dem gegenwärtigen Preis von €3 bedeuten. Da die Elastizität –2,5 beträgt, würde das für die Umsatzstückzahlen einen Rückgang von 2,5 * 6 oder 15% bedeuten. Wenn der jetzige Umsatz von 60.000 Einheiten um 15% einbricht, würden nur noch 0,85 * 60.000, also 51.000 Einheiten verkauft.

Konstante Elastizität: Nachfragekurve mit stetiger Änderung der Steigung

Eine zweite, häufig beobachtete Nachfragefunktion weist eine konstante Elastizität auf.[3] Diese Form hat eigentlich den Begriff »Nachfragekurve« geprägt, denn sie ist wirklich eine Kurve. Gegenüber der linearen Nachfragefunktion sind die Bedingungen in diesem Szenario umgekehrt: Die Elastizität ist konstant, während sich die Steigung an jedem Punkt ändert.

Einer Nachfragekurve mit konstanter Elastizität liegt die Annahme zugrunde, dass eine kleine prozentuale Preisänderung dieselbe prozentuale Mengenänderung nach sich zieht, egal wie hoch der Originalpreis gewesen sein mag. Das heißt: Das Verhältnis von Menge zu Preis in Prozent ist auf der ganzen Kurve eine konstante Größe. Diese Konstante ist die Elastizität.

Mathematisch ausgedrückt: Bei einer Nachfragefunktion mit konstanter Elastizität ist Steigung mal Preis geteilt durch Menge gleich einer Konstanten (der Elastizität), und zwar für alle Punkte der Kurve (siehe Abbildung 7.5). Die konstante Elastizitätsfunktion kann auch als Gleichung formuliert werden, die sich leicht in Tabellenkalkulationsprogrammen nachrechnen lässt:

$$Q(P) = A * P^{ELAS}$$

In dieser Gleichung ist *ELAS* die Preiselastizität der Nachfrage. Sie ist normalerweise eine negative Zahl. *A* ist ein Skalierungsfaktor und kann als die Menge betrachtet werden, die zum Preis von €1 verkauft würde (vorausgesetzt, €1 wäre ein normaler Preis für das betreffende Produkt).

> **BEISPIEL** Zeichnen Sie eine Nachfragekurve mit einer konstanten Elastizität von –2,25 und einem Skalierungsfaktor von 10.943,1. Für jeden Punkt auf der Kurve ergibt eine kleine prozentuale Preissteigerung einen 2,25mal so großen prozentualen Mengenrückgang. Dieses Verhältnis von 2,25 gilt jedoch nur für ganz kleine prozentuale Preisänderungen, da sich die Steigung an jedem Punkt ändert. Wenn Sie das 2,25-Verhältnis ansetzen, um die Ergebnisse einer endlichen prozentualen Preiserhöhung vorauszusagen, erhalten Sie immer nur eine Näherung.
>
> Die Kurve dieses Beispiels sollte wie die konstante Elastizitätskurve in Abbildung 7.5 aussehen. Zum Preis von €8, €9 und €10 würde die Nachfrage 101,669, 78,000 und 61,538 Einheiten betragen.

In gewisser Weise ist die konstante Elastizität eine Analogie zur Zinseszins-rechnung. In einer konstanten Elastizitätsfunktion generiert jeder kleine Prozentsatz Preiswachstum denselben Prozentsatz Mengenminderung. Diese prozentualen Minderungen akkumulieren sich konstant, sodass der Gesamtprozentsatz der Minderung nicht genau gleich der konstanten Rate ist.

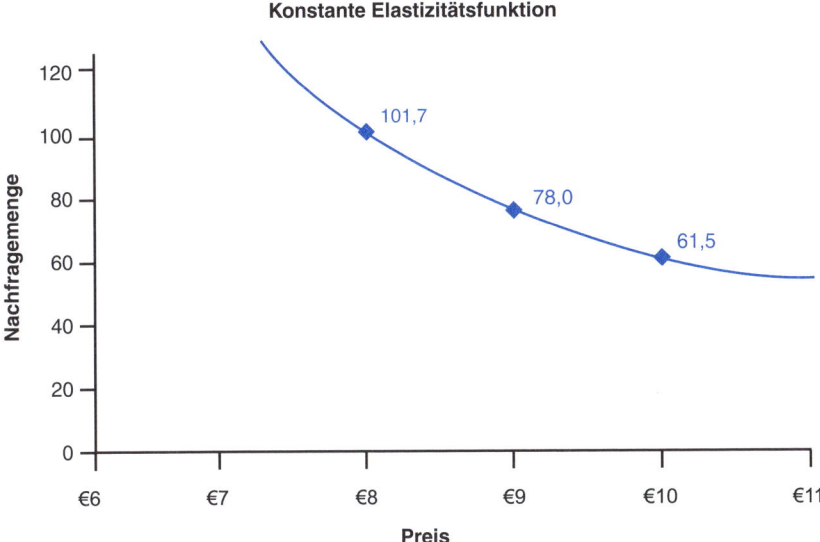

Abbildung 7.5: Konstante Elastizität

Daher können wir, wenn wir zwei Punkte auf einer Nachfragekurve mit konstanter Elastizität haben, die Elastizität nicht wie bei einer linearen Nachfrage mit finiten Differenzen kalkulieren. Stattdessen benötigen wir eine kompliziertere Formel, die sich auf natürliche Logarithmen stützt:

$$ELAS = \frac{\ln\left(\dfrac{Q_2}{Q_1}\right)}{\ln\left(\dfrac{P_2}{P_1}\right)}$$

BEISPIEL Anhand von zwei Punkten der obigen Nachfragekurve mit konstanter Elastizität können wir zeigen, dass die Elastizität –2,25 beträgt.

Zu €8 beträgt die Menge 101,669. Diese Werte nennen wir P_1 und Q_1.

Zu €9 beträgt die Menge 78,000. Diese Werte nennen wir P_2 und Q_2.

Wenn wir dies in unsere Formel einsetzen, stellen wir fest, dass:

$$ELAS = \frac{\ln\left(\dfrac{78,000}{101,669}\right)}{\ln\left(\dfrac{9}{8}\right)}$$

$$= -\frac{0,265}{0,118} = -2,25$$

Hätten wir P_2 gleich €8 und P_1 gleich €9 angesetzt, wäre dieselbe Elastizität herausgekommen. Egal, welche beiden Punkte wir aus dieser konstanten Elastizitätskurve auswählen und in welcher Reihenfolge wir sie betrachten, die Elastizität ist immer –2,25.

Die Elastizität ist also das Standardmaß für die Marktreaktionen auf Preisänderungen. Im Allgemeinen ist sie die »prozentuale Steigung« der Nachfragefunktion (Kurve), die Sie berechnen, indem Sie die Steigung der Kurve zu einem bestimmten Preis mit dem Verhältnis von Preis zu Menge multiplizieren:

$$\text{Elastitzität}(P) = \text{Steigung} * \left(\frac{P}{Q}\right)$$

Man kann die Elastizität auch als prozentuale Mengenänderung bei einer kleinen prozentualen Preisänderung betrachten.

In einer linearen Nachfragefunktion ist die Steigung konstant, aber die Elastizität ändert sich mit dem Preis. In diesem Szenario können Elastizitätsschätzungen genutzt werden, um das Ergebnis einer geplanten Preisänderung in egal welche Richtung vorauszuberechnen, aber die Elastizität muss die sein, die am Punkt des Originalpreises herrscht. Der Grund: In einer linearen Nachfragefunktion ändert sich die Elastizität mit den Preisen, aber die auf diesen Elastizitäten beruhenden Vorhersagen sind präzise.

In einer Nachfragefunktion mit konstanter Elastizität bleibt die Elastizität bei allen Preisen gleich, aber Prognosen, die auf diesen Elastizitäten basieren, sind nur Näherungen. Wenn diese Schätzungen jedoch genau sind, lassen sich Umsätze nach Preisänderungen mithilfe der Nachfragefunktion mit konstanter Elastizität genauer vorhersagen.

Datenquellen, Komplikationen und Warnhinweise

Die Preiselastizität wird normalerweise auf der Grundlage der vorhandenen Daten geschätzt. Diese Daten können echte Umsatzzahlen und Preisänderungen im Markt sein, aber auch Conjoint-Analysen der Kundenabsichten, Verbraucherumfragen über Grenzpreise oder Schnäppchenkäufer-Anteil oder Ergebnisse von Testmärkten. Um die Elastizität einzuschätzen, können Sie Preis-Mengen-Funktionen auf einem Stück Papier skizzieren, entweder anhand von Regressionen in Form von linearen oder konstanten Elastizitätsgleichungen oder anhand von komplexeren mathematischen Ausdrücken, die auch andere Variablen des Marketing-Mix mit einbeziehen, wie beispielsweise Werbung oder Produktqualität.

Damit diese Verfahren zuverlässig und sinnvoll sind, müssen Sie genau durchschauen, welche Folgen die geschätzte Elastizität für das Kundenverhalten hat. Nur wer diese Implikationen versteht, kann entscheiden, ob seine Schätzung vernünftig ist oder genauer überprüft werden sollte. Wenn dies geschehen ist, ist der nächste Schritt die Preisgestaltung.

Optimale Preise und lineare und konstante Nachfragefunktionen

Der **optimale Preis** ist der gewinnbringendste Preis eines Produkts. In einer linearen Nachfragefunktion liegt der optimale Preis auf halbem Wege zwischen dem maximalen Grenzpreis und den variablen Kosten des Produkts.

Optimaler Preis für eine lineare Nachfragefunktion (€)

$$= \frac{\text{maximaler Grenzpreis (€)} + \text{variable Kosten (€)}}{2}$$

Normalerweise ist die Bruttomarge auf ein Produkt beim optimalen Preis der negative Kehrwert seiner Preiselastizität.

$$\text{Bruttomarge beim optimalen Preis (\%)} = \frac{-1}{\text{Elastizität (I)}}$$

Das ist vielleicht schwierig anzuwenden, führt aber zu einer wichtigen Erkenntnis: In einer Nachfragefunktion mit konstanter Elastizität ergibt sich die optimale Marge direkt aus der Elastizität. Dadurch lässt sich der optimale Preis für ein Produkt, dessen variable Kosten bekannt sind, ganz einfach ermitteln.

Zweck: den Preis finden, der den größtmöglichen Deckungsbeitrag ergibt

Der »optimale Preis« kann zwar auf verschiedene Weisen definiert werden, aber ein guter Ausgangspunkt ist der Preis, der den größten Deckungsbeitrag für ein Produkt nach Abzug seiner variablen Kosten ergibt, mithin also der gewinnbringendste Preis des Produkts ist.

Wenn Sie den Preis zu niedrig ansetzen, verzichten Sie auf Einnahmen von Kunden, die freiwillig auch mehr bezahlt hätten. Außerdem kann ein niedriger Preis Kunden verleiten, ein Produkt gering zu schätzen. Das bedeutet, dass sie veranlasst werden, ihren Grenzpreis zu senken.

Wenn Sie den Preis jedoch zu hoch ansetzen, riskieren Sie, den Deckungsbeitrag von Kunden zu verlieren, die Ihnen ansonsten hätten Gewinn bringen können.

Konstruktion

Bei linearer Nachfrage liegt der optimale Preis in der Mitte zwischen dem maximalen Grenzpreis und den variablen Kosten des Produkts.

In linearen Nachfragefunktionen ist der Preis, der den maximalen Gesamtdeckungsbeitrag für ein Produkt bringt, immer genau in der Mitte zwischen dem maximalen Grenzpreis und den variablen Herstellungskosten des Produkts angesiedelt. Mathematisch ausgedrückt: Wenn $P*$ der optimale Preis eines Produkts ist, ist der Grenzpreis der Schnittpunkt seiner linearen Nachfragefunktion mit der X-Achse und VC sind die variablen Kosten pro Einheit:

$$P* = \frac{\text{Grenzpreis} + VC}{2}$$

BEISPIEL Jaime verkauft Waren zu Herstellungskosten von €1. Die Nachfrage ist linear. Wenn Jaime den Preis auf €5 festsetzt, würde er nichts verkaufen. Für jeden Euro weniger, den er verlangt, würde er eine Einheit mehr verkaufen können.

Da die variablen Kosten €1 und der maximale Grenzpreis €5 betragen und die Nachfragefunktion linear ist, kann Jaime seinen maximalen Deckungsbeitrag aller Voraussicht nach bei einem Preis erzielen, der genau zwischen VC und Grenzpreis liegt. Also beträgt der optimale Preis (€5 + €1)/2 oder €3,00 (siehe Abbildung 7.6).[4]

Maximaler Gesamtdeckungsbeitrag bei Bildung des »Quadrats«

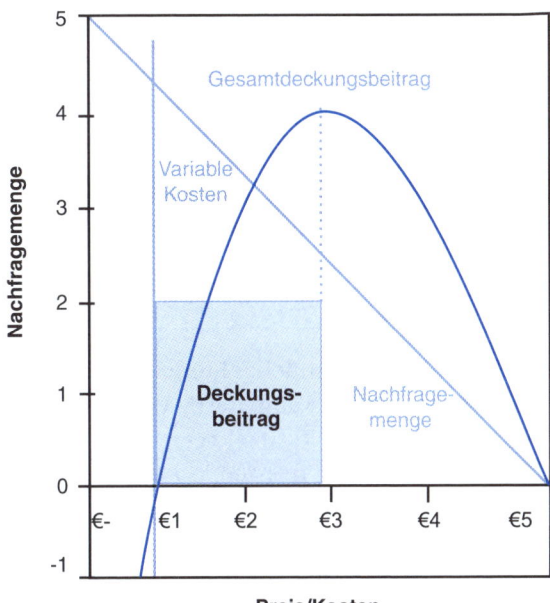

Abbildung 7.6: Der optimale Preis liegt in der Mitte zwischen variablen
Kosten und Grenzpreis

Bei einer linearen Nachfragefunktion muss die Nachfragemenge eines Produkts nicht bekannt sein, um seinen optimalen Preis zu ermitteln. Wer die Zahlen zu Jaimes Deckungsbeitrag allerdings genauer untersuchen möchte, kann die Einzelheiten in Tabelle 7.3 nachlesen.

Preis	Nachfrage-menge	Variable Kosten pro Einheit	Deckungsbeitrag pro Einheit	Gesamtdeckungs-beitrag
€0	5	€1	(€1)	(€5)
€1	4	€1	€0	€0
€2	3	€1	€1	€3
€3	2	€1	€2	€4
€4	1	€1	€3	€3
€5	0	€1	€4	€0

Tabelle 7.3: Optimaler Preis = 1/2 (Grenzpreis + Variable Kosten)

Die obige Formel für den optimalen Preis sagt nichts über die Menge aus, die zu einem bestimmten Preis verkauft wird, oder den Deckungsbeitrag, der damit erzielt wird. Den optimalen Deckungsbeitrag finden Sie mit der folgenden Gleichung:

$$\text{Deckungsbeitrag*} = \left(\frac{\text{MWB}}{\text{Grenzpreis}}\right) * (P^* - VC)^2$$

BEISPIEL Jaime entwickelt ein neues, ähnliches Produkt. Seine Nachfrage ist ebenfalls linear. Der maximale Kaufwille (MWB) beträgt 200 und der Grenzpreis €10. Die variablen Kosten liegen bei €1 pro Einheit. Jaime weiß, dass sein optimaler Preis genau zwischen Grenzpreis und variablen Kosten liegt, also pro Einheit (€1 + €10)/2 = €5,50 beträgt. Mit der Formel für den optimalen Deckungsbeitrag berechnet Jaime den Gesamtdeckungsbeitrag beim optimalen Preis:

Deckungsbeitrag beim optimalen Preis in einer linearen Nachfragefunktion (€)

$$= \left(\frac{\text{MWB (\#)}}{\text{Grenzpreis (€)}}\right) * (\text{Preis (€)} - \text{variable Kosten (€)})^2$$

$$= \left(\frac{200}{10}\right) * (€5,50 - €1)^2$$

$$= 20 * €4,50^2$$

$$= €405$$

Jaime erstellt eine Tabelle, die diese Berechnung bestätigt (siehe Tabelle 7.4).

Preis	Nachfrage-menge	Variable Kosten pro Einheit	Deckungsbeitrag pro Einheit	Gesamtdeckungs-beitrag
€6	€1	80	€5,00	€400
€5,50	**€1**	**90**	**€4,50**	**€405**
€5	€1	100	€4,00	€400
€4	€1	120	€3,00	€360
€3	€1	140	€2,00	€280
€2	€1	160	€1,00	€160
€1	€1	180	€0,00	€0

Tabelle 7.4: Maximaler Deckungsbeitrag bei optimalem Preis

Diese Beziehung gilt für alle linearen Nachfragefunktionen, egal welche Steigung sie aufweisen. Somit ist es möglich, für solche Funktionen den optimalen Preis eines Produkts aus nur zwei Daten zu berechnen: seinen variablen Kosten pro Einheit und seinem maximalen Grenzpreis.

BEISPIEL Die Marken A, B und C haben alle variable Kosten von €2 pro Einheit und lineare Nachfragefunktionen, wie in Tabelle 7.5 gezeigt.

Preis	Nachfrage Marke A	Nachfrage Marke B	Nachfrage Marke C
€2	12	20	16
€3	10	18	15
€4	8	16	14
€5	6	14	13
€6	4	12	12
€7	2	10	11
€8	0	8	10
€9	0	6	9
€10	0	4	8
€11	0	2	7
€12	0	0	6

Tabelle 7.5: Der optimale Preis gilt für alle linearen Nachfragefunktionen

Aus diesen Daten können wir den maximalen Grenzpreis ermitteln: Es ist der niedrigste Preis, zu dem die Nachfrage gleich null ist. So wissen wir beispielsweise, dass die Nachfrage nach der Marke C eine lineare Funktion ist, wobei die Menge für jeden Euro Preissteigerung um ein Stück abnimmt. Wenn bei einem Preis von €12 sechs Einheiten nachgefragt werden, dann ist €18 der niedrigste Preis, zu dem kein einziges Stück mehr verkauft wird. Dies ist also der maximale Grenzpreis. Für die Marken A und B können wir ähnliche Feststellungen treffen (siehe Tabelle 7.6).

	Marke A	Marke B	Marke C
Maximaler Grenzpreis	€8	€12	€18
Variable Kosten	€2	€2	€2
Optimaler Preis	€5	€7	€10

Tabelle 7.6: Bei linearen Nachfragefunktionen kann der optimale Preis aus nur zwei Angaben berechnet werden

Um zu überprüfen, ob diese optimalen Preise auch tatsächlich den größtmöglichen Deckungsbeitrag ergeben, schauen Sie bitte in Tabelle 7.7.

Preis	Variable Kosten	Deckungsbeitrag pro Einheit	Nachfrage Marke A		Deckungsbeitrag Marke A		Nachfrage Marke B
P	VC	C=P–VC	Q (gegeben)	Q * C	Q (gegeben)	Q * C	Q (gegeben)	Q * C
€2	€2	€0	12	€0	20	€0	16	€0
€3	€2	€1	10	€10	18	€18	15	€15
€4	€2	€2	8	€16	16	€32	14	€28
€5	€2	€3	**6**	**€18**	14	€42	13	€39
€6	€2	€4	4	€16	12	€48	12	€48
€7	€2	€5	2	€10	**10**	**€50**	11	€55
€8	€2	€6	0	€0	8	€48	10	€60
€9	€2	€7	0	€0	6	€42	9	€63
€10	€2	€8	0	€0	4	€32	8	**€64**
€11	€2	€9	0	€0	2	€18	7	€63
€12	€2	€10	0	€0	0	€0	6	€60

Tabelle 7.7: Die optimalen Preise bei linearen Nachfragefunktionen lassen sich überprüfen

Da die Steigung den optimalen Preis nicht beeinflusst, ergeben alle Nachfragefunktionen bei gleichen Werten für maximalen Grenzpreis und variable Kosten denselben optimalen Preis.

BEISPIEL Ein Hersteller von Stuhlpolstern ist auf drei verschiedenen Märkten präsent: in der Stadt, in den Vorstädten und auf dem Land. Die Nachfrage in der Stadt ist viel größer als im ländlichen Raum oder in den Vorstädten, doch die variablen Kosten betragen für alle Märkte €4 pro Einheit. Der maximale Grenzpreis, €20 pro Einheit, ist ebenfalls überall der gleiche. Unabhängig von der Größe des Markts liegt somit der optimale Preis überall bei €12 pro Einheit (siehe Abbildung 7.7 und Tabelle 7.8).

Der optimale Preis von €12 wird durch die Berechnungen in Tabelle 7.9 bestätigt.

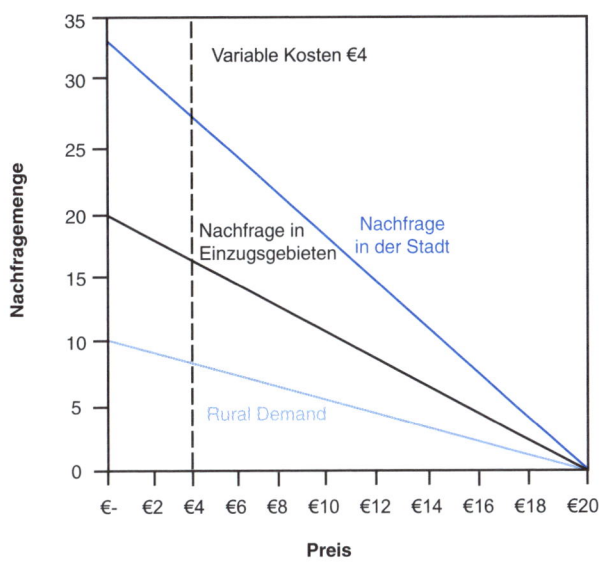

Verschiedene Steigungen der linearen Nachfragefunktionen bei gleichem maximalen Kaufwillen und gleichen variablen Kosten

Abbildung 7.7: Lineare Nachfragefunktionen bei gleichem Grenzpreis und gleichen variablen Kosten

Maximaler Grenzpreis	€20
Variable Kosten	€4
Optimaler Preis	€12

Tabelle 7.8: Die Steigung beeinflusst nicht den optimalen Preis

Preis	Deckungs-beitrag	Nachfrage (Vorstadt)	Nachfrage (Land)	Nachfrage (Stadt)	Deckungs-beitrag (Vorstadt)	Deckungs-beitrag (Land)	Deckungs-beitrag (Stadt)
€0	(€4)	20	10	32	(€80)	(€40)	(€128)
€2	(€2)	18	9	29	(€36)	(€18)	(€58)
€4	€0	16	8	26	€0	€0	€0
€6	€2	14	7	22	€28	€14	€45
€8	€4	12	6	19	€48	€24	€77
€10	€6	10	5	16	€60	€30	€96
€12	**€8**	**8**	**4**	**13**	**€64**	**€32**	**€102**
€14	€10	6	3	10	€60	€30	€96
€16	€12	4	2	6	€48	€24	€77
€18	€14	2	1	3	€28	€14	€45
€20	€16	—	—	—	—	—	—

Tabelle 7.9: Lineare Nachfragefunktionen mit verschiedenen Steigungen

Für dieses Beispiel ist es hilfreich, sich den städtischen, vorstädtischen und ländlichen Markt als Gruppen von Menschen vorzustellen, die genau gleiche Grenzpreise haben. In jeder Gruppe sind die Grenzpreise zwischen €0 und dem Grenzpreis gleich verteilt. Der einzige Unterschied zwischen den Segmenten besteht in der Anzahl ihrer Mitglieder. Diese Anzahl stellt den maximalen Kaufwillen dar (MWB). Wie man sich denken kann, hat die Anzahl der Leute pro Segment auf den optimalen Preis weniger Einfluss als die Verteilung der Grenzpreise. Da die Grenzpreise im vorliegenden Beispiel in allen drei Segmenten gleich verteilt sind, haben sie alle denselben optimalen Preis.

Eine andere nützliche Übung ist die Überlegung, was geschieht, wenn der Hersteller in diesem Beispiel den Grenzpreis jeder Person um €1 steigern könnte. Der optimale Preis würde dadurch um den halben Betrag, also €0,50, ansteigen. Ebenso würde der optimale Preis um den halben Betrag jedes Wachstums der variablen Kosten ansteigen.

Optimaler Preis im Allgemeinen

Wenn die Nachfrage linear ist, haben wir hier eine einfache Formel für den optimalen Preis entwickelt. Egal, welche Form die Nachfragefunktion hat, beim optimalen Preis besteht immer dieselbe, einfache Beziehung zwischen Bruttomarge und Elastizität.

Optimaler Preis im Verhältnis zur Bruttomarge: Der optimale Preis ist der Preis, zu dem die Bruttomarge eines Produkts gleich dem negativen Kehrwert seiner Nachfrageelastizität ist.[5]

$$\text{Bruttomarge bei optimalem Preis (\%)} = \frac{-1}{\text{Elastizität bei optimalem Preis}}$$

Eine Beziehung wie diese, die für den optimalen Preis gilt, nennt man eine Optimalitätsbedingung. Wenn die Elastizität konstant ist, können wir anhand dieser Optimalitätsbedingung den optimalen Preis leicht ermitteln. Wir berechnen einfach den negativen Kehrwert der konstanten Elastizität. Das Ergebnis ist die optimale Bruttomarge. Wenn die variablen Kosten bekannt und konstant sind, müssen wir nur noch feststellen, welcher Preis der berechneten, optimalen Marge entspricht.

> **BEISPIEL** Die Leiterin einer Firma, die Sportartikelkopien herstellt, weiß, dass die Nachfrage nach Pullis eine konstante Preiselastizität von –4 hat. Um den optimalen Preis zu finden, setzt sie ihre Bruttomarge gleich dem negativen Kehrwert der Nachfrageelastizität. (Manche Wirtschaftswissenschaftler bezeichnen die Preis-Kosten-Marge auch als Lerner-Index.)
>
> $$\text{Bruttomarge bei optimalem Preis} = \frac{-1}{-4} = 25\%$$
>
> Wenn die variablen Kosten eines Pullis €5 betragen, ist sein optimaler Preis €5/(1 – 0,25) oder €6,67.

Die optimalen Margen für mehrere Preiselastizitäten finden Sie in Tabelle 7.10.

Preiselastizität	Bruttomarge
– 1,5	67%
– 2	50%
– 3	33%
– 4	25%

Tabelle 7.10: Optimale Margen für beispielhafte Elastizitäten

Wenn also ein Unternehmen eine Bruttomarge von 50% erzielt, ist sein Preis dann optimal, wenn die Elastizität zu diesem Preis –2 beträgt. Erzielt ein Unternehmen mit seinem derzeitigen Preis eine Elastizität von –3, so ist seine Preisgestaltung nur dann optimal, wenn die Bruttomarge bei 33% liegt.

Diese Beziehung zwischen Bruttomarge und Preiselastizität bei optimalem Preis ist einer der Hauptgründe, weshalb Marketingleiter sich so sehr für die Preiselastizität der Nachfrage interessieren. Preiselastizitäten sind mitunter schwer zu messen, Margen jedoch normalerweise nicht. Nun könnten Sie sich fragen, ob Ihre derzeitigen Margen mit den Schätzungen der Preiselastizität konform gehen. Im nächsten Abschnitt werden wir diese Frage klären.

Da sich die Elastizität mit dem Preis ändert, können Sie bis dahin diese Optimalitätsbedingung nutzen, um den optimalen Preis zu ermitteln. Diese Bedingung gilt auch für lineare Nachfragefunktionen. Da der optimale Preis für eine lineare Nachfrage relativ einfach zu bestimmen ist, wird die generelle Optimalitätsbedingung in solchen Fällen nur selten eingesetzt.

Datenquellen, Komplikationen und Warnhinweise

Die Kurzformeln zur Bestimmung der optimalen Preise für Nachfragefunktionen mit linearer und konstanter Elastizität beruhen auf der Annahme, dass sich die variablen Kosten nicht mit den Mengen ändern. Wenn diese Annahme nicht gilt, lässt sich der optimale Preis am einfachsten anhand einer Tabellenkalkulation ermitteln. Wir haben diese Beziehungen deshalb so intensiv untersucht, weil sie interessante Einblicke in die Beziehung zwischen Margen und der Preiselastizität der Nachfrage geben. Im Tagesgeschäft sind die Margen der Ausgangspunkt für viele Analysen, auch den Preis betreffend. Ein Beispiel dafür ist die Cost-Plus-Preisgestaltung.

Diese hat in der Marketing-Fachliteratur einen schlechten Ruf: Sie sei zu sehr intern orientiert, aber auch zu naiv, da sie Gewinne preisgebe. Doch aus einer anderen Perspektive kann man die Cost-Plus-Preisgestaltung auch als Versuch betrachten, die Margen zu halten. Wenn Sie die richtige Marge auswählen (eine, die sich auf die Preiselastizität der Nachfrage bezieht), dann kann der Preis, bei dem diese Marge gehalten wird, tatsächlich der optimale sein, wenn die Nachfrage eine konstante Elastizität hat. Also kann die Cost-Plus-Preisgestaltung durchaus kundenorientierter als ihr Ruf sein.

Verwandte Kennziffern und Konzepte

Maßgeschneiderter Preis, **Preisdiskriminierung**: Marketingleiter haben diverse Mittel der Preisreduktion erfunden, darunter Coupons, Rabatte und Sonderpreise. Alle diese sollen die Möglichkeiten der Preisgestaltung gegenüber dem Kunden besser ausnutzen. Immer dann, wenn unterschiedlich preisempfindliche Kunden zu bedienen sind oder verschiedene Kosten dabei entstehen, kann ein pfiffiger Marketingleiter Mittel und Wege finden, durch maßgeschneiderte Preise mehr Wert abzuschöpfen.

BEISPIEL Die Nachfrage nach einer bestimmten Marke für Sonnenbrillen setzt sich aus zwei Segmenten zusammen: modische Verbraucher, die weniger auf den Preis achten (eher unelastisch), und wertorientierte Verbraucher, die stärker auf den Preis achten (elastischer) (siehe Abbildung 7.8). Die modischen Verbraucher haben einen maximalen Grenzpreis von €30 und einen maximalen Kaufwillen von 10 Einheiten. Die wertorientierten Verbraucher haben einen maximalen Grenzpreis von €10 und einen maximalen Kaufwillen von 40 Einheiten.

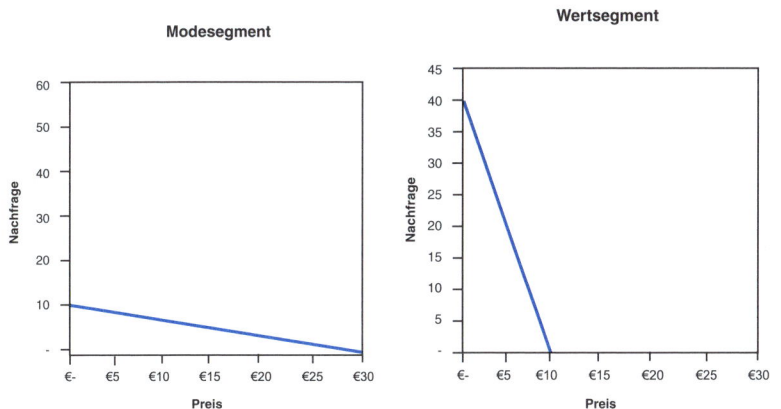

Abbildung 7.8: Aus zwei Segmenten bestehende Nachfrage

Alternative A: ein Preis für alle

Angenommen, der Sonnenbrillenhersteller möchte beiden Segmenten denselben Preis anbieten. Tabelle 7.11 zeigt, wie der jeweilige Deckungsbeitrag bei mehreren möglichen Preisen aussähe. Der optimale Preis beträgt €6,77 und ergibt einen Gesamtdeckungsbeitrag von €98,56.

Preis	Nachfragemenge Wertsegment	Nachfragemenge Modesegment	Gesamt-nachfrage	Gesamt-deckungsbeitrag
€5	20	8,33	28,33	€85,00
€6	16	8,00	24,00	€96,00
€6,77	**12,92**	**7,74**	**20,66**	**€98,56**
€7	12	7,67	19,67	€98,33
€8	8	7,33	15,33	€92,00

Tabelle 7.11: Zwei Segmente und derselbe Preis

Alternative B: für jedes Segment ein eigener Preis

Wenn der Hersteller eine Möglichkeit finden kann, von jedem Segment einen anderen optimalen Preis zu verlangen, erhöht dies seinen Gesamtdeckungsbeitrag. In Tabelle 7.12 zeigen wir, welche optimalen Preise, Mengen und Deckungsbeiträge erreichbar sind, wenn jedes Segment einen anderen optimalen Preis bezahlt.

	Grenz-preis	Variable Kosten	Optimaler Preis	Menge	Erlöse	Deckungs-beitrag
Mode	€30	€2	€16	4,67	€74,67	€65,33
Wert	€10	€2	€6	16	€96,00	€64,00
Gesamt				20,67		**€129,33**

Tabelle 7.12: Zwei Segmente mit maßgeschneiderten Preisen

Diese optimalen Preise wurden als Mittelpunkte zwischen dem Grenzpreis und den variablen Kosten (VC) berechnet. Optimale Deckungsbeiträge wurden mit folgender Formel errechnet:

$$\text{Deckungsbeitrag*} = \left(\frac{\text{MWB}}{\text{Grenzpreis}} \right) * (\text{P*} - \text{VC})^2$$

In dem Modesegment ergibt dies beispielsweise:

$$\text{Deckungsbeitrag*} = \left(\frac{10}{30} \right) * (€16 - €2)^2$$

$$= \left(\frac{1}{3} \right) * €142 = €65,33$$

Also kann der Sonnenbrillenhersteller seinen Gesamtdeckungsbeitrag durch maßgeschneiderte Preise von €98,56 auf €129,33 erhöhen und trotzdem noch gleich viel verkaufen.

Wo verschiedene Segmente verschiedene variable Kosten produzieren, wie es beispielsweise bei Fluggesellschaften in der Business Class und der Economy Class der Fall ist, gelten grundsätzlich dieselben Berechnungen. Um optimale Preise festzulegen, müssen Sie lediglich die variablen Kosten pro Einheit und Segment an die tatsächlichen Kosten anpassen.

Achtung: Gesetzgebung

In den meisten Industriegesellschaften gibt es Gesetze gegen Preisdiskriminierung, in den USA zum Beispiel den Robinson-Patman Act, den Sherman Act und den Federal Trade Provision Act und in Deutschland die wettbewerbsrechtlichen Bestimmungen. In den USA werden vor allem solche Verstöße geahndet, die den Wettbewerb schädigen, indem beispielsweise Preise verlangt werden, die nicht kostendeckend sind.

»Eigene«, »Quer«- und »Rest«-Preiselastizität

Das Konzept der **Rest-Preiselastizität** führt die Wettbewerbsdynamik in die Preisgestaltung ein. Es berücksichtigt die Reaktionen des Wettbewerbs und die Querelastizität. Dies wiederum hilft zu verstehen, warum Preise in der Realität, gemessen an den einfacheren Elastizitätskonzepten, nur selten optimal sind. Marketingleiter beziehen bewusst oder unbewusst die Wettbewerbskräfte in ihre Preisgestaltung ein.

Rest-Preiselastizität (I) = eigene Preiselastizität (I)
+ [Wettbewerbsreaktion Elastizität (I)
∗ Querelastizität (I)]

Je stärker der Wettbewerb aller Voraussicht nach reagieren wird, umso mehr weicht die Rest-Preiselastizität von der eigenen Preiselastizität des Unternehmens ab.

Zweck: sowohl die Preiselastizität auf Kundenseite als auch die voraussichtlichen Reaktionen des Wettbewerbs in die Planung von Preisänderungen einbeziehen

Oft spiegelt die Preiselastizität in der Realität die oben beschriebenen Beziehungen nicht wider. Manager stellen beispielsweise fest, dass ihre Schätzungen dieser wichtigen Kennziffer nicht dem negativen Kehrwert ihrer Margen entsprechen. Bedeutet dies, dass ihre Preise nicht optimal sind? Vielleicht.

Es ist jedoch wahrscheinlicher, dass sie den Wettbewerb in ihre Preisgestaltung mit einbeziehen. Anstatt die Elastizität nur aus den aktuellen Marktbedingungen zu erschließen, können Marketingleiter auch schätzen, wie die Elastizität aussehen wird, nachdem der Wettbewerb auf eine Preisänderung reagiert hat. Das führt uns zu dem neuen Konzept der Rest-Preiselastizität, also der Elastizität der Nachfrage infolge einer Preisänderung nach Einbeziehung der dadurch ausgelösten Preisänderungen der Konkurrenz.

Die Rest-Preiselastizität ist eine Kombination aus drei Faktoren:

- »Eigene« Preiselastizität: Änderung der verkauften Stückzahlen aufgrund der Reaktion der Kunden eines Unternehmens auf dessen Preisänderungen
- »Wettbewerbs«-Elastizität: Reaktion der Wettbewerber auf Preisänderungen eines Unternehmens
- »Quer«-Preiselastizität: Reaktion der Kunden eines Unternehmens auf Preisänderungen des Wettbewerbs

Diese Faktoren und ihre Zusammenhänge veranschaulicht Abbildung 7.9.

Eigene Preiselastizität: gibt an, wie die Kunden im Markt auf unsere Preisänderungen reagieren.

Wettbewerbselastizität: gibt an, wie die Wettbewerber auf unsere Preisänderungen reagieren.

Querelastizität: gibt an, wie unsere Kunden auf Preisänderungen unserer Wettbewerber reagieren.

Die Unterscheidung zwischen eigener und Rest-Preiselastizität wird in der Literatur nicht klar getroffen. So berücksichtigen manche Maße für die Preiselastizität die früheren Reaktionen des Wettbewerbs und sagen somit mehr über die Restelastizität aus. Andere geben grundsätzlich nur die eigene Preiselastizität an, sodass weitere Analysen notwendig sind, um festzustellen, wo sich Umsatz und Erlöse letztlich einpendeln werden. Die Abfolge von Aktion und Reaktion könnte wie folgt aussehen:

1. Ein Unternehmen ändert einen Preis und beobachtet, wie sich daraufhin der Umsatz entwickelt. Alternativ könnte es auch eine andere Maßnahme beobachten, die sich auf den Umsatz auswirkt, wie beispielsweise Kundenpräferenzen.
2. Die Wettbewerber bemerken die Preisänderung und Umsatzsteigerung und/oder einen Rückgang des eigenen Umsatzes.

3 Die Wettbewerber entscheiden, ob und um wie viel sie nun ihre eigenen Preise ändern. Welchen Einfluss diese Änderungen auf den Markt haben, hängt von zwei Faktoren ab: (1) Richtung und Ausmaß der Änderungen und (2) Ausmaß der Querelastizität, also die Frage, wie stark der Umsatz des ersten Unternehmens wiederum auf die Preisänderungen des Wettbewerbs reagiert. Das erste Unternehmen kann beispielsweise feststellen, dass nach der Reaktion auf seine eigene Preisänderung weitere Bewegungen am Markt durch die Preisänderungen des Wettbewerbs eintreten.

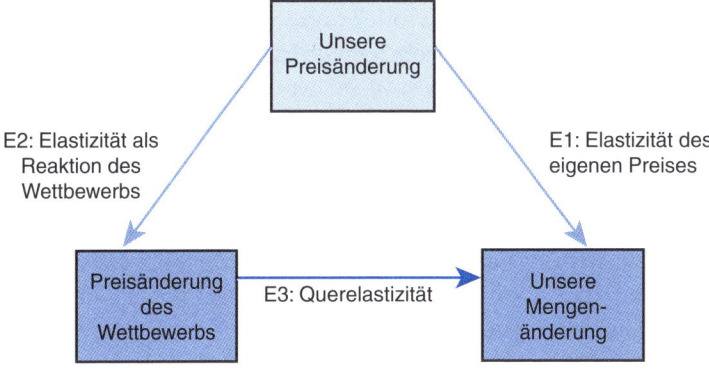

E1 = Elastizität des eigenen Preises

E2 = Elastizität als Reaktion des Wettbewerbs

E3 = Querelastizität

E1 + (E2*E3) = **Restelastizität**

Abbildung 7.9: Rest-Preiselastizität

Wegen dieser Dynamik kann ein Unternehmen, das die Preiselastizität nur anhand der Reaktion der Kunden auf seine eigene Preisänderung bemisst, einen wichtigen Umstand verschlafen: die Reaktion des Wettbewerbs und deren Einfluss auf die Umsätze. Nur Monopolisten können Preise gestalten, ohne sich um die Konkurrenz zu kümmern. Andere Unternehmen können die Reaktionen des Wettbewerbs allenfalls vernachlässigen und solche Analysen als Spekulation abtun. Diese Haltung ist jedoch kurzsichtig und kann böse Überraschungen nach sich ziehen. Andere Unternehmen wiederum bemühen die Spieltheorie und suchen ein Nash-Gleichgewicht, um vorauszuberechnen, wo sich die Preise letztlich einpendeln werden. (Hier wäre das Nash-Gleichgewicht der Punkt, an dem keiner der Wettbewerber einen gewinnorientierten Anreiz mehr hätte, seine Preise zu ändern.)

Auch wenn eine detaillierte Analyse der Wettbewerbsdynamik nicht Thema dieses Buchs ist, geben wir im Folgenden eine kurze Einführung in die Rest-Preiselastizität.

Konstruktion

Zur Berechnung der Rest-Preiselastizität sind drei Angaben erforderlich:

1 Eigene Preiselastizität: Änderungen der Umsatzstückzahlen eines Unternehmens infolge seiner Preisänderung, unter der Annahme, dass die Preise des Wettbewerbs zunächst gleich bleiben

2 Wettbewerbselastizität: Umfang und Richtung der voraussichtlichen Preisänderungen, die Wettbewerber als Reaktion auf die erste Preisänderung vornehmen werden. Wenn bei einer kleinen prozentualen Preissenkung die Wettbewerbselastizität 0,5 beträgt, kann man davon ausgehen, dass die Wettbewerber ihre Preise um halb so viele Prozent senken werden wie das Ursprungsunternehmen. Beträgt die Wettbewerbselastizität –0,5, so würde die Konkurrenz, wenn das Unternehmen seine Preise um einen kleinen Prozentsatz senkt, ihre Preise um die Hälfte dieses Prozentsatzes anheben. Das ist zwar unwahrscheinlich, aber nicht ausgeschlossen.

3 Die Querelastizität gibt an, um wie viel Prozent und in welche Richtung sich die Umsätze des ersten Unternehmens aufgrund der Preisänderungen der Wettbewerber entwickeln. Wenn die Querelastizität 0,25 beträgt, hätten wenige Prozent Änderung der Preise der Wettbewerber zur Folge, dass der Umsatz des ursprünglichen Unternehmens um ein Viertel dieses Prozentsatzes steigt. Beachten Sie, dass die Querelastizität normalerweise ein anderes Vorzeichen hat als die eigene Preiselastizität. Wenn ein Wettbewerber seine Preise anhebt, steigt Ihr Umsatz, und umgekehrt.

Rest-Preiselastizität (I) = Eigene Preiselastizität (I)
    + [Wettbewerbselastizität (I) ∗ Querelastizität (I)]

Um wie viel Prozent sich der Umsatz eines Unternehmens ändert, können Sie schätzen, indem Sie die eigene Preisänderung mit Ihrer Rest-Preiselastizität multiplizieren:

Umsatzänderung durch Rest-Preiselastizität (%) = eigene Preisänderung (%)
    ∗ Rest-Preiselastizität (I)

Wenn Sie also voraussagen, wie sich Ihr Umsatz durch eine Preisänderung ändern wird, sollten Sie auch die zu erwartenden Preisreaktionen des Wettbewerbs und deren Folgen für den Umsatz Ihres Unternehmens mit einbeziehen. Diese Effekte können per Saldo dazu führen, dass sich die Umsatzänderung, die aufgrund der ersten Preisänderung zu erwarten war, verstärkt, abschwächt oder sogar umkehrt.

BEISPIEL Ein Unternehmen beschließt, seinen Preis um 10% zu senken (Preisänderung = –10%). Seine eigene Preiselastizität schätzt es auf –2 ein. Wenn es die Reaktion des Wettbewerbs außer Acht lässt, kann es damit rechnen, dass die Preissenkung um 10% etwa 20% mehr Umsatz bringen wird (–2 * –10%). (Hinweis: Wie schon zuvor gesagt, sind Projektionen, die auf einer Punktelastizität beruhen, nur für lineare Nachfragefunktionen präzise. Da wir in diesem Beispiel nichts über die Form der Nachfragefunktion ausgesagt haben, ist die voraussichtliche Steigerung um 20% nur eine Näherung.)

Das Unternehmen schätzt die Wettbewerbselastizität auf 1. Das bedeutet, dass der Wettbewerb seine Preise voraussichtlich in dieselbe Richtung und um denselben Prozentsatz ändern wird.

Die Querelastizität wird auf 0,7 geschätzt. Das bedeutet, dass eine kleine prozentuale Preisänderung des Wettbewerbs den eigenen Umsatz des Unternehmens um 0,7 Prozent ändern würde. Somit gilt:

$$\begin{aligned}
\text{Restelastizität} &= \text{eigene Preiselastizität} \\
&\quad + (\text{Wettbewerbselastizität} * \text{Querelastizität}) \\
&= -2(1 * 0{,}7) \\
&= -2 + 0{,}7 \\
&= -1{,}3
\end{aligned}$$

$$\begin{aligned}
\text{Umsatzsteigerung} &= \text{Preisänderung} * \text{Restelastizität} \\
&= -10\% * -1{,}3 \\
&= 13\% \text{ Umsatzsteigerung}
\end{aligned}$$

Die Reaktion der Wettbewerber und die Querelastizität werden also voraussichtlich dazu führen, dass das Unternehmen seinen Umsatz nicht um 20%, sondern nur um 13% steigern kann.

Datenquellen, Komplikationen und Warnhinweise

Es ist zwar wichtig, potenzielle Reaktionen des Wettbewerbs einzubeziehen, aber es gibt auch einfachere und zuverlässigere Methoden, die Preisstrategie in einem umkämpften Markt auszurichten. Hier können Ihnen die Spieltheorie und Prinzipien der Preisführerschaft weiterhelfen.

Als Manager müssen Sie unbedingt unterscheiden, ob ein Maß für die Preiselastizität die voraussichtlichen Reaktionen des Wettbewerbs einbezieht oder nicht. In »Labor«-Untersuchungen der Preisgestaltung, wie beispielsweise in Umfragen, simulierten Testmärkten und Conjoint-Analysen, werden Verbraucher mit hypothetischen Preisszenarios konfrontiert. Diese können sowohl die eigene Preiselastizität als auch die Querelastizitäten messen, die sich aus bestimmten Preiskombinationen ergeben. Doch ein effektiver Test ist schwierig zu erreichen.

Eine ökonometrische Analyse der Daten der Vergangenheit, die den Umsatz und die Preise eines Unternehmens in einem Markt über längere Zeiträume beobachtet (also Jahres- oder Quartalszahlen), ist eventuell besser geeignet, Änderungen beim Wettbewerb und Querelastizitäten einzuschätzen. Wenn ein Unternehmen seine Preise in der Vergangenheit eher willkürlich festgesetzt hat und die Wettbewerber darauf reagiert haben, können solche Analysen einen Anhaltspunkt für die Restelastizität liefern. Dennoch ist die Messung der Preiselastizität anhand der Daten der Vergangenheit äußerst schwierig und kompliziert.

Dagegen können kurzfristige Marktexperimente kaum eine gute Schätzung der Rest-Preiselastizität erbringen. Über kurze Zeiträume bemerken die Wettbewerber vielleicht Ihre Preisänderung gar nicht oder sie haben keine Zeit zu reagieren. Infolgedessen liegen die auf Testmärkten beruhenden Elastizitätsschätzungen viel näher an der eigenen Preiselastizität.

Weniger bekannt sind ökonometrische Analysen auf der Basis von Verkaufsdaten, wie beispielsweise eingescannten Umsätzen und kurzfristigen Aktionspreisen. In diesen Untersuchungen sinken die Preise für kurze Zeit, steigen dann für längere Zeit wieder an, sinken kurz, steigen wieder und so weiter. Selbst wenn Wettbewerber während des Betrachtungszeitraums ihre eigenen Aktionspreise anbieten, werden die auf diese Weise gewonnenen Schätzungen der Preiselastizität vor allem von zwei Faktoren beeinflusst: Erstens werden die Reaktionen des Wettbewerbs nicht in die Elastizitätsschätzung einbezogen, da die Konkurrenz gar keine Zeit hatte, zu reagieren. Das bedeutet, dass ihre Schachzüge nur durch eigene Pläne motiviert waren. Und zweitens: Da Verbraucher gerne Hamsterkäufe tätigen, wenn sie Sonderangebote finden, fallen die Schätzungen der Preiselastizität höher aus, als es bei langfristigen Preisänderungen der Fall wäre.

Preisgestaltung nach dem Gefangenendilemma

Die Preisgestaltung nach dem »Gefangenendilemma« bedeutet: Wenn alle Beteiligten nur ihr Eigeninteresse verfolgen, ist das Ergebnis für alle nicht optimal. Dieses Phänomen kann dazu führen, dass sich Preisstabilität oberhalb des erwarteten optimalen Preises einstellt. In mancher Beziehung sehen diese über dem optimalen liegenden Preise aus wie die Preisgestaltung eines Kartells. Sie lassen sich jedoch auch ohne ausdrückliche Absprache erreichen, sofern alle Beteiligten das Kräftespiel und die Motive und wirtschaftliche Situation ihrer Wettbewerber durchschauen.

Das Phänomen des Gefangenendilemmas erhielt seinen Namen nach folgender Geschichte: Zwei Mitglieder einer Verbrecherbande werden gefangen und eingesperrt. Beide sitzen in Einzelhaft und können nicht miteinander sprechen. Da die Polizei nicht genügend Beweise für das Hauptverbrechen hat, sollen beide wegen eines minderschweren Vergehens zu einem Jahr Haft verurteilt werden. Doch zuvor versucht die Polizei, von den beiden ein Geständnis zu bekommen. Sie bietet beiden gleichzeitig einen Handel an. Wenn ein Häftling gegen seinen Partner aussagt, soll er freigelassen werden, während der Partner drei Jahre wegen des Hauptvergehens absitzen muss. Der Haken dabei: Wenn beide Partner gegeneinander aussagen, werden beide zu je zwei Jahren verurteilt.[6] So denken beide, es sei am besten, gegen den anderen auszusagen, egal was dieser tun mag.

Die verschiedenen Wahlmöglichkeiten und Ergebnisse dieses Dilemmas sind in Abbildung 7.10 dargestellt, die aus der Perspektive eines der Gefangenen gezeichnet ist, der von sich selbst in der ersten Person spricht.

Partner verweigert die Aussage	3 Jahre	1 Jahr
	Ich komme frei	**1 Jahr**
Partner sagt aus	2 Jahre	Partner kommt frei
	2 Jahre	**3 Jahre**
	Ich sage aus	**Ich verweigere die Aussage**

Abbildung 7.10: Das Gefangenendilemma

Wenn wir weiter in der ersten Person sprechen, argumentiert jeder Häftling wie folgt: Wenn mein Partner aussagt, werde ich zu zwei Jahren verurteilt, sofern ich ebenfalls aussage, oder zu drei Jahren, wenn ich schweige. Wenn mein Partner schweigt, komme ich frei, wenn ich aussage, und sitze ein Jahr ab, wenn ich ebenfalls schweige. In beiden Fällen stelle ich mich besser, wenn ich aussage. Doch dies führt zu einem Dilemma: Wenn ich dieser Logik folge und gestehe und mein Partner dasselbe tut, sitzen wir beide zwei Jahre.

Abbildung 7.11 zeigt die Präferenzen mit Pfeilen an, einem dunklen für die erste Person und einem hellen für den Partner.

Das Dilemma besteht darin, dass es völlig logisch wäre, den Pfeilen zu folgen und auszusagen. Doch wenn beide Gefangenen dies tun, sind sie hinterher beide schlimmer dran, wie wenn sie geschwiegen hätten: Sie sitzen beide zwei Jahre ab.

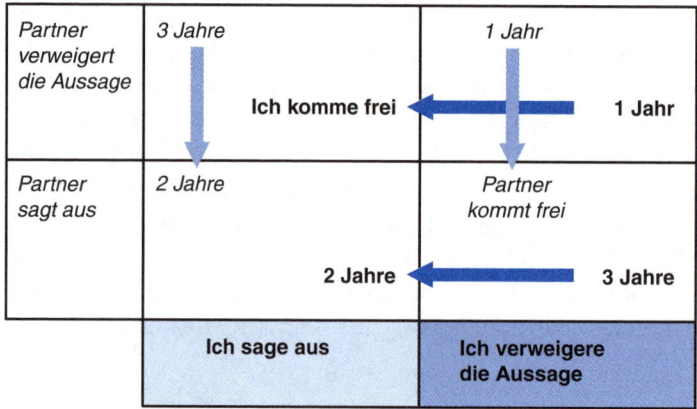

Abbildung 7.11: Verschiedene Präferenzen im Gefangenendilemma

Zugegeben, es dauert schon eine Weile, bis man dieses Dilemma und seine Implikationen durchschaut. Doch die Geschichte ist eine Metapher für viele Situationen, in denen eine rücksichtslose Verfolgung des eigenen Interesses dazu führt, dass es hinterher nur Verlierer gibt.

Bei der Preisgestaltung gibt es viele Situationen, in denen ein Unternehmen und seine Wettbewerber vor einem Gefangenendilemma stehen. Oft stellt ein Unternehmen fest, dass es seine Gewinne steigern könnte, indem es die Preise senkt, egal welche Preispolitik die Wettbewerber verfolgen. Und eben dasselbe könnten die Wettbewerber denken: dass eine Preissenkung ihnen Gewinn bringt, egal, was das andere Unternehmen tun mag. Wenn nun alle ihre Preise senken, also jeder nur im eigenen Interesse handelt, sind alle am Ende schlechter dran. Die Herausforderung besteht darin, die Preise hoch zu halten, obwohl ein Unternehmen davon profitieren könnte, sie zu senken.

Wenn ein Unternehmen zwischen hohen und niedrigen Preisen wählen muss, steht es vor einem Gefangenendilemma, sobald folgende Bedingungen eintreten:

1. Sein Deckungsbeitrag ist beim niedrigeren Preis größer, wenn es sich sowohl gegen niedrigere als auch gegen höhere Konkurrenzpreise behaupten muss.
2. Der Deckungsbeitrag der Konkurrenz ist beim niedrigeren Preis größer, wenn sie sich gegen niedrigere oder höhere Preise unseres Unternehmens behaupten muss.
3. Für alle (unser Unternehmen und die Wettbewerber) ist jedoch der Deckungsbeitrag, wenn alle ihre Preise senken, kleiner, als wenn alle ihre Preise anheben.

BEISPIEL Wie Tabelle 7.13 zeigt, hat mein Unternehmen einen Hauptwettbewerber. Zurzeit beträgt mein Preis €2,90 und der Preis des Wettbewerbers €2,80. Ich habe einen Anteil von 40% an einem Markt, der 20 Millionen Einheiten umfasst. Wenn ich meinen Preis auf €2,60 senke, kann ich meinen Marktanteil auf 55% anheben, vorausgesetzt, dass nicht auch mein Konkurrent den Preis senkt. Reduziert jedoch auch er den Preis um €0,30, nämlich auf €2,50, dann werden wohl unsere Marktanteile konstant bei 40/60 bleiben. Senkt andererseits mein Wettbewerber den Preis und ich bleibe bei €2,90, dann wird er seinen Marktanteil auf 80% steigern und mir bleiben nur 20%.

Wenn wir beide variable Kosten in Höhe von €1,20 pro Einheit haben und der Markt konstant 20 Millionen Einheiten umfasst, sind vier Szenarien mit acht Deckungsbeiträgen möglich – vier für mein Unternehmen und vier für den Konkurrenten:

Preisszenario	Mein Preis	Meine Menge (Mio.)	Mein Umsatz (€ Mio.)	Meine variablen Kosten (€ Mio.)	Mein Deckungs-beitrag (€ Mio.)
Ich Hochpreis, Konkurrent Hochpreis	€2,90	8	€23,2	€9,6	€13,6
Ich Hochpreis, Konkurrent Niedrigpreis	€2,90	4	€11,6	€4,8	€6,8
Ich Niedrigpreis, Konkurrent Niedrigpreis	€2,60	8	€20,8	€9,6	€11,2
Ich Niedrigpreis, Konkurrent Hochpreis	€2,60	11	€28,6	€13,2	€15,4
Preisszenario	**Deren Preis**	**Deren Menge (Mio.)**	**Deren Umsatz (€ Mio.)**	**Deren variable Kosten (€ Mio.)**	**Deren Deckungs-beitrag (€ Mio.)**
Ich Hochpreis, Konkurrent Hochpreis	€2,80	12	€33,6	€14,4	€19,2
Ich Hochpreis, Konkurrent Niedrigpreis	€2,50	16	€40,0	€19,2	€20,8
Ich Niedrigpreis, Konkurrent Niedrigpreis	€2,50	12	€30,0	€14,4	€15,6
Ich Niedrigpreis, Konkurrent Hochpreis	**€2,80**	**9**	**€25,2**	**€10,8**	**€14,4**

Tabelle 7.13: Tabelle der Preisszenarien

Stehen wir hier vor einem Gefangenendilemma? Abbildung 7.12 zeigt die vier möglichen Deckungsbeiträge für meinen Wettbewerber und mich.

Deren Preis = €2,80	€14,4	€19,2
Hoch	**€15,4**	**€13,6**
Mein Preis = €2,50	€15,6	€20,8
Niedrig	**€11,2**	**€6,8**
	Mein Preis = €2,60 Niedrig	**Mein Preis = €2,90 Hoch**

Abbildung 7.12: Raster der zu erwartenden Werte (in Millionen Euro)

Wir wollen sehen, ob hier die Bedingungen des Gefangenendilemmas vorliegen:

1 Mein Deckungsbeitrag ist beim niedrigeren Preis größer, egal ob der Wettbewerber seinen Preis hoch oder niedrig ansetzt (€15,4 Mio. > €13,6 Mio. und €11,2 Mio. > €6,8 Mio.).

2 Der Deckungsbeitrag meines Wettbewerbers ist beim niedrigeren Preis größer, egal wie ich meine Preise ansetze (€15,6 Mio. > €14,4 Mio. und €20,8 Mio. > €19,2 Mio.).

3 Allerdings ist sowohl für mich als auch für meinen Wettbewerber der Deckungsbeitrag, wenn wir beide einen niedrigen Preis verlangen, kleiner, als wenn wir beide einen hohen Preis verlangen (€15,6 Mio. < €19,2 Mio. und €11,2 Mio. < €13,6 Mio.).

Somit gelten die Bedingungen eines Gefangenendilemmas (siehe Abbildung 7.13).

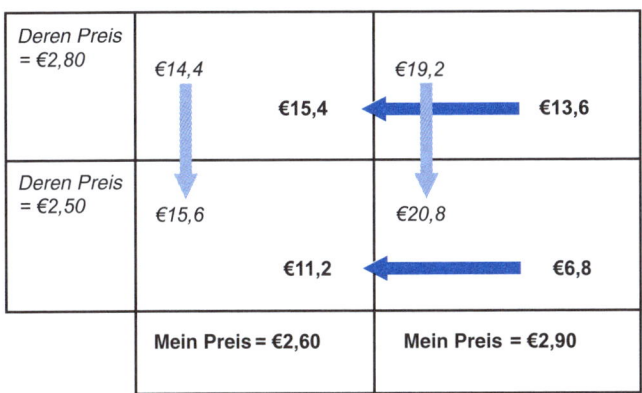

Abbildung 7.13: Raster der zu erwartenden Werte (in Mio. Euro) und Präferenzpfeile

Die Folge für mein Unternehmen ist klar: Es mag zwar verlockend sein, meine Preise zu senken, um meinen Marktanteil zu vergrößern und €15,4 Mio. Deckungsbeitrag zu erzielen, aber ich muss erkennen, dass mein Wettbewerber vor derselben Versuchung steht. Auch er hat Gründe, den Preis zu senken, seinen Anteil zu erhöhen und seinen Deckungsbeitrag zu steigern. Doch wenn er seinen Preis senkt, werde ich natürlich dasselbe tun, und wenn ich meinen Preis senke, wird er nachziehen. Reduzieren wir jedoch beide unseren Preis, verdiene ich nur noch €11,2 Mio. Deckungsbeitrag, also deutlich weniger als die jetzigen €13,6 Mio.

Hinweis: Wenn Sie feststellen möchten, ob Sie vor einem Gefangenen-dilemma stehen, berechnen Sie die Deckungsbeiträge in Euro für Ihr eigenes Unternehmen und den Wettbewerb zu vier verschiedenen Kombinationen von hohen und niedrigen Preisen. Es kann notwendig sein, für eine solche Hochrechnung Annahmen über die wirtschaftliche Situation Ihrer Wettbewerber zu treffen. Dabei müssen Sie vorsichtig sein: Wenn die Gegebenheiten Ihrer Wettbewerber stark von Ihren Annahmen abweichen, stimmen die Entscheidungen oder Motive vielleicht nicht mehr, die Sie ihnen in Ihrem Modell unterstellen. Außerdem gibt es eine Reihe von Gründen, weshalb die Logik des Gefangenendilemmas nicht immer zutrifft, selbst wenn alle Grundannahmen korrekt sind.

❶ Die Entscheidungsfindung stützt sich nicht immer nur auf den Deckungsbeitrag: In unserem Beispiel gingen wir davon aus, dass beide Unternehmen nur auf Gewinn aus sind. Doch auch der Marktanteil kann für Unternehmen ein Motiv sein, unabhängig von seinem unmittelbaren Einfluss auf den Deckungsbeitrag. Was auch immer das Ziel eines Unternehmens sein mag: Sofern es quantifizierbar ist, können wir es in unsere Tabelle einsetzen, um die Wettbewerbssituation besser zu durchschauen.

❷ Gesetzgebung: Manche Aktivitäten, die geeignet sind, den Wettbewerb auszuschalten und die Preise hoch zu halten, sind verboten. Unser Ziel ist es, Managern zu einem besseren Verständnis der ökonomischen Kompromisse bei einer Preisgestaltung im Wettbewerb zu verhelfen. Die einschlägigen Gesetze in Ihrer Branche müssen Sie selbst kennen, um Ihr Verhalten danach auszurichten.

❸ Viele Wettbewerber: Wenn mehrere Wettbewerber vorhanden sind, wird die Preisgestaltung komplizierter. Man kann den Test, ob ein Gefangenendilemma vorliegt, auch auf mehrere Mitspieler ausdehnen, doch in der Praxis gibt es da einen Unterschied: Je mehr unabhängige Wettbewerber es gibt, umso schwieriger wird es, die Preise hoch zu halten.

❹ Einzelnes oder wiederholtes Spiel: In unserer Geschichte konnten die Gefangenen ein einziges Mal in einer einzigen Ermittlung aussagen. In der Spieltheorie wird das Spiel nur ein einziges Mal gespielt. Experimente haben gezeigt, dass unter diesen Umständen beim Gefangenendilemma wahrscheinlich beide Gefangenen aussagen würden. Doch wenn das Spiel erneut gespielt würde, würden sie wahrscheinlich beide die Aussage verweigern. Da Preisentscheidungen immer wieder getroffen werden müssen, werden also wahrscheinlich am Ende hohe Preise festgesetzt. Die meisten Unternehmen lernen, mit ihrem Wettbewerb zu leben.

5. **Mehr als zwei Preise sind möglich**: Wir haben hier eine Situation, in der jeder Beteiligte nur zwei Preise zur Auswahl hat. In Wirklichkeit kommt jedoch eine ganze Bandbreite von Preisen in Frage. In solchen Situationen müssten wir unsere Analyse noch deutlich erweitern. Wieder zeigen wir die Präferenzen durch Pfeile an. In solchen komplexeren Situationen kann es Bereiche geben, in denen das Gefangenendilemma zutrifft (normalerweise bei höheren Preisen), und andere, in denen das nicht der Fall ist (normalerweise bei niedrigeren Preisen). Gelegentlich können wir beobachten, dass alle Pfeile zu einer bestimmten Zelle in der Mitte der Tabelle hinführen, dem so genannten Gleichgewicht. Ein Gefangenendilemma tritt normalerweise dann ein, wenn die Preise über den Gleichgewichtspreisen liegen.

Wenn wir die Lehre aus dem Gefangenendilemma ziehen, erkennen wir, dass uns die Berechnung eines optimalen Preises, der ausschließlich auf der eigenen Preiselastizität beruht, dazu verleiten kann, einseitig nur an unsere eigenen Interessen zu denken. Wenn wir dagegen die Rest-Preiselastizität in unsere Berechnungen einbeziehen, wird die Reaktion des Wettbewerbs zu einem Schlüsselelement unserer Preisgestaltung. Das Gefangenendilemma zeigt, dass ein Unternehmen langfristig nicht immer gut beraten ist, wenn es ausschließlich seine eigenen Interessen im Auge hat.

Referenzen und weiterführende Literatur

Dolan, Robert J. und Hermann Simon. (1996). Power Pricing: How Managing Price Transforms the Bottom Line, New York: Free Press, 4.

Roegner, E.V., M.V. Marn und C.C. Zawada. (2005). »Pricing«, Marketing Management, 14(1), 23–28

Anmerkungen

1 Dolan, Robert J. und Hermann Simon. Power Pricing: How Managing Price Transforms the Bottom Line, New York: The Free Press, 4

2 Barwise, Patrick und John U. Farley, »Which Marketing Metrics Are Used and Where?« Marketing Science Institute, (03-111) 2003, working paper, Series issues two 03-002

3 Konstante Elastizitätsfunktionen werden auch als »log linear« bezeichnet, da man sie auch formulieren kann als: log Q = log A + Elastizität x log (p).

4 Wenn solche Beziehungen grafisch dargestellt werden, steht oft der Preis an der vertikalen und die Nachfragemenge an der horizontalen Achse. Bitte schauen Sie bei Diagrammen immer genau auf die Achsenbezeichnungen.

5 Wenn die Preiselastizität als positive Zahl angegeben wird, ist das Minuszeichen in der folgenden Formel nicht erforderlich.

6 Poundstone, William. (1993). Prisoner's Dilemma, New York: Doubleday, 118

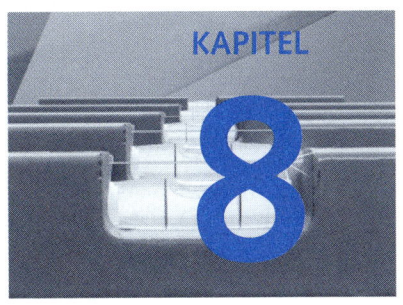
Promotion

Kennziffern in diesem Kapitel:	
Grundumsatz, Mehrumsatz und promotionbedingte Erhöhung	Prozent Umsatz zum Sonderpreis, Prozent Zeitanteil der Sonderpreise und Durchschnittstiefe der Sonderangebote
Einlösungsquoten für Coupons/Rabatte	Weitergabe und Preiswasserfall

 Preispromotions lassen sich in zwei große Gruppen einteilen:

- vorübergehende Sonderangebote
- auf Dauer angelegte Elemente der Preispolitik[1]

In beiden Fällen versuchen Unternehmen, das Verhalten von Verbrauchern und Firmenkunden in einer Weise zu steuern, die Umsatz und Gewinne langfristig erhöhen soll, auch wenn die Promotion kurzfristig die Gewinne negativ beeinflussen mag. Viele Wege führen zu Umsatz- und Gewinnwachstum und viele Gründe sprechen für Aktionspreise. Sie können auf Endanwender (Verbraucher), Firmenkunden (Groß- oder Einzelhändler), Wettbewerber oder sogar das eigene Vertriebspersonal abzielen. Auch wenn das Ziel einer Promotion oft eine Umsatzsteigerung ist, können auch die Kosten von ihr beeinflusst werden. Kurzfristig kann eine Promotion beispielsweise folgende Ziele verfolgen:

- neue Kunden gewinnen, eventuell durch Veranlassung von Probekäufen
- neue oder andere Segmente ansprechen, die preisbewusster sind als die üblichen Kunden des Unternehmens
- Kaufraten und Markentreue der Bestandskunden erhöhen
- neue Firmenkunden (d.h. Zwischenhändler) ansprechen
- neue Lagereinheiten in den Handel einführen
- Regalraum vergrößern
- Wettbewerb ausschalten, indem die Kunden veranlasst werden, Vorräte zu »hamstern«
- Produktion saisonal entzerren, indem die Kunden veranlasst werden, früher (oder später) als normal ihre Bestellungen aufzugeben

Die Kennziffern für viele dieser Teilziele wurden bereits an anderer Stelle behandelt, darunter die Erprobungsrate und der prozentuale Umsatz mit neuen Produkten. In diesem Kapitel geht es um Kennziffern zur Beobachtung der Akzeptanz von Aktionspreisen und ihrer Auswirkungen auf Umsatz und Gewinne.

Am besten lassen sich temporäre Aktionspreise beurteilen, wenn man den Umsatz in zwei Kategorien einteilt: den Grundumsatz (Baseline) und den Mehrumsatz. Der Grundumsatz ist der Umsatz, den ein Unternehmen ohne die Promotion zu erwarten hätte. Der Mehrumsatz ist die »Erhöhung«, die durch Preispromotion eintritt. Indem Sie den Grundumsatz von der Erhöhung trennen, können Sie beurteilen, ob die durch eine vorübergehende Preissenkung eintretende Umsatzsteigerung die damit einhergehende Senkung der Preise und Margen kompensiert. Mit ähnlichen Techniken wird auch die Rentabilität von Coupons und Rabatten überprüft.

Auch wenn der Effekt einer Preispromotion kurzfristig fast immer am Umsatz gemessen wird, tritt langfristig betrachtet die Frage in den Vordergrund, wie viel Prozent vom Umsatz Sonderangebote sind und für welchen Zeitraum ein Produkt zum Sonderpreis angeboten wird. In manchen Branchen sind Listenpreise mittlerweile derart fiktiv, dass sie nur noch als Vergleichsgröße für die Festlegung von Rabatten herangezogen werden.

Durchschnittstiefe der Sonderangebote und Preiswasserfall sind zwei Kennziffern zur Erfassung der Dimension von Preissenkungen und zur Erklärung, wie man den Nettopreis eines Produkts nach Abzug aller Preisabschläge errechnet. Oft werden Preisabschläge von Firmenkunden nicht oder nicht wie geplant in Anspruch genommen. Auch gibt der Handel oft ganz andere Preisreduktionen an seine Kunden weiter, als er selbst erhält. Weitergabe-Prozentsatz und Preiswasserfall sind analytische Konstrukte, die diese Kräfte messen und somit Einblick darin geben, wie wirkungsvoll die Promotion des Unternehmens ist.

	Kennziffer	Konstruktion	Überlegungen	Zweck
8.1	Grundumsatz	Der Teil des Umsatzes, der nicht durch Marketingvariablen beeinflusst ist; Grundumsatz = Gesamtumsatz minus Mehrumsatz geteilt durch Marketingaktion(en)	Marketingaktivitäten tragen auch zum Grundumsatz bei.	Bestimmen, wie viel Umsatz unabhängig von Marketingbemühungen eintritt
8.1	Mehrumsatz oder Promotion-bedingte Erhöhung	Gesamtumsatz minus Grundumsatz; Regressionskoeffizient für obige Marketingvariablen	Aktionen des Wettbewerbs müssen mitberücksichtigt werden	Maß für kurzfristige Auswirkungen von Marketing
8.2	Einlösungsraten	Eingelöste Coupons geteilt durch verteilte Coupons	Starke Unterschiede je nach der Art der Coupon-Verteilung	Ungefähres Maß für Coupon-bedingte »Erhöhung« nach Herausrechnen des Umsatzes, der auch ohne Coupons gemacht worden wäre
8.2	Kosten für Coupons und Rabatte	Nominalwert des Coupon-Betrags plus Kosten der Einlösung mal Anzahl der eingelösten Coupons	Berücksichtigt nicht die Margen durch Käufer, die das Produkt auch ohne Coupons erworben hätten	Coupon-Kosten können budgetiert werden
8.2	Prozentsatz Umsatz mit Coupon	Coupon-Umsatz geteilt durch Gesamtumsatz	Höhe des Abschlags durch den Coupon-Betrag wird nicht betrachtet	Zeigt, wie sehr die Marke von Promotion abhängt
8.2	Prozent Umsatz durch Sonderangebote	Umsatz zu vorübergehend reduzierten Preisen in Prozent vom Gesamtumsatz	Keine Unterscheidung nach Tiefe der angebotenen Preisabschläge	Zeigt, wie sehr die Marke von Promotion abhängt
8.2	Prozent Zeit für Sonderangebote	Prozent Zeit, während der Sonderpreise angeboten werden	Zeigt nicht, ob Handel oder Verbraucher die Preisabschläge nutzen	Zeigt, wie sehr die Marke von Promotion abhängt

(Fortsetzung)

	Kennziffer	Konstruktion	Überlegungen	Zweck
8.2	Durchschnitt-stiefe der Son-derangebote	Coupon-Umsatz ge-teilt durch Gesamt-umsatz	Sollte um Vorrats-käufe und Weiterga-beeffekte korrigiert werden	Zeigt, wie sehr die Marke von Promo-tion abhängt
8.3	Weitergabe	Preisabschläge, die der Handel dem Ver-braucher einräumt, geteilt durch Preis-abschläge, die der Hersteller dem Han-del einräumt	Kann Machtverhält-nisse im Vertriebs-weg, Management-entscheidungen oder Segmentierung wi-derspiegeln	Gibt an, in welchem Maß die Hersteller-Promotions weitere Promotion auf dem restlichen Vertriebs-weg nach sich ziehen
8.4	Preiswasserfall	Tatsächlicher Durch-schnittsstückpreis ge-teilt durch Listenpreis pro Einheit; kann auch ausgehend vom Listenpreis berechnet werden, wenn poten-zielle Abschläge, ge-wichtet durch ihre Häufigkeit, einbe-zogen werden	Manche Preisab-schläge werden ab-solut und nicht pro Stück angeboten.	Gibt an, welcher Preis für ein Produkt tatsächlich gezahlt wird und welche Rei-henfolge die Fak-toren auf dem Ver-triebsweg haben, die diesen Preis beein-flussen

Grundumsatz, Mehrumsatz und promotionbedingte Erhöhung

Wie viel Mehrumsatz eine Marketingaktivität bringt, lässt sich anhand einer Schätzung des Grundumsatzes bestimmen. Diese Vergleichsgrö-ße ist auch hilfreich, wenn der Mehrumsatz von den Auswirkungen anderer Dinge wie beispielsweise Saisoneffekte oder Promotion der Konkurrenz, getrennt werden soll. Die folgenden Gleichungen lassen sich auf einen spezifischen Zeitraum und das spezifische Element des Marketingmix zuschneiden, das den Mehrumsatz generieren sollte.

Gesamtumsatz (€,#) = Grundumsatz (€,#)
+ Mehrumsatz durch Marketing (€,#)

Mehrumsatz durch Marketing (€,#)
= Mehrumsatz durch Werbung (€,#)
+ Mehrumsatz durch Promotion beim Handel (€,#)
+ Mehrumsatz durch Promotion beim Verbraucher (€,#)
+ Mehrumsatz durch Sonstiges (€,#)

$$\text{Erhöung (durch Promotion) (\%)} = \frac{\text{Mehrumsatz (€,\#)}}{\text{Grundumsatz (€,\#)}}$$

$$\text{Kosten des Mehrumsatzes (€)} = \frac{\text{Marketingausgaben (€)}}{\text{Mehrumsatz (€,\#)}}$$

Um Marketingausgaben zu rechtfertigen, muss immer auch der Mehrumsatz geschätzt werden, den die jeweilige Marketingaktion generiert. Da jedoch manche Marketingkosten grundsätzlich Fixkosten sind (beispielsweise Gehälter für Marketingleute und Vertrieb), wird ein Mehrumsatz normalerweise nicht diesen Elementen des Marketingmix zugerechnet.

Zweck: einen Grundumsatz bestimmen, an dem der Mehrumsatz und die Gewinne durch Marketingaktivitäten gemessen werden können

Ein Problem im Marketing ist die Bestimmung der Umsatz-»Erhöhung«, die einer Marketingkampagne oder einer Reihe von Marketingaktivitäten zuzurechnen ist. Die Erhöhung kann nur im Vergleich zu einem Grundumsatz ermittelt werden, also dem Umsatz, der auch ohne die zu bewertenden Marketingaktivitäten eingetreten wäre. Im Idealfall kann dieser Grundumsatz durch Experimente mit Kontrollgruppen festgestellt werden. Wenn solche Experimente schnell, einfach und billig wären, so wäre dies sicherlich die vorherrschende Methode. Doch stattdessen betrachten Marketingleiter oft die Umsatzdaten der Vergangenheit, bereinigt um das voraussichtliche Wachstum und Saisoneinflüsse. Oft werden zur Schätzung des Grundumsatzes auch Regressionsmodelle herangezogen, die diese anderen Einflüsse mit berücksichtigen. Im Idealfall betrachten solche Regressionsmodelle sowohl kontrollierbare als auch unkontrollierbare Faktoren, wie beispielsweise Ausgaben des Wettbewerbs. In Regressionsmodellen wird oft der Achsenabschnitt als Grundlinie betrachtet.

Konstruktion

Theoretisch ist der **Mehrumsatz** ganz einfach als Gesamtumsatz minus Grundumsatz zu bestimmen. Die Schwierigkeit besteht darin, den Grundumsatz zu berechnen.

Grundumsatz: der Umsatz, der voraussichtlich ohne die Marketingprogramme eingetreten wäre.

In den Daten der Vergangenheit ist der Gesamtumsatz bekannt. Die analytische Aufgabe besteht darin, diesen in Grundumsatz und Mehrumsatz zu zerlegen, meist mit einer Regressionsanalyse. Doch auch die Ergebnisse von Testmärkten und andere Marktforschungsdaten können in die Rechnung mit einfließen.

Gesamtumsatz (€,#) = Grundumsatz (€,#) + Mehrumsatz (€,#)

Der Mehrumsatz wird auch gelegentlich in Teile zerlegt und den verschiedenen Marketingaktivitäten zugerechnet.

Mehrumsatz (€,#)
= Mehrumsatz durch Werbung (€,#)
+ Mehrumsatz durch Promotion beim Handel (€,#)
+ Mehrumsatz durch Promotion beim Verbraucher (€,#)
+ Mehrumsatz durch Sonstiges (€,#)

Der Grundumsatz wird also normalerweise anhand von Analysen der früheren Daten geschätzt. Dazu entwickeln Unternehmen oft ausgefeilte Modelle mit Variablen für Marktwachstum, Wettbewerbsaktivitäten und Saisoneinflüsse. Wenn das erledigt ist, kann das Unternehmen anhand seines Modells den Grundumsatz der Zukunft schätzen und den Mehrumsatz nach diesen Schätzungen bestimmen.

Mehrumsätze als Gesamtumsatz minus Grundumsatz lassen sich für jeden beliebigen Zeitraum ermitteln (beispielsweise ein Jahr, ein Quartal oder die Dauer einer Promotion). Die durch ein Marketingprogramm generierte Erhöhung ist der Mehrumsatz in Prozent vom Grundumsatz. Die Kosten des Mehrumsatzes werden als Kosten pro Euro oder pro Stück Mehrumsatz (beispielsweise Kosten pro zusätzlich verkaufte Packung) angegeben.

Mehrumsatz (€,#) = Gesamtumsatz (€,#) – Grundumsatz (€,#)

$$\text{Erhöhung (\%)} = \frac{\text{Mehrumsatz (€,\#)}}{\text{Grundumsatz (€,\#)}}$$

$$\text{Kosten des Umsatzzuwachses (€)} = \frac{\text{Marketingausgaben (€)}}{\text{Mehrumsatz (€,\#)}}$$

BEISPIEL Ein Einzelhändler erwartet, in einem normalen Monat ohne Werbung Glühbirnen im Wert von €24.000 zu verkaufen. Im Mai hatte er eine Anzeigenwerbung in der Presse, die ihn €1.500 kostete, und verkaufte Glühbirnen im Wert von €30.000. Weitere Promotion-Maßnahmen oder einmalige Werbeaktionen wurden in diesem Monat nicht durchgeführt. Der Ladeninhaber berechnet den Mehrumsatz durch die Anzeige wie folgt:

$$\text{Mehrumsatz (€)} = \text{Gesamtumsatz (€)} - \text{Grundumsatz (€)}$$
$$= €30.000 - €24.000 = €6.000$$

Er schätzt den Mehrumsatz also auf €6.000. Dies entspricht einer Erhöhung (%) um 25%:

$$\text{Erhöhung (\%)} = \frac{\text{Mehrumsatz (€)}}{\text{Grundumsatz (€)}}$$
$$= \frac{€6.000}{€24.000} = 25\%$$

Die Kosten für den Mehrumsatz betragen €0,25:

$$\text{Kosten des Mehrumsatzes (€)} = \frac{\text{Marketingausgaben (€)}}{\text{Mehrumsatz (€)}}$$
$$= \frac{€1.500}{€6.000} = €0,25$$

Der Gesamtumsatz lässt sich als Funktion von Grundumsatz und Erhöhung analysieren. Wenn Sie die Effekte eines Marketingmix berechnen, müssen Sie sicher sein, dass die Erhöhung mit einer multiplikativen oder einer additiven Gleichung zu berechnen ist. Additive Gleichungen kombinieren Marketingmix-Effekte wie folgt:

Gesamtumsatz (€,#)
= Grundumsatz
+ [Grundumsatz (€,#) * Erhöhung (%) durch Werbung]
+ [Grundumsatz (€,#) * Erhöhung (%) durch Promotion beim Handel]
+ [Grundumsatz (€,#) * Erhöhung (%) durch Promotion beim Verbraucher]
+ [Grundumsatz (€,#) * Erhöhung (%) durch Sonstiges]

Diese additive Berechnung passt zum Konzept eines Gesamt-Umsatzzuwaches als Summe der durch die verschiedenen Elemente des Marketingmix generierten Mehrumsätze. Diese Aussage ist äquivalent zu:

Gesamtumsatz (€,#)
= Grundumsatz
+ Mehrumsatz durch Werbung
+ Mehrumsatz durch Promotion beim Handel
+ Mehrumsatz durch Promotion beim Verbraucher
+ Mehrumsatz durch Sonstiges

Dagegen werden die Effekte des Marketingmix in multiplikativen Gleichungen durch Multiplikation kombiniert:

Gesamtumsatz (€,#)
= Grundumsatz (€,#)
* (1 + Erhöhung (%) durch Werbung)
* (1 + Erhöhung (%) durch Promotion beim Handel)
* (1 + Erhöhung (%) durch Promotion beim Verbraucher)
* (1 + Erhöhung (%) durch Sonstiges)

In multiplikativen Gleichungen ist es nicht sinnvoll, von einem Mehrumsatz durch ein Einzelelement des Marketingmix zu sprechen. Dennoch kommt dies in der Praxis immer wieder vor.

BEISPIEL Unternehmen A sammelt die Daten vergangener Promotions und schätzt, welche Mehrumsätze die verschiedenen Elemente des Marketingmix gebracht haben. Ein Analyst meint, ein additives Modell würde diesen Effekten am ehesten gerecht; ein anderer plädiert für ein multiplikatives Modell. Der zuständige Produktmanager bekommt die beiden in Tabelle 8.1 dargestellten Schätzungen.

	Additiv			Multiplikativ		
Ausgaben	Werbung	Handels-promotion	Verbraucher-promotion	Werbung	Handels-promotion	Verbraucher-promotion
€10	0%	0%	0%	1	1	1
€100.000	5,5%	10%	16,5%	1,05	1,1	1,15
€200.000	12%	24%	36%	1,1	1,2	1,3

Tabelle 8.1: Voraussichtliche Rentabilität der Marketingausgaben

Zum Glück schätzen beide Modelle den Grundumsatz auf €900.000. Der Produktmanager möchte folgenden Plan für Marketingausgaben bewerten: Werbung (€100.000), Promotion beim Handel (€0) und Promotion beim Verbraucher (€200.000). Er prognostiziert den Umsatz mit den beiden Methoden wie folgt:

Additiv:

Umsatzprognose (€) = €900.000
+ [€900.000 * 5,5%]
+ [€900.000 * 0]
+ [€900.000 * 36%]
= €900.000 + €49.500 + €0 + €324.000
= €1.273.500

Multiplikativ:

Umsatzprognose = Grundumsatz
* Erhöhung durch Werbung
* Erhöhung durch Promotion beim Handel
* Erhöhung durch Promotion beim Verbraucher
= €900.000 * 1,05 * 1 * 1,3
= €1.228.500

Hinweis: Da die beiden Modelle unterschiedlich konstruiert sind, ergeben sie meistens verschiedene Resultate. Die multiplikative Methode eignet sich für eine bestimmte Form der Interaktion zwischen Marketingvariablen. Die additive Methode bezieht in dieser Form keine Interaktionen mit ein.

Wenn Sie den Umsatz der Vergangenheit in Grund- und Mehrumsatz zerlegt haben, lässt sich relativ leicht feststellen, ob eine Promotion in dem Betrachtungszeitraum rentabel war oder nicht. In der Vorausschau schätzen Sie die Rentabilität einer vorgeschlagenen Marketingaktivität durch Vergleich der Rentabilitätsprognosen mit dieser Aktivität und ohne sie:

Rentabilität einer Promotion (€)
= Gewinn mit Promotion (€) – Gewinn ohne Promotion (also Grundumsatz) (€)[2]

BEISPIEL Marketingleiter Fred und Finanzleiterin Johanna bekommen Schätzungen vorgelegt, wonach der Umsatz nach Aufstellung bestimmter Werbetafeln insgesamt 30.000 Einheiten betragen wird. Da die vorgeschlagene Promotion viel kostet (€100.000), erbittet der Vorstand eine Schätzung, welcher Gewinnanteil auf die neuen Werbetafeln entfallen würde. Da keine Preisänderung beabsichtigt ist, wird der Deckungsbeitrag pro Einheit während der Aktion der gleiche sein wie sonst auch: €12,00 pro Einheit. Also soll der Gesamtdeckungsbeitrag während der Aktion €30.000 * €12 oder €360.000 betragen. Wenn wir die zusätzlichen Fixkosten der speziellen Werbetafeln subtrahieren, betragen die Gewinne für den Zeitraum voraussichtlich €360.000 – €100.000 oder €260.000.

Fred schätzt den Grundumsatz auf 15.000 Einheiten und berechnet somit, dass der Deckungsbeitrag ohne die Promotion €12 ∗ 15.000 = €180.000 betragen würde. Nach seiner Rechnung würden also die speziellen Werbetafeln einen zusätzlichen Gewinn in Höhe von €360.000 – €180.000 – €100.000 = €80.000 generieren.

Johanna jedoch schätzt, dass ohne die Promotion 25.000 Einheiten verkauft würden, die einen Grunddeckungsbeitrag von €12 ∗ 25.000 = €300.000 ergäben. Folglich erwartet sie, wenn die Werbetafeln aufgestellt würden, einen Gewinneinbruch von €300.000 auf €260.000. Nach ihrer Ansicht würde die Promotion keine ausreichende Erhöhung generieren, um die zusätzlichen Fixkosten zu decken. Sie berechnet, dass das Unternehmen mit der Promotion €100.000 ausgeben würde, um nur €60.000 zusätzlichen Deckungsbeitrag zu erzielen (5.000 Einheiten ∗ €12 Deckungsbeitrag pro Einheit).

Hier ist die Schätzung des Grundumsatzes ein ganz wesentlicher Faktor.

BEISPIEL Ein Gepäckhersteller steht vor der schwierigen Entscheidung, ob er eine neue Promotion starten soll oder nicht. Die Unternehmensdaten zeigen ein starkes Umsatzwachstum im November und Dezember, aber die Manager sind sich nicht sicher, ob das ein stabiler Trend oder nur ein Strohfeuer ist – eben eine erfolgreiche Zeit, die so nicht weitergehen wird (siehe Abbildung 8.1).

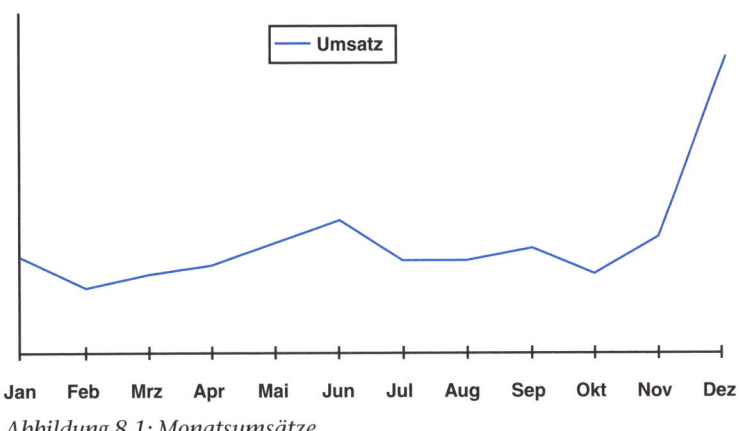

Abbildung 8.1: Monatsumsätze

Der Marketingleiter des Unternehmens pocht auf die Promotion. Er argumentiert, dass sich dieses Umsatzwachstum nicht fortsetzen lässt und dass der frühere Umsatz des Unternehmens (26.028 Einheiten) als der Grundumsatz gelten müsse, der ohne Promotion zu erreichen wäre. Außerdem plädiert er dafür, nur die variablen Kosten jedes Verkaufs zu betrachten. »Die Fixkosten bleiben ja schließlich gleich, egal was wir tun«, sagt er. Wenn man es so betrachtet, würden sich die Kosten pro Einheit auf €25,76 belaufen.

Der Geschäftsführer wendet sich an einen Unternehmensberater und dieser vertritt eine ganz andere Auffassung: Seiner Meinung nach war das Umsatzwachstum im November/Dezember nicht nur ein Strohfeuer. Der Markt sei gewachsen und mit ihm die Marke des Unternehmens. Infolgedessen wäre der Grundumsatz korrekter mit 48.960 Einheiten anzusetzen. Außerdem erklärt der Unternehmensberater, dass langfristig betrachtet keine Kosten fix sind. Somit sollten für Analysezwecke auch die Fixkosten den Produktkosten zugeordnet werden, da das Produkt ja schließlich auch nach Abzug solcher Ausgaben, wie etwa der Miete für die Geschäftsräume, einen Gewinn erwirtschaften muss. So gesehen müssen die vollen Kosten jeder Einheit, nämlich €34,70, als Kosten des Mehrumsatzes in Ansatz gebracht werden (siehe Tabelle 8.2).

	Unternehmensberater		Marketingleiter	
	Promotion	Grundumsatz	Promotion	Grundumsatz
Preis	€41,60	€48,00	€41,60	€48,00
Kosten	€34,70	€34,70	€25,76	€25,76
Marge	€6,90	€13,30	€15,84	€22,24
Umsatz	75.174	48.960	75.174	26.028
Gewinn	€518.701	€651.168		€578.863
Rentabilität der Promotion	(€132.467)		€611.893	

Tabelle 8.2: Bedeutung des Grundumsatzes für die Rentabilitätsbewertung

Der Marketingleiter und der Unternehmensberater schätzen also die Rentabilität der Promotion sehr unterschiedlich ein. Auch hier spielt es wieder eine große Rolle, wie man den Grundumsatz ansetzt. Außerdem wird sichtbar, wie wichtig es ist, dass alle Beteiligten sich über den Ansatz von Kosten und Margen einig sind.

Datenquellen, Komplikationen und Warnhinweise

Es lässt sich nur schwierig und ungenau schätzen, mit welchem Grundumsatz ein Unternehmen rechnen kann, wenn sonst »alles gleich bleibt«. Der Grundumsatz ist der Umsatz, der ohne besondere Marketingaktivitäten zu erwarten wäre. Wenn bestimmte Marketingaktivitäten, wie beispielsweise Aktionspreise, in mehreren Zeiträumen eingesetzt wurden, fällt die Trennung von Zusatz- und Grundumsatz besonders schwer.

Viele Unternehmen messen ihre Umsatzentwicklung an den Daten der Vergangenheit. Im Grunde wird damit der frühere Umsatz zur Messlatte für die Effizienz der Marketingausgaben. So können beispielsweise Einzelhändler ihre Performance anhand des Umsatzes derselben Läden messen (um Differenzen auszuschalten, die durch Eröffnung oder Schließung von Läden entstehen können). Außerdem können sie jeden Zeitraum des laufenden Jahres mit dem Vorjahreszeitraum vergleichen, um Saisoneinflüsse zu korrigieren und zu gewährleisten, dass Zeiträume mit Sonderaktivitäten (wie beispielsweise Verkaufsevents) mit Zeiträumen ähnlicher Aktivität verglichen werden.

Außerdem wird die Rentabilität von Promotions in der Regel um längerfristige Effekte bereinigt, etwa um einen Umsatzrückgang, der oft im Zeitraum unmittelbar nach einer Promotion eintritt, oder Umsatzschwankungen in verwandten Produktsparten, die mit der Promotion zu tun haben. Die Zahlen können nach unten oder nach oben korrigiert werden. Weitere langfristige Auswirkungen, wie beispielsweise Erprobung durch neue Verbraucher, größere Verbreitung bei Handelskunden und erhöhte Verbrauchsraten wurden bereits in der Einleitung zu diesem Kapitel kurz angesprochen.

Langfristige Auswirkungen von Promotions

Über längere Zeit betrachtet können Promotions dazu führen, dass der Umsatz nach oben oder unten ausbricht (siehe Abbildung 8.2 und Abbildung 8.3). Als Reaktion auf die Promotion eines Unternehmens können auch die Wettbewerber ihre verkaufsfördernden Aktivitäten verstärken und Verbraucher und Handel lernen, auf Sonderangebote zu warten. Auf diese Weise steigt der Umsatz für niemanden (siehe Gefangenendilemma in Abschnitt 7.5).

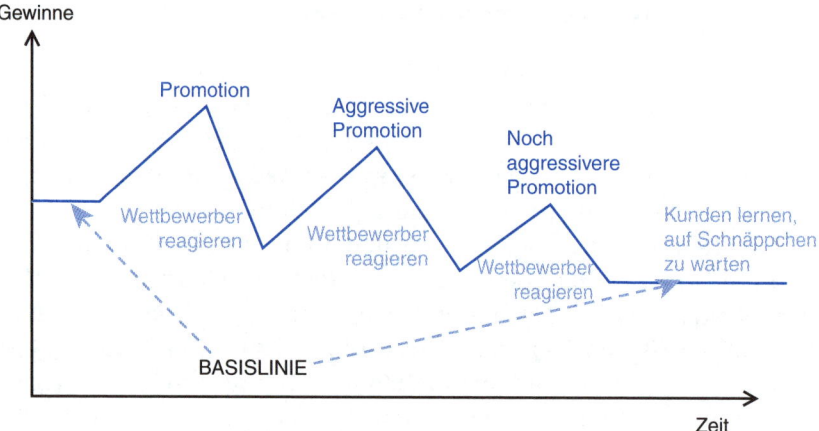

Abbildung 8.2: Abwärtsspirale als Auswirkung von Promotion

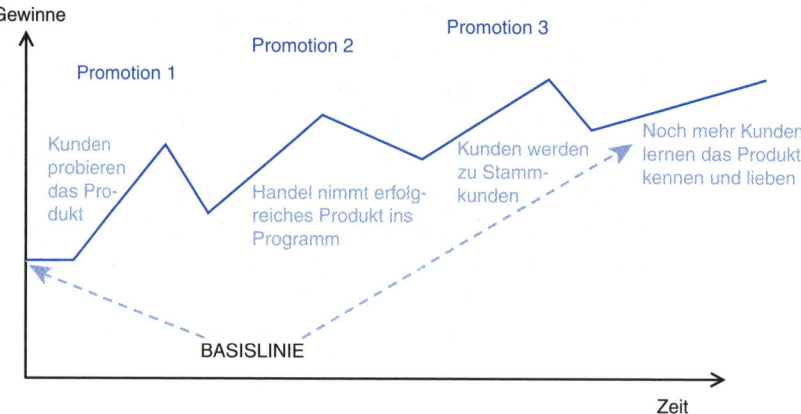

Abbildung 8.3: Erfolgreiche Promotion mit langfristigen Vorteilen

In einem anderen, attraktiveren Szenario können Promotions jedoch auch dazu führen, dass mehr Verbraucher die beworbenen Produkte erproben, der Handel mehr einkauft und die Markentreue zunimmt, sodass der Grundumsatz langfristig steigt.

Einlösungsraten, Kosten für Coupons und Rabatte, Prozent Coupon-Umsatz

Die **Einlösungsrate** gibt an, wie viel Prozent Coupons oder Rabatte vom Verbraucher genutzt (eingelöst) werden.

$$\text{Coupon-Einlösungsrate (\%)} = \frac{\text{eingelöste Coupons (\#)}}{\text{verteilte Coupons (\#)}}$$

$$\text{Kosten pro Einlösung (€)} = \text{Nominalbetrag des Coupons (€)} + \text{Einlösungskosten (€)}$$

$$\text{Gesamt-Coupon-Kosten (€)}$$
$$= [\text{Kosten pro Einlösung (€)} * \text{eingelöste Coupons (\#)}]$$
$$+ \text{Kosten für Coupon und Coupon-Verteilung (€)}$$

$$\text{Prozentsatz Umsatz mit Coupons (\%)} = \frac{\text{Umsatz mit Coupons (€)}}{\text{Umsatz (€)}}$$

Die Einlösungsrate ist eine wichtige Kennziffer, um die Wirksamkeit der Rabattpolitik zu verfolgen. Sie hilft zu ermitteln, ob die Coupons Kunden erreichen, die motiviert sind, sie zu benutzen. Ähnliche Kennziffern gelten für Mail-in-Rabatte.

Die Kosten pro Einlösung (€) beziffern die variablen Kosten pro eingelöstem Coupon. Die Kosten der Coupon-Verteilung werden normalerweise als Fixkosten betrachtet.

Zweck: Coupon-Nutzung verfolgen und beurteilen

Manche Leute hassen Coupons; manche lieben sie. Und manche behaupten, Coupons zu hassen, aber in Wirklichkeit lieben sie sie. Auch Unternehmen sagen oft, dass sie Coupons hassen, setzen sie aber immer wieder ein. Coupons und Rabatte werden verwendet, um neue Produkte einzuführen, um neue Kunden zu veranlassen, die vorhandenen Produkte zu probieren und um Verbraucher zum Einkauf von Vorräten zu bewegen, damit sie langfristige Kunden werden.

Fast alle zu Beginn dieses Kapitels erwähnten Interimsziele gelten auch für Coupons und Rabatte. Coupons können genutzt werden, um den preisbewussteren Verbrauchern niedrigere Preise anzubieten, dienen aber ebenso auch der Werbung. Das macht sie zu Marketinginstrumenten mit doppelter Wirkung. Wer Coupons sammelt wird immer wieder auf den Markennamen hingewiesen, bis er schließlich stärker auf ihn achtet und sich Gedanken macht, ob er sich das Produkt wünscht – mehr als es ein Durchschnittsverbraucher tun würde, der nur der üblichen Werbung ausgesetzt ist. Und endlich können Rabatte und Coupons auch Angelpunkte für die Promotion des Einzelhandels sein. Um Kunden anzuziehen, können die Einzelhändler die Rabattbeträge sogar verdoppeln oder verdreifachen, allerdings normalerweise nur bis zu einer bestimmten Grenze. Einzelhändler werben oft mit rabattierten Preisen, um den Umsatz zu steigern und den Kunden einen höheren Gegenwert zu suggerieren.

Konstruktion

$$\text{Coupon-Einlösungsrate (\%)} = \frac{\text{eingelöste Coupons (\#)}}{\text{verteilte Coupons (\#)}}$$

$$\text{Kosten pro Einlösung (€)} = \text{Nominalbetrag des Coupon-Betrags (€)} + \text{Einlösungskosten (€)}$$

Gesamt-Coupon-Kosten: Kosten für Verteilung, Druck[3] und Einlösung bilden die Gesamtkosten einer Coupon-Aktion.

Gesamt-Coupon-Kosten (€)
= [eingelöste Coupons (#) * Kosten pro Einlösung (€)]
+ Kosten für Coupon und Coupon-Verteilung (€)

$$\text{Gesamtkosten pro Einlösung (€)} = \frac{\text{Gesamt-Coupon-Kosten (€)}}{\text{eingelöste Coupons (\#)}}$$

$$\text{Prozentsatz Umsatz mit Coupons (\%)} = \frac{\text{Umsatz mit Coupons (€,\#)}}{\text{Umsatz (€,\#)}}$$

Um die Rentabilität von Coupons und Rabatten festzustellen, benötigen Sie ähnliche Modelle, wie sie im vorigen Abschnitt dieses Kapitels zur Ermittlung von Grundumsatz und Mehrumsatz eingesetzt wurden. Isoliert betrachtet sind Einlösungsraten kein Maß für den Erfolg. Unter bestimmten Bedingungen können sogar niedrige Einlösungsraten rentabel sein; unter anderen Bedingungen können hohe Einlösungsraten schädlich sein.

BEISPIEL Yvette ist Analystin eines kleinen, regionalen Unternehmens für Konsumgüter. Ihr Produkt hat in einem kleinen Verbreitungsgebiet beim Einzelhandel eine vorherrschende Marktstellung. Ihr Unternehmen beschließt eine Coupon-Aktion und Yvette soll über den Erfolg berichten. Ihr Assistent schaut sich die Zahlen an und stellt fest, dass von den 100.000 über die regionale Presse verteilten Coupons 5.000 benutzt wurden, um das Produkt zu kaufen. Er ist ganz aufgeregt, als er errechnet, dass dies einer Einlösungsrate von 5% entspricht – viel mehr, als das Unternehmen je zuvor erreicht hatte.

Doch Yvette bewertet den Erfolg der Aktion vorsichtiger. Sie schaut auf die Umsatzzahlen und stellt fest, dass im Aktionszeitraum von dem betreffenden Produkt nur 100 Einheiten mehr verkauft wurden. Daraus schließt sie, dass die meisten Coupons von Kunden eingelöst worden waren, die das Produkt ohnehin gekauft hätten. Für die meisten Kunden hatte der Coupon lediglich zur Folge, dass sie billiger an ein Produkt herankamen, für das sie freiwillig auch mehr bezahlt hätten. Yvette muss zwar zuerst eine Gesamtanalyse der Rentabilität anfertigen, den Gewinn beziffern, der durch die 100 verkauften Einheiten mehr erzielt wurde und diesen mit den Coupon-Kosten und dem durch Einlösungen entgangenen Gewinn vergleichen, ehe sie beurteilen kann, ob die Aktion per Saldo einen Verlust generiert hat. Aber eines weiß sie gewiss: Es gibt keinen Grund zum Feiern.

Datenquellen, Komplikationen und Warnhinweise

Um Coupon-Einlösungsraten berechnen zu können, müssen Sie wissen, wie viele Coupons in Umlauf sind (verteilt wurden) und wie viele davon eingelöst wurden. Unternehmen beauftragen normalerweise Verteilungsdienste oder Medien, um Coupons in Umlauf zu bringen. Die Einlösungsraten werden anhand der Rechnungen ermittelt, die von Coupon-Abrechnungsstellen eingeliefert werden.

Verwandte Kennziffern und Konzepte

Mail-in-Rabatte: Rabatte sind eine Art von Coupon, die sich auch für Großanschaffungen eingebürgert hat. Ihre Nutzung ist einfach: Kunden zahlen den vollen Preis für ein Produkt, damit Einzelhändler einen bestimmten Preispunkt erreichen können, lösen dann ihren Rabatt ein und bekommen einen bestimmten Geldbetrag zurück.

Durch Rabatte können Marketingleiter auch allerhand über ihre Kunden in Erfahrung bringen, was nützlich für das Remarketing und die Produktsteuerung ist. Auch Mail-in-Rabatte senken den Preis einer Ware, sofern der Kunde preisbewusst genug ist, um sie zu nutzen. Andere zahlen den vollen Preis. Die Quote der »Nichteinlösungen« wird manchmal auch als »Breakage« bezeichnet.

Nichteinlösung: die Anzahl der nicht von Kunden eingelösten Rabatte. Die Nichteinlösungsrate gibt an, wie viel Prozent der Rabatte nicht in Anspruch genommen werden.

BEISPIEL Ein Mobilfunkunternehmen hat 40.000 Handys in einem Monat verkauft. Bei jedem Kauf wurde dem Kunden ein Rabatt in Höhe von €30 angeboten. Dreißigtausend Kunden machten Gebrauch davon.

Die Einlösungsrate der Rabatte errechnen Sie, indem Sie die Anzahl der in Anspruch genommenen Rabatte (30.000) durch die der insgesamt angebotenen (40.000) teilen:

$$\text{Einlösungsrate (mengenmäßig)} = \frac{30.000}{40.000}$$
$$= 75\%$$

Manager beklagen oft die hohen Kosten der Verteilung von Coupons. Da aber jede Verkaufsförderung davon abhängt, dass sie an der richtigen Adresse ankommt, ist es nicht ratsam, die Kosten der Verteilung willkürlich zu kappen. Die Gesamtkosten des generierten Umsatzzuwaches wären eine bessere Messlatte, um die Wirksamkeit von Coupons zu messen – und den Punkt zu bestimmen, ab dem die Coupon-Verteilung durch sinkende Rentabilität unattraktiv wird.

Bei der Beurteilung einer Coupon- oder Rabattaktion müssen Sie auch den Gesamtnutzen für den Verbraucher berücksichtigen. Einzelhändler erhöhen oft den Wert der Coupons und bieten ihren Kunden einen Preisnachlass, der das Doppelte oder Dreifache vom Nominalwert der Coupons beträgt. So können Einzelhändler feststellen, welche Kunden besonders preisbewusst sind, und dieser Gruppe zusätzliche Einsparungen anbieten. Diese Praxis, die Einsparungen für den Verbraucher durch Verdoppelung oder Verdreifachung der Coupons zu erhöhen, steigert natürlich auch die Einlösungsraten.

Preis-Promotions und Weitergabe

Weitergabe ist der Prozentsatz des Groß- und Einzelhändlern eingeräumten Preisnachlasses, der letztlich beim Verbraucher ankommt.

Prozentsatz Umsatz zum Sonderpreis (%)

$$= \frac{\text{Umsatz mit vorübergehendem Preisnachlass (€,\#)}}{\text{Gesamtumsatz (€,\#)}}$$

Weitergabe (%)

$$= \frac{\text{Befristete Preisnachlässe des Handels für Verbraucher (€)}}{\text{Befristete Preisnachlässe des Herstellers für den Handel (€)}}$$

Hersteller bieten ihren Groß- und Einzelhändlern (auch »Handel« genannt) viele Preisnachlässe an, um sie zu eigenen Preisaktionen für die
Kunden zu veranlassen. Wenn der Handel oder die Verbraucher nichts
von Sonderangeboten halten, zeigt sich dies durch einen immer niedrigeren Umsatz zum Sonderpreis. Doch auch eine geringe Weitergabe
kann ein Zeichen dafür sein, dass zu viele oder die verkehrten Arten von
Sonderpreisen angeboten werden.

Zweck: zeigen, ob Sonderpreise für den Handel sich auch in Sonderpreisen
für den Verbraucher niederschlagen

Weitergabe: gibt an, wie viel Prozent der Preisnachlässe, die der Hersteller
dem Handel gewährt, an die Kunden weitergegeben werden.

In vielen Branchen sind »Mittelsmänner« Teil des Vertriebswegs. Unternehmen haben mitunter mit einer, zwei oder sogar drei Ebenen von
»Wiederverkäufern« zu tun, bevor ihr Produkt beim Verbraucher ankommt. Eine Brauerei kann beispielsweise an einen Exporteur verkaufen,
der an einen Importeur verkauft, der an einen örtlichen Großhändler verkauft, der seinerseits an den Einzelhandel verkauft. Wenn jede Stufe im
Vertriebsweg ihre eigene Marge aufschlägt, ohne sich um die Preisgestaltung der anderen zu kümmern, kann der Endpreis höher liegen, als es dem
Hersteller lieb ist. Dieses Aufeinanderschichten von Margen bezeichnet
man auch als »Mehrfachaufschläge«.[4]

Konstruktion

Prozentsatz Umsatz zum Sonderpreis: gibt an, wie viel Prozent vom
Umsatz eines Unternehmens mit irgendeiner Art von temporärem Preisabschlag versehen ist.

Hinweis: Dazu zählen normalerweise keine Standardabschläge wie Skonti oder Erstattungen für Gemeinschaftswerbung (Rückstellungen).

Prozentsatz Umsatz zum Sonderpreis (%)

$$= \frac{\text{Umsatz mit vorübergehendem Preisnachlass (€,\#)}}{\text{Gesamtumsatz (€,\#)}}$$

Der promotionbedingte Preisnachlass ist der Gesamtwert solcher Preisreduktionen auf dem gesamten Vertriebsweg.

Promotionbedingter Preisnachlass (€)
= Umsatz mit irgendeinem vorübergehenden Preisnachlass (€)
∗ Durchschnittstiefe des Preisnachlasses in Prozent vom Listenpreis (%)

Durchschnittstiefe des Preisnachlasses in Prozent vom Listenpreis

$$= \frac{\text{Preisnachlass pro Einheit (€)}}{\text{Listenpreis (€)}}$$

Die Weitergabe errechnet sich als Preisnachlässe, die der Handel seinen Kunden einräumt, geteilt durch vorübergehende Preisnachlässe, die der Hersteller dem Handel einräumt.

$$\text{Weitergabe (\%)} = \frac{\text{Preisnachlässe des Handels für Verbraucher (€)}}{\text{Preisnachlässe vom Hersteller für den Handel (€)}}$$

Datenquellen, Komplikationen und Warnhinweise

Oft konkurrieren Hersteller miteinander um die Aufmerksamkeit der Einzelhändler, Zwischenhändler und anderer Wiederverkäufer. Sie bauen spezielle Displays für ihre Produkte, nehmen neue Angebote ins Sortiment auf und versuchen, vom Vertriebspersonal des Wiederverkäufers stärker wahrgenommen zu werden. In ihrem Bemühen, Produkte in den Vertriebsweg zu »pushen«, bieten Hersteller dem Handel oft auch Preisnachlässe und Vergütungen an. Es ist wichtig, die Quoten und Beträge dieser Preisnachlässe für den Handel zu kennen und zu durchschauen, in welchem Maße sie an den Endkunden weitergegeben werden. Wenn die Margen der Wiederverkäufer gering sind, dienen die Preisnachlässe der Hersteller lediglich dazu, die Handelsspannen auszupolstern. Marktführer beklagen nicht selten, dass die Margen der Wiederverkäufer zu klein sind, um Push-Marketing zu ermöglichen. Andere Hersteller sorgen sich um zu hohe Gewinnspannen im Einzelhandel und befürchten, dass ihre Preisnachlässe nicht weitergegeben werden. Die Kennziffern dieses Kapitels sollten an solchen Erwägungen gemessen werden.

Die Optimierung einer Produktlinie ist Wiederverkäufern oft wichtiger als die Gewinnmaximierung für ein konkretes Produkt. Wenn ein Wiederverkäufer mehrere konkurrierende Produkte auf Lager hat, kann es schwierig sein, eine Lösung zu finden, die sowohl dem Händler als auch dem Lieferanten gefällt. Hersteller wollen den Handel motivieren, ihre Waren aggressiv zu vermarkten, und sie bemühen sich, ihren anteiligen Umsatz mit Programmen zu steigern, die auf »Ausschließlichkeit« abzielen, oder mit Rabatten, die für eine Erhöhung des Spartenumsatzes oder des jährlichen Umsatzes eingeräumt werden.

Wiederverkäufer lernen schnell, ihre Handelspraktiken so anzupassen, dass sie maximal von den Preisaktionen der Hersteller profitieren. Hier müssen Marketingleiter besonders auf unvorhergesehene Folgen achten. So wurden beispielsweise schon folgende Praktiken bei Wiederverkäufern beobachtet:

- Sie kaufen von einem Produkt mehr, als sie verkaufen können oder wollen, um mengenabhängige Preisnachlässe in Anspruch nehmen zu können. Die überzähligen Waren werden dann an andere Einzelhändler weiterverkauft, für die Zukunft eingelagert, vernichtet oder gar an den Hersteller zur »Gutschrift« zurückgegeben.
- Sie kaufen am Ende von Buchhaltungszeiträumen ein, um Rabatte und Zuschläge zu bekommen. Das führt zu schlecht prognostizierbaren »pauschalen« Umsatzmustern beim Hersteller, bereitet Probleme mit überholten Produkten und Umtauschen und erhöht die Produktionskosten.

Ein besonders mächtiger Vertriebs-»Guru« kann sogar dem gesamten Absatzweg die Preisgestaltung diktieren. Doch normalerweise entscheidet jedes Glied der Vertriebskette über seine eigene Preisgestaltung. So kann beispielsweise ein Hersteller passende Preisgestaltungsanreize für Großhändler entwerfen, die wiederum ihre eigenen Anreize für Einzelhändler gestalten.

In vielen Ländern und Branchen dürfen Lieferanten den Wiederverkäufern keine Verkaufspreise diktieren. Hersteller dürfen dem Großhändler und Großhändler dem Einzelhandel nicht in die Preisgestaltung hineinreden. Daher suchen die Mitglieder des Vertriebswegs nach Methoden, die Preise der Wiederverkäufer indirekt zu beeinflussen.

Der Preiswasserfall

Der **Preiswasserfall** ist ein Verfahren, um die Progression der Preise von dem veröffentlichten Listenpreis bis zu dem tatsächlich vom Kunden bezahlten Endpreis zu verfolgen. Jede Stufe der Preiskürzung ist eine Stufe im Wasserfall:

100 Listenpreis				
	90 Handelsdiscount			
		85 Jährlicher Rabatt		
			82 Gemeinschafts- werbung	
				80 Nettopreis

$$\text{Preiswasserfall (\%)} = \frac{\text{Nettopreis pro Einheit (€)}}{\text{Listenpreis pro Einheit (€)}}$$

In dieser Struktur hängt der Durchschnittspreis, den die Kunden zahlen, vom Listenpreis des Produkts, den unterwegs gewährten Preisnachlässen und dem Maß ab, in dem diese Nachlässe an den Kunden weitergegeben werden.

Durch Analyse des Preiswasserfalls können Marketingleiter ermitteln, wo Produktwert verloren geht. Besonders wichtig ist das für Unternehmen, die es dem Vertriebsweg erlauben, Preise zu reduzieren, um Kunden zu behalten. Der Preiswasserfall kann helfen, zu entscheiden, ob diese Preisnachlässe für das Geschäft sinnvoll sind.

Zweck: den tatsächlich für ein Produkt gezahlten Preis im Vergleich zum Listenpreis einschätzen

Das Unangenehme an der Preisgestaltung ist, dass Marketingleiter den richtigen Listenpreis für ein Produkt manchmal kaum herausfinden können. Das Gute daran ist, dass ohnehin kaum ein Kunde diesen Preis bezahlt. In Wirklichkeit beträgt der Nettopreis eines Produkts – also der Preis, der tatsächlich gezahlt wird – meist zwischen 53% und 94% von seinem Grundpreis.[5]

Nettopreis: der Preis, den Kunden tatsächlich für ein Produkt zahlen, nach Abzug aller Preisnachlässe und Zuschläge

Listenpreis: der Preis einer Ware oder Dienstleistung vor Einrechnen der Preisnachlässe

Rechnungspreis: der Preis, der auf der Rechnung für ein Produkt angegeben ist. Dieser Preis bezieht manche Preisnachlässe bereits mit ein, wie beispielsweise Handels-, Wettbewerbs- und Mengenrabatte, aber andere nicht, wie beispielsweise Skonto und Gemeinschaftswerbung. Daher liegt der Rechnungspreis oft unter dem Listenpreis, aber über dem Nettopreis.

Preiswasserfall: die sukzessive Senkung des Preises für ein Produkt durch Preisnachlässe und Abzüge, auf den verschiedenen Stufen des Absatzweges. Da nur wenige Kunden wirklich alle Preisnachlässe genießen, muss ein Marketingleiter bei der Analyse des Preiswasserfalls nicht nur die Beträge der einzelnen Abzüge betrachten, sondern auch berücksichtigen, für welchen Prozentsatz der Verkäufe sie tatsächlich gelten.

Da Kunden unterschiedliche Preisnachlässe in Anspruch nehmen, kann der Nettopreis im Verhältnis zum Listenpreis stark schwanken.

Konstruktion

Um den Preiswasserfall eines Produkts einschätzen zu können, müssen Sie feststellen, welchen Preis ein Kunde auf welcher Stufe des Wasserfalls zahlen würde, indem Sie die potenziellen Preisnachlässe und Abschläge in ihrer üblichen Reihenfolge in Ansatz bringen. So werden beispielsweise Maklerprovisionen generell nach Abzug der Preisnachlässe ausgerechnet.

Nettopreis: Der tatsächlich für ein Produkt auf einer bestimmten Stufe des Vertriebswegs gezahlte Preis wird berechnet als Listenpreis minus Preisnachlässe, wobei jeder Preisnachlass mit seiner Wahrscheinlichkeit multipliziert wird. Nach Berücksichtigung aller Preisnachlässe ergibt diese Berechnung den Nettopreis.

Nettopreis (€) = Listenpreis (€)
        – [Preisnachlass A (€) * Häufigkeit (%)]
        – [Preisnachlass B (€) * Häufigkeit (%)]
        usw.

$$\text{Preiswasserfall-Effekt (\%)} = \frac{\text{Nettopreis pro Einheit (€)}}{\text{Listenpreis pro Einheit (€)}}$$

BEISPIEL Hakan leitet sein eigenes Unternehmen. Um sein Produkt zu verkaufen, gibt er zwei Preisnachlässe: Zuerst ist da ein Mengenrabatt in Höhe von 12% für Bestellungen von mehr als 100 Einheiten, der für 50% der Verkäufe in Ansatz gebracht wird und auf der Rechnung auftaucht. Dann gibt es noch eine Vergütung in Höhe von 5% für Gemeinschaftswerbung, die nicht auf der Rechnung auftaucht. Sie wird in einem separaten Prozess gewährt, bei dem Kunden Werbeanzeigen zur Genehmigung einreichen. Hakan findet heraus, dass 80% seiner Kunden diese Vergütung in Anspruch nehmen.

Der Rechnungspreis für das Produkt lässt sich berechnen als Listenpreis (50 Dinar pro Einheit) minus 12% Mengenrabatt mal Häufigkeit (50%).

$$
\begin{aligned}
\text{Rechnungspreis} &= \text{Listenpreis} - [\text{Preisnachlass} * \text{Häufigkeit}] \\
&= 50 \text{ Dinar} - [(50 * 12\%) * 50\%] \\
&= 50 \text{ Dinar} - 3 \text{ Dinar} = 47 \text{ Dinar}
\end{aligned}
$$

Der Nettopreis reduziert sich dann weiter um den Durchschnittsbetrag der Vergütungen für Gemeinschaftswerbung:

$$
\begin{aligned}
\text{Nettopreis} &= \text{Listenpreis} \\
&\quad - [\text{Preisnachlass} * \text{Häufigkeit}] \\
&\quad - [\text{Werbevergütung} * \text{Häufigkeit}] \\
&= 50 \text{ Dinar} \\
&\quad - [(50 * 12\%) * 50\%] \\
&\quad - [(50 * 5\%) * 80\%] \\
&= 50 - 3 - 2 = 45 \text{ Dinar}
\end{aligned}
$$

Um den Effekt des Preiswasserfalls zu bestimmen, muss der Nettopreis durch den Listenpreis geteilt werden.

$$
\text{Preiswasserfall (\%)} = \frac{45}{90} = 90\%
$$

Datenquellen, Komplikationen und Warnhinweise

Um den Einfluss von Preisnachlässen und den gesamten Preiswasserfall-Effekt kalkulieren zu können, benötigen Sie für jedes einzelne Produkt sämtliche Informationen über den Umsatz (betrags- und mengenmäßig). Dabei werden nicht nur die Preisnachlässe einbezogen, die auf der Rechnung auftauchen, sondern auch die, die im Rechnungssystem nicht erfasst werden.

Das Schwierigste an der Ermittlung eines Preiswasserfalls ist es, produktspezifische Daten für alle diese verschiedenen Stufen des Verkaufsprozesses zu bekommen. Für die meisten Unternehmen ist dies ein Ding der Unmöglichkeit, nicht zuletzt weil viele Preisnachlässe gar nicht auf der Rechnung stehen und daher im Abrechnungssystem der Firma dem Produkt nicht zugeordnet werden. Noch komplizierter wird die Sache dadurch, dass nicht alle Preisnachlässe auf dem Listenpreis basieren. So beruhen beispielsweise Barzahlungsrabatte normalerweise auf dem Nettorechnungspreis.

Wenn die Preisnachlässe theoretisch bekannt sind, aber im Rechnungssystem nicht mit allen Details auftauchen, lässt sich der Preiswasserfall nicht gut berechnen. Daher müssen Sie nicht nur wissen, wie hoch die einzelnen Preisnachlässe sind, sondern auch, für wie viel Prozent Umsatzstückzahlen der betreffende Preisnachlass gilt.

Ein normales Unternehmen bietet mehrere Abschläge vom Listenpreis an, zumeist, um den Kunden zu bestimmten Verhaltensweisen zu motivieren. Handelsrabatte können Zwischenhändler und Wiederverkäufer veranlassen, vollständige Lastwagenladungen abzunehmen, Rechnungen schnell zu zahlen und Bestellungen in bestimmten Zeiträumen aufzugeben, damit die Produktion reibungslos läuft. Mit der Zeit multiplizieren sich diese Preisnachlässe, da Hersteller eher den Listenpreis anheben und einen weiteren Preisnachlass erfinden, als die Preisnachlässe zu streichen.

Preisnachlässe können folgende Probleme verursachen:

- Da sich Preisnachlässe nicht gut pro Stück berechnen lassen, werden sie oft als Gesamtbetrag erfasst. So sieht der Marketingleiter zwar den Gesamtbetrag der Preisnachlässe, kann diese aber nicht den einzelnen Produkten zuordnen. Manche Preisnachlässe werden für eine komplette Bestellung gewährt. Dies erschwert die Einschätzung der Produktrentabilität.
- Wenn ein Preisnachlass einmal gewährt wird, wird man ihn nicht mehr los. Die Kunden wollen nicht mehr auf ihn verzichten. So gelten Preisnachlässe, die eigentlich Sonderaktionen sein sollten, oft auch dann weiter, wenn der Wettbewerbsdruck wieder nachgelassen hat.
- Preisnachlässe, die nicht auf Rechnungen auftauchen, verliert das Management bei seiner Entscheidungsfindung oft aus den Augen.

Die amerikanische Professional Pricing Society empfiehlt, bei der Betrachtung des Produktpreises, »auch hinter den Rechnungspreis zu schauen«.[6]

Verwandte Kennziffern und Konzepte

Rechnungskürzungen: Manche »Preisnachlässe« sind in Wirklichkeit Rechnungskürzungen des Kunden für beschädigte Waren, falsche oder verspätete Lieferungen oder in manchen Fällen auch für Produkte, die sich nicht wie erwartet verkaufen. Rechnungskürzungen lassen sich nicht gut erfassen und analysieren und sind oft Gegenstand von Diskussionen.

Dauerniedrigpreis: Hierunter versteht man die Strategie, immer dieselbe Preisgestaltung anzubieten. Für Einzelhändler macht es einen Unterschied, ob sie zum Dauerniedrigpreis kaufen oder verkaufen. So bieten manche Lieferanten den Einzelhändlern konstante Verkaufspreise, handeln aber Zeiträume aus, in denen ihr Produkt mit Display zum Sonderpreis angeboten werden soll. Anstatt den Einzelhändlern temporäre Preisnachlässe zu gewähren, finanzieren sie diese Aktionen durch »Marktentwicklungsfonds«.

HI-LO (High-Low): Diese Strategie der Preisgestaltung ist das genaue Gegenteil von Dauerniedrigpreisen. HI-LO bedeutet, dass Einzelhändler und Hersteller eine Reihe von Sonderaktionen oder Spezialangeboten machen, also Zeiten, zu denen die Preise vorübergehend gesenkt werden. Ein Zweck von HI-LO und anderen vorübergehenden Preisnachlässen ist es, eine Preisdiskriminierung im wirtschaftlichen und nicht im juristischen Sinn des Wortes zu verwirklichen.

Preisdiskriminierung und maßgeschneiderte Preise

Wenn ein Unternehmen mit verschiedenen und trennbaren Marktsegmenten zu tun hat, die einen unterschiedlichen Kaufwilllen (unterschiedliche Preiselastizitäten) aufweisen, würde ein Einheitspreis bedeuten, dass das Unternehmen Geld verliert, da es nicht den vollen Verbraucherwert abschöpft.

Unter drei Bedingungen sind maßgeschneiderte Preise von Vorteil:

- Die Segmente haben verschiedene Elastizitäten (Kaufwillen) und/oder Sie haben verschiedene Kosten bei der Bedienung der Segmente (etwa Versandausgaben) und die Mengensteigerung muss so groß sein, dass die geringere Marge dadurch ausgeglichen wird.
- Die Segmente müssen trennbar sein, sodass verschiedene Preise nicht nur zu einem Transfer zwischen den Segmenten führen (so kann beispielsweise nicht Ihr Vater für Sie das Essen mit dem Seniorenrabatt bestellen).

■ Der zusätzliche Gewinn aus den maßgeschneiderten Preisen ist höher als die Kosten der Einführung unterschiedlicher Preise für dasselbe Produkt.

»Maßgeschneiderte Preise« ist natürlich nur ein feineres Wort für »Preisdiskriminierung«. Da der zweite Begriff jedoch juristische Implikationen hat, wird er von Marketingleitern verständlicherweise nicht gerne benutzt.

Wenn sich die Gesamt-Nachfragekurve aus trennbaren Segmenten zusammensetzt, deren einzelne Nachfragekurven verschiedene Steigungen aufweisen, können Sie für jedes identifizierbare Segment den optimalen Preis festsetzen, anstatt die Gesamtnachfrage zu einem einzigen Preis zu bedienen. Normalerweise werden die Preise nach folgenden Gegebenheiten aufgeschlüsselt:

■ **Zeit**: Im öffentlichen Nahverkehr oder in Kinos werden zu den Stoßzeiten höhere Preise verlangt. Produkte werden anfangs mit einem höheren Preis eingeführt, um von der Avantgarde der Benutzer mehr Gewinn abzuschöpfen.
■ **Geografie**: Auf dem internationalen Markt werden DVDs in verschiedenen Regionen zu verschiedenen Preisen angeboten.
■ **Zulässige Diskriminierung**: Es gibt auch zulässige Formen der Segmentierung, wie beispielsweise Studenten- oder Seniorentarife im Gegensatz zu den Normaltarifen.

Durch Preisunterschiede entstehen graue Märkte, wobei Erzeugnisse von den Niedrigpreismärkten in die Hochpreismärkte importiert werden. Graue Märkte sind bei einigen Modeartikeln und bei Medikamenten üblich.

Vorsicht: Gesetzgebung

Die meisten Länder haben gegen Preisdiskriminierung Gesetze erlassen, die Sie als Marketingfachmann kennen sollten. Das wichtigste einschlägige Gesetz in den USA ist der Robinson-Patman-Act, der sich hauptsächlich gegen wettbewerbsschädigende Preisgestaltungen wendet. Nähere Informationen erhalten Sie auf der Website der Federal Trade Provision (www.ftc.gov).

Referenzen und weiterführende Literatur

Abraham, M.M. und L.M. Lodish. (1990). »Getting the Most Out of Advertising and Promotion«, Harvard Business Review, 68(3), 50.

Ailawadi, K., P. Farris und E. Shames. (1999). »Trade Promotion: Essential to Selling Through Resellers«, Sloan Management Review, 41(1), 83–92.

Christen, M., S. Gupta, J.C. Porter, R. Staelin und D.R. Wittink. (1997). »Using Market-level Data to Understand Promotion Effects in a Nonlinear Model«, Journal of Marketing Research (JMR), 34(3), 322.

Roegner, E., M. Marn und C. Zawada. (2005). »Pricing«, Marketing Management, Jan/Feb, Vol. 14 (1).

Anmerkungen

1 Wir verwenden hier den Begriff »Dauer« etwas frei, da natürlich auch langfristige Arrangements an die Markt- und Branchenerfordernisse angepasst werden müssen.

2 Hier kann man statt Gewinn auch Deckungsbeitrag einsetzen.

3 Mit den Verteilungskosten für Coupons sind Porto und Anzeigenpreise gemeint und nicht der Aufwand für Einzelhandel und Lagerlogistik.

4 Mehr darüber lesen Sie in Ailawadi, Farris und Shames, Sloan Management Review, Herbst 1999.

5 Roegner, E., M. Marn und C. Zawada. (2005). »Pricing«, Marketing Management, Jan/Feb, Vol. 14 (1).

6 »How to Fix Your Pricing if it is Broken«, von Ron Farmer, CEO, Revenue Technologies for The Professional Pricing Society: http://www.pricingsociety.com/htmljournal/ 4th-quarter2003/article1.htm. Stand 03/03/05.

KAPITEL

9

Werbemedien und Internetkennziffern

Kennziffern in diesem Kapitel:	
Werbung: Webseitenaufrufe, Brutto-Rating Points und Betrachtungschancen	Wirkungsreichweite und Wirkungsfrequenz
Kosten pro tausend Eindrücke	Eindrücke, Seitenaufrufe und Hits
Reichweite/Nettoreichweite und Häufigkeit	Durchklickraten
Funktionen für Wiederholungseffekte	Kosten pro Eindruck, Kosten pro Klick und Akquisitionskosten
Besuche, Besucher und Abbruch	Share of Voice

>> Werbung ist der Eckpfeiler vieler Marketingstrategien. Die Positionierung der Werbung und ihre Botschaften entscheiden oft über Art und Zeitpunkt anderer Verkaufs- und Promotion-Bemühungen. Doch Werbung ist nicht nur ein entscheidendes Element des Marketingmix, sondern leider auch teuer und schwer zu bewerten. Es ist nicht einfach zu bestimmen, welcher Teil eines Umsatzzuwachses auf das Konto von Werbeentscheidungen geht. Für viele Marketingleiter sind medienbezogene Kennziffern besonders verwirrend. Sie müssen die Begrifflichkeiten kennen, um mit Medienplanern, -einkäufern und -agenturen umgehen zu können. Eine hohe Kompetenz in Medienkennziffern kann Ihnen helfen, Ihr Werbebudget wirkungsvoll und zielgerichtet einzusetzen.

In ersten Teil dieses Kapitels geht es um Medienkennziffern, die zeigen, wie viele Menschen einer Werbung ausgesetzt waren, wie oft sie sie gesehen haben und wie viel jeder dieser potenziellen Eindrücke gekostet hat. Daher werden wir zuerst die Terminologie der Werbungskennziffern einführen, darunter Begriffe wie Eindrücke (Impressions), Einwirkungen (Exposures), Betrachtungschancen (Opportunities-to-See, OTS), Rating Points, Brutto-Rating Points (Gross Rating Points, GRPs), Nettoreichweite, Wirkungsfrequenz und Kosten pro tausend Eindrücke (Cost per Thousand Impressions, CPMs).

Im zweiten Teil dieses Kapitels geht es um Kennziffern für das Internetmarketing. Das Internet bietet immer bessere Chancen, um die traditionelle Werbung durch interaktive Medien zu ergänzen. Manche Fachbegriffe der Werbemedien, wie beispielsweise die »Eindrücke«, werden auch auf die Internetwerbung angewendet, andere, wie beispielsweise »Durchklicken« (Clickthrough), gelten sogar ausschließlich für das Web. Manche internetspezifischen Kennziffern sind notwendig, da das Internet, ebenso wie Direktwerbung, nicht nur ein Kommunikationsmedium ist, sondern auch ein direkter Vertriebsweg, der Ihnen sofort Feedback darüber gibt, wie effizient Ihre Werbung Kundeninteresse und Umsatz generiert. <<

	Kennziffer	Konstruktion	Überlegungen	Zweck
9.1	Eindrücke	Ein Eindruck entsteht immer dann, wenn jemand eine Werbung sieht. Die Anzahl der Eindrücke ist eine Funktion der Werbereichweite (Anzahl der Menschen, die sie sehen) multipliziert mit der Häufigkeit (Frequenz, in der sie die Werbung sehen).	Die Eindrücke sagen nichts über die Qualität der Betrachtung aus. Flüchtig hinschauen macht natürlich weniger Eindruck als ausführliches Lesen. Eindrücke werden auch als Einwirkungen oder Betrachtungschancen bezeichnet.	Maß für Eindrücke im Verhältnis zur Anzahl der Menschen, die das Publikum der Werbung bilden
9.1	Brutto-Rating Points (GRPs)	Eindrücke geteilt durch die Anzahl der Menschen, die das Publikum der Werbung bilden	Eindrücke im Verhältnis zur Bevölkerung. GRPs summieren sich über die verschiedenen Werbemedien, so dass sie mehr als 100% betragen können. Ziel-Rating Points werden in Relation zu definierten Zielgruppen gemessen.	Verstehen, wie oft eine Werbung gesehen wird
9.2	Kosten pro tausend Eindrücke (CPM)	Kosten der Werbung geteilt durch Eindrücke (in Tausend)	Ein Maß für die Kosten, die jeder Eindruck verursacht, bezogen auf jeweils tausend Eindrücke. Mit dieser Zahl lässt sich leichter arbeiten als mit den Kosten pro einzelnem Eindruck.	Maß für die Kosteneffizienz der Eindrücke
9.3	Nettoreichweite	Gibt an, wie viele Menschen durch eine Werbung erreicht werden	Äquivalent zur Reichweite; zeigt, wie viele einzelne von der Werbung erreicht werden. Lässt sich am besten in einem Venn-Diagramm abbilden	Maß für die Verbreitung einer Werbung in der Bevölkerung

(Fortsetzung)

	Kennziffer	Konstruktion	Überlegungen	Zweck
9.3	Durchschnitts-häufigkeit	Gibt an, wie oft eine Person durchschnitt-lich durch eine Wer-bung erreicht wird, sofern sie ihr aus-gesetzt ist	Die Häufigkeit wird nur bei Personen er-mittelt, die die be-treffende Werbung wirklich gesehen haben.	Gibt an, wie stark sich eine Werbung auf einen bestimm-ten Teil der Bevölke-rung konzentriert
9.4	Funktionen für Wieder-holungseffekte	Linear: Alle Werbe-eindrücke haben den gleichen Einfluss. Schwellenwert: Die Anzahl der Eindrü-cke, die notwendig ist, damit eine Wer-bebotschaft ihre Empfänger erreicht. Lernkurve: Eine Wer-bung hat zunächst wenig Einfluss, ge-winnt jedoch mit je-der Wiederholung an Wirkung und läuft aus, wenn Sättigung eintritt.	Das lineare Modell ist oft unrealistisch, vor allem für komplexe Produkte. Das ein-fache und logische Schwellenwertmodell wird häufiger einge-setzt.	Das Lernkurven-modell kann bei ungenauer Hand-habung eine falsche Sicherheit vorgau-keln. Sie müssen es immer auf Genauig-keit prüfen! Es zeigt, wie die Bevölkerung auf die Einwirkung der Werbung rea-giert.
9.5	Wirkungs-reichweite	Gibt an, welche Reichweite bei Per-sonen erzielt wurde, die einer Werbung mindestens mit der effektiven Häufigkeit ausgesetzt waren	Die Wirkungsfre-quenz ist eine wich-tige Grundannahme für die Berechnung dieser Kennziffer.	Gibt an, welcher Teil der Bevölkerung ei-ner Werbung oft ge-nug ausgesetzt ist, um von ihr beein-flusst zu werden
9.5	Wirkungs-frequenz	Gibt an, wie oft eine Person eine Wer-bung sehen muss, um ihre Botschaft zu registrieren	Als Faustregel für die Planung wird oft eine Wirkungsfrequenz von 3 angenommen. Wenn diese Annah-me großen Einfluss auf die Ergebnisse hat, sollte sie getes-tet werden.	Die optimale Einwir-kung einer Werbung oder Kampagne, wo-bei die Gefahr über-flüssiger Ausgaben gegen das Risiko ab-gewogen wird, nicht genug Einfluss zu nehmen.

(Fortsetzung)

	Kennziffer	Konstruktion	Überlegungen	Zweck
9.6	Share of Voice	Präsenz der Werbung einer Marke oder eines Unternehmens in Relation zur Gesamtwerbung am Markt	Ergebnisse sind nur sinnvoll, wenn der Markt richtig definiert ist. Eindrücke oder Ratings bilden eine solide Basis für Share of Voice-Berechnungen. Oft stehen jedoch solche Daten nicht zur Verfügung, sodass die Ausgaben als Ersatzgröße genutzt werden.	Beurteilung der relativen Stärke einer Werbung in ihrem Markt
9.7	Seitenaufrufe	Gibt an, wie oft eine Webseite aufgerufen wurde	Die Anzahl der Webseitenaufrufe. Hits dagegen sind Seitenaufrufe mal Dateien auf der Seite, also eine Kennziffer, die mehr über das Webdesign als über den echten Besucherverkehr aussagt.	Übergeordnetes Maß für die Popularität einer Website
9.8	Durchklickrate	Anzahl der Durchklicker als Bruchteil der Anzahl der Eindrücke	Ein interaktives Maß für Internetwerbung. Hat Vorteile, aber Klicks sind nur ein Schritt auf dem Weg zum Umsatz und daher nur ein Zwischenziel der Werbung.	Misst die Wirksamkeit einer Internetwerbung als Anzahl der Kunden, die so interessiert sind, dass sie sich bis zu ihr durchklicken.
9.9	Kosten pro Klick	Werbungskosten geteilt durch Anzahl der Klicks	Oft als Abrechnungsmechanismus eingesetzt	Maß für die Kosteneffizienz der Werbung

(Fortsetzung)

	Kennziffer	Konstruktion	Überlegungen	Zweck
9.9	Kosten pro Bestellung	Werbungskosten geteilt durch Anzahl der Bestellungen	Gewinnrelevanter als Kosten pro Klick, aber weniger aussagekräftig für das reine Marketing. Eine Werbung kann viele Durchklicker, aber wenig Käufer produzieren, wenn das Produkt enttäuscht.	Maß für die Kosteneffizienz der Werbung
9.9	Kosten pro akquirierter Kunde	Werbungskosten geteilt durch Zahl der akquirierten Kunden	Nützlich als Vergleichsgröße zum Customer Lifetime Value; zeigt, ob Kunden ihre Akquisitionskosten wieder hereinbringen	Maß für die Kosteneffizienz der Werbung
9.10	Besuche	Gibt an, wie oft eine Website betrachtet wurde	Wenn Sie Besuche im Verhältnis zu Seitenaufrufen ermitteln, erfahren Sie, ob die Besucher mehrere Seiten auf der Website besuchen.	Maß für den Publikumsverkehr auf einer Website
9.10	Besucher	Die Anzahl der verschiedenen Website-Betrachter in einem Zeitraum	Hilft bei der Ermittlung, welche Art von Verkehr eine Website anzieht: nur wenige treue Fans oder viele Gelegenheitsbesucher. Oft ist der Zeitraum der Ermittlung dieser Größe wichtig.	Maß für die Reichweite einer Website
9.10	Abbruchrate	Quote der Käufe, die begonnen, aber nicht abgeschlossen wurden	Schlechtes Design einer E-Commerce-Site zeigt sich daran, wie viele potenzielle Kunden die Geduld verlieren oder durch »versteckte« Kosten abgeschreckt werden, die erst am Ende des Einkaufs auftauchen.	Maß für ein Element der Abschlussrate im Internetgeschäft

Werbung: Eindrücke, Einwirkungen, Betrachtungschancen (OTS), Brutto-Rating Points (GRPs) und Ziel-Rating Points (TRPs)

Mit Eindrücken, Einwirkungen und Betrachtungschancen ist im Grunde immer dieselbe Kennziffer gemeint: eine Schätzung des Publikums einer einzelnen Werbung oder Werbekampagne.

Eindrücke = Betrachtungschancen (OTS, Opportunities To See) = **Einwirkungen**. In diesem Kapitel verwenden wir alle diese Begriffe. Es ist wichtig, zwischen der »Reichweite« (Anzahl der Personen, die einer Werbung ausgesetzt sind) und der »Häufigkeit« (durchschnittliche Anzahl dieser Einwirkungen pro Einzelperson) zu unterscheiden.

Rating Point = Reichweite eines Werbemediums in Prozent eines definierten Bevölkerungsteils (eine Fernsehwerbung mit dem Rating 2 erreicht beispielsweise 2% der Bevölkerung).

Brutto-Rating Points (Gross Rating Points, GRPs) = Gesamtzahl der durch mehrere Werbemedien erreichten Ratings in Rating Points (so würden beispielsweise Werbespots in fünf Fernsehsendungen bei einem Durchschnittsrating von 30% 150 GRPs erzielen).

Brutto-Rating Points sind Eindrücke in Prozent eines definierten Bevölkerungsteils und betragen in der Summe oft mehr als 100%. Gemeint ist damit keine absolute Anzahl von Menschen, sondern der Teil der definierten Bevölkerung, der erreicht wird. Während Brutto-Rating Points für ein breites Publikum gelten, stellt der Begriff Ziel-Rating Points (Target Rating Points, TRPs) eine engere Definition der Zielgruppe dar. So können Ziel-Rating Points sich auch auf ein bestimmtes Segment wie beispielsweise Jugendliche zwischen 15 und 19 Jahren beziehen, während Brutto-Rating Points sämtliche Fernsehzuschauer im Blick haben.

Zweck: ermessen, welches Publikum durch eine Werbung erreicht wird

Eindrücke, Einwirkungen und Betrachtungschancen sind die »Atome« der Medienplanung. Jede Werbung auf der Welt soll eine feste Anzahl geplanter Einwirkungen haben, die von der Größe ihres Publikums abhängt. So ruft beispielsweise eine Plakatwerbung auf den Champs-Élysées in Paris eine bestimmte Anzahl von Eindrücken hervor, die anhand der Besucher- und Verkehrsströme und Lokale gemessen wird. Man sagt, dass die Werbung eine bestimmte Anzahl von Menschen bei einer bestimmten Anzahl von Gelegenheiten »erreicht« oder dass sie eine bestimmte Anzahl von »Eindrücken« oder »Betrachtungschancen« hervorruft. Diese Eindrücke oder Betrachtungschancen sind also eine Funktion der Anzahl der erreichten Menschen und der Häufigkeit, mit der jeder Einzelne eine Gelegenheit hat, die Werbung zu sehen.

Je nach Werbemedium gibt es verschiedene Methoden, um die Zahl der Betrachtungschancen zu schätzen. So sind beispielsweise in Illustrierten die Betrachtungschancen nicht gleich der Auflage, da eine Zeitschrift von mehreren Menschen gelesen werden kann. Bei Radio- und Fernsehwerbung geht man davon aus, dass die Einschaltquoten alle Personen umfassen, die in der Lage sind, eine Werbung zu hören oder zu sehen. In Printmedien und in der Plakatwerbung kann es sein, dass jemand eine Werbung nur flüchtig sieht oder auch sorgfältig studiert; all dies wird unter »Betrachtungschancen« subsumiert. Um die ganze Bandbreite zu ermessen, sollten Sie sich einmal vorstellen, Sie gingen eine belebte Straße entlang. Wie viele Plakatwerbungen fallen Ihnen ins Auge? Auch wenn Sie es gar nicht merken: Alle diese Werbungen sind Eindrücke, egal ob Sie sie gar nicht zur Kenntnis nehmen oder mit Interesse durchlesen.

Wenn für eine Werbekampagne mehrere Medien eingesetzt werden, müssen Marketingleiter die Betrachtungschancen eventuell auf verschiedene Weise quantifizieren, um die Konsistenz und Vergleichbarkeit der Zahlen zu gewährleisten.

Brutto-Rating Points (Brutto-Rating Points) beziehen sich auf Eindrücke und Betrachtungschancen. Sie geben an, wie viele Eindrücke in Prozent der erreichten Bevölkerung (nicht in absoluten Zahlen) eine Werbung hervorruft. Ziel-Rating Points drücken dasselbe aus, aber bezogen auf eine enger definierte Zielgruppe.

Konstruktion

Eindrücke, Betrachtungschancen und **Einwirkungen**: gibt an, wie oft eine Werbung bei einem potenziellen Kunden ankommt. Es handelt sich um eine Schätzung des Publikums einer einzelnen Werbung oder Werbekampagne.

Eindrücke: Schätzungen der Reichweite und Häufigkeit fangen oft damit an, dass sämtliche Eindrücke der verschiedenen Werbemedien als Anzahl der Gesamteindrücke (»Brutto-Eindrücke«) quantifiziert werden.

Eindrücke (#) = Reichweite (#) * Durchschnittshäufigkeit (#)

Dieselbe Formel lässt sich auch umstellen, um zu ermitteln, wie oft ein Publikum durchschnittlich die Chance hatte, eine Werbung zu betrachten. Die Durchschnittshäufigkeit ist die durchschnittliche Anzahl der

Eindrücke pro Person, die von einer Werbung oder Kampagne »erreicht« wird.

$$\text{Durchschnittshäufigkeit (\#)} = \frac{\text{Eindrücke (\#)}}{\text{Reichweite (\#)}}$$

In ähnlicher Weise lässt sich die Reichweite einer Werbung berechnen, also die Anzahl der Personen, die die Chance hatten, die Werbung zu sehen:

$$\text{Reichweite (\#)} = \frac{\text{Eindrücke (\#)}}{\text{Durchschnittshäufigkeit (\#)}}$$

In dieser Berechnung wird die Reichweite zwar als Anzahl Personen angegeben, die einer Werbung ausgesetzt waren, aber sie kann auch in Prozent der Bevölkerung angegeben werden. In diesem Buch sprechen wir daher von der zahlenmäßige Reichweite (#) und der prozentualen Reichweite (%).

Die Reichweite eines Werbemediums wird oft in Rating Points beziffert. Rating Points berechnen sich als die Anzahl der erreichten Einzelpersonen geteilt durch die Gesamtzahl der Personen in dem definierten Bevölkerungteil. Die »Points« sind Prozentpunkte. Eine Fernsehsendung mit zwei 2 Rating Points würde also 2% der Bevölkerung erreichen.

Wenn Sie die Rating Points aller Werbemedien addieren, bekommen Sie ein Maß für die Gesamtreichweite der Werbekampagne: die so genannten Brutto-Rating Points.

Brutto-Rating Points: die Summe aller Rating Points der Medien, in denen eine Werbung geschaltet wird

> **BEISPIEL** Eine Werbekampagne, die 150 Brutto-Rating Points erreicht, kann 30% der Bevölkerung mit einer Durchschnittshäufigkeit von 5 Eindrücken pro Person erreichen (150 = 30 * 5). Wenn die Werbung 15 Mal »geschaltet« wird, werden vielleicht einige wenige Personen 15 Mal erreicht, aber viel mehr von den 30% bekämen vielleicht 1 oder 2 Betrachtungschancen.

$$\text{Brutto-Rating Points (\%)} = \text{Reichweite (\%)} * \text{Durchschnittshäufigkeit (\#)}$$

$$\text{Brutto-Rating Points (\%)} = \frac{\text{Eindrücke (\#)}}{\text{definierter Bevölkerungteil (\#)}}$$

Ziel-Rating Points: Brutto-Rating Points, die ein Werbemedium bei der Zielgruppe erzielt

BEISPIEL Ein Unternehmen schaltet 10 Werbungen in einem Markt, dessen Bevölkerung 5 Leute beträgt. Die resultierenden Eindrücke werden in der folgenden Tabelle aufgeführt, wobei »1« eine Betrachtungschance ist und »0« für jemanden steht, der keine Gelegenheit bekam, die Werbung zur Kenntnis zu nehmen.

Inserat	Person A	B	C	D	E	Eindrücke	Rating Points
1	1	1	0	0	1	3	60
2	1	1	0	0	1	3	60
3	1	1	0	1	0	3	60
4	1	1	0	1	0	3	60
5	1	1	0	1	0	3	60
6	1	0	0	1	0	2	40
7	1	0	0	1	0	2	40
8	1	0	0	0	0	1	20
9	1	0	0	0	0	1	20
10	1	0	0	0	0	1	20
Gesamt	10	5	0	5	2	22	440

Diese Werbekampagne erzielt insgesamt 22 Eindrücke in der Gesamtbevölkerung.

Da Werbung 1 bei drei der fünf Personen Eindrücke hervorruft, erreicht sie 60% dieser Bevölkerung und bekommt 60 Rating Points. Werbung 6 macht auf zwei der fünf Personen einen Eindruck und erreicht somit 40% der Bevölkerung und entsprechend 40 Rating Points. Die Brutto-Rating Points der Werbekampagne entsprechen der Summe der Rating Points der Einzelwerbungen.

Brutto-Rating Points = Rating Points von Werbung 1
+ Rating Points von Werbung 2
+ usw.
= 440

Alternativ können Sie die Brutto-Rating Points berechnen, indem Sie die Gesamteindrücke durch die Bevölkerungszahl teilen und das Ergebnis als Prozentsatz angeben.

$$\text{Brutto-Rating Points} = \frac{\text{Eindrücke}}{\text{Bevölkerung}} * 100\%$$

$$= \frac{22}{5} * 100\% = 440$$

Dagegen geben die Ziel-Rating Points an, wie viele Brutto-Rating Points eine Werbung bei dem Bevölkerungsausschnitt erzielt, der ihre Zielgruppe ist.

Nehmen wir für dieses Beispiel einmal an, dass die Zielgruppe aus den Personen A, B und C besteht. A wurde der Werbung 10 Mal ausgesetzt, B 5 Mal und C gar nicht. Also hat die Werbung zwei von drei Menschen, oder 66,67%, aus der Zielgruppe erreicht. Diese wurden der Werbung mit einer Durchschnittshäufigkeit von 15/2 oder 7,5 ausgesetzt. Also können wir die Ziel-Rating Points mit einer der folgenden Methoden berechnen.

$$\text{Ziel-Rating Points} = \text{Reichweite (\%)} * \text{Durchschnittshäufigkeit}$$

$$= 66,67\% * \frac{15}{2}$$

$$= 500$$

$$\text{Brutto-Rating Points} = \frac{\text{Eindrücke (\#)}}{\text{Zielpersonen (\#)}}$$

$$= \frac{15}{3} * 100\%$$

$$= 500$$

Datenquellen, Komplikationen und Warnhinweise

Wie groß die Reichweite (das Publikum) eines Werbemediums ist, erfahren Sie in der Regel vom Anzeigenvertrieb des Mediums. Es gibt zudem Standardmethoden, nach denen die Daten der verschiedenen Medien kombiniert werden, um die »Nettoreichweite« und Häufigkeit einzuschätzen. Diese Verfahren sind zwar nicht Gegenstand dieses Buchs, aber wenn Sie sich dafür interessieren, können Sie sich an ein Unternehmen wenden, das gewerbsmäßig Rating Points beobachtet, wie beispielsweise Nielsen (www.nielsen.com).

Zwei verschiedene Medienpläne können durchaus vergleichbare Kosten und Gesamteinwirkungen haben, aber eine unterschiedliche Reichweite und Häufigkeit. Mit anderen Worten: Im einen Fall ist das Publikum größer und die Häufigkeit geringer, im anderen verhält es sich umgekehrt. Ein Beispiel sehen Sie in Tabelle 9.1.

	Reichweite	Durchschnittshäufigkeit*	Gesamteinwirkungen (Eindrücke)
Plan A	250.000	4	1.000.000
Plan B	333.333	3	1.000.000

*Durchschnittshäufigkeit gleich Durchschnittszahl der Einwirkungen auf jede Person, die der Werbung mindestens einmal ausgesetzt war. Um Eindrücke in verschiedenen Medien oder Mediengruppen vergleichen zu können, müssen wir voraussetzen, dass die verschiedenen Arten von Eindrücken, die durch unterschiedliche Medien hervorgerufen werden, in etwa gleichwertig sind. Marketingleiter müssen jedoch immer die »Qualität« der Eindrücke verschiedener Medien im Blick behalten.

Tabelle 9.1: Reichweite und Häufigkeit

Betrachten Sie einmal folgende Beispiele: Eine Plakatwerbung an einer Hauptverkehrsstraße und in einer belebten U-Bahn-Station kann dieselbe Anzahl an Eindrücken hervorrufen. Doch in der U-Bahn nimmt das Publikum das Plakat eher zur Kenntnis als am Straßenrand, da im einen Fall gelangweilte Leute auf die Bahn warten, während im anderen Fall Autofahrer sich auf den Verkehr konzentrieren müssen. Wie dieses Beispiel zeigt, ist die Qualität der Eindrücke oft sehr unterschiedlich. Um diese Unterschiede zu berücksichtigen, werden den verschiedenen Werbeträgern Gewichtungen zugeordnet. Wenn eine direkte Reaktion erfolgt, können diese Daten herangezogen werden, um die relative Wirksamkeit und Effizienz der Eindrücke in verschiedenen Medien zu kalkulieren. In anderen Fällen ist die Gewichtung vielleicht eine Frage der Einschätzung. So vertreten manche Manager die Ansicht, dass Fernsehwerbung doppelt so wirkungsvolle Eindrücke hervorruft wie eine Anzeige in der Zeitschrift.

Gelegentlich ist es ratsam, das Publikum in Untergruppen einzuteilen, um die Reichweite und Häufigkeit für jede dieser Gruppen getrennt zu bewerten. Ebenso wie die verschiedenen Eindrücke der Medien können auch diese Untergruppen gewichtet werden.[1] So lässt sich besser einschätzen, ob eine Werbung auch bei den anvisierten Kundengruppen ankommt.

Beim Zählen von Eindrücken stellen Marketingleiter oft Überschneidungen zwischen Gruppen fest, die die Werbung in mehr als einem Medium zur Kenntnis nehmen. Weiter unten werden wir darauf zurückkommen und berechnen, wie viel Prozent der Menschen einer Werbung mehrfach ausgesetzt sind.

Kosten pro tausend Eindrücke

Die **Kosten pro tausend Eindrücke** (Cost per Thousand Impressions, CPM) berechnen sich zu Kosten einer einzelnen Werbung geteilt durch die Anzahl der von ihr hervorgerufenen Eindrücke (in Tausend).

$$\text{Kosten pro tausend Eindrücke (CPM)} = \frac{\text{Kosten der Werbung (\euro)}}{\text{Eindrücke (\# in Tausend)}}$$

Dieser Wert ist nützlich, um die relative Effizienz verschiedener Werbemöglichkeiten oder -medien zu vergleichen und die Kosten einer Gesamtkampagne zu ermitteln.

Zweck: die Kosten von Werbekampagnen in verschiedenen Medien beziffern

Eine typische Werbekampagne versucht, potenzielle Verbraucher an mehreren Orten und über mehrere Medien zu erreichen. Die Kennziffer »Kosten pro tausend Eindrücke« ermöglicht Kostenvergleiche zwischen diesen Medien sowohl im Planungsstadium als auch bei der nachträglichen Bewertung einer Kampagne.

Die Kosten pro tausend Eindrücke sind die Kosten der Werbekampagne geteilt durch die Anzahl der Eindrücke (oder Betrachtungschancen), die jeder einzelne Teil der Kampagne hervorruft. Da sich Eindrücke normalerweise zählen lassen, arbeiten Marketingleiter oft mit der Größe »Kosten pro tausend Eindrücke«.

Kosten pro tausend Eindrücke: die Kosten einer Medienkampagne im Verhältnis zu ihrem Erfolg, gemessen an den Eindrücken oder Betrachtungschancen

Konstruktion

Um die Kosten pro tausend Eindrücke zu ermitteln, müssen Sie zunächst das Ergebnis Ihrer Kampagne (Bruttozahl der Eindrücke) in Tausend ermitteln und dann die Medienkosten durch diesen Wert teilen:

$$\text{Kosten pro tausend Eindrücke (\euro)} = \frac{\text{Werbungskosten (\euro)}}{\text{Eindrücke (\# in Tausend)}}$$

> **BEISPIEL** Eine Werbekampagne kostet €4.000 und ruft 120.000 Ein-drücke hervor. Die Kosten pro tausend Eindrücke lassen sich folgen-dermaßen berechnen:
>
> $$\text{Kosten pro tausend Eindrücke} = \frac{\text{Werbungskosten}}{\text{Eindrücke (in Tausend)}}$$
>
> $$= \frac{€4.000}{\left(\dfrac{120.000}{1.000}\right)}$$
>
> $$= \frac{€4.000}{120} = €33{,}33$$

Datenquellen, Komplikationen und Warnhinweise

Zu den Gesamtkosten einer Werbekampagne können zusätzlich zum Kaufpreis für den Werbeplatz und dem Zeitaufwand auch Agenturhono-rare und Produktionskosten zählen. Außerdem müssen Sie eine ungefähre Vorstellung davon haben, wie viele Eindrücke von der Werbekampagne zu erwarten sind. Im Internetmarketing (siehe Abschnitt 9.7) sind diese Daten leichter zugänglich.

Die Kosten pro tausend Eindrücke sind nur der Anfang der Analyse. Nicht alle Eindrücke sind gleich wertvoll. Es kann also für Ihr Geschäft durchaus sinnvoll sein, für manche Eindrücke mehr zu bezahlen als für andere.

Wenn Sie die Kosten pro tausend Eindrücke ermitteln, sollten Sie Wert darauf legen, sämtliche Kosten der Werbeaktivität einzubeziehen, also auch das Honorar, das die Werbeagentur für die Entwicklung der Werbe-materialien erhält, die Vergütungen an den eigentlichen Werbeträger (das Werbemedium) sowie die Gehälter und Ausgaben, die Ihre eigene Firma für die Durchsicht der Werbung aufwenden muss.

Verwandte Kennziffern und Konzepte

Kosten pro Rating Point: die Kosten einer Werbekampagne in Relation zu ihren Rating Points. Ähnlich wie bei den Kosten pro tausend Eindrücke werden hier die Kosten pro Rating Point einer Werbekampagne durch Di-vision des Werbeaufwands durch die Rating Points berechnet.

Reichweite, Nettoreichweite und Häufigkeit

Reichweite und Nettoreichweite ist dasselbe; beide Größen geben in Personen oder Prozent an, welcher Teil einer definierten Bevölkerung einer Werbung mindestens einmal ausgesetzt war. Die Häufigkeit gibt an, wie oft ein Einzelner die Werbung durchschnittlich sieht.

Eindrücke (#) = Reichweite (#) $*$ Häufigkeit (#)

Nettoreichweite und Häufigkeit sind wichtige Konzepte einer Werbekampagne. Eine Kampagne mit einer großen Nettoreichweite und einer geringen Häufigkeit wird in der Masse der Werbung vielleicht nicht zur Kenntnis genommen. Eine Kampagne mit einer geringen Nettoreichweite und einer hohen Frequenz kann bei wenigen Menschen Überdruss hervorrufen, während sie andere gar nicht erreicht. Maße für die Reichweite und Häufigkeit helfen Managern, ihre Werbemedien auf ihre Marketingstrategien abzustimmen.

Zweck: die Gesamteindrücke in die Anzahl der erreichten Personen und die Durchschnittshäufigkeit der Werbeeindrücke pro Einzelperson aufschlüsseln

Um den Unterschied zwischen Reichweite und Häufigkeit zu klären, wollen wir noch einmal auf Abschnitt 9.1 zurückkommen. Die Kombination der Eindrücke aus verschiedenen Werbungen werden oft als »Bruttoeindrücke« oder »Gesamteinwirkungen« bezeichnet. Wenn man dies in Prozent der Bevölkerung ausdrückt, gelangt man zu den Brutto-Rating Points. Nehmen wir beispielsweise an, ein Werbeträger erreicht 12% der Bevölkerung und erzielt somit für die Einzelwerbung eine Reichweite von 12 Rating Points. Wenn ein Unternehmen nun in 10 solcher Werbeträger inseriert, erreicht es 120 Brutto-Rating Points.

Schauen wir uns nun an, wie sich diese 120 Brutto-Rating Points zusammensetzen. Angenommen, wir wissen, dass die zehn Inserate es auf eine kombinierte Nettoreichweite von 40% und eine Durchschnittshäufigkeit von 3 bringen. Dann betragen ihre Brutto-Rating Points $40 * 3 = 120$.

BEISPIEL Eine Werbung wird an drei Sendeplätzen geschaltet. Ein Marktforschungsinstitut beobachtet, welche Haushalte Gelegenheit haben, die Werbung zu sehen. Sie wird in einem Markt gesendet, der aus nur fünf Haushalten besteht: A, B, C, D und E. Die Sendeplätze 1 und 2 haben jeweils ein Rating von 60, da 60% der Haushalte sie sehen. Der Sendeplatz 3 bringt es nur auf 20 Rating Points.

Sende-platz	Haushalte mit Betrachtungschance	Haushalte ohne Betrachtungschance	Rating Points des Sendeplatzes
1	ABE	CD	60
2	ABC	DE	60
3	A	BCDE	20
		Brutto-Rating Points	140

$$\text{Brutto-Rating Points} = \frac{\text{Eindrücke}}{\text{Bevölkerung}} = \frac{7}{5} = 140\%$$

Die Werbung wird von den Haushalten A, B, C und E gesehen, aber nicht von D. Das bedeutet Eindrücke in vier von fünf Haushalten, also eine Reichweite (%) von 80%. In den vier erreichten Haushalten wird die Werbung insgesamt siebenmal gesehen. Das macht eine Durchschnittshäufigkeit von 7/4 oder 1,75. Wir können also die Brutto-Rating Points der Kampagne wie folgt berechnen:

$$\text{Brutto-Rating Points} = \text{Reichweite (\%)} * \text{Durchschnittshäufigkeit}$$
$$= \frac{4}{5} * \frac{7}{4} = 80\% * 1,75 = 140\ (\%)$$

Soweit nichts anderes angegeben ist, machen wir bei einfachen Maßen für das Gesamtpublikum (wie beispielsweise Brutto-Rating Points oder Eindrücke) keinen Unterschied zwischen Kampagnen, die ein großes Publikum wenige Male erreichen und solchen, die ein kleines Publikum viele Male erreichen. Mit anderen Worten: Diese Kennziffern unterscheiden nicht zwischen Reichweite und Häufigkeit.

Die Reichweite (oder »Nettoreichweite«) bezieht sich auf einzelne Personen, die der Werbung mindestens einmal ausgesetzt waren. Sie kann entweder als Personen oder als Prozent der Bevölkerung angegeben werden, die die Werbung gesehen hat.

Reichweite: gibt in Personen oder Prozent an, welcher Teil einer Bevölkerung einer Werbung ausgesetzt war

Die Häufigkeit ist die Bruttozahl der Eindrücke geteilt durch die Reichweite. Sie ist gleich der Durchschnittszahl der Einwirkungen auf Personen, die mindestens einen Eindruck der betreffenden Werbung empfangen haben. Die Häufigkeit wird nur für die Menschen ermittelt, die der Werbung ausgesetzt waren. Also gilt: Gesamteindrücke = Reichweite * Durchschnittshäufigkeit.

Durchschnittshäufigkeit: durchschnittliche Anzahl der Eindrücke pro erreichter Person

Medienpläne können eine unterschiedliche Reichweite und Häufigkeit haben, aber dennoch dieselbe Anzahl der Gesamteindrücke hervorrufen.

Nettoreichweite: Dieser Begriff soll den Umstand hervorheben, dass die Reichweite mehrerer Werbungen nicht einfach gleich der Summe aller von ihr erreichten Einzelpersonen ist. Gelegentlich lässt man das Wort »Netto« weg und bezeichnet diese Kennziffer einfach als »Reichweite«.

BEISPIEL Wenn wir noch einmal auf unser obiges Beispiel mit den 10 Inseraten in einem Markt von 5 Personen zurückkommen, können wir die Reichweite und Häufigkeit anhand der folgenden Daten ermitteln. Wie bereits gesagt, bedeutet in der folgenden Tabelle eine »1« eine Betrachtungschance, während eine »0« heißt, dass die betreffende Person keine Gelegenheit bekam, die betreffende Werbung zu sehen.

	Person						
Inserat	A	B	C	D	E	Eindrücke	Rating Points
1	1	1	0	0	1	3	60
2	1	1	0	0	1	3	60
3	1	1	0	1	0	3	60
4	1	1	0	1	0	3	60
5	1	1	0	1	0	3	60
6	1	0	0	1	0	2	40
7	1	0	0	1	0	2	40
8	1	0	0	0	0	1	20
9	1	0	0	0	0	1	20
10	1	0	0	0	0	1	20
Gesamt	10	5	0	5	2	22	440

Die Reichweite ist gleich der Anzahl der Personen, die mindestens eine Werbung gesehen haben. Vier der fünf Leute, aus denen die Bevölkerung besteht (A, B, D und E), haben mindestens eine Werbung gesehen. Also ist die Reichweite (#) gleich 4.

$$\text{Durchschnittshäufigkeit} = \frac{\text{Eindrücke}}{\text{Reichweite}} = \frac{22}{4} = 5,5$$

Wenn für eine Werbekampagne mehrere Werbeträger zum Einsatz kommen, muss der Marketingleiter wissen, inwieweit sich diese Werbeträger überschneiden, und er benötigt ausgefeilte mathematische Verfahren zur Bestimmung der Reichweite und Häufigkeit. Das folgende Beispiel mit zwei Werbeträgern mag dies veranschaulichen. Die Überschneidung wird durch eine Grafik dargestellt, die man Venn-Diagramm nennt (siehe Abbildung 9.1).

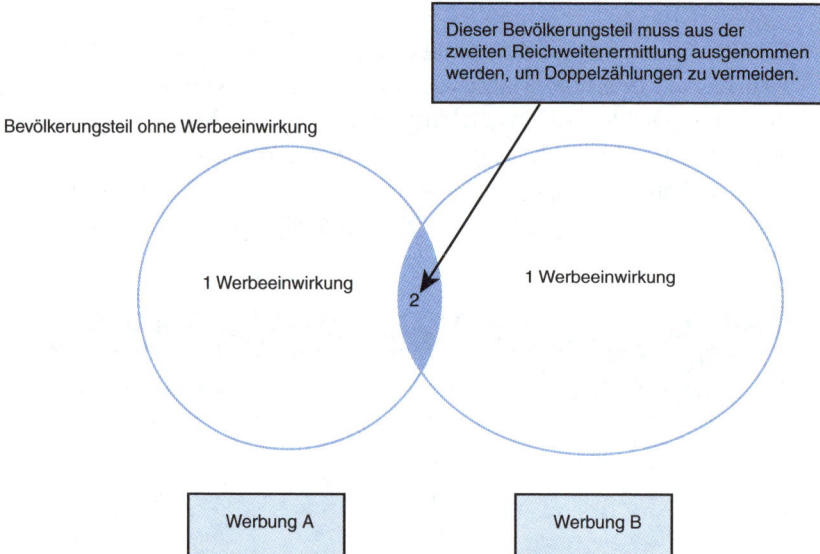

Abbildung 9.1: Venn-Diagramm der Nettoreichweite

BEISPIEL Zwei Beispiele mögen diese Überschneidungseffekte verdeutlichen: Die Zeitschrift Aircraft International bietet für ein Inserat 850.000 Eindrücke, eine andere Zeitschrift namens Commercial Flying Monthly dagegen eine Million.

Beispiel 1: Ein Marketingleiter, der in beiden Zeitschriften inseriert, kann nicht damit rechnen, 1,85 Millionen Leser zu erreichen. Man kann davon ausgehen, dass 10% der Leser von Aircraft International auch Commercial Flying Monthly lesen. So wäre die Nettoreichweite = (850.000 * 0,9) + 1.000.000 = 1.765.000 Einzelpersonen. Von diesen sind 85.000 (10% der Leser von Aircraft International) der Werbung zweimal ausgesetzt, die übrigen 90% der Leserschaft von Aircraft International jedoch nur einmal. Man bezeichnet dies als externe Überschneidung.

Beispiel 2: Oft inserieren Marketingleiter mehrmals in demselben Werbeträger (beispielsweise in den Ausgaben Juli und August derselben Zeitschrift), um die Einwirkungsfrequenz zu erhöhen. Doch selbst wenn das Publikum in beiden Monaten gleich groß ist, wird die Zeitschrift nicht jeden Monat von genau den gleichen Personen gelesen. Nehmen wir für dieses Beispiel einmal an, Sie schalten in zwei verschiedenen Ausgaben von Aircraft International ein Inserat und nur 70% der Leser der Juli-Ausgabe lesen auch die Ausgabe vom August. Also beträgt die Nettoreichweite nicht nur 850.000 (die Auflagenhöhe), da die beiden Inserate keine identischen Gruppen erreichen. Andererseits ist die Reichweite auch nicht 2 * 850.000 = 1,7 Millionen, da die Gruppen nicht völlig unterschiedlich sind. In Wirklichkeit beträgt die Nettoreichweite 850.000 + (850.000 * 30%) = 1.105.000.

Der Grund: 30% der Leser der August-Ausgabe haben die Juli-Ausgabe nicht gelesen und konnten folglich das darin geschaltete Inserat nicht sehen. Diese Leser (und nur diese) stellen die zusätzliche Leserschaft der August-Ausgabe dar und müssen zur Nettoreichweite addiert werden. Die übrigen 70% Leser der August-Ausgabe haben die Werbung zweimal gesehen. Sie stellen also das Kontingent der internen Überschneidung oder Doppeleinwirkung.

Datenquellen, Komplikationen und Warnhinweise

Auch wenn wir hier besonders die Bedeutung von Reichweite und Häufigkeit hervorgehoben haben, lässt sich die Zahl der Eindrücke in der Regel am einfachsten bestimmen – anhand der Daten, welche die für eine Werbekampagne benutzten Werbeträger zur Verfügung stellen. Um die Nettoreichweite und Häufigkeit zu bestimmen, müssen Sie wissen oder einschätzen können, in welchem Maße sich das Publikum der verschiedenen Medien (oder mehrerer Ausgaben desselben Mediums) überschneidet.

Genaue Schätzungen der Reichweite und Häufigkeit erfordern in der Regel den Einsatz proprietärer Datenbanken und Berechnungsmethoden. Full-Service-Werbeagenturen und -Medienunternehmen bieten diese Dienstleistung an.

Die Überschneidung zu bestimmen, ist schwierig. Selbst in Kundenbefragungen lässt sie sich nur ungenau ermitteln. Manchmal sind Sie auf Ihr eigenes Urteilsvermögen angewiesen, um eine Schätzung vorzunehmen.

Funktionen für Wiederholungseffekte

Funktionen für Wiederholungseffekte helfen, die Wirksamkeit von Mehrfacheinwirkungen der Werbung zu bestimmen. Wir behandeln hier drei typische Reaktionsmuster: Lineareffekt, Lernkurveneffekt und Schwellenwerteffekt.

Das **Lineareffekt**-Modell geht davon aus, dass Menschen auf jede Einwirkung einer Werbung gleich reagieren. Das **Lernkurveneffekt**-Modell nimmt an, dass der Betrachter am Anfang eher schwerfällig und später immer schneller auf eine Werbung reagiert, bis schließlich ein Punkt erreicht wird, an dem die Werbewirkung sich selbst aufhebt. Im **Schwellenwerteffekt**-Modell zeigen die Betrachter kaum eine Reaktion auf die Werbung, bis eine bestimmte Häufigkeit erreicht ist: Ab diesem Punkt steigt die Reaktion augenblicklich auf Höchstniveau an.

Funktionen für Wiederholungseffekte sind technisch gesehen keine Kennziffern. Dennoch ist es für die Medienplanung von großer Bedeutung, zu wissen, wie Menschen auf die Werbewiederholungen reagieren. Effektmodelle wirken sich unmittelbar auf die Berechnung der effektiven Häufigkeit und Reichweite aus – Kennziffern, die in Abschnitt 9.5 behandelt wurden.

Zweck: Annahmen über die Auswirkung von Wiederholungswerbung treffen

Angenommen, ein Unternehmen hat eine Werbekampagne mit einer Werbebotschaft entwickelt und die Manager sind zuversichtlich, die richtigen Werbeträger für die Kampagne ausgewählt zu haben. Nun müssen sie nur noch entscheiden, wie oft das Inserat geschaltet werden soll. Das Unternehmen möchte genug Werbeplatz kaufen, um seine Botschaft wirkungsvoll zu vermitteln, aber auch kein Geld für unnötige Eindrücke vergeuden.

Um diese Entscheidung treffen zu können, muss der Marketingleiter Annahmen über den Wert der Wiederholungswerbung treffen. Die wichtige Frage lautet: Wie viel Wert hat eine solche Wiederholung? Funktionen für Wiederholungseffekte helfen uns, diese Frage zu beantworten.

Funktion für Wiederholungseffekte: gibt an, welches Verhältnis zwischen der Häufigkeit einer Werbung und ihrem Effekt (normalerweise in Umsatzstückzahlen oder Erlösen) erwartet werden kann

In der Medienplanung können mehrere Modelle für Wiederholungseffekte zum Einsatz kommen. Welches Modell Sie für eine bestimmte Werbekampagne auswählen, hängt vom inserierten Produkt und von Ihrer persönlichen Einschätzung ab. Die drei gebräuchlichsten Modelle werden wir im Folgenden vorstellen.

Lineareffekt: Die Lineareffekt-Funktion geht von der Annahme aus, dass jede Werbeeinwirkung gleich wertvoll ist, egal wie viele Einwirkungen derselben Wirkung bereits vorausgingen.

Lernkurveneffekt: Das Lernkurven- oder S-Kurven-Modell legt eine progressive Verbraucherreaktion zugrunde: Bei den ersten paar Malen wird eine Werbung noch nicht wirklich registriert, bei mehr Wiederholungen dringt sie in die Köpfe ein und entfaltet mehr Wirkung, da sie zur Kenntnis genommen wird. Irgendwann jedoch klingt die Wirkung wieder ab und die Rentabilität schwindet. Wenn dieser Punkt erreicht ist, sind diejenigen Verbraucher, die sich für die Werbebotschaft interessierten, bereits ausreichend informiert und die übrigen haben eben einfach kein Interesse.

Schwellenwerteffekt: Dieses Modell behauptet, dass Werbung erst ab einer bestimmten Zahl von Einwirkungen einen Effekt hat. Wenn diese Zahl erreicht ist, entfaltet sie mit einem Mal ihre volle Kraft. Jenseits dieses Schwellenwerts ist keine Werbung mehr notwendig und jeder weitere Werbeaufwand wäre Geldverschwendung.

Dies sind also die drei Bewertungsmodelle für Wiederholungswerbung. Jede Funktion, die den Effekt einer Kampagne genau beschreibt, ist zulässig. Normalerweise gilt für eine konkrete Situation jedoch nur eine einzige dieser Funktionen.

Konstruktion

Funktionen für Wiederholungseffekte sind am nützlichsten, wenn sie herangezogen werden können, um die Effekte zunehmender Häufigkeit einzuschätzen. Um die Konstruktion der drei Funktionen zu veranschaulichen, geben wir zwei Beispiele in Tabellenform.

Tabelle 9.2 und Tabelle 9.3 zeigen die voraussichtliche Wirkungssteige-rung jeder Einwirkung einer bestimmten Werbekampagne. Angenom-men, das Inserat entfaltet bei acht Einwirkungen seine größte Wirkung (100%). Wenn wir diesen Effekt im Lichte der verschiedenen Reaktions-funktionen analysieren, können wir ermitteln, wann und wie rasch er eintritt.

Im Lineareffekt-Modell produziert jede Werbeeinwirkung unterhalb des Sättigungspunkts ein Achtel oder 12,5% der Gesamtwirkung.

Im komplexeren Lernkurven-Modell nimmt die Wirksamkeit mit jeder Einwirkung zu, bis die vierte Wiederholung erreicht ist, um danach wie-der abzusinken.

Häufigkeit	Linear	Lernkurve	Schwellenwert
1	0,125	0,05	0
2	0,125	0,1	0
3	0,125	0,2	0
4	0,125	0,25	1
5	0,125	0,2	0
6	0,125	0,1	0
7	0,125	0,05	0
8	0,125	0,05	0

Tabelle 9.2: Beispiele für Werbewirkung

Häufigkeit	Linear	Lernkurve	Schwellenwert
1	12,5	5	0
2	25,0	15	0
3	34,5	35	0
4	50,0	60	100
5	62,5	80	100
6	75,0	90	100
7	87,5	95	100
8	100,0	100	100

Tabelle 9.3: Grundannahmen: Kumulierte Werbewirkung (in %)

Im Schwellenwerteffekt-Modell tritt bis zur vierten Einwirkung gar keine Wirkung auf, doch wenn dieser Punkt erreicht ist, entfaltet sich sofort die volle Wirkung von 100%. Ist dieser Punkt überschritten, bringt Wiederholungswerbung keinen Gewinn mehr, sondern wäre nur Verschwendung.

Die Effekte dieser Werbeeinwirkungen sind in Tabelle 9.3 kumulativ dargestellt. In dieser Sicht ist die größtmögliche Werbewirkung erreicht, wenn der Effekt der Werbung 100% erreicht.

Abbildung 9.2 zeigt, welche Beziehung in diesen Modellen zwischen Wirkung und Häufigkeit besteht. Die lineare Funktion ist eine einfache gerade Linie. Die Schwellenwertfunktion schnellt bei vier Einwirkungen scharf auf 100% hoch. Die Lernkurvenfunktion ergibt eine S-förmige Kurve.

Funktion für Wiederholungseffekte; Linear: Bei dieser Funktion ist der kumulierte Effekt der Werbung (bis zum Sättigungspunkt) das Produkt von Häufigkeit und Wirkung pro Eindruck.

> Funktion für Wiederholungseffekte;
> Linear (I) = Häufigkeit (#) * Wirksamkeit pro Eindruck (I)

Funktion für Wiederholungseffekte; Lernkurve: Die Lernkurvenfunktion ergibt eine nichtlineare Kurve. Ihre Form hängt von den Umständen der konkreten Werbekampagne ab, etwa der Wahl der Werbemedien, der Zielgruppe und der Wiederholungsfrequenz.

Funktion für Wiederholungseffekte; Schwellenwert: Die Schwellenwertfunktion lässt sich als »Wenn-Dann-Aussage« formulieren: Wenn die Häufigkeit größer oder gleich dem Wert der Wirkungsschwelle ist, dann beträgt die Werbewirkung 100%. Wenn die Häufigkeit darunter liegt, dann ist die Wirkung 0.

Anders ausgedrückt:

> Funktion für Wiederholungseffekte;
> Schwellenwert (I) = Wenn (Häufigkeit (#) > Schwellenwert (#), 1, 0)

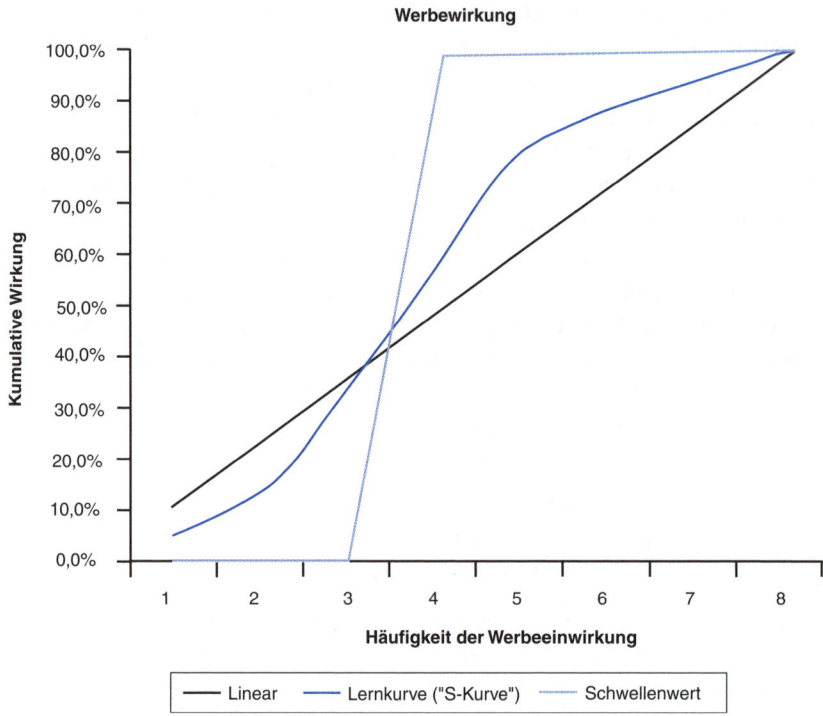

Abbildung 9.2: Kumulierte Werbewirkung

Datenquellen, Komplikationen und Warnhinweise

Eine Funktion für Wiederholungseffekte spiegelt die Annahmen wider, die Marketingleiter bei der Planung der Effekte ihrer Werbekampagne zugrunde legen. Sind diese Annahmen einmal getroffen, kann er die nützlichsten Informationen aus der Analyse der Wirkungen früherer Werbekampagnen ziehen. Funktionen, die auf den Daten der Vergangenheit beruhen, sind allerdings nur dann präzise, wenn die Umstände (Medien, Kreative, Preis und Produkt) zumindest annähernd gleich geblieben sind.

Wenn man die drei oben vorgestellten Modelle vergleicht, besticht die Lineareffekt-Funktion durch die Einfachheit ihrer Grundannahme. Sie kann allerdings unrealistisch sein, da schwer vorstellbar ist, dass jede Werbeeinwirkung genau denselben Effekt hat.

Das Lernkurven-Modell dagegen leuchtet auf Anhieb ein. Es bildet die Komplexität des wirklichen Lebens besser nach als ein lineares Modell. Hier besteht jedoch die Herausforderung darin, die Wirksamkeit einer Werbung vorherzusagen und zu definieren. Drei Fragen tauchen auf: An welchem Punkt steigt die Kurve an? Wie steil ist sie? Und wann flacht sie wieder ab? Um dies zu schätzen, sind eingehende Untersuchungen erforderlich. Wenn man diese jedoch beiseite lässt, besteht die Gefahr, dass die Lernkurven-Funktion eine Genauigkeit vorgaukelt, die nicht gegeben ist.

Wenn ein Unternehmen die Schwellenwerteffekt-Funktion verwendet, hängt alles von der Annahme ab, wo der Schwellenwert liegt, denn dieser Wert hat massive Auswirkungen. Wird er konservativ angesetzt, also auf eine hohe Anzahl von Einwirkungen, so zahlt das Unternehmen vielleicht für überflüssige Werbung. Setzt es ihn jedoch zu niedrig an, scheitert vielleicht die gesamte Werbekampagne, weil nicht genug Werbeplatz eingekauft wird. In der praktischen Umsetzung ist das Schwellenwertmodell fast genauso kompliziert wie das Lernkurvenmodell.

Verwandte Kennziffern und Konzepte

Wear-in: die Wiederholungshäufigkeit, die erforderlich ist, damit eine Werbung oder Werbekampagne eine Mindestwirkung erzielt
Wear-out: die Wiederholungshäufigkeit, ab der eine Werbung oder Werbekampagne an Wirkung verliert oder sogar einen negativen Einfluss hat

Wirkungsreichweite und Wirkungsfrequenz

Das Konzept der Wirkungsfrequenz beruht auf der Annahme, dass eine Werbung oder Werbekampagne einer Person in einem gegebenen Zeitraum eine bestimmte Anzahl von Eindrücken vermitteln muss, um Wirkung zu entfalten.

Die Wirkungsreichweite ist definiert als der zahlenmäßige oder prozentuale Anteil des Publikums, der eine Werbebotschaft mit einer Häufigkeit größer oder gleich der Wirkungsfrequenz empfängt. Es handelt sich also um den Teil der Bevölkerung, der einer Werbung oder Werbekampagne so häufig ausgesetzt ist, dass sie ihre »Mindestwirkung« entfalten kann.

Zweck: schätzen, welcher Teil des Werbepublikums ausreichend häufig erreicht wird

Viele Marketingleiter sind der Ansicht, dass ihre Botschaft Wiederholung braucht, um »sich zu setzen«. Wie Eltern und Politiker tendieren daher auch Werbeleute dazu, sich zu wiederholen. Um diese Wiederholung auf ihre Wirksamkeit untersuchen zu können, gibt es die Konzepte der Wirkungsfrequenz und Wirkungsreichweite. Diese Konzepte beruhen auf der

Annahme, dass eine Werbung die ersten paar Male, die sie gesehen wird, keine Wirkung hat, aber bei mehr Wiederholungen anfängt, das Publikum zu beeinflussen.

Also müssen Sie bei der Planung und Durchführung einer Werbekampagne entscheiden, wie oft eine Botschaft wiederholt werden muss, um Wirkung zu entfalten. Diese Häufigkeit bezeichnet man als Wirkungsfrequenz. Theoretisch ist sie gleich der Schwellenwertfrequenz in der gleichnamigen Funktion in Abschnitt 9.4. Die Wirkungsfrequenz einer Werbekampagne hängt von vielen Faktoren ab, darunter die Marktgegebenheiten, verwendete Medien, Anzeigentypen und Gestaltung der Werbekampagne. Überraschend oft wird jedoch eine Frequenz von drei Einwirkungen pro Kaufzyklus als Faustregel verwendet.

Wirkungsfrequenz: gibt an, wie oft eine Person eine Werbung in einem bestimmten Zeitraum sehen muss, damit sich die gewünschte Reaktion einstellt

Wirkungsreichweite: gibt zahlenmäßig oder prozentual an, welcher Teil des Publikums eine Werbebotschaft mit einer Häufigkeit größer oder gleich der Wirkungsfrequenz empfängt

Konstruktion

Die Wirkungsreichweite gibt an, wie viele Menschen oder wie viel Prozent der Bevölkerung eine Werbung mit einer Häufigkeit größer oder gleich der Wirkungsfrequenz gesehen haben.

Wirkungsreichweite (#, %) = Personen, die mit einer Häufigkeit größer oder gleich der Wirkungsfrequenz erreicht wurden

> **BEISPIEL** Eine Internetwerbung muss dreimal gesehen werden, um zu wirken. Tabelle 9.4 zeigt die Bevölkerungsdaten.
>
> | Eindrücke | Bevölkerung |
> |---|---|
> | 0 | 140.000 |
> | 1 | 102.000 |
> | 2 | 64.000 |
> | 3 | 23.000 |
> | 4 oder mehr | 11.000 |
> | Gesamt | 340.000 |
>
> *Tabelle 9.4: Anzahl der Eindrücke einer Werbung*

Da die Wirkungsfrequenz 3 beträgt, wurden nur die Personen erreicht, die die Werbung mindestens dreimal gesehen haben. Die Wirkungsreichweite beträgt also 23.000 + 11.000 = 34.000.

Prozentual ausgedrückt hat die Werbung 34.000/340.000 = 10% der Bevölkerung erreicht.

Datenquellen, Komplikationen und Warnhinweise

Durch das Internet ist es viel einfacher geworden, Daten auf diesem Gebiet zu sammeln. Zwar lässt sich auch für Werbekampagnen im Internet nicht hundertprozentig genau ermitteln, wie oft eine Werbung dem einzelnen Kunden präsentiert wurde, aber die Daten sind doch denen der meisten anderen Medien weit überlegen.

Wo keine elektronische Datenerhebung möglich ist, lässt sich nur schwer feststellen, wie oft ein Kunde Gelegenheit hatte, eine Werbung zu sehen. In solchen Fällen stellen Marketingleiter Schätzungen anhand des bekannten Kundenverhaltens und der öffentlich zugänglichen Daten wie beispielsweise Fernseh-Ratings an.

Zwar können Testmärkte und Experimente einiges über die Häufigkeit von Werbung verraten, aber umfassende, zuverlässige Daten stehen den meisten Marketingleitern nicht zur Verfügung. In solchen Fällen müssen sie schätzen, welche Frequenz für eine wirksame Werbekampagne notwendig ist, und ihre Annahmen auch untermauern können. Selbst wenn gute Daten aus der Vergangenheit zur Verfügung stehen, sollte sich die Medienplanung nicht ausschließlich auf diese stützen, da jede Werbekampagne anders ist.

Marketingleiter müssen auch berücksichtigen, dass die Wirkungsfrequenz lediglich ein Durchschnittswert für die Reaktion der Kunden auf Werbung ist. In der Praxis benötigen manche Kunden mehr Einwirkungen als andere.

Share of Voice

Share of Voice ist die »Werbepräsenz«, die ein Produkt oder eine Marke genießt. Man berechnet sie als Werbung der Marke geteilt durch Werbevolumen des Gesamtmarkts in Prozent.

$$\text{Share of Voice (\%)} = \frac{\text{Markenwerbung (€,\#)}}{\text{Gesamtwerbung am Markt (€,\#)}}$$

Den Share of Voice kann man auf mindestens zwei Arten messen: betrags- oder mengenmäßig als Eindrücke oder Brutto-Rating Points. Jedes dieser Maße gibt an, wie stark die Werbung eines Unternehmens im Vergleich zum Wettbewerb präsent ist.

Zweck: die Werbung für ein Produkt oder eine Marke im Vergleich zu anderen einschätzen

Werbetreibende möchten wissen, ob ihre Botschaften überhaupt das Dickicht der modernen Werbelandschaft durchdringen. Zu diesem Zweck gibt der Share of Voice einen Anhaltspunkt, wie stark die Werbung sich im Vergleich zum Gesamtmarkt präsentiert.

Es gibt mindestens zwei Berechnungsmethoden für den Share of Voice: Der klassische Ansatz besteht darin, den finanziellen Werbeaufwand für eine Marke durch den Gesamtwerbeaufwand am Markt zu teilen.

Alternativ kann der Share of Voice jedoch auch als Anteil der GRPs, Eindrücke, Wirkungsreichweite oder ähnlicher Maße am Gesamtvolumen des Markts berechnet werden (mehr über diese Kennziffern erfahren Sie weiter oben in diesem Kapitel).

Konstruktion

Share of Voice: gibt an, wie viel Prozent der Werbung in einem Markt ein Produkt oder eine Marke betrifft.

$$\text{Share of Voice (\%)} = \frac{\text{Markenwerbung (€,\#)}}{\text{Gesamtwerbung am Markt (€,\#)}}$$

Datenquellen, Komplikationen und Warnhinweise

Die wichtigste Entscheidung bei der Bestimmung eines Share of Voice ist die Frage, wie der Markt zu definieren ist. Er muss nämlich auf den beabsichtigten Kundenkreis abgestimmt werden. Wenn Ihr Unternehmen ausschließlich Internetbenutzer im Blick hat, darf es seine Werbepräsenz nicht auf Printmedien reduzieren. Der Share of Voice kann für ein Gesamtunternehmen, aber auch für eine Marke oder ein Produkt berechnet werden.

Den Gesamtwerbeaufwand Ihres Unternehmens zu ermitteln, dürfte kein Problem sein. Den Werbeaufwand des Gesamtmarkts herauszufinden, ist da schon deutlich schwieriger. Mit letzter Genauigkeit lässt er sich vermutlich nicht feststellen. Dennoch ist es wichtig, dass ein Marketingleiter die wichtigsten Wettbewerber auf seinem Markt kennt. Externe Quellen wie beispielsweise Geschäftsberichte und Pressemitteilungen können Aufschluss über den Werbeaufwand des Wettbewerbs geben. Doch auch Dienstleister bieten nützliche Daten an, darunter Schätzungen, wann und in welcher Form die Konkurrenz Werbeplatz einkauft. Allerdings werden dabei normalerweise keine echten Geldflüsse ausgewiesen, sondern nur Kostenschätzungen, die auf den gekauften Werbeplätzen und den veröffentlichten Preisverzeichnissen der Werbeanbieter beruhen. Wenn Sie diese Schätzungen benutzen, dürfen Sie nicht vergessen, dass häufig Preisnachlässe gewährt werden. Werden diese nicht berücksichtigt, geht die Schätzung von aufgeblähten Zahlen aus. Wir empfehlen, die Ihnen gemeldeten Zahlen um die Preisnachlässe zu kürzen, die Sie selbst von den Werbemedien bekommen.

Ein letzter Warnhinweis: Manche Marketingleiter gehen davon aus, der Preis einer Werbung sei gleich dem Wert dieser Werbung. Das ist jedoch nicht unbedingt der Fall. Manchmal ist es sinnvoll, eine betragsmäßige Share of Voice-Berechnung durch eine zweite zu ergänzen, die auf den Eindrücken beruht.

Eindrücke, Seitenaufrufe und Hits

Wie in Abschnitt 9.1 bereits beschrieben, geben Eindrücke an, wie oft das Publikum die Chance hatte, eine Werbung zu sehen. Die besten hierfür verfügbaren Zahlen beurteilen mit technischen Mitteln, ob eine Werbung tatsächlich gesehen wurde oder nicht. Doch auch diese Verfahren sind nicht perfekt. Oft werden »Eindrücke« aufgezeichnet, die in Wirklichkeit vom intendierten Betrachter gar nicht wahrgenommen wurden. Daher spricht man auch von »Betrachtungschancen«.

Wenn man dieses Konzept auf Werbung und Publishing im Internet überträgt, sind Seitenaufrufe die Betrachtungschancen für eine Webseite. Jede Webseite besteht aus Objekten und Dateien, die Text, Bilder sowie Audio- und Videoclips enthalten können. Die Gesamtzahl der

Objekte, die in einem Zeitraum abgefragt werden, entspricht den »Hits«, welche die Website oder der Webserver registriert. Da Seiten, die aus vielen kleinen Einzeldateien bestehen, entsprechend viele Hits pro Seitenaufruf generieren können, dürfen Sie sich von hohen Hitcounts nicht zu sehr beeindrucken lassen.

Zweck: Verkehr und Aktivität auf einer Website einschätzen

Um beziffern zu können, wie viel Verkehr eine Website generiert, zählen Marketingleiter die Seitenaufrufe (Pageviews). Diese geben an, wie oft auf eine einzelne Seite einer Website zugegriffen wird.

In der Frühzeit des E-Commerce interessierte man sich noch eher für die Hits, die eine Website empfing. Doch damit werden nur Dateizugriffe gezählt. Da sich Webseiten aus zahlreichen Text-, Grafik- und Multimedia-Dateien zusammensetzen, sagen die Hits jedoch mehr über die Arbeitsweise des Webdesigners aus als über die tatsächlichen Seitenaufrufe.

Die Fortschritte im Internetmarketing haben bessere Kennziffern für die Webaktivität und den Verkehr auf einer Website hervorgebracht. Mittlerweile werden Seitenaufrufe als Maß für den Verkehr auf einer Website verwendet. Diese Zahl gibt an, wie oft eine Seite einem Benutzer angezeigt wurde. Sie sollte so nah wie möglich am Endanwender gemessen werden. Die beste Technik besteht darin, zu zählen, wie viele Pixel an einen Server zurückgegeben werden. Dies ist eine Bestätigung dafür, dass die Seite richtig angezeigt wurde. Diese so genannte Pixel2-Zähltechnik ist näher am Endanwender dran, als es eine Tabelle von Server-Requests oder vom Server gelieferter Seiten je sein könnte. Gute Messdaten zeigen Ihnen keine aufgeblähten Zahlen, da gescheiterte Server-Requests, Seitenladeprobleme oder Benutzer, die Anzeigen wegklicken, bereits herausgerechnet sind.

Hits: die Anzahl der Dateien, die einem Besucher im Internet angezeigt werden. Da Webseiten oft viele Dateien enthalten, sagen Hits weniger über die Anzahl der besuchten Seiten als vielmehr über die Anzahl der in die Seiten eingebundenen Dateien aus.

Seitenaufrufe: gibt an, wie oft eine bestimmte Seite den Benutzern angezeigt wurde. Dieses Maß sollte möglichst spät im Ladeprozess erhoben werden, um so dicht wie möglich an die Betrachtungschance des Benutzers heranzukommen. Eine Seite kann sich aus sehr vielen Dateien zusammensetzen.

Für Marketing-Zwecke müssen wir außerdem unterscheiden können, wie oft eine Werbung von demselben Besucher aufgerufen wurde. Wenn zwei Personen in zwei verschiedenen Ländern eine Webseite aufrufen, wird sie ihnen in ihrer jeweiligen Sprache angezeigt, und die Werbeanzeige ist nicht dieselbe. Ein Beispiel für eine Werbung, die sich mit dem Besucher ändert, ist ein eingebetteter Link zu einer Bannerwerbung. Wer diese Abweichungen berücksichtigen möchte, sollte danach fragen, wie oft eine konkrete Werbung dem Besucher gezeigt wurde, anstatt nur die Seitenaufrufe zu zählen.

Daher wird Werbung im Internet oft anhand der Zahl der Eindrücke analysiert, die man auch als »Ad Impressions« oder »Ad Views« bezeichnet. Diese geben an, wie oft eine Werbung von einem Besucher geladen wurde, so dass er eine Betrachtungschance erhielt. (Viele Konzepte im vorliegenden Abschnitt gleichen denen aus dem Abschnitt 9.1 über allgemeine Werbung.)

Wenn eine Werbung allen Besuchern einer Site dargeboten wird, ist die Zahl der Eindrücke gleich der Zahl der Seitenaufrufe. Befinden sich mehrere Werbungen auf einer Seite, ist die Gesamtzahl der Eindrücke höher als die Anzahl der Seitenaufrufe.

Konstruktion

Hits: Die Anzahl der Hits auf einer Website ist eine Funktion der Anzahl der Seitenaufrufe multipliziert mit der Anzahl der Dateien pro Seite. Hit-Counts sind für Techniker, die Serverkapazitäten planen, wichtiger als für Marketingleiter, die Besucheraktivitäten messen möchten.

Hits (#) = Seitenaufrufe (#) * Dateien auf der Seite (#)

Seitenaufrufe: Die Anzahl der Seitenaufrufe berechnet sich zu Anzahl der Hits geteilt durch Anzahl der Dateien auf der Seite.

$$\text{Seitenaufrufe (\#)} = \frac{\text{Hits (\#)}}{\text{Dateien auf der Seite (\#)}}$$

> **BEISPIEL** Eine Website, die bei jedem Seitenzugriff fünf Dateien lädt, registriert 250.000 Hits. Also gilt: Seitenaufrufe = 250.000/5 = 50.000.
>
> Würden drei Dateien pro Seite geladen und 300.000 Seitenaufrufe registriert, so wäre die Anzahl der Hits 3 * 300.000 = 900.000.

Datenquellen, Komplikationen und Warnhinweise

Seitenaufrufe, Seiteneindrücke und Werbeeindrücke geben an, wie oft ein Webserver als Antwort auf die Requests von Benutzerbrowsern Seiten und Anzeigen lädt. Vorher werden Seitenaufrufe von Webrobotern sowie Aufrufe, die mit einem Fehlercode abbrechen, herausgefiltert. Die Daten werden so dicht wie möglich am Endanwender erhoben, um zu gewährleisten, dass auch wirklich Betrachtungschancen entstehen.[2]

Die Zahl der Werbeeindrücke kann auch aus den Seitenaufrufen abgelesen werden, wenn bekannt ist, wie viel Prozent der aufgerufenen Seiten die betreffende Werbung enthalten. Wenn beispielsweise 10% der Seitenaufrufe eine Werbung für ein Luxusauto enthalten, dann beträgt auch die Zahl der Eindrücke für dieses Auto 10% der Seitenaufrufe. Websites, die allen Benutzern dieselbe Werbung präsentieren, sind viel einfacher zu beobachten, da nur eine einzige Zählung erforderlich ist.

Diese Kennziffern quantifizieren die Betrachtungschancen, ohne sich darum zu kümmern, wie viele Werbeanzeigen in welcher Qualität tatsächlich gesehen wurden. Folgende Punkte fallen dabei unter den Tisch:

- die Frage, ob die Botschaft einem bestimmten, angepeilten und klar definierten Publikum dargeboten wird
- die Frage, ob der Aufrufer der Seite die Werbung auch tatsächlich betrachtet
- die Frage, ob der Betrachter später noch irgendeine Erinnerung an den Inhalt und die Werbebotschaften zurückbehält

Obwohl wir den Begriff »Eindruck« verwenden, sagt diese Zahl nichts darüber aus, welche Wirkung eine Werbung auf potenzielle Kunden hat. Ein Marketingleiter kann also nicht wissen, welchen Effekt Seitenaufrufe bei den Besuchern hervorrufen. Oft wird in Daten über Seitenaufrufe derselbe Besucher doppelt gezählt. Man sollte also von Brutto-Eindrücken reden, um klarzustellen, dass Betrachtungschancen auch denselben Besucher zu unterschiedlichen Gelegenheiten betreffen können.

Durchklickraten

Die **Durchklickrate** (Clickthrough Rate) gibt an, wie viele Prozent Eindrücke einen Benutzer veranlassen, die Werbung anzuklicken. Sie sagt Ihnen, welcher Bruchteil der Eindrücke so motivierend war, dass der Betrachter auf einen Link geklickt hat, der ihn zu einer anderen Webadresse geleitete.

$$\text{Durchklickrate (\%)} = \frac{\text{Durchklicker (\#)}}{\text{Eindrücke (\#)}}$$

Die meisten Internetunternehmen nutzen Daten über Durchklickaktivitäten. Diese Kennziffern sind zwar nützlich, sollten jedoch nicht das Maß aller Dinge für jede Marketinganalyse sein. Sofern der Benutzer nicht gerade auf den Button »Sofort kaufen« klickt, beziehen sich die Durchklickraten nur auf einen einzelnen Schritt auf dem Weg zum Verkaufen.

Zweck: die erste Reaktion des Kunden auf eine Website herausfinden

Die meisten kommerziellen Websites sollen irgendeine Art von Aktion hervorrufen, sei es, dass der Besucher ein Buch kaufen, einen News-Artikel lesen, ein Musikvideo anschauen oder eine Flugverbindung suchen soll. Niemand besucht eine Website alleine zu dem Zweck, die Werbung anzuschauen, ebenso wie niemand den Fernseher einschaltet, um die Werbespots zu betrachten. Marketingleiter möchten daher die Reaktionen der Websurfer in Erfahrung bringen. Mit der heutigen Technik lässt sich zwar nicht feststellen, welche Empfindungen eine Website weckt und wie sie sich auf die Marke des Unternehmens auswirkt, aber eine Information ist ziemlich einfach zu bekommen: die Durchklickrate. Diese gibt an, welcher Anteil der Besucher sich von einer Werbung verleiten ließ, eine andere Site zu besuchen, wo eine Ware zu kaufen oder Informationen über ein Produkt oder eine Dienstleistung zu bekommen sind. Wir sprechen von »Mausklicks« auf eine Werbung (oder einen Link), weil dies der übliche Begriff ist. Andere Formen der Interaktion sind jedoch ebenso gut möglich.

Konstruktion

Durchklickrate: Die Durchklickrate misst die Anzahl der Klicks auf eine Werbung geteilt durch die Gesamtzahl der Eindrücke (also die Seitenladevorgänge).

$$\text{Durchklickrate (\%)} = \frac{\text{Durchklicker (\#)}}{\text{Eindrücke (\#)}}$$

Durchklicker: Anhand der Durchklickrate und der Anzahl der Eindrücke können Sie die absolute Anzahl der Durchklicker berechnen, indem Sie die Durchklickrate mit den Eindrücken multiplizieren.

$$\text{Durchklicker (\#)} = \text{Durchklickrate (\%)} * \text{Eindrücke (\#)}$$

BEISPIEL Eine Website registriert 100.000 Eindrücke und 1.000 Klicks (die gebräuchlichere Abkürzung für »Durchklicker«). Die Durchklickrate beträgt also 1%.

$$\text{Durchklickrate} = \frac{1.000}{100.000} = 1\%$$

Hätte dieselbe Website eine Durchklickrate von 0,5%, dann wären es 500 Durchklicker:

$$\text{Durchklickrate} = 100.000 * 0,5\% = 500$$

Wenn eine andere Website 1% Durchklicker und 200.000 Eindrücke zählt, würde das 2.000 Klicks entsprechen:

$$\text{Anzahl der Klicks} = 1\% * 200.000 = 2.000$$

Datenquellen, Komplikationen und Warnhinweise

Für diese Berechnung muss die Anzahl der Eindrücke bekannt sein. Bei einfachen Websites ist diese gleich der Zahl der Seitenaufrufe, da jede geladene Seite denselben Inhalt anzeigt. Doch fortschrittliche Websites können verschiedenen Betrachtern verschiedene Werbeanzeigen präsentieren. In solchen Fällen betragen die Eindrücke einen Bruchteil der Seitenaufrufe. Der Server kann jedoch mit Leichtigkeit nachhalten, wie oft ein Link angeklickt wurde (siehe Abbildung 9.3).

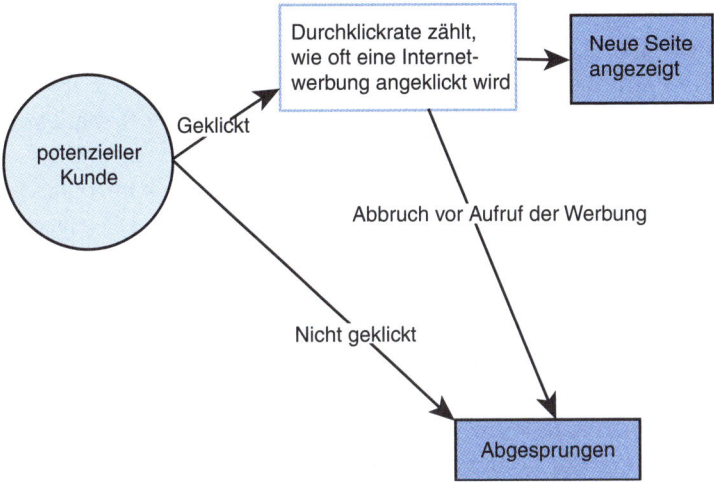

Abbildung 9.3: Der Durchklickprozess

Denken Sie daran, dass die Durchklickrate ein Prozentsatz ist. Zwar sind hohe Durchklickraten durchaus erstrebenswert und ein Zeichen für die Attraktivität Ihrer Werbung, aber auch die absolute Zahl der Personen, die sich bis zu Ihnen durchgeklickt haben, ist von Interesse. Stellen Sie sich eine Website mit einer Durchklickrate von 80% vor, die jedoch nur 20 Besucher hat. Was zunächst nach einem Riesenerfolg aussieht, entpuppt sich als ein Besucheraufkommen von nur 16 Personen, wo vielleicht 500 Besucher geplant waren.

Außerdem dürfen Sie nicht vergessen, dass ein Klick kein starkes Indiz für das Besucherinteresse ist. Wer auf eine Anzeige klickt, kann bereits zu anderen Inhalten weitergegangen sein, ehe die Seite auch nur geladen wurde. Vielleicht hat er Ihren Link ja nur aus Versehen angeklickt oder der Ladevorgang dauerte zu lange. Die Ladezeiten werden mit zunehmendem Medienreichtum der Webseiten immer mehr zum Problem. Daher müssen Sie Ihre Kunden kennen: Wenn Sie auf Ihrer Website umfangreiche Videodateien einbinden, wandern viele Kunden ab, ehe die Seite vollständig geladen wurde. Das betrifft vor allem Leute mit langsamen Internetzugängen.

Auch bei der Durchklickrate müssen Sie (wie bei anderen Kennziffern) verstehen, was hier eigentlich gemessen wird. Wenn Sie Klicks zählen (also Seitenanforderungen, die von Client-Computern an den Server übermittelt werden), dann sind verschiedene Abweichungen zwischen der Durchklickrate und der aufgrund der Pixel-Zahlen ermittelten Eindrücke möglich. Wenn größere Diskrepanzen auftreten, sollten diese hinterfragt werden: Liegt es an der Größe/dem Design der Werbeanzeige oder an dem schwachen Besucherinteresse?

Klicks sind ein Maß für die Anzahl der Interaktionen mit einer Werbung, und nicht für die Anzahl der Kunden. Ein einzelner Besucher kann eine Anzeige mehrere Male anklicken, sei es in einer einzelnen oder in mehreren Sessions. Nur die pfiffigsten Websites können kontrollieren, wie oft eine Werbung demselben Kunden präsentiert wird. Die meisten Websites zählen lediglich, wie oft, und nicht, von wem die Anzeige angeklickt wurde. Darüber hinaus muss die Durchklickrate an einem passenden Vergleichswert gemessen werden. Durchklickraten für Bannerwerbung sind sehr klein und nehmen weiter ab. Dagegen fallen Durchklickraten für Buttons, die den Besucher lediglich auf die nächste Seite einer Website geleiten, viel höher aus. Wenn Sie analysieren, wie sich die Durchklickraten ändern, wenn der Besucher durch die verschiedenen Seiten navigiert, können Sie »Sackgassen« erkennen, in denen die Besucheraktivität regelmäßig endet.

Kosten pro Eindruck, Klick und Bestellung

Diese drei Kennziffern weisen die Durchschnittskosten von Eindrücken, Klicks und Kunden aus. Alle drei werden gleich berechnet, nämlich als das Verhältnis von Kosten zur Anzahl der resultierenden Eindrücke, Klicks oder Kunden.

$$\text{Kosten pro Eindruck} = \frac{\text{Werbungskosten (€)}}{\text{Anzahl der Eindrücke (\#)}}$$

$$\text{Kosten pro Klick (€)} = \frac{\text{Werbungskosten (€)}}{\text{Anzahl der Klicks (\#)}}$$

$$\text{Kosten pro Bestellung (€)} = \frac{\text{Werbungskosten (€)}}{\text{Bestellungen (\#)}}$$

Ausgehend von diesen Kennziffern lässt sich die Wirksamkeit der Internetwerbung eines Unternehmens schätzen und ein Vergleich zwischen Werbemedien und Werbeträgern anstellen, um die Rentabilität des Internetmarketings des Unternehmens zu ermitteln.

Zweck: Kosteneffizienz des Internetmarketings ermitteln

In diesem Abschnitt zeigen wir drei übliche Wege, die Kosteneffizienz der Internetwerbung zu messen. Jeder hat seine Vorteile, je nach Sichtweise und Ziel der Werbeaktivität.

Kosten pro Eindruck: gibt an, wie viel es kostet, einem potenziellen Kunden die Gelegenheit zu verschaffen, die Werbung zu sehen.

Kosten pro Klick: gibt an, wie teuer es ist, einen Klick auf eine Werbung zu veranlassen.

Kosten pro Klick ist insofern ein besseres Maß als Kosten pro Eindruck, als es etwas über die Wirkung der Werbung aussagt. Klicks sind immer ein Maß für Aufmerksamkeit und Interesse. Billige Anzeigen, die nur von wenigen angeklickt werden, verursachen geringe Kosten pro Eindruck, aber hohe Kosten pro Klick. Wenn der Hauptzweck einer Werbung darin besteht, angeklickt zu werden, dann sind die Kosten pro Klick eine interessantere Kennziffer.

Kosten pro Bestellung: Kosten der Akquisition einer Bestellung

Wenn die Werbung vor allem Umsatz generieren soll, dann sind die Kosten pro Bestellung die Kennziffer der Wahl.

Wenn eine bestimmte Anzahl an Interneteindrücken erreicht ist, entscheiden Qualität und Positionierung der Werbung über die Durchklickraten und folglich auch über die Kosten pro Klick (siehe Abbildung 9.4).

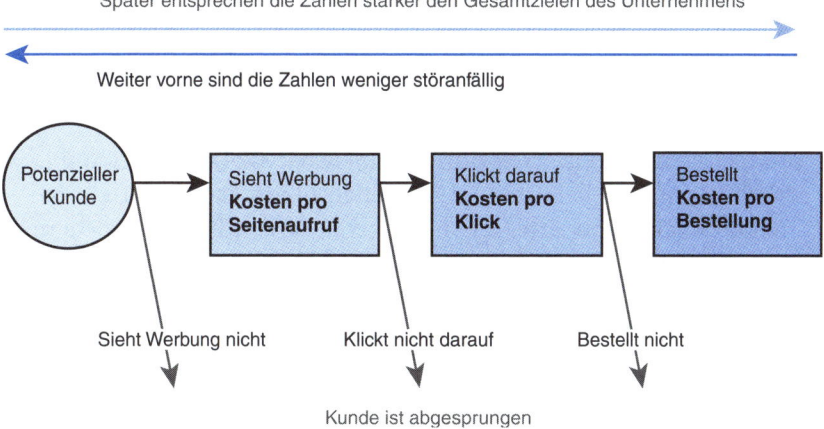

Abbildung 9.4: Der Vorgang der Auftragsakquisition

Konstruktion

Die Formeln sind beide Male gleich: Die Kosten werden durch die jeweils passende Zahl geteilt, also Eindrücke, Klicks oder Bestellungen.

Kosten pro Eindruck: Diese lassen sich aus Werbungskosten und Anzahl der Eindrücke ableiten.

$$\text{Kosten pro Eindruck} = \frac{\text{Werbungskosten (€)}}{\text{Anzahl der Eindrücke (\#)}}$$

Denken Sie daran, dass die Kosten pro Eindruck oft als Kosten pro tausend Eindrücke angegeben werden, da sich mit dieser Zahl leichter umgehen lässt (mehr darüber in Abschnitt 9.2).

Kosten pro Klick: Dieser Wert entspricht den Werbungskosten geteilt durch Anzahl der von der Werbung veranlassten Klicks.

$$\text{Kosten pro Klick (€)} = \frac{\text{Werbungskosten (€)}}{\text{Klicks (\#)}}$$

Kosten pro Bestellung: Dieser Wert gibt an, wie viel es kostet, eine Bestellung zu generieren. Wie diese Kosten genau strukturiert sind, hängt von der Branche, der Produktrentabilität und den Vertriebskanälen ab. Die Grundformel lautet

$$\text{Kosten pro Bestellung (€)} = \frac{\text{Werbungskosten (€)}}{\text{Bestellungen (\#)}}$$

BEISPIEL Ein E-Commerce-Unternehmen hat €24.000 für Online-Werbung ausgegeben und 1,2 Millionen Eindrücke vermittelt, die 20.000 Klicks generierte. Einer von zehn dieser Klicks mündete in einen Einkauf.

$$\text{Kosten pro Eindruck} = \frac{€24.000}{1.200.000} = €0,02$$

$$\text{Kosten pro Klick (€)} = \frac{€24.000}{20.000} = €1,20$$

Wenn einer von zehn Klicks zu einem Kauf führte, gilt:

$$\text{Kosten pro Bestellung (€)} = \frac{€24.000}{2.000} = €12,00$$

Diese letzte Zahl nennt man auch »Kosten pro Kauf«.

Datenquellen, Komplikationen und Warnhinweise

Da Daten im Internet gut zu erheben sind, stützen sich Kennziffern für Internetwerbung auf eine bessere Datenbasis als Kennziffern für konventionelle Vertriebswege. Im Internet lässt sich leichter ermitteln, wie sich die Kunden durch das System bewegen und wie sich der einzelne Kunde in den verschiedenen Stadien des Kaufprozesses verhält.

Werbetreibende, die Online- und »Offline«-Medien miteinander verzahnen, werden Schwierigkeiten haben, die Ursache-Wirkungs-Beziehungen zwischen Werbung und Umsatz aus Online- und Offline-Verkäufen zu kategorisieren. Vielleicht wird einer Bannerwerbung ein Einkauf zugeschrieben, der in Wirklichkeit durch eine Plakatwerbung motiviert wurde. Umgekehrt wird vielleicht die Rolle der Bannerwerbung beim Offline-Umsatz zu wenig gewürdigt.

Die Berechnungen und Daten, die wir in diesem Abschnitt präsentierten, werden oft in Verträgen eingesetzt, die die Vergütung von Werbetreibenden regeln. Gelegentlich ziehen Unternehmen es auch vor, Medien und Werbeagenturen pro Neukunden und nicht pro Bestellung zu bezahlen.

Suchmaschinen

Suchmaschinen bieten gegen Entgelt, die Möglichkeit, Links an prominenter Stelle zu platzieren. Die wichtigste Kennziffer für Suchmaschinen ist Kosten pro Klick. Anhand dieser Größe wird normalerweise die Gebühr für Suchmaschinen-Placement berechnet. Suchmaschinen können eine Vielzahl von Daten liefern, um die Wirksamkeit einer Werbekampagne zu beurteilen. Um aus einer tollen Website Nutzen zu ziehen, muss ein Unternehmen die Leute veranlassen, sie zu besuchen. Im vorigen Abschnitt wurde der Besucherverkehr gemessen, doch Suchmaschinen helfen, diesen Verkehr überhaupt erst zu generieren.

Auch wenn eine starke Marke durchaus Besucher auf die Website eines Unternehmens ziehen kann, genügt es nicht, auf alle Offline-Werbemedien die Webadresse aufzudrucken, um Ströme von Besuchern anzuziehen. Oft nutzen Unternehmen Suchmaschinen, um ihr Besucheraufkommen im Internet zu erhöhen. Im Jahre 2003 wurden schätzungsweise 2,5 Milliarden Dollar für Suchmaschinen-Marketing ausgegeben, das sind beinahe 36% der gesamten Online-Ausgaben in Höhe von 7,3 Milliarden Dollar.[3] Der Rest dieser Online-Aufwendungen betraf zu 50% Eindrücke, zu 12% Bannerwerbung und zu 2% E-Mail-Werbung.

Suchmaschinen-Marketing bedeutet im Grunde, dass Sie für die Platzierung Ihrer Werbung in Suchmaschinen und Portalen im Internet bezahlen. Diese Werbung besteht normalerweise aus einem ganz kurzen Text (ähnlich einer Kleinanzeige in der Zeitung), die so aussieht, wie die Resultate eines unentgeltlichen, echten Suchergebnisses. Gezahlt wird normalerweise nur, wenn jemand die Anzeige anklickt. Manchmal ist es möglich, für ein höheres Entgelt pro Klick eine bessere Platzierung auf der Seite mit den Suchergebnissen zu erzielen. Ein wichtiges Element des Suchmaschinen-Marketings ist die Suchbegriffplatzierung: Hier zahlt der Werbetreibende dafür, dass seine Firma aufgeführt wird, wenn jemand einen oder mehreren Suchbegriffe eingibt. Diese Leistung wird normalerweise pro Klick vergütet. Wer mehr pro Klick bezahlt, bekommt eine höhere Platzierung. Kompliziert wird die Sache jedoch dadurch, dass die Werbung in der Reihenfolge der konkurrierenden Anzeigen weiter nach unten rutscht, wenn sie zu wenig angeklickt wird.

Die Effizienz von Suchmaschinen wird normalerweise an denselben Größen gemessen wie die übrige Internetwerbung.

Kosten pro Klick: Dieses wichtigste Konzept für das Suchmaschinen-Marketing wird oft von Suchmaschinen-Anbietern bemüht, um ihre Dienste abzurechnen. Marketingleiter wiederum erstellen ihr Budget für Suchmaschinen-Marketing anhand der Kosten pro Klick.

Suchmaschinen fragen nach den »Höchstkosten pro Klick«: Anhand dieses Deckelbetrags erklärt der Marketingleiter, wie viel er maximal für einen Klick zu zahlen bereit ist. In der Regel werden Link-Platzierungen von den Suchmaschinen versteigert und ein Klick wird zu einem Preis abgerechnet, der nur knapp über dem nächsthöheren Gebot liegt. Das bedeutet, dass die Höchstkosten pro Klick, die ein Unternehmen akzeptiert, deutlich höher liegen als die Durchschnittskosten pro Klick, die es am Ende bezahlen muss.

Marketingleiter sprechen gelegentlich von den Tageskosten von Suchmaschinen. Wie der Begriff schon sagt, handelt es sich dabei um die Summe der Kosten, die Suchmaschinen-Werbung an einem einzigen Tag verursacht. Um die Ausgaben steuern zu können, gestatten es Suchmaschinen den Werbetreibenden, diese täglichen Ausgaben zu deckeln. Ist der Höchstbetrag erreicht, genießt die betreffende Werbung keine Sonderbehandlung mehr.

Dieser Wert errechnet sich aus den Durchschnittskosten pro Klick mal der Anzahl der Klicks:

Tagesausgaben (€) = Durchschnittskosten pro Klick (€) * Anzahl der Klicks (#)

> **BEISPIEL** Andrej ist Internet Marketing Manager einer Musikalienhandlung im Internet. Er beschließt, nicht mehr als €0,10 pro Klick zu bezahlen. Am Ende der Woche berechnet ihm der Suchmaschinen-Anbieter €350,00 für 1.000 Klicks pro Tag.
>
> Seine Durchschnittskosten pro Klick sind also die Kosten der Werbung geteilt durch die Anzahl der Klicks:
>
> $$\text{Kosten pro Klick} = \frac{\text{Kosten pro Woche}}{\text{Klicks pro Woche}}$$
>
> $$= \frac{€350}{7.000} = €0,05 \text{ pro Klick}$$
>
> Die Tagesausgaben berechnen sich zu Durchschnittskosten pro Klick mal Anzahl der Klicks:
>
> $$\text{Tagesausgaben} = €0,05 * 1.000$$
> $$= €50,00$$

Tipp für das Suchmaschinen-Marketing

Suchmaschinen ermitteln den Preis für die verkauften Suchbegriffe in der Regel in einer Auktion. Suchmaschinen besitzen den großen Vorteil eines relativ effizienten Markts. Alle Benutzer haben Zugang zu den Informationen und können sich am selben virtuellen Ort befinden. Oft wird eine Art Zweitpreisauktion durchgeführt, wobei der Käufer nur den Betrag zahlt, der für seine Wunschplatzierung anfällt.

Kosten pro akquiriertem Kunden: ähnelt Kosten pro Bestellung, wenn die Bestellung von einem Neukunden kam. In Kapitel 5, »Kundenrentabilität«, werden die Begriffe »Kunde« und »Akquisitionskosten« definiert.

Besuche, Besucher und Abbruch

Die Kennziffer »**Besuche**« meint die Anzahl der Sessions auf der Website. »**Besucher**« ist die Anzahl der Menschen, die diese Besuche abstatten. Wenn eine Person am Dienstag eine Website besucht und dann am Mittwoch wiederkommt, werden zwei Besuche von einem Besucher gezählt. Besucher werden manchmal auch als »Einzelbesucher« bezeichnet; mit beiden Begriffen ist dieselbe Kennziffer gemeint.

»**Abbruch**« bezieht sich normalerweise auf Warenkörbe. Die Gesamtzahl der in einem Zeitraum benutzten Warenkörbe ist die Summe aus den abgebrochenen und den abgeschlossenen Käufen. Die Abbruchrate gibt an, wie hoch der Anteil der abgebrochenen Einkäufe an der Gesamtzahl der Warenkörbe ist.

Zweck: das Benutzerverhalten auf einer Website besser verstehen

Websites können die Anzahl der Seitenaufrufe leicht feststellen. Wie in Abschnitt 9.7 dargestellt, ist jedoch die Anzahl der Seitenaufrufe, so nützlich sie sein mag, als alleinige Kennziffer längst nicht ausreichend. Unternehmen sollten nicht nur die Seitenaufrufe, sondern auch die Zahl der Besuche und der Personen ermitteln, die diese Seiten aufrufen.

Besuche: gibt an, wie oft Personen eine Seite von Ihrem Unternehmensserver zum ersten Mal laden (auch »Sessions« genannt).

Der erste Seiten-Request zählt als Besuch. Nachfolgende Requests derselben Person gelten erst nach Ablauf einer bestimmten Zeit (normalerweise 30 Minuten) wieder als neuer Besuch, ansonsten werden sie nicht mitgerechnet.

Besucher: die Anzahl der Personen, die in einem bestimmten Zeitraum Seiten vom Unternehmensserver laden; auch »Einzelbesucher« genannt.

Um den Besucherverkehr auf einer Website besser durchschauen zu können, versuchen Unternehmen, die Besuche zu zählen. Ein Besuch kann aus einem einzigen oder auch mehreren Seitenaufrufen bestehen und eine Person kann eine Website auch mehrmals besuchen. Um genau sagen zu können, worin ein Besuch besteht, bedarf es eines anerkannten Standards für die Timeout-Dauer. Dieser Zeitraum gibt an, wie viele Minuten der Inaktivität zwischen dem ersten Aufruf der Seite und der Anforderung einer neuen Seite liegen können.

Neben den Besuchen versuchen Unternehmen überdies, herauszufinden, wie viele einzelne Besucher ihre Website anzieht. Da derselbe Besucher in einer bestimmten Zeit die Website mehrmals besuchen kann, übersteigt die Anzahl der Besuche die der Besucher. Einen Besucher bezeichnet man manchmal auch als Einzelbesucher oder Einzelnutzer, um klarzustellen, dass jeder Besucher nur ein einziges Mal mitgezählt wird.

Um die Zahl der Benutzer oder Besucher bestimmen zu können müssen Sie einen Standardzeitraum definieren. Außerdem kann dieser Wert durch Programme (wie beispielsweise »Bots«) verzerrt werden, die Internetinhalte klassifizieren. Bei Schätzungen der Besucher, Besuche und anderer Verkehrsdaten versucht man, diese Aktivitäten herauszurechnen, indem man IP-Adressen bekannter Bots ignoriert, eine Registrierung verlangt, Cookies einsetzt oder Panel-Daten verwendet.

Es besteht ein Zusammenhang zwischen Seitenaufrufen und Besuchen. Ein Besuch besteht per Definition aus mehreren Seitenaufrufen, die zu einer einzigen Session gehören. Daher übersteigt die Zahl der Seitenaufrufe die der Besuche.

Stellen Sie sich diese Kennziffern als konzentrische Ovale vor, wie sie in Abbildung 9.5 gezeigt werden. So gesehen ist die Anzahl der Besucher kleiner oder gleich der Anzahl der Besuche, diese sind kleiner gleich der Anzahl der Seitenaufrufe und diese kleiner oder gleich der Anzahl der Hits. (In Abschnitt 9.7 erfahren Sie mehr über das Verhältnis zwischen Hits und Seitenaufrufen.)

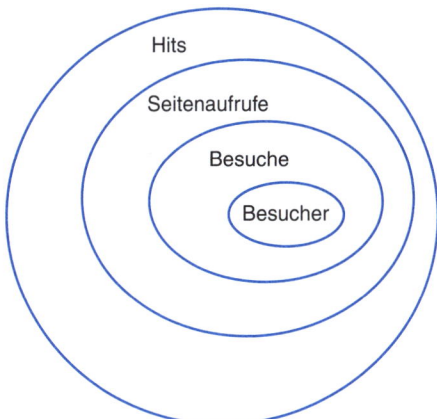

Abbildung 9.5: Verhältnis von Hits zu Seitenaufrufen zu Besuchen zu Besuchern

Eine andere Möglichkeit, das Verhältnis zwischen Besuchern, Besuchen, Seitenaufrufen und Hits zu betrachten, sehen Sie im folgenden Beispiel eines Besuchers der Website einer Online-Zeitung (siehe Abbildung 9.6). Angenommen, der Besucher ruft die Seite am Montag, Dienstag und Freitag auf und lädt dabei jeweils 20 Seiten. Die Seiten bestehen aus verschiedenen Grafik- und Textdateien sowie Werbebannern.

Das Verhältnis von Seitenaufrufen zu Besuchern bezeichnet man auch als Seitendurchschnitt pro Besuch. Marketingleiter entnehmen diesem Wert, wie sich die durchschnittliche Dauer eines Besuchs mit der Zeit entwickelt.

Es ist jedoch möglich, noch weiter zu gehen und den Pfad eines Besuchers bei seinem Besuch nachzuvollziehen. Diesen Pfad bezeichnet man auch als Klickstrom (Clickstream).

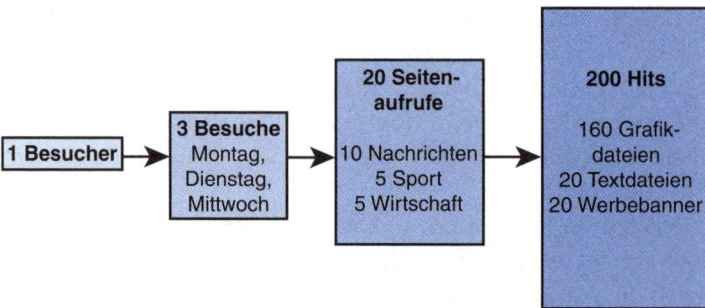

Abbildung 9.6: Beispiel: Besucher einer Online-Zeitung

Klickstrom: der Pfad eines Benutzers durchs Internet

Der Klickstrom ist die Abfolge der angeklickten Links beim Besuch mehrerer Sites. Dieser Wert kann einem Unternehmen Aufschluss darüber geben, welche Seiten am attraktivsten und welche am unattraktivsten sind (siehe Abbildung 9.7).

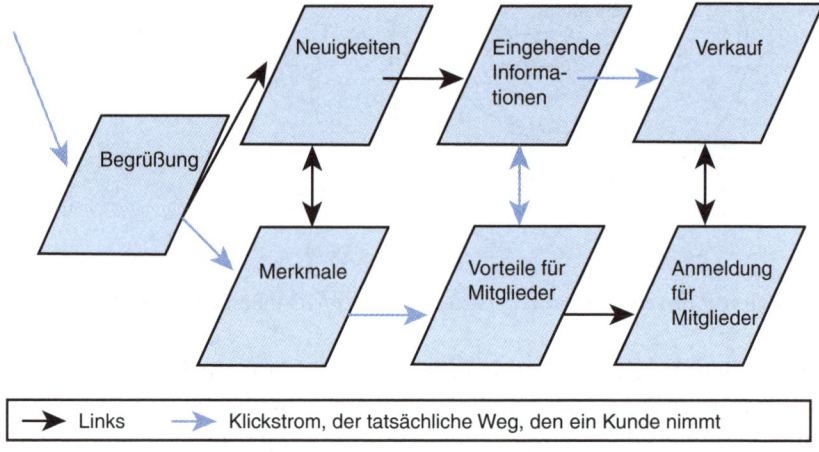

Abbildung 9.7: Ein Klickstrom

Die Analyse von Klickstromdaten gibt oft interessante Einblicke in das Kundenverhalten. Welcher Pfad mündet mit der größten Wahrscheinlichkeit in einen Kauf? Gibt es Möglichkeiten, die Navigierbarkeit der beliebtesten Pfade zu erleichtern? Sollte man die unbeliebten Pfade ändern oder gar abschaffen? Geht einem Kauf eine lange oder eine kurze Session voraus? Auf welchen Seiten enden die Sessions?

Besondere Aufmerksamkeit sollten Sie dem Teil des Klickstroms widmen, der mit der Benutzung von Warenkörben zu tun hat. Ein Warenkorb ist eine Software auf dem Server, die es Besuchern ermöglicht, Waren zum

Kauf auszusuchen. Nun lassen zwar Kunden in echten Geschäften nur selten ihre Einkaufswagen stehen, aber in virtuellen Einkaufsumgebungen ist ein Abbruch keine Seltenheit. Pfiffige Marketingleiter hinterfragen, wie viele Warenkorbbenutzer in einem bestimmten Zeitraum ihren Einkauf abschließen und wie viele ihn abbrechen. Die Quote der »stehen gelassenen« Warenkörbe ist die Abbruchrate.

Abbruchrate: gibt an, wie viel Prozent der Warenkörbe stehen gelassen werden

Oft werden Cookies eingesetzt, um zu erkennen, ob ein Besucher ein Neukunde ist oder schon einmal da war. Ein Cookie ist eine Datei, die auf den Computer eines Websurfers geladen wird und Identifikationsdaten enthält. Wenn der Surfer auf dieselbe Website zurückkehrt, von der das Cookie stammt, liest der Webserver diese Datei und erkennt den Besucher als jemanden, der schon einmal dagewesen ist. Fortschrittliche Websites nutzen Cookies, um ihren Besuchern maßgeschneiderte Angebote zu machen, und auch Warenkörbe werden mithilfe von Cookies auseinander gehalten. Amazon, eBay und EasyJet nutzen Cookies intensiv, um jedem Kunden individuell maßgeschneiderte Inhalte zu präsentieren.

Cookie: eine kleine Datei, die eine Website auf die Festplatte des Besuchers lädt, um ihn später wiedererkennen zu können

Konstruktion

Besucher: Cookies können zwar helfen, Einzelbesucher zu erkennen, aber nicht mit hundertprozentiger Genauigkeit (siehe nächster Abschnitt).

Abgebrochene Einkäufe: die Anzahl der Einkäufe, die nicht beendet wurden

---

BEISPIEL Ein Anbieter von Online-Comics stellt fest, dass von 25.000 Kunden, die etwas in ihren Warenkorb gelegt hatten, nur 20.000 diese Ware auch tatsächlich gekauft haben:

$$\text{Abgebrochene Einkäufe} = \text{Begonnene minus abgeschlossene Einkäufe}$$
$$= 25.000 - 20.000 = 5.000$$

$$\text{Abbruchrate} = \frac{\text{abgebrochene Einkäufe}}{\text{begonnene Einkäufe}}$$
$$= \frac{5.000}{25.000} = 20\%$$

Datenquellen, Komplikationen und Warnhinweise

Besuche lassen sich anhand der Daten der Logdatei schätzen, aber Besucher sind schon schwieriger zu beziffern. Wenn sie sich registrieren und/oder Cookies annehmen, kann zumindest der Computer, der für den Besuch benutzt wurde, wiedererkannt werden.

Für kleine oder sehr spezielle Websites lassen sich nur schwer aussagekräftige Daten beschaffen.

Es gibt auch professionelle Dienstleister, die den Wettbewerb und das Benutzerverhalten analysieren. Nielsen beispielsweise betreibt in den USA und anderen bedeutenden Industrieländern ein Panel.[4]

Referenzen und weiterführende Literatur

Farris, Paul W., David Reibstein und Ervin Shames. (1998). »Advertising Budgeting: A Report from the Field«, Monographie, New York: American Association of Advertising Agencies.

Forrester, J.W. (1959). »Advertising: A Problem in Industrial Dynamics«, Harvard Business Review, 37(2), 100.

Interactive Advertising Bureau. (2004). Interactive Audience Measurement and Campaign Reporting and Audit Guidelines. United States Version 6.0b.

Lodish, L.M. (1997). »Point of View: J.P. Jones and M.H. Blair on Measuring Ad Effects: Another P.O.V«, Journal of Advertising Research, 37(5), 75.

Net Genesis Corp. (2000). E-metrics Business Metrics for the New Economy. Net Genesis and Target Marketing of Santa Barbara.

Tellis, G.J. und D.L. Weiss. (1995). »Does TV Advertising Really Affect Sales? The Role of Measures, Models and Data Aggregation«, Journal of Advertising, 24(3), 1

Anmerkungen

1 Farris, Paul W. (2003). »Getting the Biggest Bang for Your Marketing Buck«, Measuring and Allocating Marcom Budgets: Seven Expert Points of View, Marketing Science Institute Monographie.

2 Das Interactive Advertising Bureau definiert Werbeeindrücke wie folgt: »Ein Maß für die Antworten eines Werbeservers auf Anzeigen-Requests von Benutzerbrowsern, wobei Roboteraktivitäten herausgefiltert und die Daten im Lieferprozess an den Benutzerbrowser so spät wie möglich erhoben werden, also möglichst dicht an der Betrachtungschance des Benutzers.« Interactive Audience Measurement and Advertising Campaign Reporting and Audit Guidelines. September 2004, United States Version 6.0b.

3 Die Ausgabenhöhe stammt aus »Internet Weekly«, Credit Suisse First Boston, 14. September 2004, 7–8

4 http://www.nielsen-netratings.com/. Stand: 06/11/2005

KAPITEL

10

Marketing und Finanzen

Kennziffern in diesem Kapitel:	
Nettogewinn und Umsatzrendite (Return on Sales, ROS)	Projektkennziffern: Amortisation, Nettobarwert, interne Rendite (IRR)
Investitionsrendite (Return on Investments, ROI)	Rentabilität der Marketinginvestitionen (Return on Marketing Investment, ROMI)
Wirtschaftlicher Gewinn / ökonomischer Mehrwert	

》》 Je höher Sie als Marketingspezialist in Ihrer Firma aufsteigen, umso wichtiger wird es, dass Sie Ihre Vorhaben mit anderen Unternehmensbereichen koordinieren. Umsatzprognosen, Budgetplanung und die Schätzung der Erlöse aus den von Ihnen vorgeschlagenen Marketingaktivitäten werden oft zum Zankapfel zwischen Marketing- und Finanzabteilung. Wer die wichtigsten Finanzkennziffern nicht kennt, muss zunächst wissen, was es mit der »Rendite« auf sich hat. Der Begriff »Rendite« wird normalerweise mit Gewinn oder zumindest einem positiven Geldzufluss in Beziehung gesetzt, wobei der »Zufluss« impliziert, dass auch irgendetwas »abgeflossen« sein muss. Fast alle geschäftlichen Aktivitäten umfassen auch einen Geldausgang. Auch Umsatz kostet Geld, das erst dann zurückkommt, wenn die Rechnung bezahlt wird. In diesem Kapitel geben wir einen kurzen Überblick über die wichtigsten Kennziffern für Rentabilität und Gewinn. Wenn Sie wissen, wie Finanzfachleute ihre Kennziffern bei der Bewertung von Projekten konstruieren und einsetzen, fällt es Ihnen leichter, Marketingpläne zu entwickeln, die diesen Kriterien entsprechen.

Der erste Abschnitt behandelt Nettogewinne und Umsatzrendite. Danach betrachten wir die Investitionsrendite, also das Verhältnis von Nettogewinn zu Investitionen. Eine andere Kennziffer bezüglich Investitionen zur Gewinnerzielung ist der »wirtschaftliche Gewinn« (auch Economic Value Added, EVA). Da der wirtschaftliche Gewinn und die Investitionsrendite zeitraumgebundene Momentaufnahmen der Unternehmensrendite sind, eignen sie sich nicht zur Bewertung von Projekten, die sich über mehrere solcher Zeiträume erstrecken. Drei der wichtigsten Kennziffern für solche langfristigen Projekte sind Amortisation (Payback), Nettobarwert (Net Present Value, NPV) und interne Rendite (IRR).

Der letzte Abschnitt handelt von einer Größe, die oft zitiert, aber selten definiert wird: die Rentabilität der Marketinginvestitionen. Dieses Maß für die Produktivität von Marketingaktionen verfolgt zwar gute Ziele, aber es fehlen noch entsprechende einheitliche Definitionen und Berechnungsverfahren. 《《

	Kennziffer	Konstruktion	Überlegungen	Zweck
10.1	Nettogewinn	Umsatzerlöse minus Gesamtkosten	Unterschiedliche Berechnungs-methoden für Erlöse und Kosten stiften Verwirrung bei der Gewinnermittlung.	Die Basisgleichung zur Gewinnermittlung
10.1	Umsatzrendite	Nettogewinn in Prozent der Umsatzerlöse	Welcher Wert annehmbar ist, hängt von der Branche und dem Geschäftsmodell ab. Viele Modelle sehen hohen Umsatz/geringe Rendite vor oder umgekehrt.	Gibt an, wie viel Prozent der Erlöse als Gewinne vereinnahmt werden
10.2	Investitions-rendite	Nettogewinn nach den erforderlichen Investitionen	Auf kurze Sicht meist wenig aussagefähig. Varianten, wie beispielsweise Vermögens- und Investitionskapital-rendite, betrachten die Gewinne im Verhältnis zu anderen Größen.	Zeigt an, wie gut die Vermögenswerte eingesetzt werden
10.3	Wirtschaftlicher Gewinn, ökonomischer Mehrwert	Netto-Betriebsgewinn nach Steuern minus Kosten des Kapitaleinsatzes	Hierzu müssen auch die Kosten des Kapitaleinsatzes angegeben bzw. berechnet werden.	Zeigt den Gewinn in Euro an. Die Größenordnung der Rendite wird so klarer als bei einer Prozentsatzberechnung.
10.4	Amortisation	Die Zeit, die es dauert, bis sich eine Investition auszahlt	Projekte, die schnelles Geld bringen, werden gegenüber langfristigen Erfolgsmodellen begünstigt	Einfache Renditeberechnung
10.4	Nettobarwert	Wert zukünftiger Geldzuflüsse unter Berücksichtigung des Barwerts des Geldes	Der Abzinsungssatz ist von zentraler Bedeutung und sollte auch Investitionsrisiken einbeziehen.	Den Wert von Geldzuflüssen über mehrere Zeiträume zusammenfassen

(Fortsetzung)

	Kennziffer	Konstruktion	Überlegungen	Zweck
10.4	Interne Rendite	Gibt an, bei welchem Abzinsungssatz der Nettobarwert einer Investition gleich null ist	Die interne Rendite sagt nichts über die Höhe der Rendite aus; €1 zu €10 ist dasselbe wie €1 Million zu €10 Millionen.	Eine interne Rendite wird oft mit der Basisvergütung des Unternehmens verglichen. Nur wenn die Rendite höher ist, wird investiert.
10.5	Rentabilität der Marketinginvestitionen, Erlöse	Zusatzerlöse durch Marketing nach Abzug des Marketingaufwands	Das Marketing benötigt eine genaue Grundlage, um sagen zu können, welche Erlöse dem Marketing zuzurechnen sind	Vergleicht die Umsatzerlöse mit dem Marketingaufwand, der diesen Umsatz zu generieren half. In Prozent ausgedrückt hilft dieser Wert, Projekte unterschiedlicher Größenordnung zu vergleichen.

Nettogewinn und Umsatzrendite

Der **Nettogewinn** ist die Rentabilität der Unternehmensaktivität nach Abzug aller Kosten. Die **Umsatzrendite** ist der Nettogewinn in Prozent der Umsatzerlöse.

Nettogewinn (€) = Umsatzerlöse (€) – Gesamtkosten (€)

$$\text{Umsatzrendite (\%)} = \frac{\text{Nettogewinn (€)}}{\text{Umsatzerlöse (€)}}$$

Die Umsatzrendite ist ein Indikator für Rentabilität und wird oft herangezogen, um die Rentabilität von Unternehmen und Branchen unterschiedlicher Größe zu vergleichen. Doch die Umsatzrendite sagt nichts darüber aus, welcher Kapitaleinsatz (Investitionen) erforderlich war, um den Gewinn zu erzielen.

Zweck: die Rentabilität messen

Woran erkennt ein Unternehmen, ob es erfolgreich ist oder nicht? Am ehesten durch einen Blick auf die Nettogewinne. Wenn wir Unternehmen als Ansammlungen von Projekten und Märkten betrachten, können wir den Erfolg der einzelnen Geschäftsbereiche nach ihrem Beitrag zum Nettogewinn des Unternehmens beurteilen. Da jedoch nicht alle Projekte gleich groß sind, teilt man den Gewinn durch die Umsatzerlöse, um vom Volumen zu abstrahieren. Die Kennziffer, die sich daraus ergibt, ist die Umsatzrendite. Sie gibt an, wie viel Prozent der Umsatzerlöse das Unternehmen nach Abzug sämtlicher Kosten als Reingewinn vereinnahmt.

Konstruktion

Der Nettogewinn ist ein Maß für die Grundrentabilität des Unternehmens. Er beziffert die Erlöse der Firmenaktivität abzüglich aller Kosten. Dabei stellt sich in komplexen Unternehmen die Frage, wie man Gemeinkosten (Overhead) den verschiedenen Unternehmensbereichen zuordnen kann (siehe Abbildung 10.1). Gemeinkosten sind schon nach ihrer Definition Aufwendungen, die nicht unmittelbar mit einem Produkt oder einer Abteilung verknüpft werden können. Das klassische Beispiel sind die Personalkosten der Stabsabteilungen.

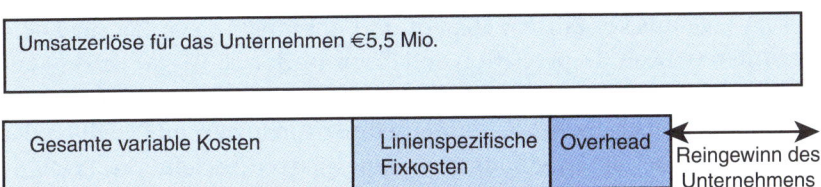

Vereinfachte Unternehmenssicht – Kosten und Erlöse

Abbildung 10.1: Gewinne = Erlöse minus Kosten

Nettogewinn: Um den Nettogewinn für eine Entität (wie beispielsweise ein Unternehmen oder eine Abteilung) zu berechnen, subtrahieren Sie von den Bruttoerlösen sämtliche Kosten, einschließlich eines angemessenen Anteils an den Gemeinkosten des Gesamtkonzerns.

Nettogewinn (€) = Umsatzerlöse (€) – Gesamtkosten (€)

Umsatzrendite (ROS): Nettogewinn in Prozent der Umsatzerlöse

$$\text{Umsatzrendite (\%)} = \frac{\text{Nettogewinn (€)}}{\text{Umsatzerlöse (€)}}$$

Datenquellen, Komplikationen und Warnhinweise

Zwar lässt sich der Gewinn theoretisch auch für jeden Teilbereich berechnen, wie beispielsweise ein Produkt oder eine Region, aber diese Berechnungen werden durch die Zuordnung der Gemeinkosten erschwert. Da diese Kosten nicht in handlichen kleinen Paketen vorliegen, ist ihre Verteilung auf die Abteilungen oder Produktlinien des Unternehmens eine Wissenschaft für sich.

Was eine »gesunde« Umsatzrendite ist, hängt sehr stark von der Branche und Kapitalintensität (eingesetzte Vermögenswerte pro Euro Umsatz) ab. Die Umsatzrendite ähnelt der Gewinnmarge (%), rechnet jedoch Gemeinkosten und andere Fixkosten mit ein, die bei der Berechnung von Margen (%) oder Deckungsbeiträgen (%) oft unter den Tisch fallen (siehe Abschnitt 3.1).

Verwandte Kennziffern und Konzepte

Bei der Ermittlung des Netto-Betriebsgewinns nach Steuern (Net Operating Profit After Tax, NOPAT) werden Einkommenssteuern abgezogen. Außerordentliche Posten, die nicht mit dem eigentlichen Betrieb zusammenhängen, bleiben dagegen unberücksichtigt.

Das Ergebnis vor Zinsen, Steuern und Abschreibungen (Earnings Before Interest Taxes, Depreciation and Amortization, EBITDA) ist ein Maß für den »betrieblichen« Gewinn eines Unternehmens, das jedoch Entscheidungen über die Art der Unternehmensfinanzierung (Kredite oder Aktien) und über Abschreibungszeiträume nicht einbezieht. Das Ergebnis vor Zinsen, Steuern und Abschreibungen liegt in der Regel dichter am tatsächlichen Cash Flow als der Netto-Betriebsgewinn nach Steuern.

Investitionsrendite

Die **Investitionsrendite (ROI)** ist eine Art, den Gewinn zum Kapitaleinsatz in Beziehung zu setzen.

$$\text{Investitionsrendite (\%)} = \frac{\text{Nettogewinn (€)}}{\text{Investitionen (€)}}$$

Vermögensrendite (ROA), Nettovermögensrendite (RONA), Kapitalrendite (ROCE) und Investitionskapitalrendite (ROIC) sind ähnliche Kennziffern, die lediglich den Begriff »Investition« unterschiedlich definieren.

Das Marketing beeinflusst nicht nur die Nettogewinne, sondern kann sich auch auf Investitionen auswirken. Insbesondere die Investitionen in neue Produktionsstätten und Maschinen, Lagerbestand und Debitoren werden durch Marketingentscheidungen beeinflusst.

Zweck: die Rendite einer Investition in ein Wirtschaftsgut über einen bestimmten Zeitraum messen

Die Investitionsrendite und die mit ihr verwandten Kennziffern zeigen eine Momentaufnahme der Rentabilität, bereinigt um das Investitionsvolumen, das im Unternehmen gebunden ist. Marketingentscheidungen können natürlich Einfluss auf den Zähler der Investitionsrendite (die Gewinne) haben, aber dieselben Entscheidungen wirken sich auch auf den Einsatz von Vermögenswerten und den Kapitalbedarf aus (beispielsweise Debitoren und Lagerbestand). Jeder Marketingleiter sollte die Position und die Renditeerwartungen seines Unternehmens kennen. Die Investitionsrendite wird oft mit der erwarteten (oder geforderten) Rentabilitätsquote des investierten Gelds verglichen.

Konstruktion

Um diesen Wert für einen einzelnen Betrachtungszeitraum zu ermitteln, dividieren Sie einfach die Rendite (den Nettogewinn) durch die eingesetzten Ressourcen (Investitionen):

$$\text{Investitionsrendite (\%)} = \frac{\text{Nettogewinn (€)}}{\text{Investitionen (€)}}$$

Datenquellen, Komplikationen und Warnhinweise

Hinter den Durchschnittswerten der Gewinne und Investitionen über Zeiträume wie beispielsweise ein Wirtschaftjahr können sich große Schwankungen der Gewinne und Aktiva verbergen, insbesondere beim Lagerbestand und den Debitoren. Das gilt vor allem für saisonabhängige Unternehmen (wie beispielsweise bestimmte Baumaterialien und Spielzeug). Unternehmen, die davon betroffen sind, sollten diese saisonalen Schwankungen genau kennen, um Quartals- und Jahreszahlen ins richtige Verhältnis setzen zu können.

Verwandte Kennziffern und Konzepte

Vermögensrendite, Nettovermögensrendite, Kapitalrendite und Investitionskapitalrendite sind andere Varianten der Investitionsrendite. Auch bei ihnen ist der Nettogewinn der Zähler, doch der Nenner ist immer ein anderer. Die feinen Unterschiede zwischen diesen Kennziffern herauszuarbeiten, ist nicht Gegenstand dieses Buchs. Diese Unterschiede beziehen sich unter anderem auf die Fragen, wie Verbindlichkeiten vom Betriebskapital subtrahiert und wie Fremd- und Eigenkapital behandelt wird.

Wirtschaftlicher Gewinn, ökonomischer Mehrwert

Der **wirtschaftliche Gewinn** hat viele Namen und manche sind sogar eingetragene »Marken«. Der Begriff Economic Value Added (EVA), zu Deutsch »ökonomischer Mehrwert« ist ein eingetragenes Warenzeichen von Stern-Stewart's. Dieses Unternehmen hat das Verdienst, den Netto-Betriebsgewinn nach Steuern und Kosten des Kapitaleinsatzes als Kennziffer definiert zu haben.

> Wirtschaftlicher Gewinn (ökonomischer Mehrwert) (€)
> = Netto-Betriebsgewinn nach Steuern (€)
> – Kosten des eingesetzten Kapitals (€)
>
> Kosten des eingesetzten Kapitals (€)
> = eingesetztes Kapital (€)
> * gewichtete durchschnittliche Kapitalkosten (%)

Anders als prozentuale Renditemaße (wie beispielsweise Umsatzrendite oder Investitionsrendite) ist der wirtschaftliche Gewinn eine betragsmäßige Kennziffer. Daher sagt er nichts über die Rentabilitäts-»Rate« aus, sondern über das Geschäftsvolumen (Umsatz und Aktiva).

Zweck: den Gewinn in Euro nach Abzug der erforderlichen Investitionskapitalrendite messen

Der wirtschaftliche Gewinn unterscheidet sich insofern vom »Buchgewinn«, als er auch die Kosten des eingesetzten Kapitals – die Opportunitätskosten – berücksichtigt (siehe Abbildung 10.2). Wie die Abzinsungsrate für Berechnungen des Nettobarwerts sollten auch diese Kosten die Risiken mit einberechnen, die mit der Investition verbunden sind. Stern-Stewart's bezeichnet den wirtschaftlichen Gewinn als ökonomischen Mehrwert (Economic Value Added, EVA).[1]

In immer stärkerem Maße werden sich Marketingleiter bewusst, wie stark manche ihrer Entscheidungen Kapitalinvestitionen oder den Einsatz von Aktiva beeinflussen. Zum einen erfordert ein Umsatzwachstum fast immer auch zusätzliche Investitionen in Sachanlagen, Forderungen oder Vorräte. Wirtschaftlicher Gewinn und ökonomischer Mehrwert helfen zu entscheiden, ob der dadurch erzielte Gewinn diese Investitionen wieder einspielt. Zum zweiten schlagen sich die vom Marketing eingeführten Verbesserungen im Supply Chain Management und der Vertriebswegkoordination oft durch geringere Investitionen in Vorräte und Forderungen nieder. Selbst wenn Umsatz und Gewinn sinken, kann die Verringerung der Investitionen die Sache wert sein. Der wirtschaftliche Gewinn ist eine Kennziffer, die Ihnen bei der korrekten Abwägung dieser Faktoren hilft.

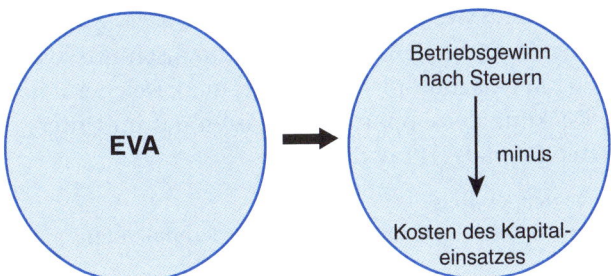

Abbildung 10.2: Wirtschaftlicher Gewinn gleich Gewinn nach Steuern und Kapitalkosten

Konstruktion

Der wirtschaftliche Gewinn/ökonomische Mehrwert wird in drei Stufen berechnet. Erstens ermitteln Sie den Netto-Betriebsgewinn nach Steuern. Zweitens errechnen Sie die Kapitalkosten, indem Sie das eingesetzte Kapital mit den gewichteten durchschnittlichen Kapitalkosten multiplizieren.[2] Und drittens subtrahieren Sie die Kapitalkosten vom Netto-Betriebsgewinn nach Steuern.

Wirtschaftlicher Gewinn (€)
= Netto-Betriebsgewinn nach Steuern (€)
– Kosten des eingesetzten Kapitals (€)

Kosten des eingesetzten Kapitals (€)
= eingesetztes Kapital (€)
* gewichtete durchschnittliche Kapitalkosten (%)

Wirtschaftlicher Gewinn: Wenn Ihr Gewinn die Kapitalkosten unterschreitet, haben Sie Unternehmenswert verloren. Ist der wirtschaftliche Gewinn positiv, wurde Wert geschaffen.

BEISPIEL Ein Unternehmen macht einen Gewinn (Netto-Betriebsgewinn nach Steuern) von €145.000.

Sein Kapital besteht zur Hälfte aus Aktien. Die Aktionäre erwarten für ihre Beteiligung 12% für das Risiko, das sie durch die Investition in das Unternehmen eingehen. Die andere Hälfte des Kapitals sind Bankkredite zu einem Prozentsatz von 9% p.a.:

Gewichtete durchschnittliche Kapitalkosten
= Aktienkapital (12% * 50%) + Schulden (6% * 50%) = 9%

Das Unternehmen setzt ein Gesamtkapital in Höhe von €1 Million ein. Wenn man diesen Wert mit den gewichteten Durchschnittskosten des eingesetzten Kapitals multipliziert, erfährt man, welcher Teil des Gewinns zur Deckung der Opportunitätskosten des im Unternehmen eingesetzten Kapitals erforderlich ist:

Kosten des eingesetzten Kapitals
= eingesetztes Kapital * gewichtete durchschnittliche Kapitalkosten
= €1.000.000 * 9%
= €90.000

Der wirtschaftliche Gewinn ist der Gewinn, der nach Abzug der erwarteten Kapitalrendite übrig bleibt.

Wirtschaftlicher Gewinn
= Netto-Betriebsgewinn nach Steuern – Kosten des eingesetzten Kapitals
= €145.000 – €90.000
= €55.000

Datenquellen, Komplikationen und Warnhinweise

Der wirtschaftliche Gewinn kann Unternehmen anders aussehen lassen als die Investitionsrendite. Das gilt besonders für Unternehmen wie Wal-Mart und Microsoft, die ein rasantes Umsatzwachstum an den Tag gelegt haben. Viele konventionelle Kennziffern würden den Erfolg der riesigen US-amerikanischen Einzelhandelskette Wal-Mart nur verschleiern. Die Renditen sind zwar generell gut, lassen aber kaum erkennen, welche vorherrschende Marktstellung das Unternehmen erreicht hat. Der wirtschaftliche Gewinn hingegen spiegelt sowohl das rapide Umsatzwachstum als auch die angemessene Kapitalrendite von Wal-Mart wider. Diese Kennziffer zeigt, in welcher Größenordnung sich die Gewinne nach Abzug der Kapitalkosten bewegen. Sie kombiniert eine Aussage über die Investitionsrentabilität mit einer Aussage über das Gewinnvolumen. Einfach ausgedrückt: Wal-Mart hat das Kunststück fertig gebracht, für ein dramatisch wachsendes Kapital weiterhin solide Renditen zu erwirtschaften.

Langfristige Investitionen bewerten

Investitionen, die sich über mehrere Zeiträume erstrecken, werden anhand von drei Kennziffern bewertet.

Amortisation (#)
= gibt an, wie viel Zeit erforderlich ist, bis sich eine Investition auszahlt oder amortisiert

Nettobarwert (€)
= der abgezinste Wert der künftigen Geldzuflüsse abzüglich der Anschubinvestition

Interne Rendite (%)
= die Abzinsungsrate, die einen Nettobarwert von null ergibt

Diese drei Kennziffern behandeln verschiedene Aspekte von Risiken und Renditen langfristiger Projekte.

Zweck: Investitionen mit ihren finanziellen Folgen überblicken, die sich über mehrere Perioden hinziehen

Manager lieben das Wort »Investition«, da es alle möglichen positiven Konnotationen zu zukünftigem Erfolg und kluger Unternehmensführung impliziert. Da jedoch nicht alle Investitionen zu leisten sind, müssen sie gegeneinander abgewogen werden. Außerdem sind manche Investitionen selbst dann unattraktiv, wenn eigentlich genug Geld dafür vorhanden wäre. Auf einen einzelnen Zeitraum bezogen ist die Rendite jeder Investition einfach nur gleich den Nettogewinnen geteilt durch das investierte Kapital. Investitionen zu analysieren, die über mehrere Zeiträume hinweg Erlöse produzieren, ist schwieriger, da diese Erlöse nicht nur nach Umfang, sondern auch nach Zeit betrachtet werden müssen.

Amortisation (#): die Zeit (normalerweise Jahre), die es dauert, bis der (nicht abgezinste) Geldzufluss die Anschubinvestition wieder eingespielt hat

Nettobarwert (€): der aktuelle (abgezinste) Wert künftiger Geldzuflüsse abzüglich des aktuellen Werts der Investition und aller damit verbundenen zukünftigen Geldabflüsse

Interne Rendite (%): der Abzinsungsfaktor, bei dem der Nettobarwert einer Reihe zukünftiger Geldzuflüsse nach Abzug der Anschubinvestition gleich null ist

Konstruktion

Amortisation: die Jahre, die erforderlich sind, bis die Investition ihre Kosten wieder hereingeholt hat

Projekte mit einem kürzeren Amortisationszeitraum werden in dieser Analyse günstiger beurteilt, da die Ressourcen schneller wieder zur Verfügung stehen. Außerdem: Je kürzer der Amortisationszeitraum, desto geringer die Unsicherheit, ob die Erlöse auch tatsächlich eintreten. Die große Schwäche der Amortisationszeitraum-Analyse besteht jedoch darin, dass sie alle Geldzuflüsse ignoriert, die nach dem Amortisationszeitraum eintreten. So werden manche Projekte, die nicht direkt Erlöse einspielen, durch diese Kennziffer benachteiligt, obwohl sie eigentlich attraktiv wären.

> **BEISPIEL** Harry möchte eine kleine Kette von Friseursalons aufbauen. Er rechnet mit einem Nettoerlös von €15.000 pro Jahr für mindestens fünf Jahre. Der Amortisationszeitraum für diese Investition beträgt also €50.000/€15.000 = 3,33 Jahre.

Nettobarwert

Der Nettobarwert ist der abgezinste Wert der Geldzuflüsse aus einem Projekt.

Der Barwert eines Euros, der über eine gegebene Anzahl Perioden in der Zukunft vereinnahmt wird, beträgt:

$$\text{abgezinster Wert (€)} = \frac{\text{Geldzufluss (€)}}{\left(1 + \text{Abzinsungsrate (\%)}\right)^{\text{Periode (#)}}}$$

Dies lässt sich am einfachsten in einer Tabellenkalkulation vergegenwärtigen.

Wenn wir in diesem und jedem der nächsten drei Jahre €1 vereinnahmen, ergibt das bei einer Abzinsungsrate von 10% den in Tabelle 10.1 ausgewiesenen Wertverlust.

	Jahr 0	Jahr 1	Jahr 2	Jahr 3
Abzinsungsformel	1	$1/(1+10\%)^1$	$1/(1+10\%)^2$	$1/(1+10\%)^3$
Abzinsungsfaktor	1	90,9%	82,6%	75,1%
Geldzufluss nominal	€1	€1	€1	€1
Barwert	€1	€0,91	€0,83	€0,75

Tabelle 10.1: Abzinsung von Nominalwerten

In einer Tabellenkalkulation lassen sich die passenden Abzinsungsfaktoren leicht errechnen.

BEISPIEL Harry möchte wissen, wie viel Geld seine Geschäftsidee einbringen wird. Bei aller Zuversicht ist doch die Höhe der zukünftigen Geldzuflüsse nicht ganz sicher. Auf Anraten eines Freundes schätzt er, dass eine Abzinsungsrate von 10% auf künftige Geldzuflüsse in etwa richtig sein müsste.

Er gibt alle Daten in eine Tabellenkalkulation ein (siehe Tabelle 10.2)[3] und ermittelt nun anhand seiner Abzinsungsrate von 10%, um welchen Faktor er seine Einnahmen herunterrechnen muss:

$$\text{Abgezinster Wert} = \frac{\text{Nominalwert}}{\left(\dfrac{1}{(1 + \text{Abzinsungsrate})^{\text{Jahr}}}\right)}$$

$$\text{Für Geldzuflüsse im Jahr 1} = \frac{€15.000}{(1 + 10\%)^1} = \frac{€15.000}{(110\%)^1} = \frac{€15.000}{110\%} = €13.636$$

	Jahr 0	Jahr 1	Jahr 2	Jahr 3	Jahr 4	Jahr 5	Gesamt
Investition	(€50.000)						(€50.000)
Erlöse		€15.000	€15.000	€15.000	€15.000	€15.000	€75.000
Geldzufluss nominal	(€50.000)	€15.000	€15.000	€15.000	€15.000	€15.000	€25.000
Abzinsungsformel	$1/(1+ AR)^0$	$1/(1+ AR)^1$	$1/(1+ AR)^2$	$1/(1+ AR)^3$	$1/(1+ AR)^4$	$1/(1+ AR)^5$	
Abzinsungsfaktor	100,0%	90,9%	82,6%	75,1%	68,3%	62,1%	
Barwert	(€50.000)	€13.636	€12.397	€11.270	€10.245	€9.314	€6.862

Tabelle 10.2: Mit 10% abgezinster Geldzufluss

> Der Nettobarwert von Harrys Projekt beläuft sich auf €6.862. Er ist natürlich kleiner als die Summe der nominalen Geldzuflüsse. Das Konzept des Nettobarwerts basiert auf der Tatsache, dass zukünftige Geldzuflüsse weniger wert sind als entsprechende Beträge heute.

Interne Rendite

Die **interne Rendite** ist die Rentabilität in Prozent, die eine Investition in einem bestimmten Zeitraum abwirft. Da sie in den meisten Tabellenkalkulationsprogrammen mitgeliefert wird, ist die interne Rendite relativ einfach zu ermitteln. Sie ist definiert als der Zinssatz, bei dessen Anwendung der Nettobarwert oder Kapitalwert einer Investition oder Finanzierung gerade gleich null wird.

Die interne Rendite ist insbesondere deshalb nützlich, weil man sie mit der Basisvergütung eines Unternehmens vergleichen kann. Die Basisvergütung ist die Rendite (%), die notwendig ist, um ein Projekt zu rechtfertigen. Also kann ein Unternehmen beschließen, nur Projekte anzupacken, die mehr als 12% Rendite versprechen. Projekte, deren interne Rendite 12% übersteigt, bekommen grünes Licht, alle anderen wandern in den Papierkorb.

> **BEISPIEL** Wenn wir noch einmal auf Harry zurückkommen, können wir sehen, dass seine interne Rendite mit einer entsprechenden Software leicht zu berechnen ist. Er muss nur die Werte in die entsprechenden Zeiträume in der Tabelle eingeben (siehe Tabelle 10.3).
>
> Das Jahr 0 – also heute – ist das Jahr, in dem Harry seine Anschubinvestition tätigt, und in jedem der fünf Folgejahre werden Erlöse in Höhe von €15.000 erwartet. Durch Anwendung der Funktion für die interne Rendite ergibt sich eine Rendite von 15,24%.

Zellen-Nr.	A	B	C	D	E	F	G
1		Jahr 0	Jahr 1	Jahr 2	Jahr 3	Jahr 4	Jahr 5
2	Zuflüsse	(€50.000)	€15.000	€15.000	€15.000	€15.000	€15.000

Tabelle 10.3: Geldzufluss über fünf Jahre

In Microsoft Excel lautet die Funktion für die interne Rendite: IRR(B2:G2). Das ist gleich 15,24%.

Die Zellennummern in Tabelle 10.3 sollen Ihnen helfen, diese Funktion nachzubilden. Die Funktion weist Excel an, die interne Rendite für den Bereich B2 (Geldzufluss für Jahr 0) bis G2 (Geldzufluss für Jahr 5) zu berechnen.

IRR und NPV hängen zusammen

Die interne Rendite und der Nettobarwert stehen miteinander in Verbindung: Die interne Rendite ist die Abzinsungsrate, bei welcher der Nettobarwert der Operation null ist.

Also erklären Unternehmen, die eine Basisvergütung ansetzen, in Wirklichkeit, dass sie nur Projekte akzeptieren, die mit der betreffenden Abzinsungsrate (der Basisvergütung) einen positiven Nettobarwert ergeben. Anders ausgedrückt: Sie führen ein Projekt nur durch, wenn die interne Rendite die Basisvergütung übersteigt.

Datenquellen, Komplikationen und Warnhinweise

Um Amortisation und interne Rendite berechnen zu können, ist eine Schätzung der Geldzuflüsse erforderlich. Geldzuflüsse sind Ein- und Ausgänge, die mit dem Projekt in einem bestimmten Zeitraum in Verbindung stehen, einschließlich der Anschubinvestition. Was nicht in diesem Buch diskutiert werden kann, ist der Zeitrahmen, auf den die Vorausberechnungen der Geldzuflüsse sich beziehen, und die Frage, wie man mit »Endwerten« umgeht (also dem Wert der Opportunität am Ende des letzten Betrachtungszeitraums).[4] Berechnungen des Nettobarwerts erfordern dieselben Eingabedaten wie Amortisation und interne Rendite plus eine weitere Information: die Abzinsungsrate. Diese wird in der Regel konzernweit festgelegt und soll folgende Elemente kompensieren:

- Geldentwertung
- mit der Unternehmensaktivität verbundene Risiken

Allgemein gilt das Prinzip: je riskanter das Projekt, desto höher die Abzinsungsrate. Wie man diese Rate konkret definiert, kann ebenfalls an dieser Stelle nicht abschließend behandelt werden. Doch im Idealfall würde für jedes Projekt eine andere Abzinsung gewählt, da das Risiko variiert. Ein Auftrag der öffentlichen Hand ist eine ziemlich sichere Sache, während die Übernahme eines Modehauses riskanter erscheint. Dieselbe Überlegung gilt, wenn Unternehmen eine einzige Basisvergütung für alle durch eine interne Rentabilitätsanalyse zu bewertenden Projekte ansetzt.

Geldzuflüsse und Nettogewinne: In unserem Beispiel entspricht der Geldzufluss dem Gewinn, doch in den meisten Fällen sind diese Größen verschieden.

Hinweis für Benutzer von Tabellenkalkulationsprogrammen

Microsoft Excel hat einen Nettobarwertrechner, der sehr nützlich für die Berechnung dieses Werts sein kann. Die Formel lautet NBW(Zins;Wert1; Wert2;...), wobei Zins die Abzinsungsrate und Wert1, Wert2 usw. die Geldzuflüsse pro Jahr sind, also Jahr 1 = Wert1, Jahr 2 = Wert2 usw.

Die Berechnung beginnt im Zeitraum 1 und der Geldzufluss für diesen Zeitraum wird abgezinst. Wenn Sie die Investition in der Periode vor Zeitraum 0 tätigen, sollten Sie diese nicht abzinsen, sondern außerhalb der Formel wieder hinzuaddieren. Harrys Erlöse würden mit einer Abzinsungsrate von 10% folgenden Wert ergeben:

= NBW(Zins;Wert1;Wert2;Wert3;Wert4;Wert5)

= NBW(10%;15000;15000;15000;15000;15000)
oder €56.861,80 minus die Anschubinvestition in Höhe von €50.000

Das ergibt den Nettobarwert von €6.861,80, wie es im Beispiel bereits ausführlicher gezeigt wurde.

Rentabilität der Marketinginvestitionen

Die **Rentabilität der Marketinginvestitionen (ROMI)** ist eine relativ neue Kennziffer. Sie ist anders als die üblichen Kennziffern zur »Investitionsrendite«, da Marketing nicht dieselbe Art von Investition darstellt. Anstatt Vermögenswerte in Immobilien und Vorräten zu »binden«, stehen Marketingaufwendungen prinzipiell »auf dem Spiel«. Sie werden in der Regel im aktuellen Zeitraum ausgegeben. Diese Kennziffer wird auf unterschiedliche Weise verwendet und obgleich es keine maßgebliche Definition für sie gibt, denken wir, dass das Folgende konsensfähig ist:

$$\text{Rentabilität der Marketinginvestitionen} = \frac{\text{marketingbedingte Mehrerlöse (€)} * \text{Deckungsbeitrag (\%)} - \text{Marketingausgaben (€)}}{\text{Marketingausgaben (€)}}$$

Es ist zwar nichts Neues, die Reaktion des Markts anhand von Umsatz und Gewinn zu ermessen, aber Begriffe wie Rentabilität der Marketinginvestitionen und ROMI tauchen erst seit einigen Jahren immer häufiger auf. Normalerweise werden Marketingausgaben bewilligt, wenn sie eine positive Rendite erbringen.

Zweck: gibt an, wie viel Prozent des Gewinns den Marketingausgaben zuzurechnen ist

Marketingleiter stehen zunehmend unter Druck, die Rentabilität ihrer Aktivitäten nachzuweisen. Allerdings ist oft nicht klar, was das bedeutet. Natürlich sind Marketingausgaben keine »Investition« im üblichen Sinne des Wortes. Sie erbringen keinen materiellen Vermögenswert und oft noch nicht einmal ein vohersagbares (quantifizierbares) Ergebnis. Dennoch pochen Marketingleiter darauf, dass ihre Arbeit zur finanziellen Gesundheit des Unternehmens beiträgt. Manche wollen Marketing als eine Art von Spesen betrachtet wissen und konzentrieren sich auf die Frage, ob diese Spesen notwendig sind. Andere argumentieren, dass ihre Aktivitäten Zukunftsinvestitionen seien, da sie langfristige Resultate erzielen.[5]
Rentabilität der Marketinginvestitionen: der Deckungsbeitrag, der dem Marketing zuzurechnen ist (nach Abzug der Marketingausgaben), geteilt durch die Marketing-»Investitionen«

Konstruktion

Um die Rentabilität der Marketinginvestitionen berechnen zu können, benötigen Sie als Erstes eine Schätzung der Mehrerlöse, die dem Marketing zuzurechnen sind. Diese Mehrerlöse können als Marketingbedingter »Gesamtumsatz« oder als »Marge« ausgedrückt werden. Das folgende Beispiel zu Abbildung 10.3 soll den Unterschied erklären:

$Y0$ = Grundumsatz (mit €0 Marketingausgaben)
$Y1$ = Umsatz bei Marketingaufwand $X1$
$Y2$ = Umsatz bei Marketingaufwand $X2$

Die Differenz zwischen $X1$ und $X2$ sind die zu evaluierenden Kosten eines weiteren Bausteins im Marketingbudget, wie beispielsweise eine Werbekampagne oder ein Messeauftritt.

1 Erlöse des zusätzlichen Marketingaufwands = $(Y2 - Y1)/(X2 - X1)$: die Mehrerlöse durch die zusätzliche Marketinginvestition, wie beispielsweise eine Werbekampagne oder Sponsorentätigkeit, geteilt durch die Kosten dieser Marketinginvestition

2 Marketingbedingte Erlöse = Y2 – Y0: die Mehrerlöse, die dem gesamten Marketingbudget zuzurechnen sind (Umsatz abzüglich Grundumsatz)

3 Erlöse des gesamten Marketingaufwands = (Y2 – Y0)/(X2): marketingbedingte Erlöse geteilt durch Marketingbudget

4 Rentabilität der Marketinginvestitionen = [(Y2 – Y0) * Deckungsbeitrag% – X2]/X2: der zusätzliche Netto-Deckungsbeitrag aus allen Marketingaktivitäten, geteilt durch die Kosten dieser Aktivitäten

5 Rentabilität des zusätzlichen Marketingaufwands = [(Y2 – Y1) * Deckungsbeitrag % – (X2 – X1)]/(X2 – X1): die durch die zusätzlichen Marketingausgaben erwirtschaftete Erhöhung des Deckungsbeitrags geteilt durch den betragsmäßigen Mehraufwand

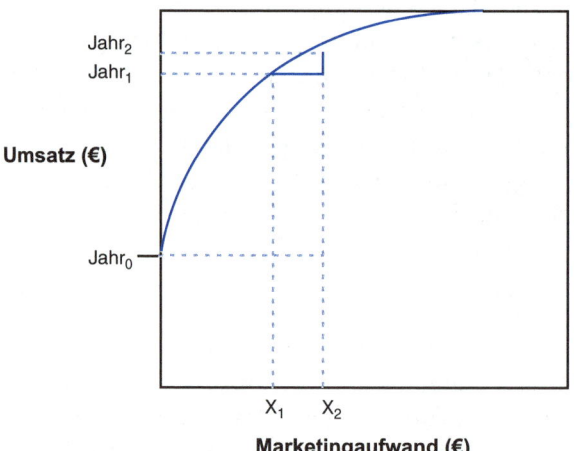

Abbildung 10.3: Die Kosten eines neuen Bausteins im Marketingbudget werden beurteilt

BEISPIEL Ein Produzent für landwirtschaftliche Geräte erwägt eine Direktwerbung, um seine Kunden daran zu erinnern, die Traktoren vor Beginn der Pflanzsaison warten zu lassen. Die Werbekampagne soll €1.000 kosten und die Erlöse sollen von €45.000 auf €50.000 steigern. Ohne Marketing erwirtschaftet die Traktorenwartung einen Grundumsatz von schätzungsweise €25.000. Die Direktwerbekampagne soll zusätzlich zu den üblichen Werbe- und Marketingaktivitäten, die €6.000 kosten, durchgeführt werden. Der Deckungsbeitrag der Traktorenwartung beträgt (nach Abzug von Material- und Arbeitskosten) im Durchschnitt 60%.

Für manche Branchen – mit niedrigen variablen Kosten, in denen der Löwenanteil der Mehrerlöse in den Deckungsbeitrag einfließt – mag diese Kennziffer nützlich sein, da sie praktisch fast dasselbe wie der Deckungsbeitrag ist. Doch in den meisten Fällen ist sie äußerst irreführend. €20.000 Mehrausgaben für eine Werbung, die €100.000 Umsatz (respektable 500% Rendite) generiert, verlieren ihren Sinn, wenn die variablen Kosten den durch Marketing erwirtschafteten Deckungsbeitrag auf €5.000 zusammenschrumpfen lassen.

Rentabilität der Marketinginvestitionen

$$= \frac{\text{marketingbedingte Mehrerlöse (€)} * \text{Deckungsbeitrag (\%)} - \text{Marketingausgaben (€)}}{\text{Marketingausgaben (€)}}$$

BEISPIEL Jede Kennziffer in diesem Abschnitt lässt sich aus den Daten des Beispiels berechnen.

$$\text{Erlöse des zusätzlichen Marketingaufwands} = \frac{€50.000 - €45.000}{€7.000 - €6.000}$$

$$= \frac{€5.000}{€1.000} = 500\%$$

Marketingbedingte Mehrerlöse = €50.000 – €25.000 = €25.000
[Diese Zahl gilt nur, wenn die zusätzliche Werbekampagne durchgeführt wird, ansonsten wäre sie €20.000 (€45.000 – €25.000).]

$$\text{Erlöse des gesamten Marketingaufwands} = \frac{€25.000}{€7.000} = 357\%$$

[oder, wenn die Werbekampagne nicht durchgeführt wird, (€20.000/€6.000), 333%]

$$\text{Rentabilität der Marketinginvestitionen} = \frac{€25.000 * 60\% - €7.000}{€7.000}$$

$$= 114\%$$

[oder, wenn die Werbekampagne nicht durchgeführt wird

$$\frac{€20.000 * 0,6 - €6.000}{€6.000} = 100\%]$$

Rentabilität des zusätzlichen Marketingaufwands (ROIMI)

$$= \frac{€5.000 * 60\% - €1.000}{€1.000} = 200\%$$

Datenquellen, Komplikationen und Warnhinweise

Die erste Information, die zur Berechnung der Rentabilität der Marketinginvestitionen notwendig ist, sind die Kosten der zu analysierenden Marketingaktivität oder die Höhe des Budgets. Welche Kosten zum Marketing gehören, lässt sich manchmal kaum bestimmen. Noch schwieriger ist die Schätzung des marketingbedingten Mehrerlöses, Deckungsbeitrags und Nettogewinns. Hierzu müssen Sie zwischen Grundumsatz und Mehrerlösen unterscheiden, wie in Abschnitt 8.1 beschrieben.

Schwierig ist es auch, die wichtigen Wechselwirkungen zwischen verschiedenen Marketingprogrammen und Werbekampagnen zu beziffern. Die Rentabilität mancher Marketing-»Investitionen« schlägt sich als verstärkte Reaktion auf andere Arten von Marketingaktivitäten nieder. Wenn beispielsweise eine Direktwerbung mehr Rückläufer erzielt, weil die Fernsehwerbung so erfolgreich war, können und müssen wir die Mehrerlöse dieser Fernsehwerbung und nicht der Direktwerbung zuschreiben. Wenn man jedoch die Wechselwirkungen berücksichtigt, würde die Rentabilität der Werbung davon abhängen, was für die anderen Marketingprogramme ausgegeben wurde. Die Rentabilität ist nicht einfach eine lineare Funktion der Kosten der Werbekampagne.

Was das Budget betrifft, so gelangen viele Marketingleiter zu der wichtigen Erkenntnis, dass eine Maximierung der Marketingrentabilität meist einen Rückgang der Ausgaben und Gewinne nach sich zieht. In der Regel sinken die Mehrerlöse mit jedem weiteren Euro, der ins Marketing investiert wird, und umgekehrt haben niedrige Marketingausgaben eine hohe Rentabilität. Wenn Sie versuchen, die Rentabilität der Marketinginvestitionen zu maximieren, kann dies dazu führen, dass Marketingaktionen und Werbekampagnen abgesetzt werden, auch wenn sie per Saldo rentabel wären, wenn auch auf einem etwas geringeren Niveau. Ein ähnliches Problem stellten wir bereits bei der Unterscheidung zwischen Investitionsrendite (%) und wirtschaftlichem Gewinn (€) in den Abschnitten 10.2 und 10.3 fest. Zusätzliche Marketingaktivitäten oder Werbekampagnen, die die Durchschnittsrendite senken, aber den Gesamtgewinn steigern, können durchaus sinnvoll sein. Daher wäre es kein gutes Verfahren, die Rentabilität der Marketinginvestitionen oder eine andere Kennziffer, die in Prozent vom Gewinn ausgedrückt wird, zur Festlegung des Gesamtbudgets heranzuziehen. Umgekehrt ist es immer ratsam, Aktivitäten abzusetzen, bei denen die Rentabilität der Marketinginvestitionen ins Minus rutscht.

Wir haben bei den obigen Erörterungen absichtlich Umsatz- und Gewinneffekte des Marketings, die sich auf zukünftige Zeiträume beziehen (so genannte »Überträge«) außer Acht gelassen. Wenn Marketingausgaben über den aktuellen Zeitraum hinaus Wirkung zeigen sollen, sind andere Analysen erforderlich, wie beispielsweise die Berechnung von Amortisation, Nettobarwert und interne Rendite. Darüber hinaus eröffnet der Customer Lifetime Value (Abschnitt 5.3) eine breitere Sicht auf Marketingausgaben, die auf die Akquisition langfristiger Kundenbeziehungen abzielen.

Verwandte Kennziffern und Konzepte

Rentabilität der Marketinginvestitionen in Medien: Um den Wert solcher Marketingaktivitäten wie Sponsorentätigkeit zu ermessen, versuchen manche Marketingleiter Anzahl und Qualität der erreichten Medieneinwirkungen zu bestimmen. Diese Einwirkungen werden dann bewertet (oft anhand von »Preislisten« zur Ermittlung der Kosten von Werbeplatz und -zeit). Die »Rendite« wird dann durch Division des Werts durch die Kosten ermittelt.

$$\text{Rentabilität der Marketinginvestitionen in Medien} = \frac{\substack{\text{Schätzwert der Medieneinwirkungen} \\ - \text{ Kosten der Marketingkampagne, Sponsorentätigkeit oder Promotion}}}{\text{Kosten der Marketingkampagne, Sponsorentätigkeit oder Promotion}}$$

Diese Berechnung ist besonders für solche Fälle geeignet, in denen Marketingleiter, die keine klare Marktrate zur Bemessung des Erfolgs ihrer Werbekampagne kennen, zum Vergleich die entsprechenden Kosten für den Erfolg einer anderen Kampagne heranziehen wollen, für die eine Marktrate bekannt ist.

> **BEISPIEL** Ein Reiseportal beschließt, einen Rennstall der Formel 1 zu sponsern. Das auf dem Boliden angebrachte Logo soll 500.000 Eindrücke hervorrufen und kostet 10.000.000 Yen. Also betragen die Kosten pro Eindruck 10 Millionen Yen/500.000 = 20 Yen. Dieser Wert lässt sich mit den Kosten anderer Marketingkampagnen vergleichen.

Referenzen und weiterführende Literatur

Hawkins, D. I., Roger J. Best und Charles M. Lillis. (1987). »The Nature and Measurement of Marketing Productivity in Consumer Durables Industries: A Firm Level Analysis«, Journal of the Academy of Marketing Science, 1(4), 1–8

Anmerkungen

1 Economic Value Added (Ökonomischer Mehrwert) ist eine Marke von Stern Stewart Consultants; deren Erläuterung des EVA finden Sie unter http://www.sternstewart.com/evaabout/whatis.php. Accessed 03/03/05.

2 Die gewichteten durchschnittlichen Kapitalkosten (Weighted Average Cost of Capital, WACC) geben an, welche Rendite in Prozent die Kapitalgeber erwarten können. Am besten wird dieses Konzept in Fachtexten von Spezialisten erläutert, aber hier ein Beispiel: Wenn ein Viertel des Kapitals aus einem Bankkredit zu 6% p.a. und zwei Drittel von Aktionären stammen, die 9% Rendite erwarten, dann ist WACC der gewichtete Durchschnitt dieser Kapitalkosten, also 8%. Der WACC ist für unterschiedliche Unternehmen je nach deren Struktur und Risiko immer ein anderer.

3 Excel besitzt dafür eine spezielle Funktion, die wir am Ende dieses Kapitels erklären. Es ist jedoch wichtig zu wissen, wie die Berechnung funktioniert.

4 In einer einfachen Rechnung könnte der Endwert null oder eine einfache Zahl für den Verkauf des Unternehmens sein. Komplexere Berechnungen berücksichtigen auch, wie die künftigen Geldzuflüsse eingeschätzt werden. In solchen Fällen sollten Sie die Grundannahmen und ihre Bedeutung hinterfragen. Wozu die Analyse an diesem Punkt abbrechen, wenn die Schätzung des Endwerts wichtig ist?

5 Hawkins, Del I., Roger J. Best und Charles M. Lillis. (1987). »The Nature and Measurement of Marketing Productivity in Consumer Durables Industries: A Firm Level Analysis«, Journal of Academy of Marketing Science, Vol. 1, No. 4, 1–8

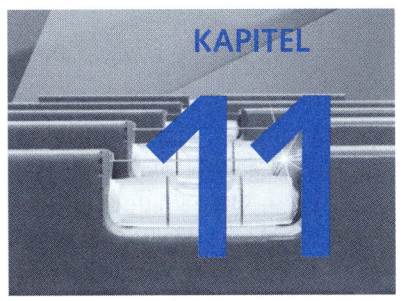

Unterm Röntgen-strahl der Kennziffern

Was Kennziffern aussagen

Dieses Kapitel soll Beispiele dafür geben, wie Marketingkennziffern die üblichen Finanzkennzahlen ergänzen können, wenn es gilt, den Erfolg eines Unternehmens oder einer Marke zu bewerten. Marketingkennziffern können Frühindikatoren für Probleme, Chancen und zukünftige Finanzleistung sein. Wie Röntgenstrahlen durchleuchten sie Probleme (und Chancen), die andernfalls vielleicht unerkannt blieben.

Investieren Sie dort, wo die Kennziffern stimmen

Tabelle 11.1 zeigt die Finanzdaten zweier hypothetischer Firmen namens Boom und Cruise. Anhand ihrer GuV-Rechnungen der letzten fünf Jahre sollen die Firmen in mehrerer Hinsicht verglichen werden.

Auf welches Unternehmen würden Sie den Sparstrumpf Ihrer Großmutter verwetten?

Wir haben dieses Beispiel viele Male mit MBA-Studenten und Führungskräften durchgespielt. Normalerweise stellen wir den Probanden folgende Frage: »Angenommen, Ihre Großeltern möchten ihre mageren Rentenversicherungen in eine Beteiligung an einem dieser Unternehmen stecken. Welches würden Sie empfehlen, wenn Sie nichts außer den vorliegenden Finanzdaten in der Hand hätten?« Es handelt sich um die

Kennziffern, die normalerweise zur Messung der Performance herangezogen werden.

Die Tabelle zeigt, dass beide Firmen dieselben Bruttomargen und Gewinne erwirtschaften. Bei Boom steigen Umsatz und Marketingausgaben schneller, aber die Umsatz- und Investitionsrenditen sinken. Wenn das so weitergeht, wird Boom bald Schwierigkeiten bekommen. Außerdem steigt das Verhältnis von Marketingaufwand zu Umsatz bei Boom stärker als bei Cruise. Ist das ein Zeichen für ineffizientes Marketing?

Alle €-Angaben in Tsd.	Boom Jahr 1	Jahr 2	Jahr 3	Jahr 4	Jahr 5
Erlöse	€833	€1167	€1700	€2553	€3919
Marge vor Marketing	€125	€175	€255	€383	€588
Marketing	€100	€150	€230	€358	€563
Gewinn	€25	€25	€25	€25	€25
Marge (%)	15%	15%	15%	15%	15%
Marketing/Umsatz	12%	13%	14%	14%	14%
Umsatzrendite	3,0%	2,1%	1,5%	1,0%	0,6%
Jährliche Wachstumsrate	–	40%	46%	50%	53%
Wachstumsrate Jahr 1	–	40%	43%	45%	47%
Investitionen	€500	€520	€552	€603	€685
Investitionsrendite	5,0%	4,8%	4,8%	4,1%	3,6%
Alle €-Angaben in Tsd.	Cruise Jahr 1	Jahr 2	Jahr 3	Jahr 4	Jahr 5
Erlöse	€1320	€1385	€1463	€1557	€1670
Marge vor Marketing	€198	€208	€219	€234	€251
Marketing	€173	€183	€194	€209	€226
Gewinn	€25	€25	€25	€25	€25
Marge (%)	15%	15%	15%	15%	15%
Marketing/Umsatz	13%	13%	13%	13%	14%
Umsatzrendite	1,9%	1,8%	1,7%	1,6%	1,5%
Jährliche Wachstumsrate	–	5%	6%	6%	7%
Wachstumsrate Jahr 1	–	5%	5%	6%	6%
Investitionen	€500	€501	€503	€505	€507
Investitionsrendite	5,5%	5,0%	5,0%	5,0%	4,9%

Tabelle 11.1: Berichte über die Vermögenslage

Anhand der Daten aus Tabelle 11.1 entscheiden sich die meisten für Cruise. Cruise macht mit weniger Einsatz mehr Profit, arbeitet also effizienter. Seine Umsatzrendite zeigt einen viel besseren Trend und die Investitionsrendite liegt ziemlich konstant bei 5%. Das einzige, was für Boom spricht, ist seine Größe und sein Umsatzwachstum. Doch schauen wir einmal, was die Kennziffern zutage fördern.

Firmen unter dem Röntgenstrahl

Tabelle 11.2 zeigt, was die Marketingkennziffern über Boom und Cruise verraten, insbesondere die jeweilige Kundenzahl, aufgeteilt in Bestandskunden und Neukunden.

Hier erkennen wir nicht nur, mit welcher Geschwindigkeit das Unternehmen Neukunden akquiriert, sondern auch die Kundenbindung (Markentreue) der Bestandskunden. Jetzt macht Boom mit seinem Marketingaufwand eine bessere Figur, da die Firma nicht nur neue Kunden geworben, sondern auch alte behalten hat. Außerdem akquiriert Boom Neukunden zu geringeren Kosten als Cruise. Und während die Cruise-Kunden mehr ausgeben, bleiben die Boom-Kunden länger treu. Sollten wir vielleicht noch weitere Untersuchungen anstellen, um mehr über die Kundenrentabilität und den Customer Lifetime Value zu erfahren?

Tabelle 11.3 berechnet aus den Daten der vorigen Tabelle einige weitere Kundenkennziffern. Wenn wir konstante Margen und Kundenbindungsquoten unterstellen, können wir den Customer Lifetime Value (CLV) für die Kunden jedes Unternehmens errechnen und diesen Wert mit den Akquisitionskosten pro Kunden vergleichen. Der CLV zeigt die Margen zum Barwert, die ein Unternehmen an seinen Kunden verdient, solange die Kundenbeziehung besteht. In Abschnitt 5.3 können Sie nachlesen, wie man den CLV schätzt und wie man ihn einsetzt, um die Kundenbasis als Aktivposten zu bewerten. Dieser Wert ist nichts anderes als CLV mal Anzahl der Kunden. Da wir in unserem Beispiel unterstellen, dass alle Marketingausgaben der Neukundenakquisition dienen, errechnen sich die Akquisitionskosten pro Kunde als Marketingausgaben geteilt durch Neukunden im Zeitraum eines Geschäftsjahres.

In diesem Licht sehen die aggressiven Marketingausgaben von Boom noch besser aus. Die Differenz zwischen CLV und Akquisitionskosten beträgt bei Cruise nur €3,71, bei Boom dagegen satte €48,21. Wenn man Kunden als Vermögenswert ansetzt, ist die Kundenbasis von Boom am Ende von Jahr 5 fast fünfmal so viel wert wie die von Cruise.

Tabelle 11.4 enthält noch mehr Informationen über Kunden. Die Kundenzufriedenheit ist bei Boom viel größer und Boom-Kunden sind eher bereit, das Unternehmen weiterzuempfehlen. Also können wir damit rechnen, dass die Akquisitionskosten von Boom in Zukunft noch stärker sinken werden. Bei einer derart stabilen und zufriedenen Kundenbasis können wir auch damit rechnen, dass der Markenwert steigt (siehe Abschnitt 4.4).

	Boom					Cruise				
	Jahr 1	Jahr 2	Jahr 3	Jahr 4	Jahr 5	Jahr 1	Jahr 2	Jahr 3	Jahr 4	Jahr 5
Neukunden (Tsd.)	1,33	2,00	3,07	4,77	7,50	1,86	1,97	2,09	2,24	2,43
Kunden (Tsd.)	3,33	4,67	6,80	10,21	15,67	3,86	4,05	4,28	4,555	4,88
Umsatz / Kunde	€250	€250	€250	€250	€250	€342	€342	€342	€342	€342
Marketing / Neukunde	€75	€75	€75	€75	€75	€93	€93	€93	€93	€93
Abwanderung[1]	–	20%	20%	20%	20%	–	46%	46%	46%	46%

Tabelle 11.2: Marketingkennziffern

Kundenwertkennziffer	Boom	Cruise
Customer Lifetime Value	€123,21	€96,71
Kosten der Kundenakquisition	€75,00	€93,00
Kundenzahl (Tsd.)	15,67	4,88
Customer Asset Value (Tsd.)	€1.931	€472

Tabelle 11.3: Kundenrentabilität

	Boom					Cruise				
	Jahr 1	Jahr 2	Jahr 3	Jahr 4	Jahr 5	Jahr 1	Jahr 2	Jahr 3	Jahr 4	Jahr 5
Produktkenntnis	30%	32%	31%	31%	33%	20%	22%	22%	23%	23%
Top of Mind	17%	18%	20%	19%	20%	12%	12%	11%	11%	10%
Zufriedenheit	85%	86%	86%	87%	88%	50%	52%	52%	51%	53%
Bereitschaft zur Weiterempfehlung	65%	66%	68%	67%	69%	42%	43%	42%	40%	39%

Tabelle 11.4: Kundeneinstellungen und Produktkenntnis

Probleme im Marketinggepäck verbergen?

In Tabelle 11.5 sehen Sie Finanzdaten eines anderen Unternehmens namens Prestige Luggage. Anscheinend steht die Firma ziemlich gut da. Der Umsatz in Stückzahlen und Euro steigt rapide und die Margen vor Abzug des Marketingaufwands sind stabil. Die Marketingausgaben und das Verhältnis von Marketingaufwand zu Umsatz steigen zwar, aber die Umsätze steigen doch auch. Wo ist das Problem?

Alle € in Tsd.	Finanzdaten			
	Jahr 1	Jahr 2	Jahr 3	Jahr 4
Umsatz (Tsd. €)	€14.360	€18.320	€23.500	€30.100
Umsatz (Stück)	85	115	159	213
Marktanteil (Stück)	14%	17%	21%	26%
Bruttomarge	53%	53%	52%	52%
Marketingaufwand	€1.600	€2.143	€2.769	€3.755
Gewinn	€4.011	€5.317	€7.051	€9.227
Umsatzrendite	27,9%	29,0%	30,0%	30,7%
Marketing/Umsatz	11,1%	11,7%	11,8%	12,5%

Tabelle 11.5: Finanzdaten von Prestige Luggage (in Tausend)

Der Umgang mit Kennziffern

Wir wollen uns die Einzelhandelskunden von Prestige Luggage etwas genauer anschauen. Dadurch erhalten wir einen besseren Einblick in die Marketingmechanismen, die den scheinbar so freundlichen Zahlen aus Tabelle 11.5 zugrunde liegen.

Tabelle 11.6 (Distributionsmaße werden in Abschnitt 6.6 erklärt) zeigt, dass das Umsatzwachstum von Prestige Luggage aus zwei Quellen stammt: Immer mehr Geschäfte führen diese Marke und es werden immer mehr Sonderpreise angeboten (die Zahl der Sonderangebote hat sich mehr als vervierfacht). Doch es gibt immer noch viele Geschäfte, die die Marke nicht vorrätig haben. Also ist auch noch Wachstumspotenzial vorhanden.

	Jahr 1	Jahr 2	Jahr 3	Jahr 4
Umsatz (Tsd. €)	€24.384	€27.577	€33.067	€44.254
Umsatz (Tsd. Stück)	87	103	132	183
Anzahl Läden	300	450	650	900
Preisprämie	30,0%	22,3%	15,1%	8,9%
ACV-Distribution[2]	30%	40%	48%	60%
% Umsatz zum Sonderpreis	10%	13%	20%	38%
Werbeaufwand (Tsd.)	€700	€693	€707	€721
Promotionaufwand (Tsd.)	€500	€750	€1.163	€2.034

Tabelle 11.6: Prestige Luggage Marketing und Vertriebswegskennziffern

Tabelle 11.7 zeigt, dass der steigende Gesamtumsatz nicht mit der Anzahl der Läden Schritt hält, die die Marke anbieten. (Der Umsatz pro Laden sinkt bereits.) Außerdem verleiten die Sonderpreise des Herstellers manche Läden, die Produkte zu hamstern. Bald werden sich die Einzelhändler über die schlechte Bruttorentabilität der Lagerinvestitionen ärgern. Der künftige Umsatz wird vielleicht noch weiter einbrechen und die Einzelhandelsspannen unter Druck setzen. Wenn die Unzufriedenheit des Einzelhandels manche Händler bewegt, die Marke aus dem Sortiment zu nehmen, wird der Umsatz des Herstellers empfindlich einbrechen.

	Jahr 1	Jahr 2	Jahr 3	Jahr 4
Einzelhandelsspanne (€)	€9.754	€11.169	€13.557	€18.366
Einzelhandelsspanne (%)	40%	41%	41%	42%
Einzelhandelsvorräte (Tsd.)	15	27	54	84
Vorräte pro Laden	50	60	83	93
Umsatz/Laden (Tsd.)	€81	€61	€51	€49
Läden pro Punkt AVC (%)	10	11	14	15
Bruttorentabilität der Lagerinvestitionen	385%	260%	170%	155%

Tabelle 11.7: Kofferhersteller – Rentabilitätskennziffern für den Einzelhandel

Außerdem weisen die vielen Einzelhändler, die die Marke jetzt führen, und die vielen Sonderpreise auf eine veränderte Wahrnehmung der einst exklusiven Marke Prestige Luggage hin. Das Unternehmen sollte in weiteren Untersuchungen klären, wie sich die Einstellung der Verbraucher zu der Marke geändert hat. Wenn diese Änderungen beabsichtigt sind, ist vielleicht mit Prestige Luggage noch alles in Ordnung. Wenn nicht, dann muss sich die Firma Sorgen machen, dass ihre Strategie fehlschlägt. Wenn nun noch Einzelhändler ihre Vorräte zum Schleuderpreis anbieten, weil sie den Lagerbestand räumen und die Marke aus dem Programm nehmen wollen, kann Prestige Luggage in einen Teufelskreis geraten, von dem es sich nie wieder erholt.

Manche Dinge lassen sich nicht vorausahnen und dieses Beispiel ist eines davon. Das tatsächliche Unternehmen wurde durch eine Serie von Aktionspreisen »hochgepusht« und Distribution und Umsatz wuchsen rapide. Kurz nachdem die Firma von einem anderen Unternehmen aufgekauft wurde, um eine Luxusmarke ins Markenportfolio zu bekommen, wurde diese Strategie offensichtlich. Viele Händler nahmen die Produktlinie aus dem Sortiment und es dauerte Jahre, um die Marke und den Umsatz wieder aufzubauen.

Diese beiden Beispiele zeigen, wie wichtig es ist, mithilfe von Marketingkennziffern einen Blick hinter die Kulissen der Finanzdaten zu werfen. Doch geht es nicht nur darum, mehr Zahlen zu bekommen; weitaus wichtiger sind die wiederkehrenden Muster und Bedeutungen, die sich hinter diesen Zahlen verbergen.

Mehr rauchen, aber weniger genießen?

Tabelle 11.8 zeigt die Marketingkennziffern, die ein großes Konsumgüterunternehmen errechnet hat, um die Wettbewerbstrends bei Billigmarken zu analysieren. Ein schrumpfender Markt, stagnierende Marktanteile und ein steigender Anteil der Billigmarken am Gesamtumsatz des Unternehmens ließen die Zukunft düster erscheinen. Der Billigmarkenumsatz nahm den Platz der Premiummarken ein – und das, obwohl die Budgets für Werbung und Promotion fast verdoppelt wurden. Um es mit den Worten von Professor Erv Shames zu sagen: Alles deutete darauf hin, dass dem Marketing die Ideen ausgegangen waren und es auf das banalste aller Instrumente setzte: den Preis.

Jahr	1987	1992
Marktvolumen (Einheiten)	4.000	3.850
Marktanteil an den Stückzahlen	25%	24%
Umsatzstückzahlen	1000	924
Einheiten der Premiummarke	925	774
Einheiten der Billigmarke	75	150
Aufwand für Werbung & Promotion	€600	€1.225

Tabelle 11.8: Markttrends für Billigmarken und Werbeaufwand eines Tabak-konzerns

Wenn man die Kennziffern in Tabelle 11.9 betrachtet, sieht das Bild jedoch weit besser aus. In denselben fünf Jahren, in denen die Billigmarken so stark wurden, sind Umsatzerlöse und betriebliche Erträge um mehr als 50% gestiegen. Der Grund ist klar: Die Preise haben sich beinahe verdoppelt, auch wenn ein großer Teil dieser Preissteigerungen durch Sonderpreise wieder »aufgezehrt« wurde. Doch per Saldo waren die Auswirkungen auf die Unternehmensumsätze positiv.

Jahr	1987	1992
Erlöse (in Tausend)	€1.455	€2.237
Durchschnittsstückpreis	€1,46	€2,42
Durchschnittspreis Premiummarke	€1,50	€2,60
Durchschnittspreis Billigmarke	€0,90	€1,50
Betriebsgewinn (Tsd.)	€355	€550

Tabelle 11.9: Zusatzkennziffern

Nun könnte man denken, die Botschaft aus Tabelle 11.9 sei so offensichtlich, dass niemand auf die Idee käme, aus Tabelle 11.8 ein so unheilvolles Bild zu zeichnen, wie wir es anfangs taten. Doch unsere Lehrerfahrung hat gezeigt, dass erfahrene Marketingleiter aus aller Welt, wenn wir ihnen beide Tabellen vorlegten, nur die Zahlen aus Tabelle 11.8 würdigten und die zusätzlichen Kennziffern kaum oder gar nicht beachteten – selbst wenn wir sie ebenso prominent vorstellten.

Die in den beiden Tabellen beschriebene Situation kommt den tatsächlichen Marktbedingungen in den USA vor dem berühmten »Marlboro Friday« ziemlich nahe. Das Topmanagement machte sich Sorgen, dass eine Reihe von Preiserhöhungen, die 1992 zu sehr guten Finanzdaten geführt hatten, nicht zu halten wären, da die höheren Preise der Premium-marken den konkurrierenden Billigmarken mehr Möglichkeiten gaben, Druck auf die Preise zu machen. Also wurde man aktiv: An dem später als »Marlboro Friday« in die Geschichte eingegangenen Freitag, der 2. April 1993, senkte Phillip Morris den Preis für ein Päckchen Marlboro um $0,40, worauf der operative Gewinn um 40% einbrach. In der Folge fiel auch der Aktienkurs um 25%.

Dieses Beispiel steht jedoch in krassem Gegensatz zu dem vorherigen: Prestige Luggage steigerte seine Promotion-Ausgaben, um mehr Distribution zu erzielen. Die Preise fielen, während der Sonderpreis-Umsatz stieg – immer ein unheilvolles Zeichen. Marlboro dagegen hatte den Preis immer weiter angehoben, um dann einen Teil davon wieder an die Kunden zurückzugeben. Das ist eine ganz andere Strategie.

Marketing-Dashboards

Die Präsentation von Kennziffern in Form eines »Dashboard« für das Management hat in den letzten Jahren viel Aufmerksamkeit erregt. Gemeint ist damit, dass die Art und Weise der Präsention von komplexen Daten Einfluss darauf hat, wie gut das Management in der Lage ist, Muster und Trends in diesen Daten zu erkennen. Eignet sich ein Dashboard, also eine grafische Darstellung der Informationen, um Managern diese Trends nahe zu bringen?

Das Bild eines Armaturenbretts drängt sich auf, da viele Kennziffern mit den Anzeigen beim Betrieb eines Fahrzeugs zu vergleichen sind. Die Instrumente zeigen eine Auswahl der wichtigsten Maße in einer leicht verständlichen Form an. Doch während die wichtigen Kennziffern für Autos immer die gleichen sind, können sie für Unternehmen sehr unterschiedlich sein. Für jedes Unternehmen sind andere Kennziffern geeignet und wichtig.

Abbildung 11.1 zeigt ein Dashboard mit fünf wichtigen Kennziffern über einen Zeitraum von vier Jahren. Der Umsatz wächst rapide, während die Margen gleich bleiben, obwohl jetzt preiswertere Waren verkauft werden. Allerdings hat die Einzelhandelsrendite (Gross Margin Return on Inventory Investment, GMROII) rapide nachgelassen, während die Lagerbestände wachsen. Auch der Umsatz pro Laden ist eingebrochen. Die Preisprämie für Prestige Luggage ist gefallen; der meiste Umsatz erfolgt zum Sonderpreis. Diese Entwicklung ist für das Unternehmen unheilvoll und sollte Fragen aufwerfen, ob ein so breit angelegter Vertrieb sinnvoll ist.

Erlöse und Gewinnmargen

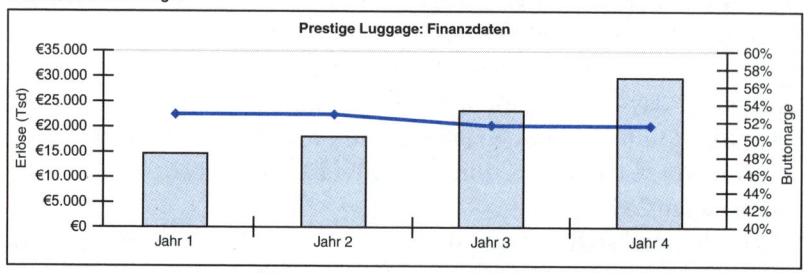

Die Finanzkennzahlen sehen gesund aus: Die Erlöse wachsen bei fast unveränderter Gewinnspanne.

Herstellerpreise im Verhältnis zu Ladenpreisen

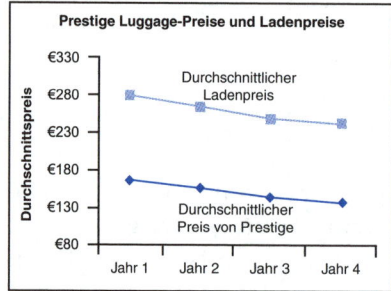

Prestige Luggage verkauft jetzt billigere Artikel.

Lagerhaltung und GMROII

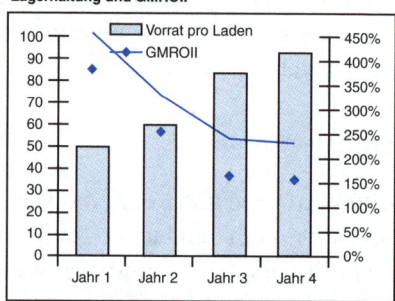

Prestige Luggage bringt im Einzelhandel schrumpfende Erträge.

Distribution

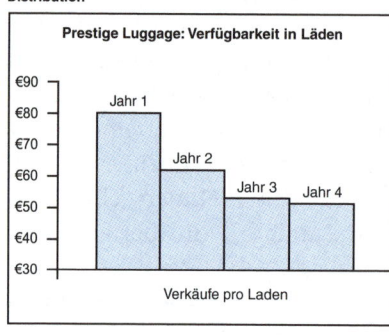

Wir gehen in kleinere Läden.

Pricing and Promotions

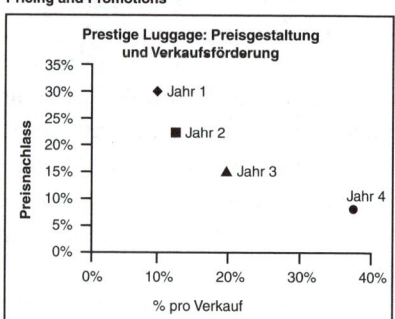

Prestige Luggage wird von Discountangeboten abhängig.

Abbildung 11.1: Prestige Luggage: Dashboard für das Marketingmanagement

Zusammenfassung: Marketingkennziffern + Finanzkennziffern = Erkenntnisgewinn

Dashboards, Wertungslisten und die von uns so genannten Röntgenuntersuchungen stellen aus den Bereichen Marketing und Finanzen Kennziffern zusammen, die nach Auffassung des Managements Indikatoren für die Gesundheit des Unternehmens sind. Dashboards sollen ein tieferes Verständnis des Marketings in Bezug auf das Unternehmen fördern. In jedem Marketingkontext gibt es viele konkrete Kennziffern, die man als wichtig oder gar kritisch ansehen kann. Normalerweise ist es kaum möglich, eine eindeutige Empfehlung abzugeben, welche Kennziffern am wichtigsten oder welche Managemententscheidungen von den Werten und Trends bestimmter Kennziffern abhängig sind. Solche Empfehlungen können immer nur einen »wenn-dann«-Charakter haben, wie beispielsweise: »Wenn der relative Anteil größer als 1,0 ist und das Marktwachstum das BIP übersteigt, dann sollten Sie mehr in Werbung investieren.« Auch wenn solche Ratschläge in vielen Situationen wertvoll sein können, sind unsere Ziele doch deutlich bescheidener: Wir möchten Marketingleitern eine Quelle an die Hand geben, die ihnen hilft, die ganze Vielfalt der vorhandenen Kennziffern besser zu verstehen.

Unsere Beispiele, also die Vergleiche zwischen Boom und Cruise und zwischen Prestige Luggage und Big Tobacco, haben gezeigt, wie man durch bestimmte Marketingkennziffern die finanzielle Zukunft von Unternehmen besser einschätzen kann. In solchen Situationen ist es wichtig, eine Entscheidung durch eine breite Palette von Marketing- und Finanzzahlen zu untermauern. Die Untersuchung einer ganzen Reihe von Kennziffern macht die Entscheidungen zwar nicht einfacher (das Beispiel von Big Tobacco wird von führenden Branchenfachleuten bis heute debattiert!), aber sie trägt zu einer umfassenderen Diagnose bei.

Referenzen und weiterführende Literatur

Ambler, Tim, Flora Kokkinaki und Stefano Puntonni (2004). »Assessing Marketing Performance: Reason for Metrics Selection«, Journal of Marketing Management, 20, pp. 475–498.

McGovern, Gail, David Court, John A. Quelch und Blair Crawford (2004). »Bringing Customers into the Boardroom«, Harvard Business Review, November, pp. 1–10.

Meyer, C. (1994). »How the Right Measures Help Teams Excel«, Harvard Business Review. 72(3), 95.

Anmerkungen

1 Abwanderung (engl. Churn) = Prozent der Kunden, die jedes Jahr verloren gehen

2 ACV = All Commodity Volume; ein Maß für die Distributionsbreite (siehe Abschnitt 6.6)

Schlusswort

». . . Kennziffern für Untersuchungen sollten notwendig (d.h. das Unternehmen kommt ohne sie nicht aus), hinreichend (d.h. vollständig), genau und konsistent sein.«[1]

Ein Marketingleiter, der seine Kennziffern versteht, ist in der Lage, passende Eingabedaten auszuwählen, um aussagekräftige Informationen zu erhalten. Marketingleiter sollten in der Lage sein, je nach den Umständen aus einer Vielzahl von Kennziffern die richtigen auszuwählen und ein Dashboard derjenigen Kennziffern anzufertigen, die für die Unternehmensführung am wichtigsten sind. Sie haben dieses Buch gelesen und werden uns hoffentlich darin beipflichten, dass eine einzelne Kennziffer nicht ausreicht. Nur wenn Sie mehrere Sichtweisen einnehmen, haben Sie die Chance, einem Gesamtbild nahe zu kommen.

». . . Ergebnisse sagen uns, wo wir stehen, aber nicht, wie wir dorthin gekommen sind oder was wir anders tun könnten.«[2]

Marketingkennziffern sind notwendig, um sich einen vollständigen Überblick über die Gesundheit eines Unternehmens zu verschaffen. Finanzkennzahlen konzentrieren sich auf Geld und Wirtschaftszeiträume; sie sagen uns, wie sich Gewinne, Geldströme und Vermögenswerte ändern. Doch wir müssen auch verstehen, was mit unseren Kunden, Produkten, Preisen, Vertriebswegen, Wettbewerbern und Marken geschieht.

Die Interpretation von Marketingkennziffern erfordert Wissen und Urteilsvermögen. Dieses Buch vermittelt das notwendige Wissen darüber, wie die Kennziffern gebildet werden und was sie messen. Dabei ist es wichtig, auch die Grenzen der einzelnen Kennziffern zu kennen. Unserer Erfahrung nach sind Unternehmen so komplex, dass Sie mehrere Kennziffern benötigen und verschiedene Facetten beleuchten müssen, um zu erfahren, was wirklich vor sich geht.

Wegen dieser Komplexität werfen Marketingkennziffern oft ebenso viele neue Fragen auf, wie sie beantworten. Gewiss können sie nur selten die Frage beantworten, was ein Manager tun muss. Und wenn Kennziffern auf zu wenigen, falschen oder überholten Angaben eines Unternehmens beruhen, können sie auch einen falschen Anschein erwecken. Solche Kennziffern können eine trügerische Sicherheit suggerieren, während in

Wirklichkeit bereits Gefahr in Verzug ist. Manchmal ist es bequemer, die Wahrheit nicht zu wissen.

Vermutlich wird das Wissen über Marketingkennziffern Ihre Arbeit nicht leichter machen. Aber es wird Ihnen helfen, Ihre Arbeit besser zu machen.

Anmerkungen

1 Ambler, Tim. (2000). Marketing and the Bottom Line: The New Metrics of Corporate Wealth, London: Prentice Hall

2 Meyer, Christopher. (1994). »How the Right Measures Help Teams Excel«, Harvard Business Review

Bibliografie

Aaker, David A. (1996). Building Strong Brands, New York: The Free Press.

Aaker, David A. (1991). Managing Brand Equity, New York: The Free Press.

Aaker, David A. und Kevin Lane Keller. (1990). »Consumer Evaluations of Brand Extensions«, Journal of Marketing, V54 (Jan), 27.

Aaker, David W. und James M. Carman. (1982). »Are You Over Advertising?« Journal of Advertising Research, 22, 57–70.

Abela, Andrew, Bruce H. Clark und Tim Ambler. »Marketing Performance Measurement, Performance und Learning«, working paper, 1. September 2004.

Abraham, Magid H. und Leonard M. Lodish. (1990). »Getting the Most Out of Advertising and Promotion«, Harvard Business Review, Mai–Juni, 50–58.

Ailawadi, Kusum, Paul Farris und Ervin Shames. (1999). »Trade Promotion: Essential to Selling through Resellers«, Sloan Management Review, Herbst.

Ambler, Tim und Chris Styles. (1995). »Brand Equity: Toward Measures That Matter«, working paper No. 95-902, London Business School, Centre for Marketing.

Barwise, Patrick und John U. Farley. (2003). »Which Marketing Metrics Are Used and Where?« Marketing Science Institute, (03-111), working paper, Series issues two 03-002.

Berger, Weinberg und Hanna. (2003). »Customer Lifetime Value Determination and Strategic Implications for a Cruise-Ship Line«, Database Marketing and Customer Strategy Management, 11(1).

Blattberg, Robert C. und Stephen J. Hoch. (1990). »Database Models and Managerial Intuition: 50% Model + 50% Manager«, Management Science, 36, No. 8, 887–899.

Brady, Diane, mit David Kiley and Bureau Reports. »Making Marketing Measure Up«, Business Week, 13. Dezember 2004, 112–113.

Christen, Markus, Sachin Gupta, John C. Porter, Richard Staelin und Dick R. Wittink. (1994). »Using Market-Level Data to Understand Promotion Effects in a Nonlinear Model«, Journal of Marketing Research, August, Vol. 34, No. 3, 322–334.

Clark, Bruce H., Andrew V. Abela und Tim Ambler. »Return on Measurement: Relating Marketing Metrics Practices to Strategic Performance«, working paper, 12. Januar 2004.

Dekimpe, Marnik G. und Dominique M. Hanssens. (1995). »The Persistence of Marketing Effects on Sales«, Marketing Science, 14, 1–21. Dolan, Robert J. und Hermann Simon. Power Pricing: How Managing Price Transforms the Bottom Line, New York: The Free Press, 4.

Farris, Paul W., David Reibstein und Ervin Shames. (1998). »Advertising Budgeting: A Report from the Field«, New York: American Association of Advertising Agencies.

Forrester, Jay W. (1961). »Advertising: A Problem in Industrial Dynamics«, Harvard Business Review, März–April, 110.

Forrester, Jay W. (1965), »Modeling of Market and Company Interactions«, Peter D. Bennet, ed. Marketing and Economic Development, American Marketing Association, Fall, 353–364.

Gregg, Eric, Paul W. Farris und Ervin Shames. (revised, 2004). »Perspective on Brand Equity«, Darden School Technical Notes, UVA-M-0668.

Greyser, Stephen A. (1980). »Marketing Issues«, Journal of Marketing, 47, Winter, 89-93.

Gupta and Lehman. (2003). »Customers As Assets«, Journal of Interactive Marketing, 17(1), 9–24.

Harvard Business School: Case Nestlé Refrigerated Foods Contadina Pasta & Pizza (A) 9-595-035. Rev 30. Januar 1997.

Hauser, John und Gerald Katz. (1998). »Metrics: You Are What You Measure«, European Management Journal, Vo. 16, No. 5, 517–528.

Interactive Advertising Bureau. Interactive Audience Measurement and Advertising Campaign Reporting and Audit Guidelines, September 2004, United States Version 6.0b.

Kaplan, R. S. und V.G. Narayanan. (2001). »Measuring and Managing Customer Profitability.« Journal of Cost Management, September/Oktober: 5–15.

Little, John D.C. (1970). »Models and Managers: The Concept of a Decision Calculus«, Management Science, 16, No. 8, b-466–b-484.

Lodish, Leonard M. (1997). »J.P. Jones and M.H. Blair on Measuring Advertising Effects »Another Point of View««, Journal of Advertising Research, September–Oktober, 75–79.

McGovern, Gail J., David Court, John A. Quelch und Blair Crawford. (2004). »Bringing Customers into the Boardroom«, Harvard Business Review, November, 70–80.

Meyer, Christopher (1994), How the Right Measures Help Teams Excel, Harvard Business Review, Mai–Juni, pp. 95–103.

Much, James G., Lee S. Sproull und Michal Tamuz. (1989). »Learning from Samples of One or Fewer«, Organizational Science, Vol. 2, No. 1, Februar, 1–12.

Murphy, Allan H. und Barbara G. Brown. (1984). »A Comparative Evaluation of Objective and Subjective Weather Forecasts in the United States«, Journal of Forecasting, Vol. 3, 369–393.

Net Genesis Corp. (2000). E-Metrics: Business Metrics for the New Economy. Net Genesis & Target Marketing of Santa Barbara.

Peppers, D. und M. Rogers. (1997). Enterprise One to One: Tools for Competing in the Interactive Age, New York: Currency Doubleday.

Pfeifer, P.E., Haskins, M.E. und Conroy, R.M. (2005). »Customer Lifetime Value, Customer Profitability und the Treatment of Acquisition Spending«, Journal of Managerial Issues, 25 Seiten.

Poundstone, William. (1993). Prisoner's Dilemma, New York: Doubleday, 118.

Reichheld, Frederick F. und Earl W. Sasser, Jr. (1990). »Zero Defections: Quality Comes to Services«, Harvard Business Review, September–Oktober, 105–111.

Roegner, E., M. Marn und C. Zawada. (2005). »Pricing«, Marketing Management, Jan/Feb, Vol. 14 (1).

Sheth, Jagdish N. und Rajendra S. Sisodia. (2002). »Marketing Productivity Issues and Analysis«, Journal of Business Research, 55, 349–362.

Tellis, Gerald J. und Doyle L. Weiss. (1995). »Does TV Advertising Really Affect Sales? The Role of Measures, Models und Data Aggregation«, Journal of Marketing Research, Fall, Vol. 24-3.

Wilner, Jack D. (1998). 7 Secrets to Successful Sales Management, Boca Raton, Florida: CRC Press LLC; 35–36, 42.

Zoltners, Andris A. und Prabhakant Sinha und Greggor A. Zoltners. (2001). The Complete Guide to Accelerating Sales Force Performance, New York: AMACON.

Register